高职高专计算机系列

办公软件应用任务驱动式教程（Windows 7+Office 2010）（第2版）

The Practical Cases of Microsoft Office

陈承欢 ◎ 编著

人民邮电出版社
北京

图书在版编目（CIP）数据

办公软件应用任务驱动式教程 : Windows 7+Office 2010 / 陈承欢编著. -- 2版. -- 北京 : 人民邮电出版社, 2014.6 (2017.8 重印)
工业和信息化人才培养规划教材. 高职高专计算机系列
ISBN 978-7-115-34849-4

Ⅰ. ①办… Ⅱ. ①陈… Ⅲ. ①Windows操作系统－高等职业教育－教材②办公自动化－应用软件－高等职业教育－教材 Ⅳ. ①TP316.7②TP317.1

中国版本图书馆CIP数据核字(2014)第034022号

内 容 提 要

本书认真分析相关职业岗位的办公软件应用需求，从办公软件的实际应用出发，以 Windows 7 和 Office 2010 为平台，通过分层次的操作训练，全面提升学习者应用办公软件处理日常事务的能力，促使其养成良好的职业习惯。

本书分为 5 个教学单元：计算机资源的高效管理、中英文的快速输入、Word 文档的编辑排版与邮件合并、Excel 电子表格的数据处理与统计分析、PowerPoint 演示文稿制作与幻灯片放映。其中每个教学单元设置了 7 个教学环节：规范探究→知识疏理→引导训练→定向训练→创意训练→单元小结→单元习题。本书采用“任务驱动，理论实训一体”的教学模式，将整个教学过程贯穿于完成工作任务的全过程。内容的组织以实际工作任务为载体。全书共设置了 70 项训练任务，用以强化规范化、职业化的操作，力求满足现实的考证需求和未来的就业需求。

本书可以作为高等或中等职业院校和高等专科院校各专业办公软件应用的教材，也可以作为办公软件应用的培训教材及自学参考书。

◆ 编　　著　陈承欢
责任编辑　桑　珊
责任印制　焦志炜

◆ 人民邮电出版社出版发行　　北京市丰台区成寿寺路 11 号
邮编　100164　　电子邮件　315@ptpress.com.cn
网址　http://www.ptpress.com.cn
北京中石油彩色印刷有限责任公司印刷

◆ 开本：787×1092　1/16
印张：18.5　　　　2014 年 6 月第 2 版
字数：487 千字　　2017 年 8 月北京第 3 次印刷

定价：42.00 元

读者服务热线：(010)81055256　印装质量热线：(010)81055316
反盗版热线：(010)81055315

前　言

随着计算机在办公领域的普及以及各行各业办公自动化程度的提高，熟练使用办公软件已成为众多办公人员必备技能之一。本书正是从不同层次学习者的办公软件应用需求出发，将办公软件的基本知识和基本操作融入实际工作任务中。本书以 Windows 7 和 Office 2010 为平台，通过分层次的操作训练，全面提升学习者应用办公软件处理日常事务的能力，促使其养成良好的职业习惯。

本书具有以下特色和创新点。

（1）认真分析相关职业岗位的办公软件应用需求，保证教学案例的真实性和有效性。

对打字员、文员、干事、秘书、教师、求职者、推销员、活动组织者等岗位对文件管理、文字输入、文档处理、表格应用、数据分析、PPT 制作的需求进行具体分析，从这些岗位的工作内容中获取真实的任务和案例。

（2）遵循学习者的认知规律和技能成长规律，使其在完成操作任务的过程中，学习知识，训练技能，逐步掌握方法、熟悉规范、积累经验、养成习惯、形成能力。

本书分为 5 个教学单元：计算机资源的高效管理、中英文的快速输入、Word 文档的编辑排版与邮件合并、Excel 电子表格的数据处理与统计分析、PowerPoint 演示文稿制作与幻灯片放映。

每个教学单元设置了 7 个教学环节：规范探究→知识疏理→引导训练→定向训练→创意训练→单元小结→单元习题。

技能训练设置了分层次的 3 个环节。

引导训练环节：针对基础知识和基本方法的学习需求设置了多项训练任务，帮助学习者熟练掌握办公软件应用的基础知识和具备办公软件操作的基本技能的目标。

定向训练环节：采用任务驱动方法，每一项任务均提出了明确的操作要求，针对相关知识和方法进行定向训练，帮助学习者按规定要求快速完成规定操作任务的目标。

创意训练环节：只给出任务描述和效果要求，具体的实施步骤和方法选用由学习者自行确定，训练其创意思维能力，帮助学习者根据实际需求进行规划和创意的目标。

（3）采用“任务驱动，理论实训一体”的教学模式，将整个教学过程贯穿于完成工作任务的全过程。

本书的内容组织以实际工作任务为载体，共设置了 70 项训练任务。这些训练任务都来源于活动组织、教学管理、企业营销、求职招聘等方面的真实任务，具有较强的代表性和职业性。

（4）强化规范化、职业化的操作训练，力求满足现实的考证需求和未来的就业需求。

本书以应用办公软件解决学习、工作、生活中常见问题为重点，强调“做中学、做中会”，不是以学习办公软件应用的理论知识为主线，而是以完成操作任务为主线。在完成规定的任务过程中熟悉文法和规范、学会办公软件的操作方法、掌握相关知识。

本书兼顾办公软件应用和文法规范，以办公软件应用为重点，同时对应用文的格式要求和文法要求也作了介绍，因为办公软件只能完成文档和数据的处理，而不能控制文法和规范的符合度。

本书由陈承欢教授编著。郭外萍、李小霞、侯伟、颜珍平、肖素华、林保康、王欢燕、刘钊、陈雅、朱彬彬、裴来芝、刘东海、唐丽玲、邓莹、李清霞、鲁薇、吴献文、谢树新、颜谦和、刘红梅、张丽芳等多位老师参与了教学案例的设计和部分章节的编写、校对和整理工作。

由于编者水平有限，书中难免存在疏漏之处，敬请各位专家和读者批评指正，编者的 QQ 为 1574819688。

编　者

2014 年 4 月

建议授课计划简表

单元名称	计划课时	考核分值
单元 1　计算机资源的高效管理	10	10
单元 2　中英文的快速输入	10	10
单元 3　Word 文档的编辑排版与邮件合并	16	20
单元 4　Excel 电子表格的数据处理与统计分析	12	15
单元 5　PowerPoint 演示文稿制作与幻灯片放映	12	15
综合考核	4	30
总计	64	100

任务一览表

单元名称	任务名称	
单元 1	【引导训练】 【任务 1-1】浏览文件夹和文件 【任务 1-2】新建文件夹和文件 【任务 1-3】复制与移动文件夹和文件 【任务 1-4】删除文件夹和文件与使用“回收站” 【任务 1-5】搜索文件夹和文件 【任务 1-6】设置文件夹选项 【任务 1-7】设置文件和文件夹的属性 【任务 1-8】查看与设置磁盘属性 【任务 1-9】磁盘检查与碎片整理 【任务 1-10】使用【管理账户】窗口创建管理员账户 admin 【任务 1-11】使用【计算机管理】窗口创建账户 user01	【定向训练】 【任务 1-12】浏览文件夹和文件 【任务 1-13】管理文件夹和文件 【任务 1-14】搜索文件夹和文件 【任务 1-15】管理磁盘 【任务 1-16】文件夹的共享属性设置 【创意训练】 【任务 1-17】文件及文件夹操作 【任务 1-18】创建与切换账户 【任务 1-19】帮助信息的获取 【任务 1-20】文件的备份与还原
单元 2	【引导训练】 【任务 2-1】熟练输入英文短句 【任务 2-2】熟练使用搜狗拼音输入法输入短句 【任务 2-3】使用五笔字型输入法的全码方式输入单个汉字 【任务 2-4】使用五笔字型输入法的简码方式输入汉字和词组 【定向训练】 【任务 2-5】使用搜狗输入法快速输入中文 【任务 2-6】熟练输入五笔字型输入法的键面汉字或字根	【任务 2-7】使用五笔字型输入法熟练拆分与输入汉字 【任务 2-8】使用五笔字型输入法熟练输入简码汉字和词组 【创意训练】 【任务 2-9】选择熟悉的拼音输入法输入短文 【任务 2-10】使用五笔字型输入法快速输入结构近似的汉字 【任务 2-11】使用五笔字型输入法输入易错字和生僻字 【任务 2-12】快速输入中英文文章

续表

单元名称	任务名称	
单元 3	【引导训练】 【任务 3-1】“捐书活动倡议书”的输入与编辑 【任务 3-2】“捐书活动倡议书”文档的格式设置 【任务 3-3】“通知”文档中样式与模板的创建与应用 【任务 3-4】“捐书活动倡议书”文档的页面设置与打印 【任务 3-5】创建班级课表 【任务 3-6】计算商品销售表中的金额和总计 【任务 3-7】编辑“苹果 iPhone5S 简介”，实现图文混排效果 【任务 3-8】利用邮件合并打印请柬	【定向训练】 【任务 3-9】编辑感恩节活动方案 【任务 3-10】制作网站备案表 【任务 3-11】制作毕业证书 【任务 3-12】编辑毕业论文 【任务 3-13】制作请柬 【创意训练】 【任务 3-14】编辑实习总结 【任务 3-15】制作培训推荐表 【任务 3-16】制作试卷 【任务 3-17】制作自荐书 【任务 3-18】制作准考证
单元 4	【引导训练】 【任务 4-1】“应聘企业通信录.xlsx”的基本操作 【任务 4-2】“客户通信录.xlsx”的数据输入与编辑 【任务 4-3】“客户通信录.xlsx”的格式设置与效果预览 【任务 4-4】产品销售数据的计算与统计 【任务 4-5】内存与硬盘销售数据的排序 【任务 4-6】内存与硬盘销售数据的筛选 【任务 4-7】内存与硬盘销售数据的分类汇总 【任务 4-8】内存与硬盘销售数据透视表的创建 【任务 4-9】内存与硬盘的销售情况图表的创建与编辑	【定向训练】 【任务 4-10】活动经费决算 【任务 4-11】企业部门人数统计 【任务 4-12】人才需求量统计与分析 【任务 4-13】公司人员结构分析 【创意训练】 【任务 4-14】课程考核成绩分析 【任务 4-15】班级人员结构分析 【任务 4-16】工资计算与工资条制作
单元 5	【引导训练】 【任务 5-1】制作“感恩节活动策划”演示文稿 【任务 5-2】演示文稿“感恩节活动策划”的动画设计与幻灯片放映	【定向训练】 【任务 5-3】制作“毕业答辩”演示文稿 【创意训练】 【任务 5-4】制作“产品宣传”演示文稿
合计	70	

目 录 CONTENTS

单元1 计算机资源的高效管理 1

单元2 中英文的快速输入 56

单元 3 Word 文档的编辑排版与邮件合并 94

单元 4 Excel 电子表格的数据处理与统计分析 180

单元5 Powerpoint 演示文稿制作与幻灯片放映 248

参考文献 286

PART 1

单元 1 计算机资源的高效管理

操作系统控制着计算机硬件的工作，管理计算机系统的各种资源，并为系统中各个程序运行提供服务。在众多操作系统中，Windows 7 是目前流行的操作系统之一，广泛用于家庭及商业工作环境中的笔记本电脑、平板电脑等设备。与以往版本的 Windows 操作系统相比，其在性能、易用性和安全性等方面都有了明显的提高，为用户计算机的安全、高效运行提供了保障。Windows 7 操作系统提供了多种管理资源的工具，利用这些工具可以很好地管理计算机的各种软硬件系统资源。

Windows 7 是微软公司于 2009 年正式发布的操作系统，其核心版本号为 Windows NT 6.1，与 Windows Server 2008 R2 使用了相同的内核。Windows 7 是一种多任务的图形界面操作系统，它集 Windows 前期版本的优秀性能于一体，具有更快的系统响应速度，同时，简化了桌面操作方式，具有友好的用户界面、强大的搜索功能和更好的设备管理模式。Windows 7 将明亮鲜艳的外观与简单易用的设计有机结合，不但使用了更加成熟的技术，而且桌面风格更加清新明快，给用户以良好的视觉感受。

【规范探究】

我们需要将计算机里的文件资源有效管理，为日后查找和使用节省下更多的时间，分类管理和规范化文件及文件夹的命名是计算机资源管理的精髓所在。计算机中文件资源管理的最终目的就是方便保存和迅速提取，所有的文件将通过文件夹分类被很好地组织起来，放在最便于找到的地方。

1．Windows 7 操作系统中文件和文件夹的命名规范

① 文件名或文件夹名可以由 1～256 个西文字符或 128 个汉字（包括空格）组成，不能多于 256 个字符。

② 文件名可以有扩展名，也可以没有。有些情况下系统会为文件自动添加扩展名。一般情况下，文件名与扩展名中间用符号“.”分隔。

③ 文件名和文件夹名可以由字母、数字、空格、汉字或符号“~”、“!”、“@”、“#”、“$”、“%”、“^”、“&”、“()”、“_”、“-”、“{}”、“;”等组合而成。

④ 文件名或文件夹名可以有空格，可以有多于一个的圆点。

⑤ 文件名或文件夹名中不能出现以下字符：\、/、:、*、?、"、<、>、|。

⑥ 文件名或文件夹名不区分英文字母大小写。

2．计算机资源分类管理的基本原则

解决计算机“资源管理器”中文件夹或文件资源的无序与混乱问题目前最理想的方法就是分类管理，从硬盘分区开始到每一个文件夹的建立，我们都要按照自己的工作和生活需要，分为大大小小、多个层级的文件夹，建立合理的文件保存架构。此外所有的文件、文件夹，都要规范化地命名，并放入最合适的文件夹中。这样，当我们需要某个文件时，就知道到哪里去寻找。这种方法，对于大多数人来说，并不是一件能够轻松实现的事，因为他们习惯了随手存放文件和辛苦、毫无头绪地查找文件。以下是一套文件分类管理的基本原则，在管理计算机资源时我们要坚持遵循这些原则，并逐渐养成好的文件管理习惯。

（1）发挥 Windows 7“库”的作用

“库”能方便地在任务栏上、【开始】菜单、【计算机】窗口、【打开】窗口、【另存为】窗口中找到，有利于我们方便而快捷地打开和保存文件。我们可以利用“库”中已有的文件夹（“视频”、“图片”、“文档”和“音乐”），也可以创建自己的文件夹，将经常需要访问的文件存储在这里。

（2）建立最适合自己的文件夹结构

文件夹是文件管理系统的骨架，对文件管理来说至关重要。建立适合自己的文件夹结构，需要首先对自己接触到的各种信息、工作和生活内容进行归纳分析。每个人的工作和生活有所不同，接受的信息也会有很大差异，因此分析自己的信息类别是建立结构的前提。例如，有相当多的 IT 自由撰稿人和编辑就是以软件、硬件的类别建立文件夹的；对于老师，则经常以自己的工作内容，例如教学工作、科研工作、班主任工作等建立文件夹；对于秘书，可以使用年度建立文件夹。

同类的文件可用相同字母前缀来命名，而且最好存储在同一文件夹中，例如，图片文件目录用 image，多媒体文件目录用 media，文档用 doc 等命名，简洁易懂，一目了然，而且方便用一个软件打开。这样，当我们想要找到一个文件时，能立刻想到它可能保存的地方。

可以按用途建立多个文件夹，例如学习、娱乐、工作、下载、暂存等，在娱乐文件夹下又可以建立二级文件夹，例如，电影、歌曲、动画等。也可以按照常见的文件性质进行分类，例如分为图片、电影、电子书、安装文件等，当然也可以按照个人需要再建立二级文件夹，以后每有文件需要保存时，就按这个类别保存到相应的文件夹中。

这正是分类管理思想的应用，是管理大量的文件分类最简洁的方法。例如可以建立一个“工作计划”的文件夹，用于存放工作计划，在这个文件夹下面可以建立以月份为名称的子文件夹，这样会方便你的查找。

（3）控制文件夹与文件的数目

文件夹中的文件数目不宜过多，一个文件夹里面有 50 个以内的文件时是比较容易浏览和检索的。如果一个文件夹中存放的文件超过 100 个，浏览和打开的速度就会变慢且不方便查看。这种情况下，就得考虑存档、删除一些文件，或者在该文件夹中建立多个子文件夹。另一方面，如果文件夹中的文件数目长期只有少得可怜的几个文件，建议将此文件夹合并到其他文件夹中。

（4）注意结构的级数

分类的细化必然带来结构级别的增多。级数越多，检索和浏览的效率就会越低，建议整个结构最好控制在二、三级之内。另外，级别最好与自己经常处理的信息相结合，越常用的类别，其级别就越高。例如，对于负责多媒体栏目的编辑，多媒体这个文件夹就应当是一级文件夹，而对于老师，其本学期所教授的课程、所管理班级的资料文件夹，也应当是一级文件夹。文件夹的数目，文件夹里文件的数目以及文件夹的层级，往往不能两全，我们只能找一个最佳的结

合点。

（5）合理命名文件和文件夹

为文件和文件夹取一个好名字至关重要，但什么是好名字，却没有固定的标准。能以最短的词句描述此文件夹的类别和作用，能让自己不需要打开就能记起文件的大概内容，就是好的名字。要对计算机中所有的文件和文件夹使用统一的命名规则，这些规则需要我们自己来制订。最开始使用这些规则时，肯定不会像往常随便输入几个字那样轻松，但一旦体会到了规范命名所带来的方便查看和检索的好处时，相信一定会坚持不懈地执行下去。

另外，从排序的角度上来说，我们在为常用的文件夹或文件命名时，可以加一些特殊的标识符，让他们排在前面。例如，当某一个文件夹或文件相对于同一级别的其他文件夹或文件来说，要访问的次数多得多时，就可以在此名字前加上"01"或"★"，这可以使这些文件或文件夹排列在相同文件夹下所有文件的最前面，而相对次要但也经常访问的，就可以加上"02"或"★★"，以此类推。

此外，文件名要力求简短。虽然 Windows 已经支持长文件名了，但长文件名会给我们的识别、浏览带来混乱。

文件的命名与排序是有关联的，建议不要使用特殊符号，除非有特殊需要。建议命名方法是：最终文件夹名＝数字+文件夹名。如："01 图片"、"02 动画"……这样，文件夹会按数的大小进行升序或降序排列。文件命名也是如此。一般文件夹或文件的命名还可以使用日期，这样，用的时候就可以以日期排序。存储照片的文件夹就可以这样命名，例如，"20140508 演讲比赛"、"20140814 游黄山照片"。

（6）注意分开待处理的文件与已经处理完成的文件

如果一年前的文件还和你现在正要处理的文件存放在一起，如果几个月前的邮件还和新邮件放在一块儿，那将会很难快速找到你想要的东西。及时地处理过期的文件，备份该备份的，删除不需要的，是一个良好的习惯。以老师为例，上学期教授课程的教案与资料，本学期使用的频率会非常小，所以应当专门将其存放到另一个级别较低的文件夹中，甚至于刻录到光盘中。而本学期的一些文档，因为要经常访问，最好放置在"库\文档"中，以方便随时访问。对于老师来说，一个学期就是一个周期，过一个周期，就相应地处理本周期的文件夹。对于其他行业的人来说，也有不同的周期，我们要根据自己的实际工作和生活需要对文件夹、文件进行归档。为了数据安全，及时备份是非常必要的，应及时备份文件并删除不需要再使用的文件。

（7）发挥快捷方式的便利

如果我们经常要快速访问文件或文件夹，就可以右键单击文件或文件夹，在弹出的快捷菜单中选择【创建快捷方式】命令，再将生成的快捷方式放置到经常停留的地方。当然，当文件和文件夹不再需要经常访问时，需要及时将其快捷方式删除，以免该快捷方式塞堵了太多空间或转移了你的注意力。

（8）现在开始与长期坚持

建立完善的结构、规范化地命名、周期性地归档，这就是我们要做的。这并不复杂的操作能够大大提高我们的工作效率，节省我们有限的时间。

现在就开始。首先拿出一张纸，标明你的信息类别，明确准备创建的文件夹个数与位置，还要为重要的文件夹制订文件命名规则及归档规则。然后按此规则将计算机中已经存在的大量信息进行移动、更名、删除等操作，而且要在以后操作中克服自己的陋习。

也许开头会很难，也许规则会很烦琐，但相信过不了多久，你就会习惯于看到井井有条的文件与文件夹，并享受高效管理带来的快乐了。

对于文件（夹）的规范管理，尽管你开始可能会很不习惯，并且需要花很多时间去整理文件，但是，这会使你日后的工作更为轻松，避免盲目的文件查找过程所浪费的大量宝贵的时间。

3．计算机资源高效管理的建议方法

如果计算机里有大量的文档、图片以及其他的文件，由于存放随意，它们可能会非常杂乱，导致查找的时候很不方便，并且在重装系统时容易丢失以往的数据和文件。所以，为了更加科学、高效地使用计算机，最好按照下面的方法合理整理、分组计算机中的文件。养成一个良好的个人文件管理习惯是非常有必要的。这也是一种能力的培养，是计算机用户一种必备的素养。

（1）了解容易混乱的几个地方

首先需要了解系统中最容易变得混乱的几个区域，这样才能开始有针对性地进行整理。在Windows中，通常比较混乱的区域是：桌面、库、系统中用户的文件夹、个人下载目录。

在下载文件或者新建文件时，不要图一时方便，都放到桌面。确保把它们都放在有意义的文件夹中，这样才能避免混乱，保持计算机整洁有序。使用计算机时间长了以后，有很多文件是你不会再去使用的，应把你确定不再使用的文件删除掉。

（2）把通用的文件存放在一个大的文件夹内

例如，使用“库\文档”，或者自己新建一个文件夹，把所有同类的文件和文件夹放在这一个大的文件夹内，这样方便备份和查找。

（3）创建一些有意义的文件夹，分类存放文件

根据自己的使用习惯和要求，创建一些有意义的文件夹，这些文件夹分别存放相应类别的文件（夹）。例如，可以在磁盘根目录或者某一个总的文件夹内，再创建“工作”、“个人”、“朋友”、“家庭”等分类。也可以按照日期和时间、相关的人、活动事件、文件类型、地点等分类。只要让文件夹看起来更容易识别、方便查找即可。

（4）创建子文件夹，合理存放文件

在已经分好类的文件夹中，如果文件还是很多，要尽量根据文件的属性，创建一些子文件夹，然后把相关的文件分别存放到子文件夹中。创建子文件夹要注意的问题是，不要创建层次很深的目录结构，这样反而会使查找更困难。

（5）对整理的文件进行排序

有些文件名可能是一些毫无意义的名字，例如，从网上下载的歌曲名称有时候会是一些毫无意义的数字，需要通过排序和重命名，重新整理文件夹中的文件，使它们看起来更整洁，一目了然。

（6）整理计算机中的快捷方式

计算机使用时间长了以后，在桌面、【开始】菜单和快速启动栏里会有很多很乱的快捷方式。在快速启动栏里只需保留最常用的几个快捷方式即可，而其他多余的快捷方式则可从【开始】菜单中拖到桌面，然后，在桌面新建一个文件夹，用于存放桌面上所有的快捷方式。打开这个文件夹，删除不需要的快捷方式，只保留常用的。这样，计算机桌面和【开始】菜单看起来会更清爽，反应速度也会更快。

在操作完上面的步骤后，应该执行一下“磁盘碎片整理”，因为在整理文件的过程中，文件的索引会发生改变，磁盘会产生很多的碎片文件。在系统整理完成后，也可以借助其他的系统清理软件，清除系统运行时产生的垃圾文件，这样可以让系统更快地运行。

警告：

① 不要删除还会使用的文件；

② 不要删除其他用户或属于其他人的文件；

③ 不要删除重要文件（夹）；

④ 不要删除注册表项和系统文件；

⑤ 不要试图去整理文件（夹）名为 Temp 或者 Temporary 的文件，因为这些是系统或者应用软件在使用过程中存放临时文件的地方，这里的文件其实并不需要整理。

4．计算机资源分类管理的示例

有一台个人计算机，共分为 4 个逻辑分区，分别为 C、D、E、F 盘，这 4 个逻辑盘的分工及要求如下。

① C 盘为系统盘，不允许私自修改或是在其中增加任何文件，如果需加装任何新的软件，可以申请安装，不得私自安装，也不允许在其中放置任何工作资料，在桌面上也不允许放置任何工作资料，工作资料统一放到工作盘 E 盘或是 F 盘里。如需要在桌面快捷使用工作资源，可以将要使用的文件夹发送一个快捷方式到桌面上，即可像放在桌面上一样使用该文件夹。

② D 盘为应用软件安装盘，为系统文件备份盘和各种工作软件备份盘，也不允许私自修改或是在其中增加任何文件。如果需加装任何新的软件，可以申请安装，不得私自安装，也不允许在其中放置任何工作资料。

③ E 盘为资料盘，为各种学习软件资料和工作资料备份盘，可以放置工作资料和工作必须的参考文件、个人文件，根据需要创建多个文件夹，例如参考资料、备份资料、个人文件、临时文件，与工作和产品无关的临时文件则放在该盘的临时或个人文件夹中，可供大家使用和学习的资料不论是否个人所有都要放到学习软件或参考资料夹里供大家共同参考。

④ F 盘为工作盘，所有工作内容都要放于此盘。根据需要可以创建多个文件夹，各文件夹下按不同项目可再分别设置不同项目的子文件夹。不同项目或是不同用途的文件必须要按分类存放于相应的文件夹或子文件夹下。所有文件必须归类整理存档，不允许将文件随意乱放，应做到让需要的人一目了然。也可以在 F 盘设置共享文件夹，其他盘则不准随便再设置共享文件夹。

所有文件必须要以实际项目名称命名，名字可以事先定好，不同版本或不同用途的项目文件夹可以加日期或用途描述文字来加以区分，不能以数字或是别人无法理解的文字来命名。

【知识梳理】

1．Windows 7 操作系统的基本概述

（1）【计算机】窗口

Windows 7 的【计算机】窗口类似于 Windows XP 的“我的电脑”和“资源管理器”，【计算机】窗口一般由导航窗格、【后退】按钮、【前进】按钮、工具栏、地址栏、库窗格、文件夹与文件列表、搜索框、细节窗格等部分组成，如图 1-1 所示。【计算机】窗口分成左右两个部分，左边区域显示计算机中所有文件夹的树形结构，称为导航窗格，右边区域显示当前文件夹的内容，称为内容框。

图 1-1 【计算机】窗口

【计算机】窗口中的菜单栏、细节窗格、预览窗格和导航窗格都可以显示或隐藏，方法是，通过工具栏中的【组织】下拉菜单中的【布局】级联菜单的命令实现，如图 1-2 所示。

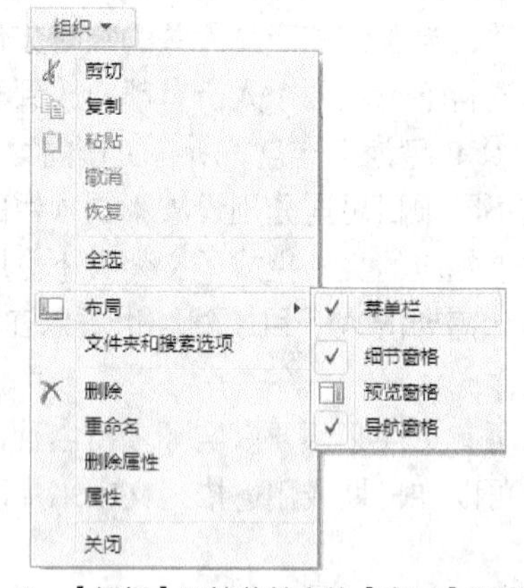

图 1-2 【组织】下拉菜单中的【布局】级联菜单

（2）硬盘分区和盘符

驱动器是读出与写入数据的硬件设备，常用的有硬盘驱动器和光盘驱动器。将硬盘划分为多个相对独立的硬盘空间称为硬盘分区。盘符是对每个磁盘分区的命名，用一个字母和冒号进行标识，硬盘的盘符一般为“C:”、“D:”、“E:”等。

（3）库

在 Windows XP 中，提供了一个名为“我的文档”的文件夹。该文件夹中默认提供了多个子文件夹，分别用于保存音乐、照片等类型的文件。Windows 7 操作系统将“我的文档”文件夹进行了升级，提供了一个全新的文件组织方法，使用户可以采用虚拟视图的方式管理自己的文件，即“库”。用户可以将硬盘上不同位置的文件夹添加进库中，并在其中浏览这些内容。

（4）文件夹和文件

文件夹是 Windows 操作系统中用于存放文件或其他子文件夹的容器，在文件夹中包含的子文件夹中还可以包含多个子文件夹或文件。

文件是计算机数据的集合，通常使用不同的图标来表示不同类型的文件，用户可以通过图标或者文件的扩展名来识别文件的类型，扩展名“.exe”表示可执行文件，“.txt”表示文本文件，“.bmp”表示图像文件，“.swf”表示.Flash 动画文件，“.zip”表示.ZIP 格式的压缩文件等。

文件夹和文件都必须有一个确定的名称。操作系统通过名称对文件夹和文件进行有效的管理，用户通过名称识别、记忆和搜索文件夹和文件。文件和文件夹的名称应该含义明确并且容易记忆。

查询文件或文件夹时允许使用通配符“?”和“*”，在同一文件夹中的文件或子文件夹不能出现重名。

（5）路径

在对文件进行操作时，除了要指明文件名外，还需要明确文件所在的盘符和文件夹，即在文件夹树中的位置，也称为文件的路径。路径有绝对路径和相对路径之分。绝对路径表示文件在系统中存储的绝对位置，由从磁盘根文件夹开始直到该文件所在文件夹路径上的所有文件夹名组成，并使用“\”进行分隔。例如，“C:\Program Files\Microsoft Office\Office14”就是一个绝对路径。

相对路径表示文件在文件夹树中相对于当前文件或文件夹的位置，以“.”、“..”或者文件夹名称开头。其中，“.”表示当前文件夹，“..”表示上级文件夹，文件夹名称表示当前文件夹中的子文件夹名。例如，“Microsoft Office\Office14”就是一个相对路径。

在 Windows 7 操作系统中单击“地址栏”的空白处，即可获得当前打开文件夹窗口的路径。

（6）磁盘格式化

磁盘的格式化是指在磁盘中建立磁道和扇区。磁道和扇区建立好后，计算机才可以使用磁盘来存储数据。格式化分为高级格式化和低级格式化，一般，普通用户不会用到低级格式化，如果没有特别申明，格式化一般指的是高级格式化。在 DOS 操作系统中，可以使用 Format 命令来执行格式化操作。在 Windows 操作系统中，格式化操作可以在【计算机】窗口中进行。首先选择要进行格式化操作的磁盘，然后选择【文件】菜单中的【格式化】命令，或者右键单击需要进行格式化操作的磁盘，在弹出的快捷菜单中选择【格式化】命令，打开如图 1-3 所示的【格式化 本地磁盘】对话框。在“文件系统”下拉列表框中指定格式化的文件系统；在“分配单元大小”下拉列表框中设置簇的大小，一般选择默认大小即可；在“卷标”文本框中输入该磁盘的卷标，如果需要快速格式化磁盘，可以选中“快速格式化”复选框。快速格式化不扫描磁盘的坏扇区而是直接从磁盘上删除文件。

格式化的各个选项设置完成后，单击【开始】按钮，弹出如图 1-4 所示的【格式化 本地磁盘】的警告信息对话框。如果确认要进行格式化操作，则单击【确定】按钮即可开始进行格式化操作，这时在【格式化 本地磁盘】对话框的进度条中可以看到格式化的进程。格式化操作完成后，将弹出【格式化完毕】对话框，单击【确定】按钮即可。

注 意

格式化磁盘操作将会删除磁盘上的所有数据，请谨慎操作。

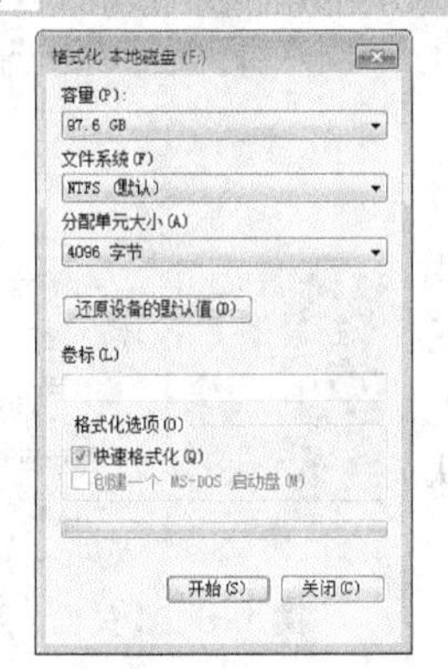

图 1-3 【格式化 本地磁盘】对话框

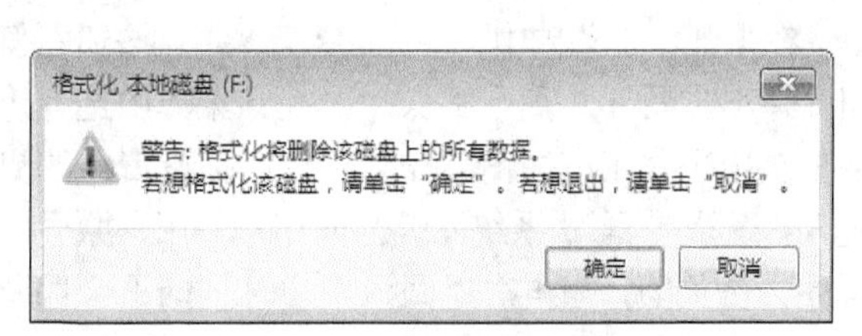

图 1-4 【格式化 本地磁盘】的警告信息对话框

2．Windows 7 的启动与退出

（1）启动 Windows 7

先打开显示器的电源开关，后打开主机的电源开关，已经安装好 Windows 7 的计算机开机后会自动启动 Windows 7。Windows 7 启动成功后将出现登录界面，选择一个登录用户，如果该登录用户设置了密码，则需要输入正确的密码后才能开始登录。登录成功后，屏幕上将出现如图 1-5 所示的 Windows 7 的桌面。

（2）认识 Windows 7 的桌面元素

Windows 7 的“桌面”就是用户启动计算机并登录到系统后看到的整个屏幕界面，就像实际的桌面一样，它是用户工作的界面。Windows 7 的桌面元素主要包括桌面图标和任务栏，如图 1-5 所示。

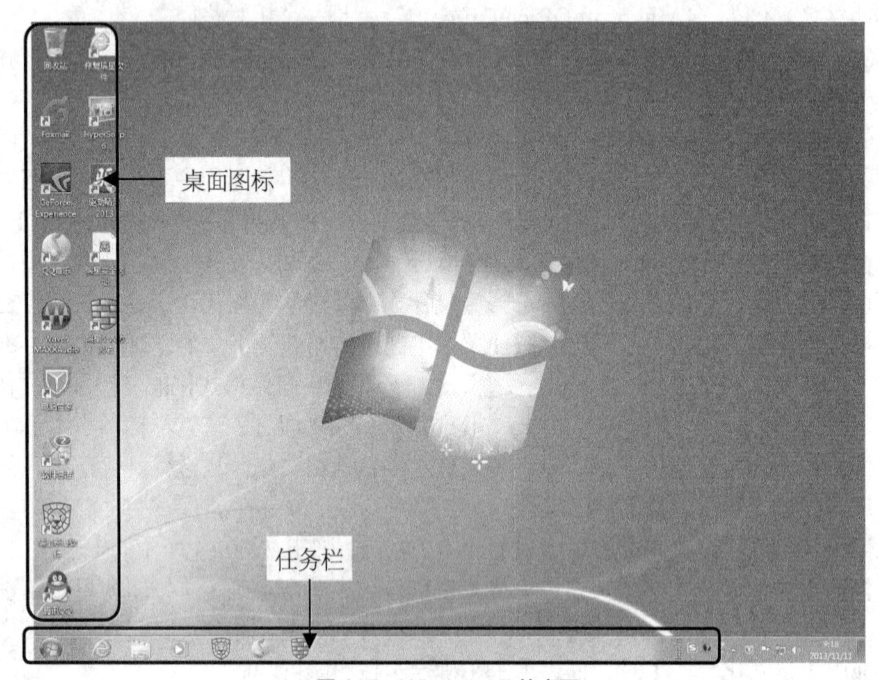

图 1-5　Windows 7 的桌面

桌面上排列着一些图标，图标是具有明确标识意义的图形，桌面图标是软件的标识。通过单击或者双击图标，可以执行某个命令或者打开某种类型的文档。桌面上可以存放用户经常用到的应用程序和文件夹图标，也可以根据需要添加各种快捷图标，双击图标就能够快速启动相应的程序或文件。

（3）注销 Windows 7

单击 Windows 7 的桌面左下角的【开始】按钮，弹出【开始】菜单。在【开始】菜单中，单击关机按钮右侧的小三角形按钮，弹出如图 1-6 所示的菜单。在该菜单中选择【注销】命令，会依次出现“正在注销”和“正在保存设置”的界面，然后系统进入“登录界面”。系统注销当前用户，用户原先打开的所有应用程序会被关闭，当再次返回该用户时，则不会保留原来的状态。

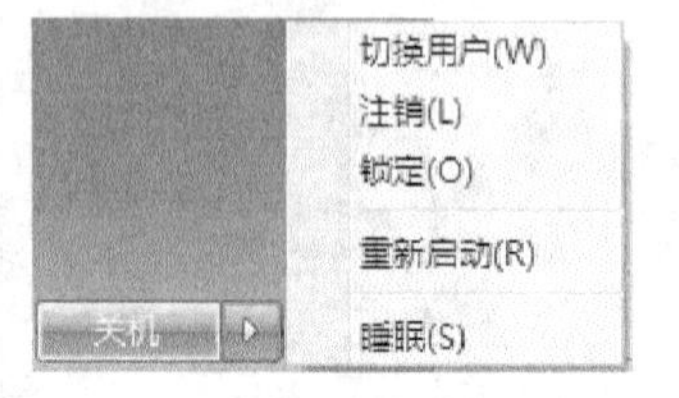

图 1-6　【关机】菜单

提 示

如果在图 1–6 所示的菜单中选择【切换用户】命令，也会进入“登录界面”，可以选择其他用户重新进行登录。此时，原先用户打开的应用程序仍在后台正常运行，当再次返回原先用户时，系统会保留原来的状态。

（4）退出 Windows 7

在【开始】菜单中单击【关机】按钮，系统自动关闭当前正在运行的程序，然后关闭计算机系统。

提 示

如果在图 1–6 所示的菜单中选择【重新启动】命令，系统自动关闭当前正在运行的程序，接着关闭计算机系统，然后再重新启动计算机。

3．窗口的基本组成

窗口是运行 Windows 应用程序时，系统为用户在桌面上开辟的一个矩形工作区域。

打开图 1-7 所示的【库】窗口和图 1-8 所示的【记事本】窗口。

Windows 的各种窗口，组成元素大同小异。一般的应用程序窗口由标题栏、【后退】和【前进】按钮、地址栏、搜索框、菜单栏、工具栏、导航窗格、工作区域、细节窗格、滚动条、窗口边框等部分组成。

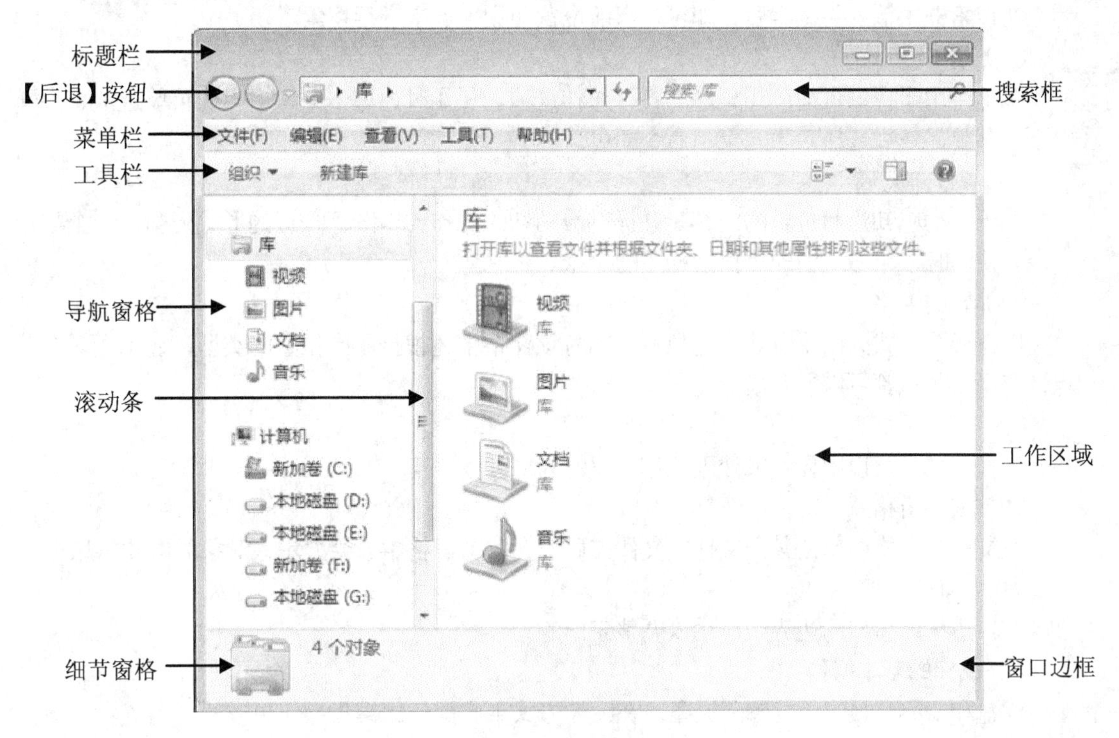

图 1–7 【库】窗口

（1）标题栏

标题栏通常位于窗口的顶端，从左至右分别是：【控制菜单】图标、窗口标题、【最小化】按钮、【最大化】按钮或者【还原】按钮、【关闭】按钮。单击【控制菜单】图标按钮，弹出如图 1-9 所示的控制菜单，其中的菜单选项可以完成对窗口的最大化、最小化、

还原、移动、关闭和改变大小等操作。

图 1-8 【记事本】窗口

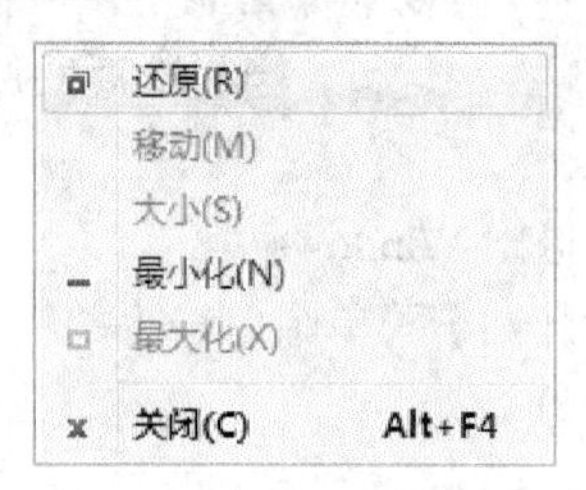

图 1-9 窗口的控制菜单

（2）【后退】和【前进】按钮

用于快速访问上一个和下一个浏览的位置。单击【前进】按钮右侧的小箭头，可以显示浏览列表，以便于快速定位。

（3）地址栏

显示当前访问位置的完整路径，路径中的每个文件夹节点都会显示为按钮。单击按钮即可快速跳转到对应的文件夹。在每个文件夹按钮的右侧，还有一个箭头按钮，单击该按钮可以列出与该按钮相同位置下的所有文件夹。

（4）搜索框

在搜索框中输入关键字后，即可在当前位置使用关键字进行搜索。

（5）菜单栏

菜单栏用于提供当前应用程序的各种操作选项。使用时，单击菜单栏上的菜单选项，会弹出下拉菜单，然后选择其中的菜单命令即可。

（6）工具栏

用于自动感知当前位置的内容，并提供最贴切的操作，以图标按钮的形式列出若干个常用命令。使用时，单击按钮即可执行相关的命令。

（7）导航窗格

以树形图方式列出了一些常见位置，同时该窗格中还根据不同位置的类型，显示了多个节点，每个子节点都可以展开或折叠。

（8）工作区域

工作区域是窗口中显示或处理工作对象的区域。

（9）细节窗格

在文件夹窗格中单击某个文件或文件夹后，在细节窗格中就会显示该对象的属性信息。

（10）窗口边框

窗口边框即窗口的边界线，用以调整窗口的大小。

4．鼠标的基本操作

键盘和鼠标是最常用的输入设备。在图形方式下，鼠标比键盘操作更方便。

（1）移动鼠标指针

移动鼠标指针是指不按鼠标的按键，移动鼠标，使鼠标指针指向所选择的对象。移动鼠标指针，然后指向桌面的“回收站”图标。

（2）单击鼠标左键

单击鼠标左键简称为“单击”，是指将鼠标指针指向某个对象，然后单击鼠标左键。单击多用于对图标、菜单命令和按钮的操作。在桌面的“回收站”图标位置单击鼠标左键。

（3）单击鼠标右键

单击鼠标右键也称为右键单击，简称为“右击”，是指将鼠标指针指向某个对象，然后单击鼠标右键。通常用于弹出相关的快捷菜单。熟练使用右击操作，可以大大提高操作效率。在桌面的“回收站”图标位置单击鼠标右键。

（4）双击鼠标左键

双击鼠标左键简称为“双击”，是指将鼠标指针指向某个对象，然后连续单击鼠标左键两次并迅速释放。多用于打开某个文件或者执行一个应用程序。

双击某个图标，将启动该图标所代表的应用程序。在桌面的“回收站”图标位置双击鼠标左键，打开【回收站】窗口。

（5）拖动鼠标

拖动鼠标简称为“拖曳”，是指将鼠标指针指向某个对象，然后按住鼠标左键移动鼠标到指定位置，再松开鼠标左键。通常用于移动或复制对象。将桌面的“回收站”图标拖动到桌面其他位置。

5．键盘的基本操作

键盘主要用于输入文字和字符，也可以代替鼠标完成某些操作。

① 按【Print Screen】键，复制整个屏幕内容。

说明：“剪贴板”是 Windows 操作系统中的内存缓冲区，用于各种应用程序、文档之间的数据传送。利用“剪贴板”可以实现文件或数据的复制和移动，保存屏幕信息等操作。

如果要将屏幕上显示的内容保存下来，可以按【Print Screen】键将整个屏幕画面复制到“剪贴板”中，或者按【Alt+Print Screen】组合键将屏幕当前窗口画面复制到“剪贴板”中，然后再从“剪贴板”中粘贴到目标文件中即可。

② 在任务栏的快捷操作区单击 按钮打开【计算机】窗口，同时双击桌面的“回收站”图标打开【回收站】窗口，然后按【Alt+Tab】组合键实现两个窗口之间的切换。

6．窗口的基本操作

窗口是用户进行工作的重要区域，必须熟悉窗口的常用操作。

（1）打开窗口

打开一个窗口可以通过以下方法实现。

① 双击程序、文件或文件夹图标，打开对应的窗口。

② 在选中的程序、文件或文件夹图标上单击鼠标右键，在弹出的快捷菜单中选择【打开】命令，即可打开对应的窗口。

③ 先打开【开始】菜单，然后在其相关子菜单中单击菜单命令，即可打开对应的窗口。

（2）移动窗口

当窗口未处于最大化状态时，将鼠标指针置于窗口标题栏，按住鼠标左键拖动，到指定位置松开鼠标按键即可。

（3）调整窗口大小

当窗口未处于最大化状态时，将鼠标指针置于窗口的垂直或水平边框上，当鼠标指针变成双向箭头时，按住鼠标左键拖动边框，到适当位置时松开鼠标按键，这样就可以调整窗口的高度或宽度。

如果需要同时调整窗口的高度和宽度，可以将鼠标指针置于窗口的 4 个角中的一个，当鼠标指针变成双向箭头时，按住鼠标左键拖动窗口角，可以缩小或放大窗口。向内侧拖动可使窗口变小，向外侧拖动则使窗口变大，到适当位置时松开鼠标按键。

(4) 最小化窗口

窗口最小化时，该窗口缩小为按钮，停留在任务栏上，按钮的名称与窗口标题栏的名称相同。窗口最小化后，对应的应用程序转入后台继续运行，单击任务栏上的相关程序按钮即可重新恢复窗口原来的大小和形状。

最小化窗口的常用操作方法如下。

方法1：在打开的窗口中单击右上角的【最小化】按钮。

方法2：在窗口的控制菜单中选择【最小化】命令。

(5) 最大化窗口

如果希望将已打开的窗口铺满整个桌面，即将该窗口设置为最大化。常用操作方法如下。

方法1：在打开的窗口中单击右上角的【最大化】按钮。

方法2：单击窗口控制菜单，在打开的控制菜单中选择【最大化】命令。

方法3：双击窗口的标题栏。

方法4：将窗口的标题栏拖动到屏幕的顶部。

(6) 还原窗口

窗口最大化后，【最大化】按钮变为【还原】按钮。如果希望还原窗口，可以选择以下操作方法完成。

方法1：单击窗口标题栏中的【还原】按钮。

方法2：在窗口的控制菜单中选择【还原】命令。

窗口还原后，恢复为原来的大小，【还原】按钮变为【最大化】按钮。

(7) 切换窗口

Windows 7 操作系统可以在屏幕上同时打开多个窗口。打开多个窗口时，只有一个窗口是活动窗口。活动窗口也称为当前窗口。

① 当窗口处于最小化状态时，在任务栏上单击选择所需操作窗口的按钮，即可完成切换，将其选为活动窗口。

② 当窗口处于非最小化可见状态时，可以在所选窗口中的任意位置单击。当标题栏的颜色变深时，表明将其选为活动窗口。

③ 按【Alt+Tab】组合键，屏幕上将会出现切换列表项。其中列出了当前正在运行窗口的图标和名称，这时可以按住【Alt】键，然后在键盘上重复按【Tab】键选择所要打开的窗口图标，选中后再松开2个按键，选择的窗口即可成为活动窗口。

④ 按【Alt+Esc】组合键实现窗口切换。先按住【Alt】键，然后再通过按【Esc】键来选择需要打开的窗口。但是它只能改变激活窗口的顺序，而不能使最小化的窗口恢复原状，所以多用于切换已打开的多个窗口。

(8) 关闭窗口

关闭一个窗口可以通过以下方法实现。

① 单击窗口的【关闭】按钮，可将窗口关闭。

② 双击窗口的控制菜单，可以关闭窗口。

③ 单击窗口的控制菜单，在弹出的下拉菜单中选择【关闭】命令，即可关闭窗口。

④ 按【Alt+F4】组合键，可以关闭窗口。

⑤ 在任务栏上右键单击对应窗口的图标按钮，在弹出的快捷菜单中选择【关闭窗口】命令，即可关闭对应的窗口。

⑥ 对于 Word 之类的应用程序，在【文件】菜单中选择【退出】命令，同样也能关闭窗口。

【引导训练】

1.1 管理文件夹和文件

在 Windows 7 操作系统中，管理系统资源的主要工具是【计算机】和【库】，系统资源主要包括磁盘（驱动器）、文件夹、文件以及其他系统资源。文件夹和文件都存储在计算机的磁盘中。文件夹是系统组织和管理文件的一种形式，是为方便查找、维护和存储文件而设置的。可以将文件分类存放在不同的文件夹中，在文件夹中可以存放各种类型的文件和子文件夹。文件是赋予了名称并存储在磁盘上的数据的集合，它可以是用户创建的文档、图片、声音、动画等，也可以是可执行的应用程序。

【任务 1-1】浏览文件夹和文件

【任务描述】

（1）打开【计算机】窗口。
（2）查看文件夹和文件的多种显示形式。
（3）体验文件夹与文件的多种排列方式。
（4）展开和折叠文件夹。
（5）选择文件夹和文件。

【任务实现】

1．打开【计算机】窗口

从以下方法中选择一种合适的方法打开【计算机】窗口。

方法 1：在【开始】菜单的右窗格中，选择【计算机】命令。

方法 2：按【⊞+E】组合键。

方法 3：如果桌面已添加【计算机】图标，则直接双击该图标即可打开【计算机】窗口。

方法 4：如果桌面已添加【计算机】图标，右键单击该图标，在弹出的快捷菜单中选择【打开】命令，也可以打开【计算机】窗口。

打开的【计算机】窗口如图 1-10 所示。

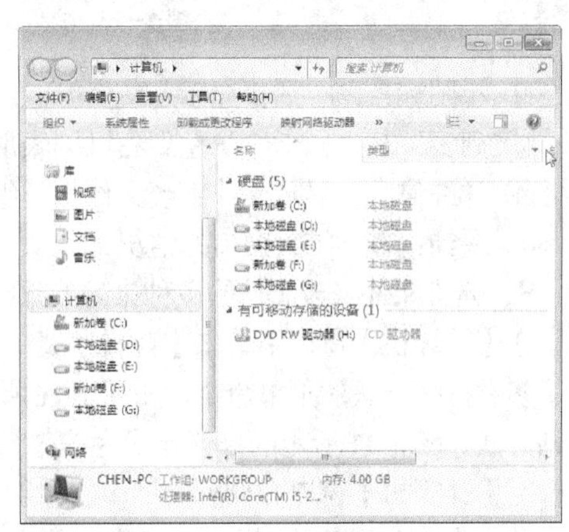

图 1-10 【计算机】窗口

2．查看文件夹和文件的多种显示形式

在【计算机】窗口中，磁盘、文件夹、文件等系统资源有多种不同的显示形式，主要包括超大图标、大图标、中等图标、小图标、列表、详细信息、平铺和内容等多种显示形式。单击窗口【查看】菜单，其下拉菜单中包含了多种显示形式的菜单命令，如图 1-11 所示。单击选择一个菜单命令，可以改变系统资源的显示形式。图 1-11 所示的显示形式为“详细信息”，对应菜单项左侧有一个标识●。

在【计算机】窗口右侧列表框中，右键单击空白处，在弹出的快捷菜单的【查看】级联菜单中也包含了多种显示形式的菜单命令，如图 1-12 所示。

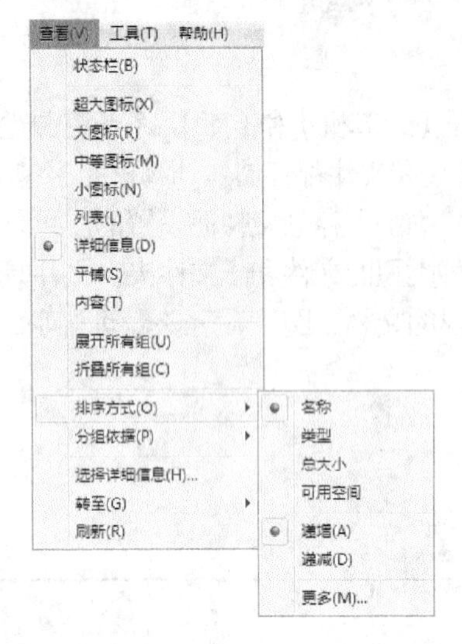

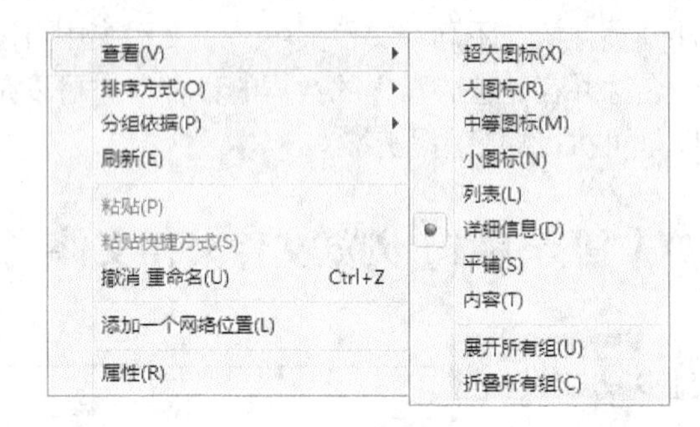

图 1-11　【查看】菜单项以及【排序方式】级联菜单　　**图 1-12　快捷菜单中【查看】级联菜单**

几种主要显示形式的区别如下。

① 大图标：以大图片形式显示磁盘、文件夹和文件等系统资源，如图 1-13 所示。

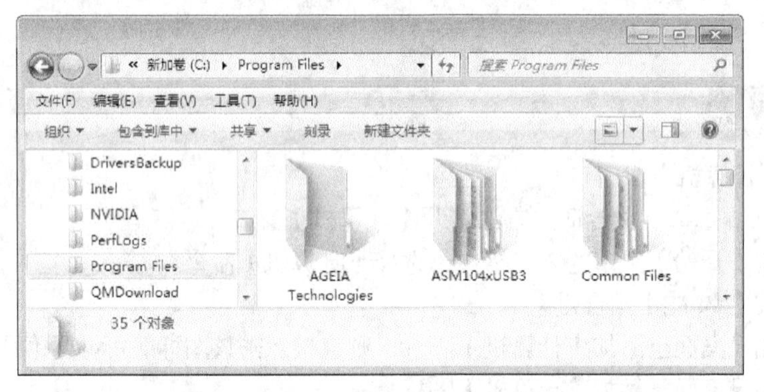

图 1-13　文件夹和文件的大图标方式显示

② 小图标：以小图标显示系统资源。

③ 列表：从上到下、从左到右以列表形式显示系统资源。

④ 详细信息：显示文件夹或文件的详细内容，包括名称、修改日期、类型、大小等信息。

⑤ 平铺：在不扩大窗口的情况下，从左到右、从上到下以小图标方式显示文件夹或文件。

3．体验文件夹与文件的多种排列方式

在【计算机】窗口中单击【查看】菜单，然后指向【排序方式】菜单项，其级联菜单中包含了多种排列方式的菜单命令，如图 1-11 所示。单击选择一个菜单命令，可以改变系统资源的排列方式。图 1-11 所示的排列方式为按“名称”排列，对应菜单项左侧有一个标识●。

在【计算机】窗口右侧列表框中，右键单击空白处，在弹出的快捷菜单的【排序方式】级联菜单中也包含了多种排列方式的菜单命令，如图 1-14 所示。

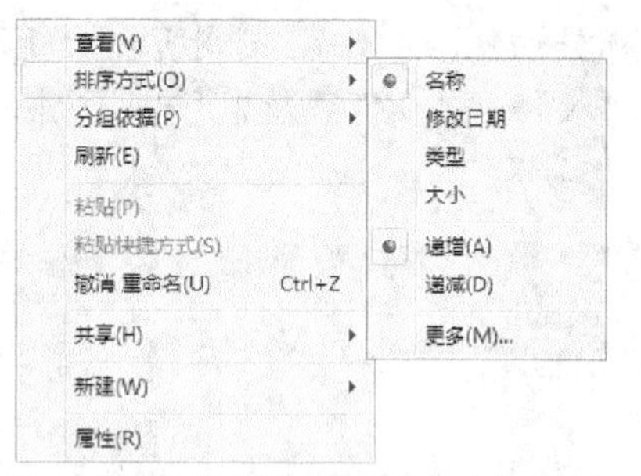

图 1-14　快捷菜单中【排序方式】子菜单

各种排列方式的区别如下。

① 名称：按文件夹、文件等系统资源的名称顺序排列。

② 修改日期：按文件夹、文件等系统资源的创建或修改时间顺序排列。

③ 类型：按文件夹、文件等系统资源的类型（扩展名）顺序排列。

④ 大小：按文件夹、文件等系统资源的大小顺序排列。

4．展开和折叠文件夹

在【计算机】窗口的左侧列表框中的文件夹的图标中，有些图标左边有一个标识，表示该文件夹中包含有子文件夹。在左侧列表框中单击标识或者双击文件夹名称即可展开该文件夹。文件夹左边的标识表示其子文件夹已经展开，单击标识则可以折叠文件夹。文件夹的展开和折叠状态如图 1-15 所示。

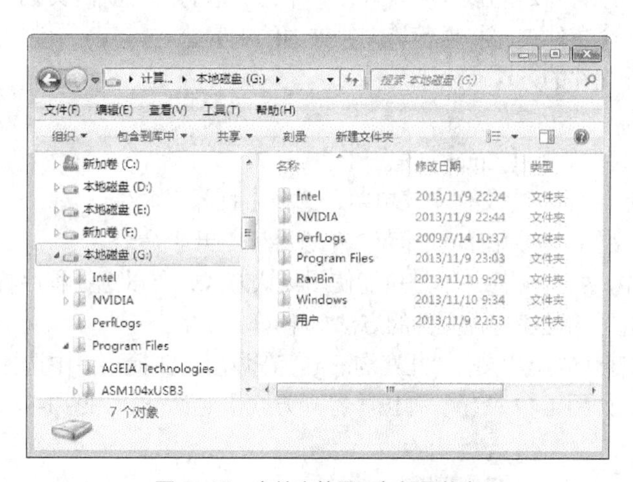

图 1-15　文件夹的展开与折叠状态

在【计算机】窗口的左侧列表框中单击所选的磁盘图标或者文件夹图标即可选择当前驱动器和文件夹。图 1-15 所示表示选择的当前驱动器为本地磁盘 G:。

5．选择文件夹和文件

对文件夹和文件进行操作之前，首先应对文件夹或文件进行选择，选择文件夹或文件有多种方法。

① 选择单个文件夹或文件：单击所选的文件夹或文件即可。

② 选择连续多个文件夹或文件：先单击选择第一个文件夹或文件，然后按住【Shift】键，再单击要选择的最后一个文件夹或文件，这样两个文件夹或文件之间的所有文件夹或文件都被选中。

提 示

按住鼠标左键拖动鼠标，出现一个矩形框，矩形框所覆盖的文件夹或文件（包括矩形框内的文件夹或文件以及矩形框四边相交的文件夹或文件）将被圈定选择，如图 1-16 所示。

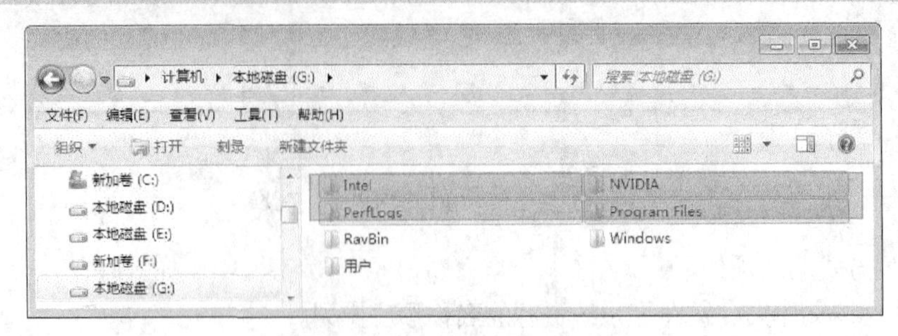

图 1-16　圈定选择文件夹或文件

③ 选择不连续的多个文件夹或文件：按住【Ctrl】键，依次单击所要选择的文件夹或文件。如果按住【Ctrl】键，然后再次单击已被选中的文件夹或文件，则会取消选中该文件夹或文件。

④ 选择当前磁盘或者文件夹中全部子文件夹和文件：在【计算机】窗口先单击选择所在的磁盘或文件夹，然后选择【编辑】→【全选】命令，或者按【Ctrl+A】组合键即可以全部选定当前磁盘或文件夹的所有子文件夹和文件。

6．打开文件夹、文件或应用程序

打开一个应用程序，将启动该程序。打开一个已关联打开方式的文档，将启动关联程序，打开该文档。打开一个文件夹，将显示该文件夹中的内容。

以默认方式打开文件的方法有以下几种。

① 双击该文件。

② 选中该文件，然后按【Enter】键。

③ 选中该文件，然后在【文件】菜单中，选择【打开】命令。

④ 右键单击该文件，在弹出的快捷菜单中选择【打开】命令。

在 Windows 7 中，打开文件并不是只能使用默认方式，可以选择程序打开文件。以打开图片文件为例，自行选择的程序打开文件的方法如下。

① 右键单击要打开的图片文件“九寨沟.jpg”，在弹出的快捷菜单中选择【打开方式】→【选择默认程序】命令，如图 1-17 所示。弹出【打开方式】对话框，如图 1-18 所示。

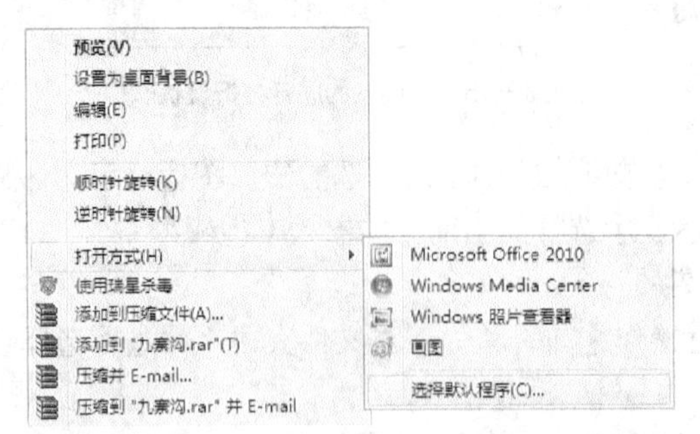

图 1-17　在【打开方式】级联菜单中选择【选择默认程序】命令

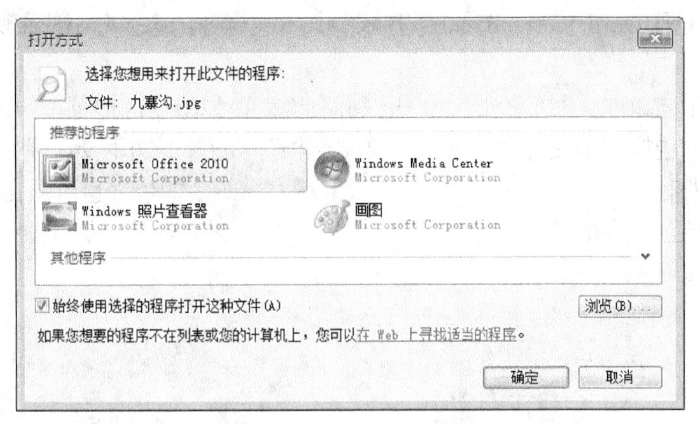

图 1-18 【打开方式】对话框

② 在【打开方式】对话框中选择用于打开图片文件的程序，这里选择“Microsoft Office 2010”，然后单击【确定】按钮关闭该对话框，将以所选择的程序打开选定的图片文件。

如果希望以后每次打开图片文件时都使用所选择的程序，可以在【打开方式】对话框选中“始终使用选择的程序打开这种文件”复选框。

【任务 1-2】新建文件夹和文件

【任务描述】

（1）在计算机的 D 盘的根目录中新建一个文件夹“网上资源”，在该文件夹分别建立 3 个子文件夹“文本”、“图片”和“动画”。

（2）在已创建的文件夹“文本”中创建一个文本文件“网址”。

（3）将文件夹名称“动画”重命名为“Flash 动画”，将文件名称“网址”重命名为“工具软件下载的网址”。

【任务实现】

1．新建文件夹

① 使用窗口的菜单命令新建文件夹。

打开【计算机】窗口，选定新建文件夹所在的 D 盘，在【文件】菜单中选择菜单命令【新建】→【文件夹】，如图 1-19 所示。

系统创建一个默认名称为“新建文件夹”的文件夹，输入文件夹的有效名称“网上资源”，然后按回车键【Enter】即可，也可以在窗口空白处单击，这样一个新文件夹便创建完成。

② 在【计算机】窗口，选定新建文件夹的上一级文件夹“网上资源”，在【计算机】窗口的空白处单击鼠标右键，在弹出的快捷菜单中选择【新建】菜单项，在其级联菜单中选择【文件夹】命令，系统自动创建一个文件夹，输入名称“文本”，然后按回车键【Enter】即可。

以类似方法在文件夹“网上资源”中创建另 2 个子文件夹“图片”和“动画”。

2．新建文件

使用窗口的菜单命令和快捷菜单命令都可以新建各种类型的文件，窗口的菜单命令如图

1-19 所示，可以创建 Word 文档、Excel 工作表、文本文档等。这里介绍使用快捷菜单命令新建文件的方法。

在【计算机】窗口或桌面的空白处单击鼠标右键，在弹出的快捷菜单中选择【新建】菜单项，在其子菜单中选择一个文件类型命令“文本文档”，如图 1-20 所示。系统创建一个文本文件，输入新文件的有效名称“网址”，然后按回车键【Enter】即可，也可以在窗口空白处单击，这样一个新文件便创建完成了。

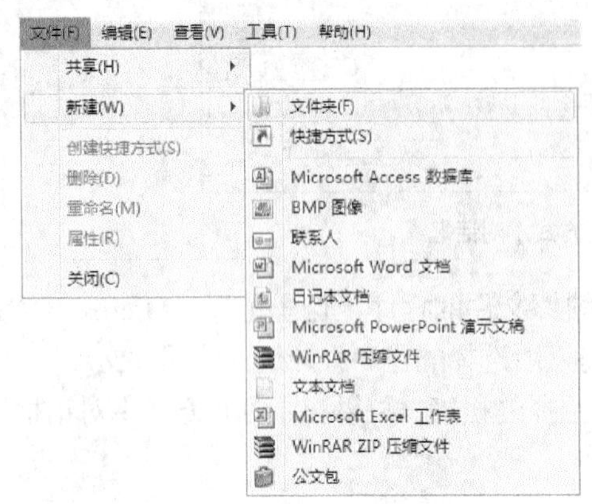

图 1-19　新建文件夹的菜单命令

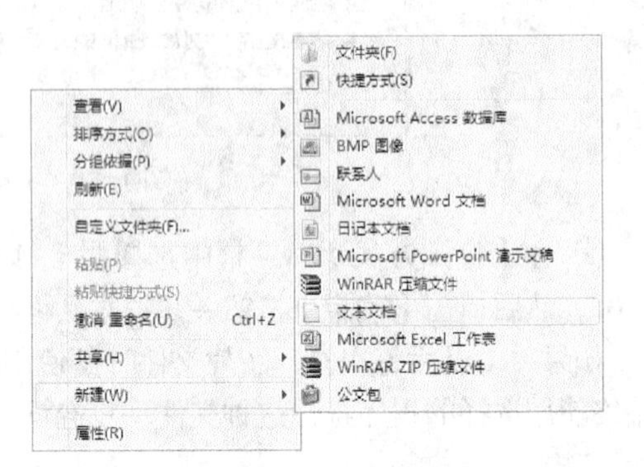

图 1-20　新建文件的快捷菜单命令

创建完成多个文件夹和一个文本文件，如图 1-21 所示。

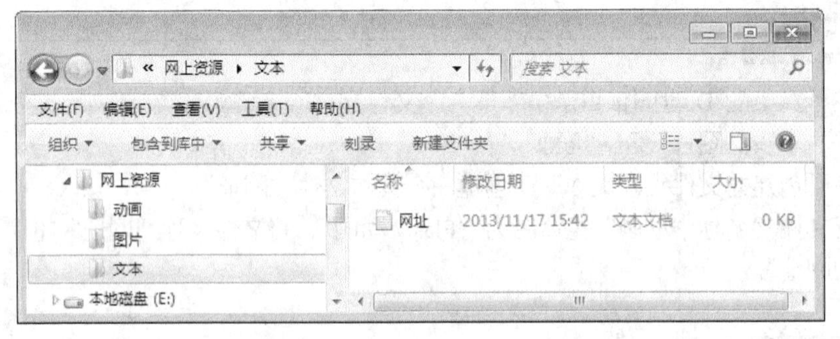

图 1-21　创建完成多个文件夹和一个文本文件

3．重命名文件夹和文件

从以下操作方法中选择一种合适的方法重命名文件夹和文件。

方法 1：使用快捷菜单命令重命名文件夹和文件。

在【计算机】窗口或者桌面中，右键单击待重命名的文件夹“动画”，在弹出的快捷菜单中选择【重命名】命令，然后输入新的名称“Flash 动画”，按回车键【Enter】即可。

方法 2：使用窗口菜单命令重命名文件夹和文件。

在窗口中，选中待重命名的文件“网址”，然后选择窗口【文件】菜单中【重命名】命令或者选择工具栏中的【组织】下拉菜单的【重命名】命令，然后输入新的名称“工具软件下载的网址”，按回车键【Enter】即可。

方法 3：使用鼠标重命名文件夹和文件。

在窗口中，单击选中待重命名的文件夹或文件，然后再次单击选定的文件夹或文件，在原有名称处显示文本框和光标，在文本框中输入新的名称，按回车键【Enter】即可。

【任务 1–3】复制与移动文件夹和文件

【任务描述】

（1）将图片“九寨沟”和“香格里拉”从“备用资源”文件夹中复制到文件夹“网上资源”的子文件夹“图片”中。

（2）将 Flash 动画“01.swf”和“02.swf”从“备用资源”文件夹中移动到文件夹“网上资源”的子文件夹“Flash 动画”中。

【任务实现】

1．复制文件夹和文件

复制文件夹和文件是指将选中的文件夹和文件从一个位置复制到另外一个位置。复制操作完成后，文件夹和文件同时会在原先的位置和新的位置存在。

从以下操作方法中选择一种合适的方法复制文件夹和文件。

方法 1：使用快捷菜单命令复制。

选中文件夹“备用资源”中的图片文件“九寨沟”，单击鼠标右键，在弹出的快捷菜单中选择【复制】命令，然后在目标文件夹“图片”的空白处单击右键，在弹出的快捷菜单中选择【粘贴】命令，如图 1-22 所示，即可将选中的文件夹或文件复制到新位置。

方法 2：使用窗口菜单命令复制。

选中要复制的文件夹或文件，在窗口【编辑】菜单中选择【复制】命令或者在工具栏的【组织】的下拉菜单中选择【复制】命令，如图 1-23 所示，然后选中目标磁盘或文件夹，在窗口【编辑】菜单中选择【粘贴】命令或者在工具栏的【组织】的下拉菜单中选择【粘贴】命令，即可将选中的文件夹或文件复制到新位置。

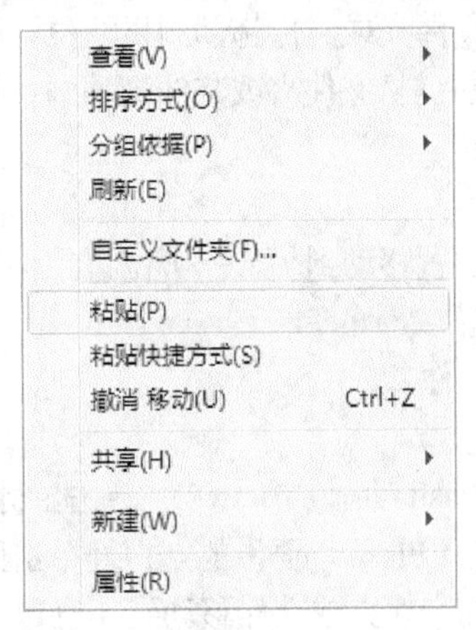

图 1–22　选择快捷菜单的【粘贴】命令

编辑(E) 查看(V) 工具(T) 帮助(H)
撤消 移动(U) Ctrl+Z
恢复(R) Ctrl+Y
剪切(T) Ctrl+X
复制(C) Ctrl+C
粘贴(P) Ctrl+V
粘贴快捷方式(S)
复制到文件夹(F)...
移动到文件夹(V)...
全选(A) Ctrl+A
反向选择(I)

图 1–23　选择窗口【编辑】菜单中的【复制】命令

方法 3：使用快捷键进行复制。

选中待复制的文件夹或文件，按【Ctrl+C】组合键复制，然后选定目标磁盘或文件夹，按【Ctrl+V】组合键粘贴。

方法 4：使用“Ctrl 键+鼠标左键”拖动。

选中待复制的文件夹或文件，按住【Ctrl】键，同时按住鼠标左键并拖动，将文件夹或文件拖动到目标位置后松开鼠标左键和【Ctrl】键，即可将选中的文件夹或文件复制到新位置。

方法 5：使用鼠标右键拖动。

选中要复制的文件夹或文件，按住鼠标右键并拖动，将文件夹或文件拖动到目标位置后松开鼠标右键，在弹出的快捷菜单中选择【复制到当前位置】命令，即可将选中的文件夹或文件复制到目标位置。

方法 6：使用【复制项目】对话框进行复制。

在【计算机】窗口中，选中文件夹“备用资源”中的图片文件“香格里拉”，然后选择窗口【编辑】菜单中的【复制到文件夹】命令。弹出如图 1-24 所示的【复制项目】对话框，在该对话框中选择目标位置“图片”，接着单击【复制】按钮即可。

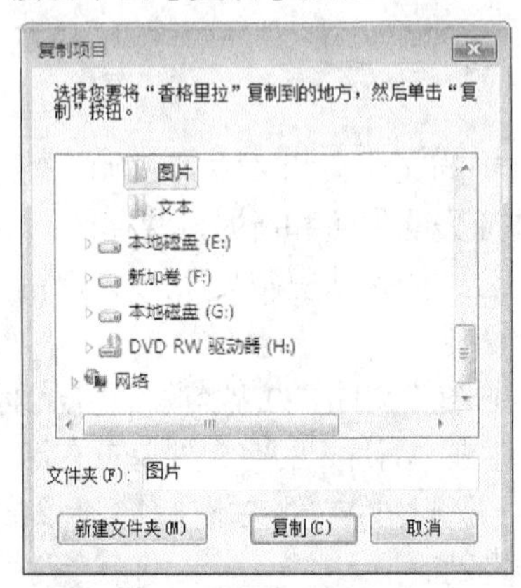

图 1-24 【复制项目】对话框

在【复制项目】对话框中要查看任何子文件夹，单击标识▷展开文件夹。如果要复制到一个新建的文件夹，先选择目标位置，然后单击【新建文件夹】按钮新建一个文件夹即可。

方法 7：在不同的驱动器中，单击并按住鼠标左键将文件夹或文件拖动到目标位置即可。在同一个驱动器中，按住【Ctrl】键的同时单击并按住鼠标左键将文件夹或文件拖动到目标位置即可。

2．移动文件夹和文件

移动文件夹和文件是指将选中的文件夹和文件从一个位置移动到另外一个位置。移动操作完成后，文件夹和文件在原先的位置消失，出现在新的位置。

从以下操作方法中选择一种合适的方法移动文件夹和文件。

方法 1：使用快捷菜单命令剪切。

在【计算机】窗口中，选中文件夹“备用资源”中的 Flash 动画“01.swf”，单击鼠标右键，在弹出的快捷菜单中选择【剪切】命令，然后在目标文件夹“Flash 动画”的空白处单击鼠标右键，在弹出的快捷菜单中选择【粘贴】命令，即可将选中的文件夹或文件移动到新位置。

方法 2：使用窗口菜单命令剪切。

选中要移动的文件夹或文件，在窗口【编辑】菜单中选择【剪切】命令或者在工具栏【组织】的下拉菜单中选择【移动】命令，然后选中目标磁盘或文件夹，在窗口【编辑】菜单中选择【粘贴】命令或者在工具栏【组织】的下拉菜单中选择【粘贴】命令，即可将选中的文件夹或文件移动到新位置。

方法3：使用快捷键进行移动。

选中待复制的文件夹或文件，按【Ctrl+X】组合键剪切，然后选定目标磁盘或文件夹，按【Ctrl+V】组合键粘贴。

方法4：使用鼠标左键拖动。

选中待移动的文件夹或文件，按住鼠标左键并拖动，将文件夹或文件拖动到目标位置后松开鼠标左键，即可将选中的文件夹或文件移动到新位置。

方法5：使用鼠标右键拖动。

选中要移动的文件夹或文件，按住鼠标右键并拖动，将文件夹或文件拖动到目标位置后松开鼠标右键，在弹出的快捷菜单中选择【移动到当前位置】命令，即可将选中的文件夹或文件移动到目标位置。

方法6：使用【移动项目】对话框进行复制。

在【计算机】窗口中，选中要移动的文件“02.swf”，然后选择窗口【编辑】菜单中的【移动到文件夹】命令，弹出【移动项目】对话框，在该对话框中选择目标位置“Flash 动画”，接着单击【移动】按钮即可。

方法 7：在同一个驱动器中，单击并按住鼠标左键将文件夹或文件拖动到目标位置即可。在不同的驱动器中，按住【Shift】键的同时单击并按住鼠标左键将文件夹或文件拖动到目标位置即可。

【任务 1-4】删除文件夹和文件与使用“回收站”

【任务描述】

（1）将“图片”文件夹中的图片文件“九寨沟”删除，要求存放在回收站中。

（2）将桌面快捷方式“计算器”删除，要求存放在回收站中。

（3）将“Flash 动画”文件夹中的 Flash 动画“02.swf”永久删除，不存放在回收站中。

【任务实现】

1. 删除文件夹和文件

删除文件夹和文件是指将不需要的文件夹和文件从磁盘中删除，分为一般删除和永久删除两种，一般删除的文件夹和文件并没有从磁盘中真正删除，它们被存放在磁盘的特定区域，即回收站中，在需要的时候可以恢复，而永久删除的文件夹和文件则真正从磁盘中删除了，不能予以恢复。

（1）一般删除

从以下操作方法中选择一种合适的方法进行一般删除。

方法1：使用窗口或工具栏菜单命令删除。

在【计算机】窗口，选中“图片”文件夹中待删除的文件“九寨沟”，然后选择【文件】菜单中的【删除】命令或者在工具栏【组织】的下拉菜单中选择【删除】命令。

方法2：使用快捷菜单命令删除。

在 Windows 7 桌面上，右键单击待删除的快捷方式“计算器”，在弹出的快捷菜单中选择【删除】命令。

方法 3：使用【Delete】键删除。

选中待删除的文件夹或文件，按【Delete】键。

方法 4：使用鼠标拖动。

可以将待删除的文件夹或文件拖动到桌面“回收站”图标上。

使用以上 4 种方法删除文件夹或文件时，都会弹出如图 1-25 所示的【删除文件】对话框。在该对话框中单击【是】按钮，删除操作即完成。

（2）永久删除

选中待删除的文件“02.swf”，按住【Shift】键的同时，选择【删除】命令或者按【Delete】键，弹出如图 1-26 所示的【删除文件】对话框。在该对话框中单击【是】按钮，该文件将被永久删除，而不会保存在回收站中。

图 1-25 【确认文件夹删除】的对话框

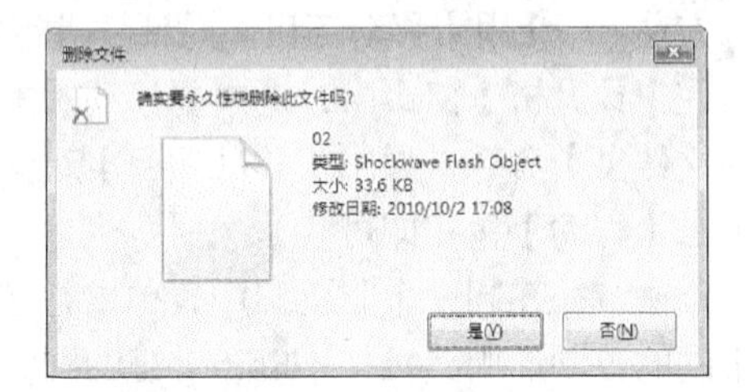

图 1-26 “确认文件夹永久删除”的对话框

2．使用回收站

回收站是保存被删除文件夹或文件的中转站，从硬盘中删除文件夹、文件、快捷方式等项目时，可以将其放入回收站中。这些项目仍然占用硬盘空间并可以被恢复到原来的位置。回收站中的项目在被用户永久删除之前可以被保留，但回收站空间不够时，Windows 操作系统将自动清除回收站中的空间，以存放最近删除的项目。

注 意

以下情况被删除的项目不会存放在回收站，也不能被还原。

① 从 U 盘、软盘中删除的项目。

② 从网络中删除的项目。

③ 按住【Shift】键删除的项目。

④ 超过回收站存储容量的项目。

（1）还原回收站中的项目

在桌面上双击“回收站”图标，打开如图 1-27 所示的【回收站】窗口。

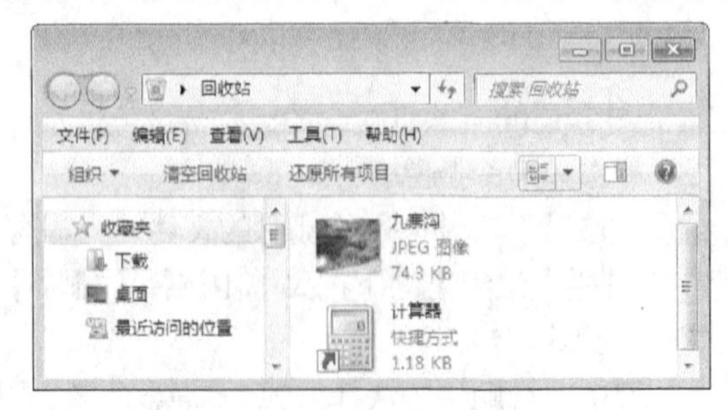

图 1-27 【回收站】窗口

① 还原回收站中某个项目。右键单击该项目，在弹出的快捷菜单中选择【还原】命令。也可以先单击选择该项目，然后单击工具栏中的【还原此项目】按钮，还原的项目将恢复到原来的位置。如果还原已删除文件夹中的文件，则该文件夹将在原来的位置重新创建，然后在此文件夹中还原文件。

② 还原回收站中多个项目。可以在按住【Ctrl】键的同时单击要还原的每个项目，然后选择【回收站】窗口【文件】菜单中的【还原】命令。

③ 还原回收站中的所有项目。可以直接在【回收站】窗口工具栏位置单击【还原所有项目】按钮。也可以选择【回收站】窗口【编辑】菜单中的【全选】命令，然后选择【文件】菜单中的【还原】命令。

（2）删除回收站中的项目

删除回收站中的项目就意味着将项目从计算机中永久地删除，不能被还原。

① 删除回收站中某个项目。右键单击该项目，在弹出的快捷菜单选择【删除】命令。

② 删除回收站中多个项目。可以在按住【Ctrl】键的同时单击要删除的每个项目，然后选择【回收站】窗口【文件】菜单中的【删除】命令。

③ 删除回收站中的所有项目。可以选择【回收站】窗口【文件】菜单或快捷菜单中的【清空回收站】命令。

（3）清空回收站

从以下操作方法中选择一种合适的方法清空回收站。

方法 1：在桌面上，右键单击“回收站”图标，在弹出的快捷菜单中选择【清空回收站】命令。

方法 2：打开【回收站】窗口，然后选择【文件】菜单或快捷菜单中的【清空回收站】命令，或者在【回收站】窗口工具栏位置单击【清空回收站】按钮。

【任务 1-5】搜索文件夹和文件

【任务描述】

（1）使用【开始】菜单中的“搜索”文本框搜索“磁盘清理”相关的项。

（2）使用【库】窗口在“图片库”中搜索 jpg 格式的图片文件。

（3）使用【计算机】窗口在文件夹“网上资源”搜索 jpg 格式的图片文件。

【任务实现】

Windows 7 提供了多种搜索文件和文件夹的方法。在不同的情况下可以选用不同的方法。

1．使用【开始】菜单中的“搜索”文本框搜索文件夹和文件

可以使用【开始】菜单中的“搜索”文本框，查找存储在计算机磁盘中的文件、文件夹、程序和电子邮件等。

单击【开始】菜单按钮，在“搜索”文本框中输入关键字“磁盘清理”，与所输入文本相匹配的项将立即出现在【开始】菜单搜索框的上方，如图 1-28 所示。从【开始】菜单搜索时，搜索结果中仅显示已建立索引的文件。

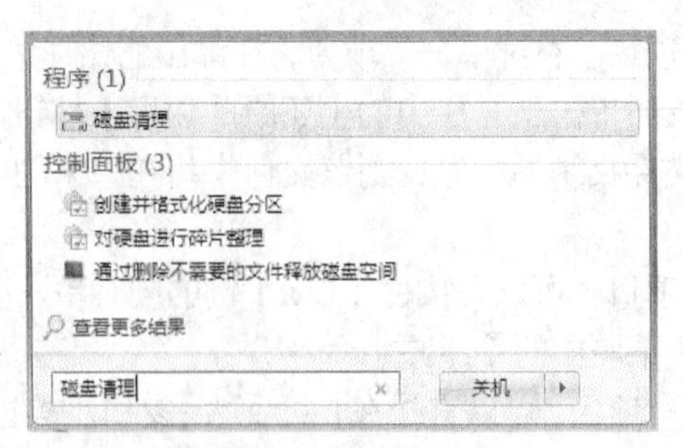

图 1-28　使用【开始】菜单中的“搜索”文本框的搜索结果

2．在【库】窗口中的使用“搜索”文本框搜索文件夹和文件

（1）打开【库】窗口

右键单击【开始】菜单，在弹出的快捷菜单中选择【打开 Windows 资源管理器】命令，打开【库】窗口，如图 1-29 所示。

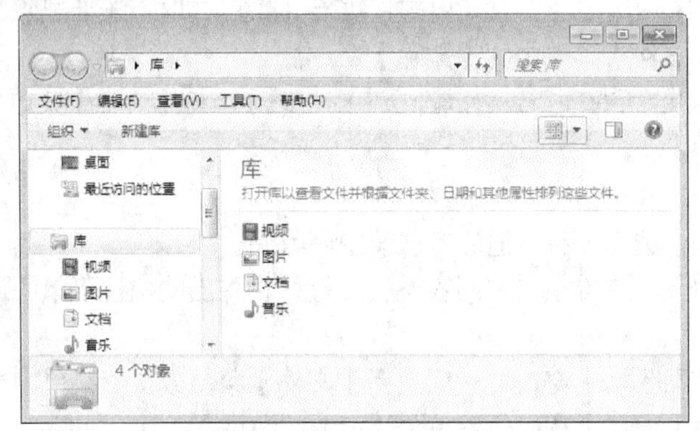

图 1-29　【库】窗口

（2）定位到要搜索的位置与选择筛选器

选择库中的“图片”文件夹，然后单击“搜索”文本框，在搜索筛选器中选择“类型”筛选器，如图 1-30 所示。

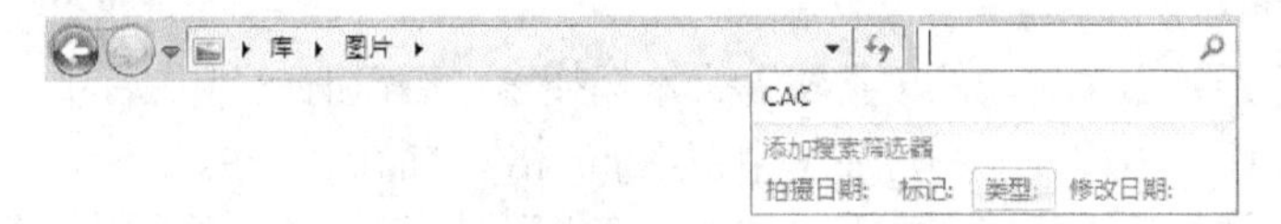

图 1-30　添加搜索筛选器

（3）搜索符合指定条件的对象

系统自动弹出“图片”类型列表，选择“.jpg”即可，如图 1-31 所示。

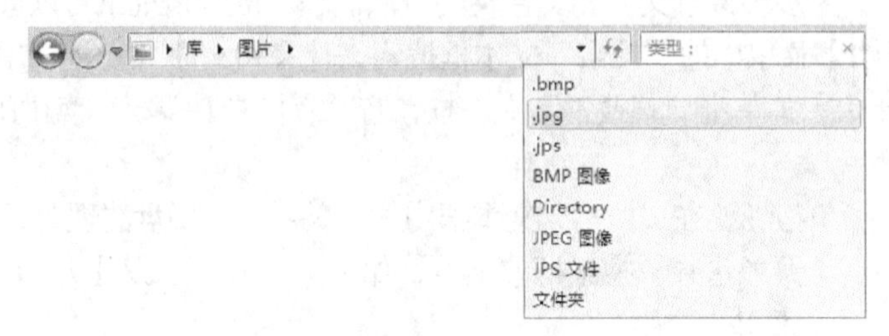

图 1-31　选择搜索类型“.jpg”

在“图片库”中搜索 jpg 格式图片的结果如图 1-32 所示。

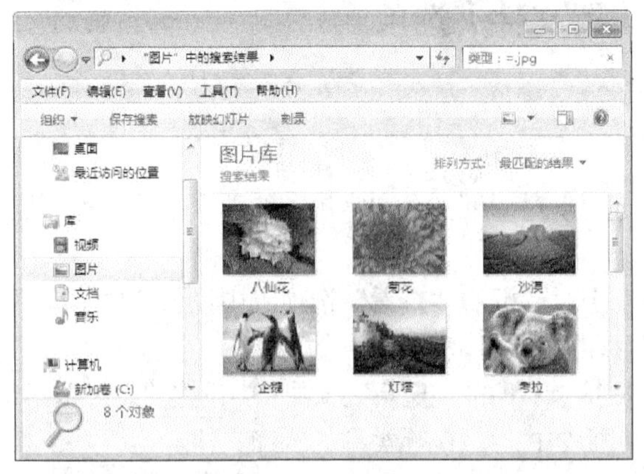

图 1-32　在“图片库”中搜索 jpg 格式图片的结果

3．在【计算机】窗口指定的文件夹中搜索文件夹和文件

① 打开【计算机】窗口，并定位到指定的文件夹，这里为“网上资源”。

② 在窗口右上角的搜索框中输入要查找的文件的名称或关键字，这里输入“*.jpg”，搜索结果如图 1-33 所示。

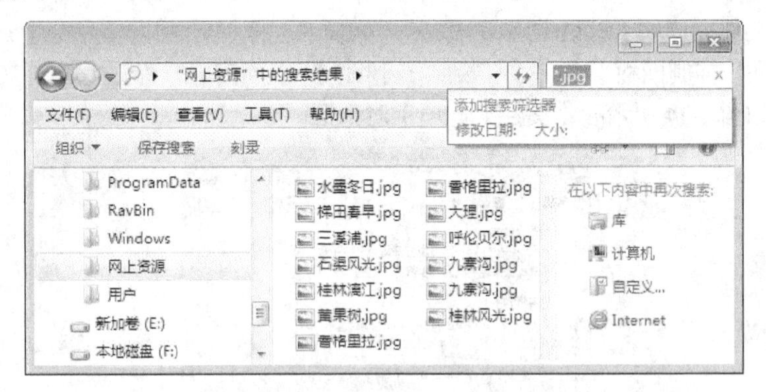

图 1-33　在文件夹“网上资源”搜索 jpg 格式的图片文件的结果

单击搜索框可以显示“修改日期”和“大小”搜索筛选器。选择“修改日期”筛选器，可以设置要查找文件夹或文件的日期或日期范围；选择“大小”筛选器，可以指定要查找文件夹的大小范围。

如果在指定的文件夹中没有找到要查找的文件夹或文件，Windows 7 就会提示“没有与搜索条件匹配的项”。此时，可以选择“库”、“计算机”、“自定义”和“Internet”途径之一继续进行搜索。

当需要对某一类文件夹或文件进行搜索时，可以使用通配符来表示文件名中不同的字符。Windows 7 中使用“?”和“*”两种通配符，其中“?”表示任意一个字符，“*”表示任意多个字符。例如，“*.jpg”表示所有扩展名为“.jpg”的图片文件，“x?y.*”表示文件名由 3 个字符组成（其中第 1 个字符为 x，第 3 个字符为 y，第 2 个字符为任意一个字符），扩展名为任意字符（可以是“jpg”、“docx”、“bmp”、“txt”等）的一批文件。

【任务 1-6】设置文件夹选项

【任务描述】

（1）打开【文件夹选项】对话框，在“常规”选项卡中，设置“显示所有文件夹”和“自动扩展到当前文件夹”。

（2）在【文件夹选项】对话框的“查看”选项卡中设置“显示隐藏的文件、文件夹或驱动器”，且显示已知文件类型的扩展名。

（3）在【文件夹选项】对话框的“搜索”选项卡中设置“始终搜索文件名和内容”，在搜索没有索引的位置时也将包括 ZIP、CAB 等类型的压缩文件。

【任务实现】

1．打开【文件夹选项】对话框

从以下操作方法中选择一种合适的方法打开【文件夹选项】对话框。

方法 1：在【计算机】窗口，选择【工具】菜单中的【文件夹选项】命令，可以打开如图 1-34 所示的【文件夹选项】对话框。

方法 2：在【控制面板】窗口，切换到“小图标”查看方式，然后双击“文件夹选项”选项，即可打开如图 1-34 所示的【文件夹选项】对话框。

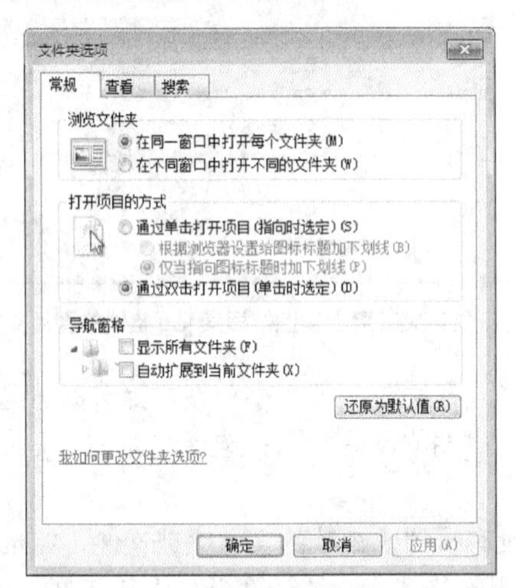

图 1-34 【文件夹选项】对话框的“常规”选项卡

2．设置文件夹的常规属性

【常规】选项卡主要用于设置文件夹的常规属性，如图 1-34 所示。

【常规】选项卡的“浏览文件夹”区域用来设置文件夹的浏览方式，设置在打开多个文件夹时是在同一窗口中打开还是在不同的窗口中打开。选择“在同一窗口中打开每个文件夹”单选按钮时，在【计算机】窗口中每打开一个文件，只会出现一个窗口来显示当前打开的文件夹。选择“在不同窗口中打开不同的文件夹”单选按钮时，在【计算机】窗口中每打开一个文件，就会出现一个相应的窗口，打开了多少个文件夹，就会出现多少个窗口。

【常规】选项卡的“打开项目的方式”区域用来设置文件夹的打开方式，可以设置文件夹是通过单击打开还是双击打开。如果文件夹通过单击打开，则指向时会选定；如果通过双击打开，则单击时选定。如果选中“通过单击打开项目（指向时选定）”单选按钮，则“根据浏览器设置给图标标题加下画线”和“仅当指向图标标题时加下画线”单选按钮就为可用状态，可根据需要进行选择。单击【还原为默认值】按钮，可以恢复系统默认的设置方式。

在【常规】选项卡的“导航窗格”区域中选中“显示所有文件夹”和“自动扩展到当前文件夹”2 个复选框，然后单击【确定】按钮，使设置生效并关闭该对话框。

3．设置文件夹的查看属性

在【文件夹选项】对话框切换到【查看】选项卡，如图 1-35 所示。该选项卡用于设置文件夹的显示方式。

【查看】选项卡的“文件夹视图”区域包括【应用到文件夹】和【重置文件夹】2 个按钮。单击【应用到文件夹】按钮，可使文件夹应用当前文件夹的视图设置，单击【重置文件夹】按钮，可将文件夹还原为默认视图设置。

【查看】选项卡的“高级设置”列表框中显示了有关文件夹和文件的多项高级设置选项，可以根据实际需要进行设置。选中“显示隐藏的文件、文件夹和驱动器”单选按钮时，将会显示属性为隐藏的文件、文件夹和驱动器；取消“隐藏已知文件类型的扩展名”复选框的选中状态，如图 1-35 所示。

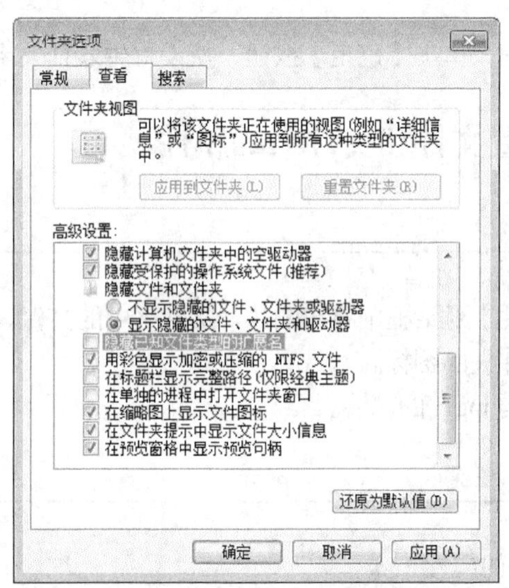

图 1-35　在【文件夹选项】对话框的【查看】选项卡进行相关设置

单击【应用】按钮，可应用所选设置，单击【还原为默认值】按钮，可恢复系统默认的设置。

4．设置文件夹的搜索属性

在【文件夹选项】对话框切换到【搜索】选项卡，该选项卡用于设置搜索内容和搜索方式。

在【搜索】选项卡的“搜索内容”区域选择“始终搜索文件名和内容（此过程可能需要几分钟）”单选按钮。在“在搜索没有索引的位置时”区域选择“包括压缩文件（ZIP、CAB）”复选框，如图 1-36 所示。

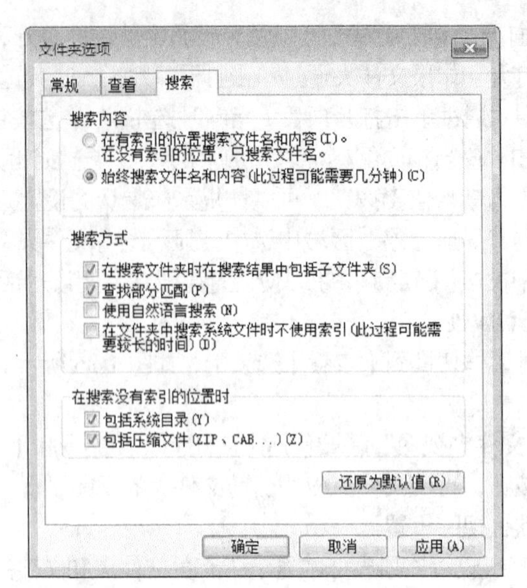

图 1-36　在【文件夹选项】对话框的“搜索”选项卡进行相关设置

单击【应用】按钮，可应用所选设置，单击【还原为默认值】按钮，可恢复系统默认的设置。

文件夹选项设置完成后，单击【确定】按钮，使设置生效且关闭该对话框。

【任务 1-7】设置文件和文件夹的属性

【任务描述】

（1）在文件夹的【属性】对话框中将“图片”文件夹中的文件设置为非只读状态。

（2）更改“图片”文件夹的图标。

（3）设置文件“九寨沟.jpg”的属性。

【任务实现】

1．查看与设置文件夹的属性

文件夹和文件的属性分为只读、隐藏和存档 3 种类型。具备只读属性的文件夹和文件不允许被更改和删除，只读文件可以被打开，浏览文件内容；具备隐藏属性的文件夹和文件可以被隐藏，对于一些重要的系统文件可以有效进行保护；对于一般的文件夹和文件都具备存档属性，可以对其进行浏览、更改和删除。

设置文件夹属性的操作步骤如下。

① 选中要设置属性的文件夹“图片”。

② 打开【属性】对话框。选择窗口【文件】菜单中的【属性】命令，或者单击鼠标右键，在弹出的快捷菜单中选择【属性】命令，打开【属性】对话框，如图 1-37 所示。

③ 设置文件夹的常规属性。“常规”选项卡中包括类型、位置、大小、占用空间、包含的文件和文件夹数量、创建时间和属性等内容，还包含有【高级】按钮。在该选项卡的“属性”

区域可以选择“只读”和“隐藏”复选框。单击【高级】按钮，在打开的【高级属性】对话框中可以设置“存档和索引属性”和“压缩或加密属性”，如图 1-38 所示。

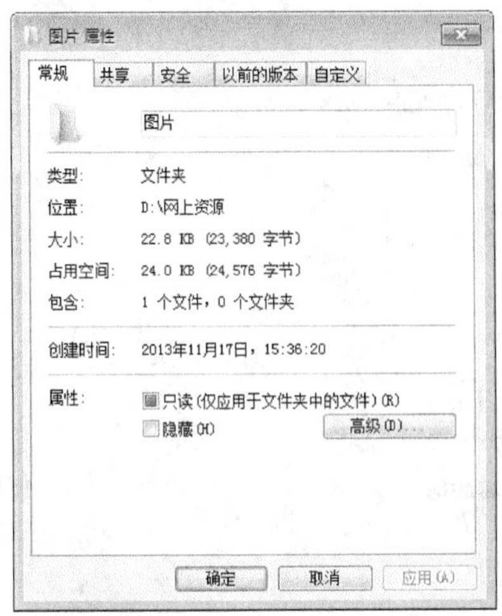

图 1-37　文件夹【属性】对话框的“常规”选项卡

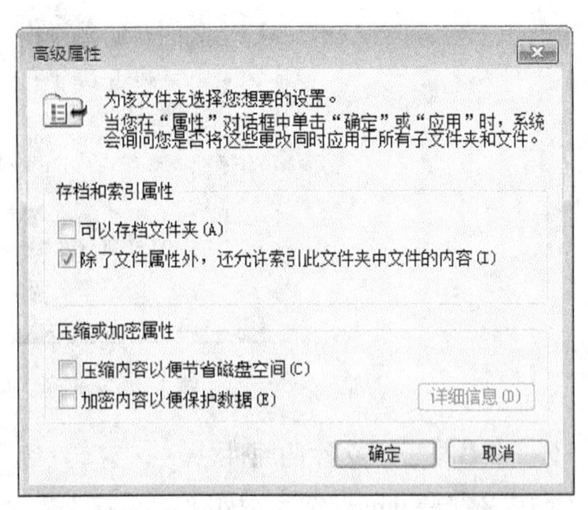

图 1-38　文件夹的【高级属性】对话框

④ 自定义文件夹的属性。切换到“自定义”选项卡，在该选项卡可以对文件夹模板、文件夹图片和文件夹图标进行设置，如图 1-39 所示。

在“自定义”选项卡中单击【更改图标】按钮，弹出【更改图标】对话框，如图 1-40 所示。在该对话框中选择一个图标，然后单击【确定】按钮，即可更改文件夹的图标。

在“自定义”选项卡中单击【还原为默认值】按钮，可以将文件夹图标还原为系统的默认图标。

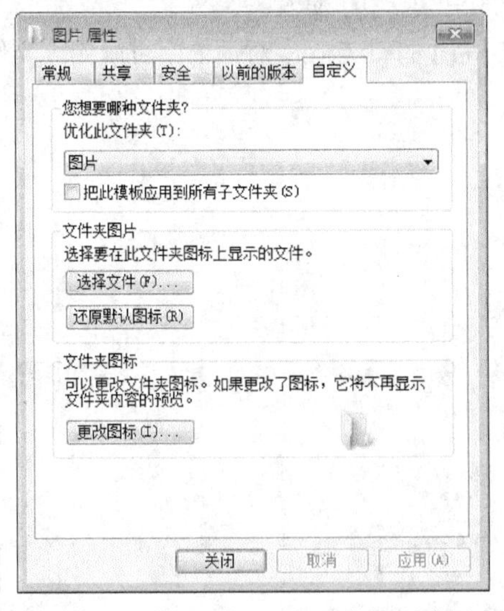

图 1-39　文件夹【属性】对话框的“自定义”选项卡

图 1-40　【更改图标】对话框

⑤ 确认属性更改。

单击【属性】对话框中的【确定】按钮或者【应用】按钮，如果更改了文件夹的属性，将弹出【确认属性更改】对话框，如图 1-41 所示。在该对话框中可以选择“仅将更改应用于该文件夹”或 “将更改应用于该文件夹、子文件夹和文件”单选按钮，然后在该对话框中单击【确定】按钮，即可确认属性更改且关闭该对话框。如果单击【取消】按钮，则只是关闭该对话框，属性更改并没有生效。

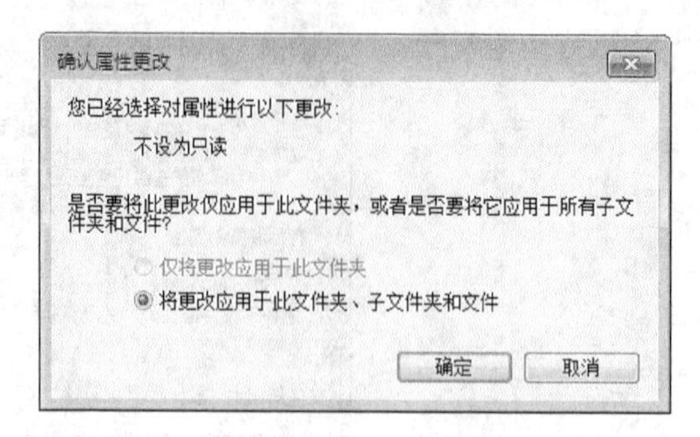

图 1-41 【确认属性更改】对话框

2．查看与设置文件的属性

设置文件属性的操作步骤如下。

① 选中要设置属性的文件“九寨沟.jpg”。

② 打开【属性】对话框。选择窗口【文件】菜单中的【属性】命令，或者单击鼠标右键，在弹出的快捷菜单中选择【属性】命令，打开【属性】对话框，如图 1-42 所示。

提 示

不同类型的文件对应的属性对话框略有不同。

③ 设置文件的常规属性。【常规】选项卡中包括文件类型、打开方式、位置、大小、占用空间、创建时间、修改时间、访问时间和属性等内容，还包含有【更改】、【高级】等按钮，如图 1-42 所示。在该选项卡的“属性”区域可以选择“只读”和“隐藏”复选框。

在【属性】对话框中单击【更改】按钮，在弹出的【打开方式】对话框中可以更改文件的打开方式，如图 1-43 所示。

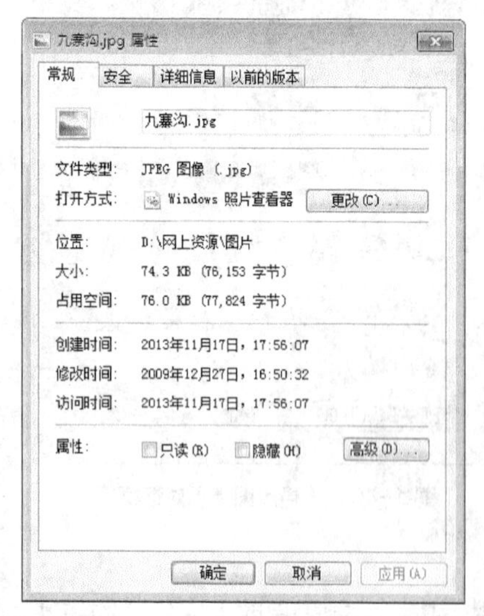

图 1-42 【属性】对话框的【常规】选项卡

图 1-43 【打开方式】对话框

1.2 管理磁盘

用户的文件夹和文件等项目都存储在计算机的磁盘上，在使用计算机的过程中，用户会频繁地安装或卸载应用程序，移动、复制、删除文件夹和文件。这样的操作次数多了，计算机硬盘中将会产生很多磁盘碎片或临时文件，可能会导致计算机系统性能下降。因此，需要定期对磁盘进行管理，以保证系统运行状态良好。

【任务1-8】查看与设置磁盘属性

【任务描述】

（1）对驱动器C重命名为“系统盘”。

（2）将D盘设置为共享磁盘，共享名称为“教学资源”。

（3）根据需要添加和更改驱动器名称和路径，例如盘符“E:”更改为“I:”。

【任务实现】

1．查看磁盘的常规属性与重命名驱动器

（1）打开【磁盘属性】对话框

在【计算机】窗口中右键单击磁盘“C:”（C驱动器）的图标，在弹出的快捷菜单中选择【属性】命令，打开【磁盘属性】对话框。

（2）查看磁盘的常规属性

【磁盘属性】对话框的【常规】选项卡如图1-44所示。上方的文本框中可以输入磁盘的卷标；中部显示了该磁盘的类型、文件系统、已用空间及可用空间等信息；下部显示了该磁盘的容量，并且使用饼图显示已用空间和可用空间的比例信息，另外还包括2个复选框，分别是“压缩此驱动器以节约磁盘空间”和“除了文件属性外，还允许索引此驱动器上文件的内容”。

（3）重命名驱动器

在【常规】选项卡的文本框中输入“系统盘”，如图1-44所示，然后单击【确定】按钮，弹出如图1-45所示的提示信息对话框。在该对话框中单击【继续】按钮，完成驱动器的重命名操作。

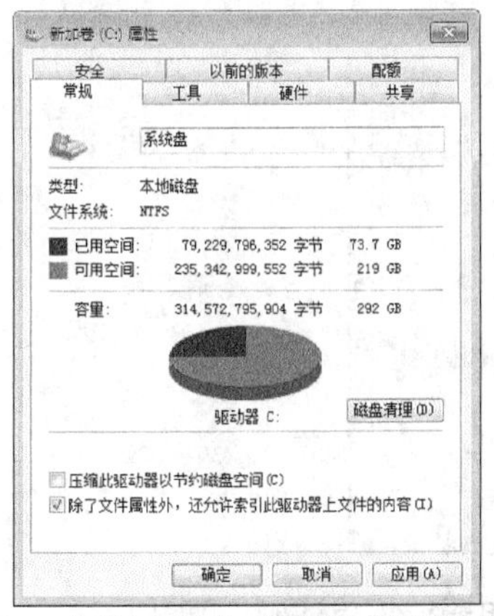

图1-44 【磁盘属性】对话框的【常规】选项卡

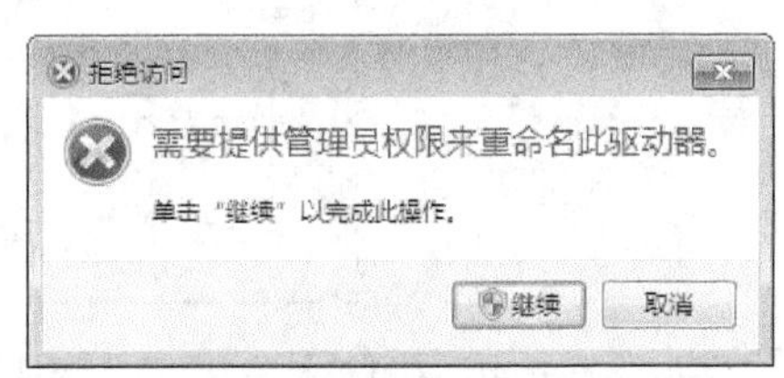

图1-45 重命名驱动器的提示信息对话框

2．设置磁盘共享

（1）打开【磁盘属性】对话框和【高级共享】对话框

打开 D 磁盘的【磁盘属性】对话框，切换到【共享】选项卡，单击【高级共享】按钮，打开【高级共享】对话框。

（2）设置共享属性

在【高级共享】对话框中选中“共享此文件夹”复选框，并在“共享名”文本框中输入共享名称“教学资源”。该共享名即为网络中共享的名称，如图 1-46 所示。

（3）设置共享权限

在【高级共享】对话框中单击【权限】按钮，打开【教学资源的权限】对话框，在该对话框中设置允许访问该磁盘的用户及其权限，如图 1-47 所示。共享权限设置完成后，单击【确定】按钮，关闭该对话框并返回【高级共享】对话框。

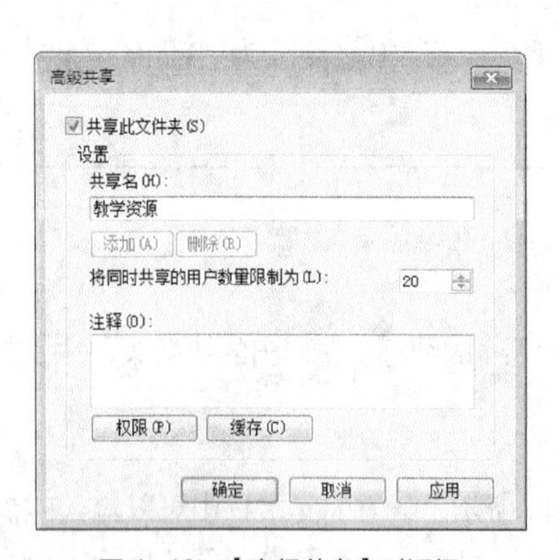

图 1-46 【高级共享】对话框

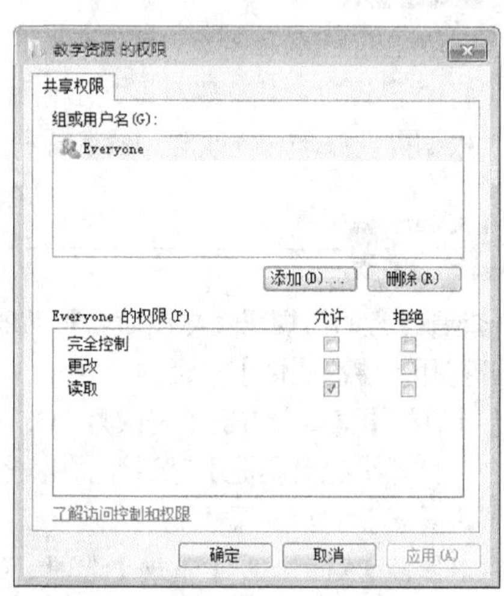

图 1-47 【教学资源的权限】对话框

在【高级共享】对话框中单击【确定】按钮，关闭该对话框并返回【本地磁盘（D:）属性】对话框，如图 1-48 所示。

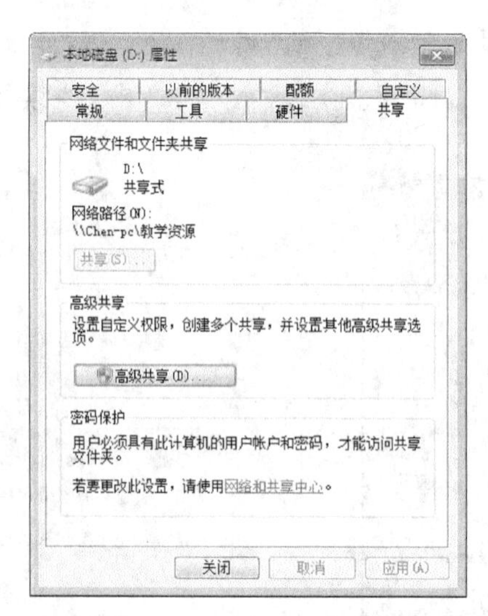

图 1-48 在【本地磁盘（D:）属性】对话框中将该磁盘设置为共享磁盘

在【本地磁盘（D:）属性】对话框中单击【关闭】按钮，关闭该对话框。此时，【计算机】窗口的共享磁盘图标的左下角会出现2个小人头像标识，如图1-49所示，即表示该磁盘可以供网络其他用户共享使用。

图1-49　共享后的D盘图标

3．更改驱动器名和路径

更改驱动器名和路径的操作可以在【计算机管理】窗口完成。打开【开始】菜单，在右窗格中右键单击【计算机】，在弹出的快捷菜单中选择【管理】命令，如图1-50所示。

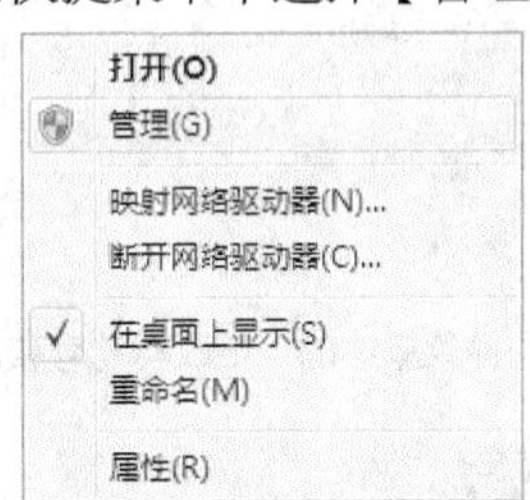

图1-50　在快捷菜单中选择【管理】命令

如果在桌面上添加了【计算机】图标，则可以右键单击桌面的【计算机】图标，在弹出的快捷菜单中选择【管理】命令。

打开【计算机管理】窗口，单击窗口的左侧窗格“存储”节点下的“磁盘管理”项，在窗口的右侧窗格显示本机的所有磁盘及磁盘分区，如图1-51所示。

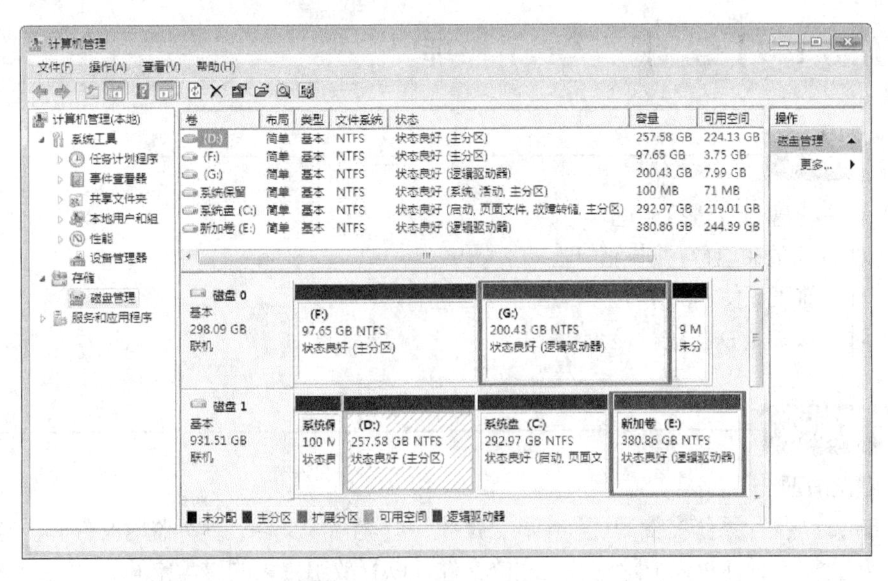

图1-51　【计算机管理】窗口

在窗口的右侧窗格右键单击需要更改驱动器名和路径的磁盘，例如“(E:)”，在弹出的快捷菜单中选择【更改驱动器号和路径】命令，如图 1-52 所示。

打开如图 1-53 所示的【更改 E:的驱动器号和路径】对话框。在该对话框中单击【更改】按钮，打开【更改驱动器号和路径】对话框，在该对话框中设置一个合适的驱动器号（即盘符），这里选择“I”，如图 1-54 所示。然后依次在多个对话框中单击【确定】按钮，即可改变驱动器名和路径，最后关闭【计算机管理】窗口即可。

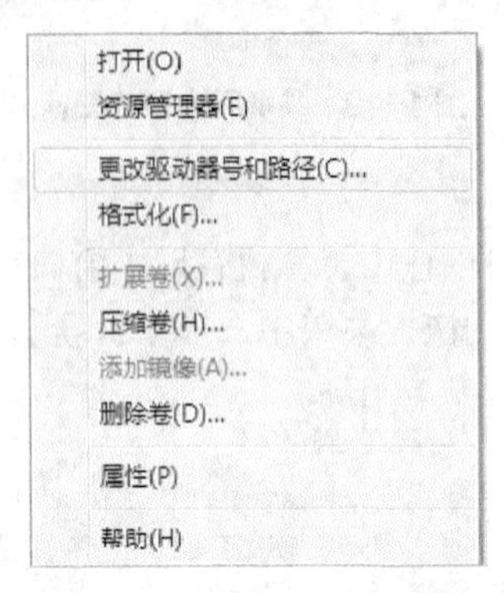

图 1-52　快捷菜单中的【更改驱动号和路径】命令

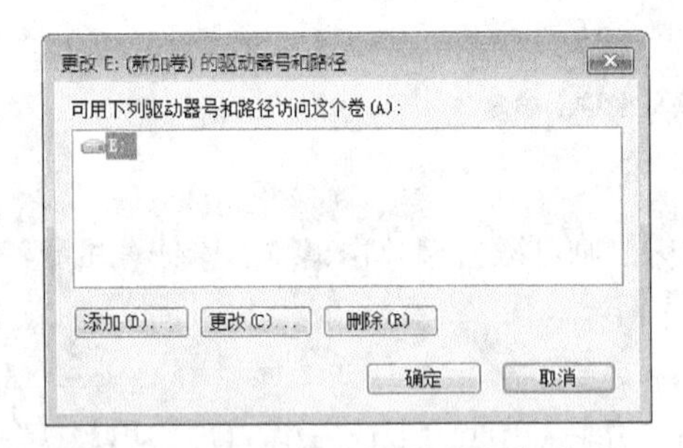

图 1-53　【更改 E:的驱动器号和路径】对话框

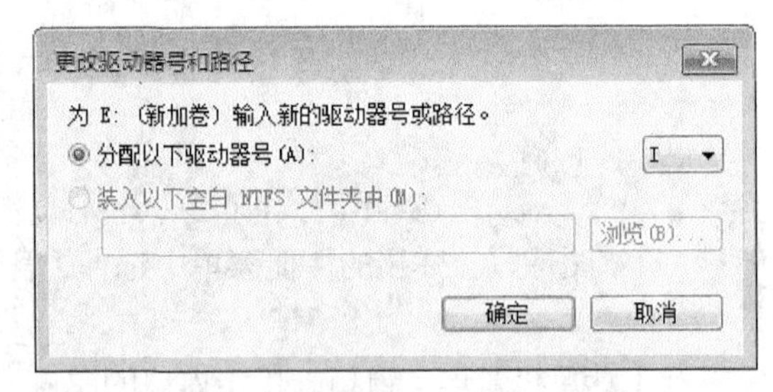

图 1-54　【更改驱动器号和路径】对话框

【任务 1-9】磁盘检查与碎片整理

【任务描述】

（1）对系统盘 C 盘进行清理。

（2）对 D 盘的磁盘碎片进行整理。

（3）对当前正在使用的系统盘 C 盘进行检查。

（4）对非系统盘 D 盘进行检查。

【任务实现】

1．磁盘清理

Windows 7 操作系统在使用过程中，会产生一些无用的文件，例如临时文件和没有用的文件。运行磁盘清理程序可以清除这些无用的文件，以释放出更多的磁盘空间。

在【开始】菜单中，选择菜单命令【所有程序】→【附件】→【系统工具】→【磁盘清理】，弹出如图 1-55 所示的【磁盘清理：驱动器选择】对话框，在“驱动器”列表框中选择要清理的驱动器，例如 C 驱动器，然后单击【确定】按钮，启动磁盘清理程序对磁盘进行清理。系统会首先计算可以在磁盘上释放多少空间，如图 1-56 所示。

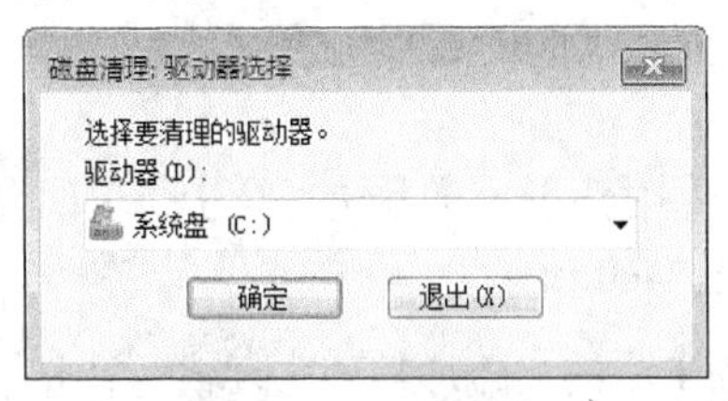

图 1-55 【选择驱动器】对话框

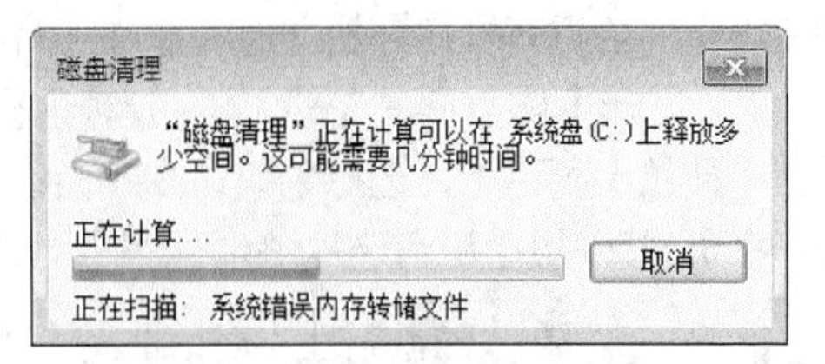

图 1-56 【磁盘清理】对话框

提 示

在【磁盘属性】对话框的【常规】选项卡中单击【磁盘清理】按钮，也可以启动磁盘清理程序，对磁盘进行清理。

然后打开【系统盘(C:)的磁盘清理】对话框，如图 1-57 所示。在该对话框的【磁盘清理】选项卡中的“要删除的文件”列表框列出了可删除的文件类型及其所占用的磁盘空间大小，选中某种文件类型的复选框，在进行磁盘清理时即可将其删除。

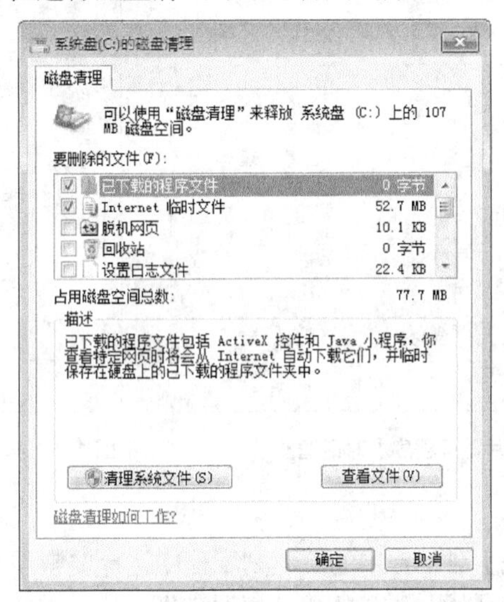

图 1-57 【系统盘(C:)的磁盘清理】对话框

在【磁盘清理】对话框中单击【确定】按钮，将弹出如图 1-58 所示的【磁盘清理】的【确认】对话框。单击【删除文件】按钮，接着弹出如图 1-59 所示的【磁盘清理】的【清理进程】对话框，清理完成后将自动关闭该对话框。

图 1-58 【磁盘清理】的【确认】对话框

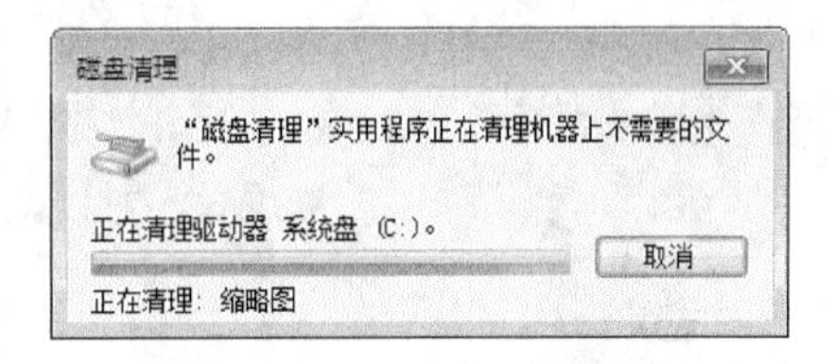

图 1-59 【磁盘清理】的【清理进程】对话框

2. 磁盘碎片整理

磁盘在使用过程中，由于磁盘文件大小的改变以及文件的删除等操作，会使文件在磁盘上的存储空间变为不连续的区域，导致磁盘存取效率降低。磁盘碎片整理程序通过对磁盘上的文件和磁盘空间的重新安排，使文件存储在一片连续区域内，从而提高系统效率。

（1）打开【磁盘碎片整理程序】对话框

在【开始】菜单中，选择菜单命令【所有程序】→【附件】→【系统工具】→【磁盘碎片整理程序】，将弹出【磁盘碎片整理程序】对话框，如图 1-60 所示。

在【磁盘属性】对话框的【工具】选项卡中的“碎片整理”区域，单击【立即进行碎片整理】按钮，如图 1-61 所示，也会弹出【磁盘碎片整理程序】对话框。

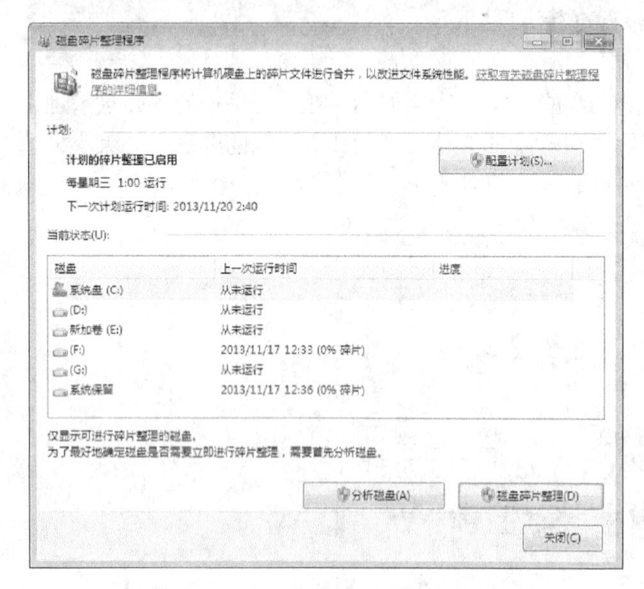

图 1-60 【磁盘碎片整理程序】对话框

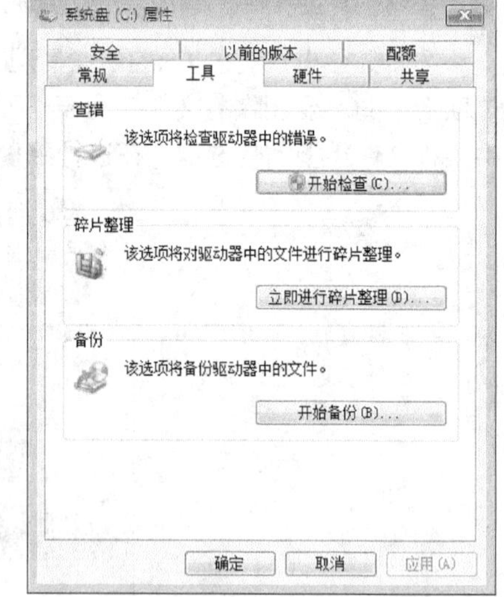

图 1-61 【磁盘属性】的【工具】选项卡

（2）分析磁盘

在【磁盘碎片整理程序】对话框中的磁盘列表框中选择要整理的磁盘，这里选择 D 盘，然后单击【分析磁盘】按钮，开始对磁盘的碎片情况进行分析，并显示碎片的百分比，如图 1-62 所示。

(D:) 正在运行... 已分析 61%

图 1-62 对 D 盘分析的进程

分析完成的提示信息如图 1-63 所示。

(D:) 2013/11/18 9:09 (3% 碎片)

图 1-63 对 D 盘分析完成的提示信息

（3）碎片整理

在多个对话框中都提供了【磁盘碎片整理】按钮。单击【磁盘碎片整理】按钮，系统开始进行碎片整理，同时显示碎片整理的进程和相关提示信息，如图 1-64 所示。

(D:) 正在运行... 第 1 遍: 15% 已进行碎片整理

图 1-64 进行碎片整理的进程

磁盘碎片整理完成后，开始将磁盘空间进行合并，如图 1-65 所示。

(D:) 正在运行... 第 1 遍: 46% 已合并

图 1-65 磁盘空间合并的进程

在磁盘碎片整理过程中，单击【停止操作】按钮可以停止碎片整理。磁盘碎片整理完成后，会显示如图 1-66 所示的提示信息。

(D:) 2013/11/18 9:10 (0% 碎片)

图 1-66 磁盘整理完成的提示信息

3．磁盘检查

磁盘在使用过程中，由于非正常关机，大量的文件删除、移动等操作，都会对磁盘造成一定的损坏，有时会产生一些文件错误，影响磁盘的正常使用，甚至造成系统缓慢，频繁死机。使用 Windows 7 系统提供的“磁盘检查”工具，可以检查磁盘中的损坏部分，并对文件系统的损坏加以修复。

（1）检查当前正在使用的系统盘 C 盘

打开 C 盘的【磁盘属性】对话框，在该对话框的【工具】选项卡中的“查错”区域单击【开始检查】按钮，弹出如图 1-67 所示的【检查磁盘 系统盘（C:）】对话框。在该对话框中，“磁盘检查选项”包括“自动修复文件系统错误”和“扫描并试图恢复坏扇区”，可以根据需要选择这些选项。然后单击【开始】按钮，弹出如图 1-68 所示的提示信息对话框，提示“Windows 无法检查正在使用中的磁盘，是否要在下次启动计算机时检查硬盘错误”，由于 C 盘为当前正在使用的系统盘，如果需要在下次启动计算机时进行磁盘检查，则单击【计划磁盘检查】按钮即可。下次启动计算机时，会自动调用磁盘修复工具 CHKDSK 进行磁盘检查。

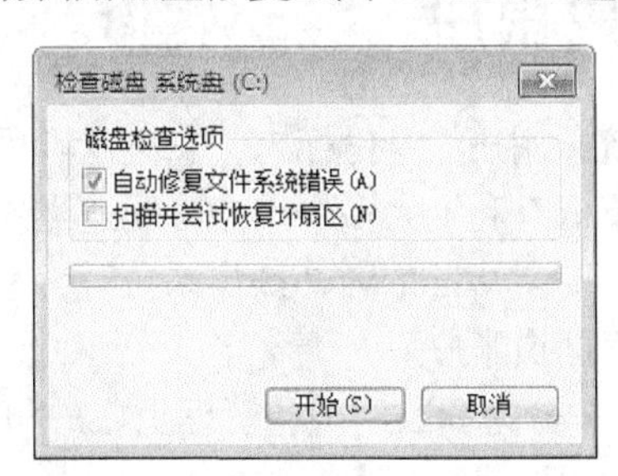

图 1-67 【检查磁盘 系统盘（C:）】对话框

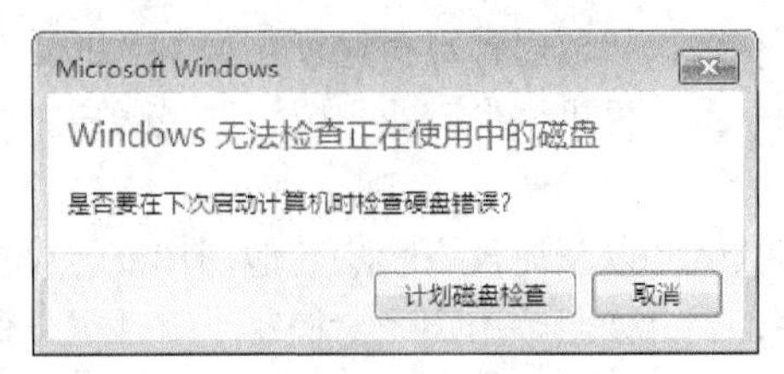

图 1-68 提示信息对话框

（2）检查非系统盘D盘

打开D盘的【磁盘属性】对话框，在该对话框的【工具】选项卡中单击【开始检查】按钮，弹出【检查磁盘 本地磁盘（D:）】对话框，如果需要检查与修复磁盘中的文件夹或文件的逻辑性损坏问题，则选中“自动修复文件系统错误”复选框，如果需要扫描并恢复被损坏的扇区，则选中“扫描并尝试恢复坏扇区”复选框，然后单击【开始】按钮，系统开始检查磁盘，并显示检查条，如图1-69所示。

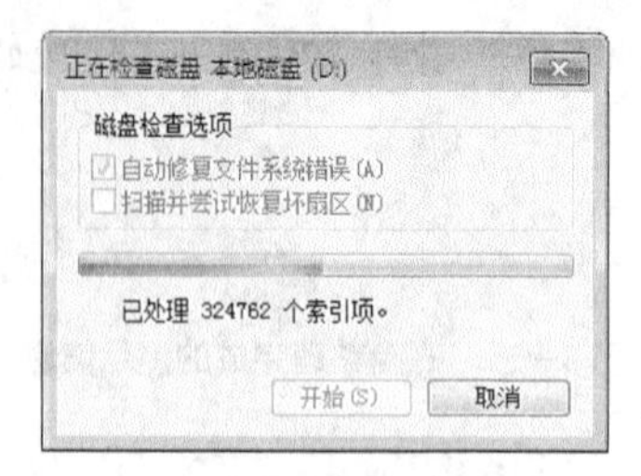

图1-69 “正在检查磁盘”对话框

检查磁盘过程中，如果发现问题并已修复，则会弹出如图1-70所示的提示信息对话框，单击【关闭】按钮即可。

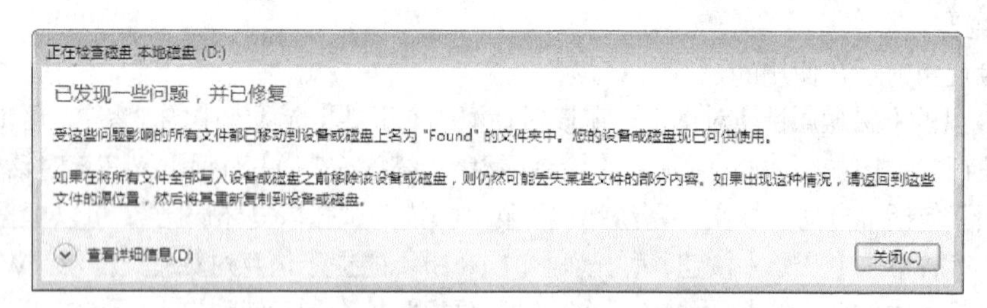

图1-70 检查磁盘过程修复错误的提示信息对话框

1.3 创建与管理用户账户

用户账户是Windows 7系统中用户的身份标志，它决定了用户在Windows 7系统中的操作权限。合理地管理用户账户，不但有利于为多个用户分配适当的权限和设置相应的工作环境，也有利于提高系统的安全性能。安装Windows 7操作系统时，系统会要求用户创建一个能够设置计算机以及安装应用程序的管理员账户。

Windows 7系统中，用户账户分为标准用户、管理员账户和来宾账户（Guest账户）3种类型，不同类型的账户具有不同的权限。

（1）管理员账户

具有计算机的完全访问权限，可以对计算机进行任何需要的更改，所进行的操作可能会影响到计算机中的其他用户。一台计算机至少需要一个管理员账户。

（2）标准账户

标准账户可以使用大多数软件以及更改不影响其他用户或计算机安全的系统设置，如果要安装、更新或卸载应用程序，则会弹出【用户账户控制】对话框，输入密码后才能继续执行相应的操作。

（3）Guest账户

Guest账户称为来宾账户，是给临时使用计算机的用户使用的。使用来宾账户登录操作系统时，不能更改账户密码、更改计算机设置以及安装软件或硬件。默认情况下，Windows 7 的 Guest 账户没有启用。如果要使用 Guest 账户，则首先需要将其启用。

【任务 1-10】使用【管理账户】窗口创建管理员账户 admin

【任务描述】

对于多人使用的计算机，有必要为每个使用计算机的人建立独立的账户和密码，各自使用自己的账户登录系统，这样可以限制非法用户从本地或网络登录系统，有效保证系统的安全。

（1）使用【管理账户】窗口创建一个管理员账户 admin。

（2）为管理员账户 admin 设置密码为“abc_123”。

（3）更改账户 admin 显示在欢迎屏幕和【开始】右窗格上方的图片。

【任务实现】

1．打开【管理账户】窗口

在【开始】菜单中选择【控制面板】命令，打开【控制面板】窗口。在该窗口单击“用户账户和家庭安全”下方的“添加或删除用户账户”超链接，打开如图 1-71 所示的【管理账户】窗口。

图 1-71 【管理账户】窗口

2．创建新的标准账户

在【管理账户】窗口中单击左下角的“创建一个新账户”超链接，打开【创建新账户】的窗口，在“新账户名”文本框中输入用户账户名称“admin”，并选择“管理员”单选按钮，如图 1-72 所示。

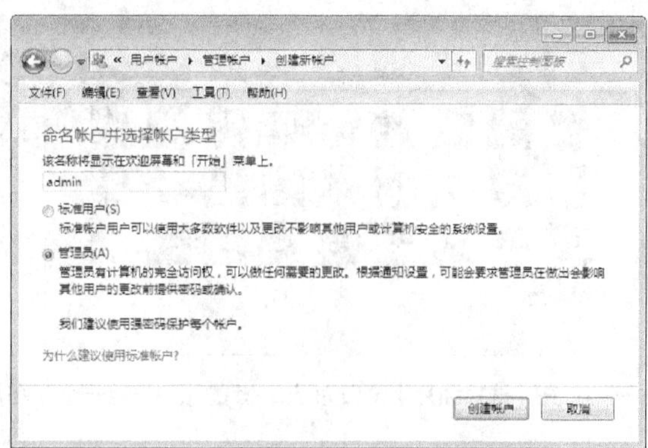

图 1-72 为新管理员账户输入一个账户名称

单击【创建账户】按钮，完成一个管理员账户的创建。

3．为管理员账户 admin 设置密码

首先打开【用户账户】窗口，然后单击账户名“admin”，打开如图 1-73 所示的【更改 admin 的账户】窗口，然后在该窗口单击左侧的“创建密码”超链接，打开【创建密码】窗口，在“新密码”和“确认新密码”文本框中输入密码“abc_123”，还可以在“键入密码提示”文本框中输入内容作为密码丢失时的提示问题，如图 1-74 所示。单击【创建密码】按钮，完成密码的创建。

图 1-73 【更改 admin 的账户】窗口

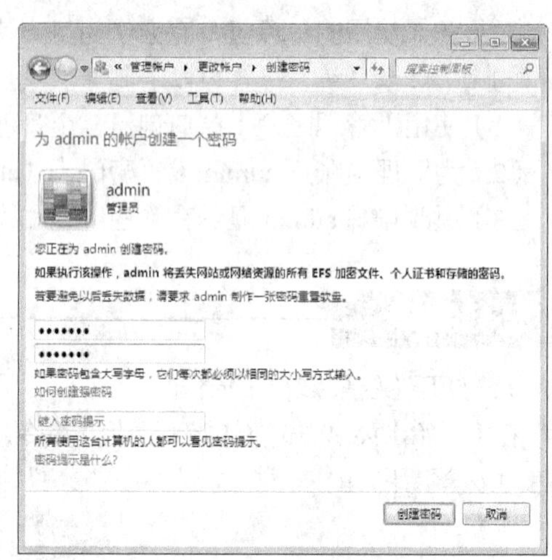

图 1-74 【创建密码】窗口

4．更改管理员账户 admin 显示在欢迎屏幕和【开始】右窗格上方的图片

在【更改 admin 的账户】窗口中单击左侧的“更改图片”超链接，打开【选择图片】窗口。在下方图片列表中选择将要显示在欢迎屏幕和【开始】右窗格上方的图片，如图 1-75 所示。然后单击【更改图片】按钮，完成更改图片的操作。

如果要使用自定义的图片，则可以单击“浏览更多图片...”超链接，在弹出的【打开】对话框中选择所需的图片即可。

图 1-75 在【选择图片】窗口为 admin 的账户选择一个新图片

【任务 1-11】使用【计算机管理】窗口创建账户 user01

【任务描述】

（1）在【计算机管理】窗口查看本地用户。

（2）创建一个隶属于 users 的账户 user01，为该账户设置密码为“123456”。

（3）查看账户 user01 的属性。

【任务实现】

Windows 7 提供了计算机管理工具，使用它可以更好地创建、管理和配置用户。

1．查看计算机本地用户

在【开始】菜单的右窗格中，右键单击【计算机】命令，在弹出的快捷菜单中选择【管理】命令，打开【计算机管理】窗口，在该窗口依次展开节点“系统工具”→“本地用户和组”，选择“用户”节点，右侧窗格列出了所有的用户。从用户列表可以看出系统自动创建了 Administrator、Guest 账户和在安装 Windows 7 时用户自己创建的账户（属于计算机管理员组），【任务 1-10】中所创建的账户 admin 也出现在账户列表中，如图 1-76 所示。

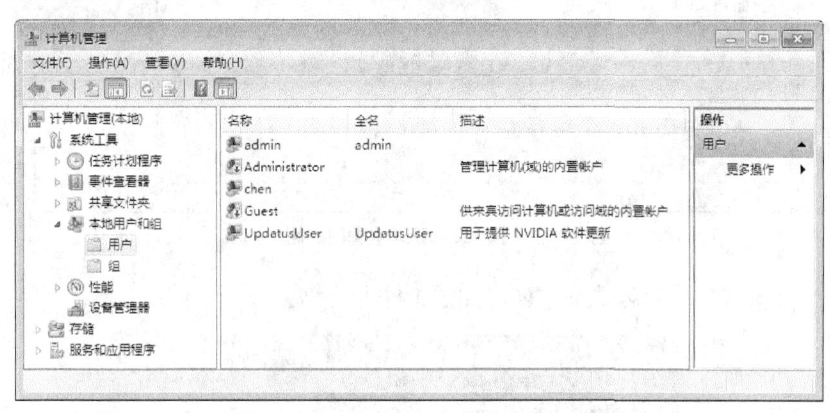

图 1-76　在【计算机管理】窗口查看本地用户

2．创建新用户

在【计算机管理】窗口右键单击“用户”节点，在弹出的快捷菜单中选择【新用户】命令，如图 1-77 所示，打开【新用户】对话框。在“用户名”文本框中输入“user01”，在“全名”文本框中也输入“user01”，在“描述”文本框中输入“普通用户”，在“密码”和“确认密码”文本框中输入密码“123456”，其他的复选框状态保持不变，如图 1-78 所示。然后单击【创建】按钮，即可创建一个计算机管理员的账户，且为该账户设置了密码。

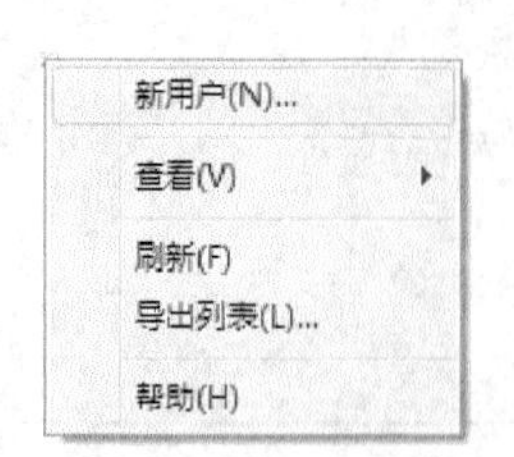

图 1-77　在快捷菜单中选择【新用户】命令

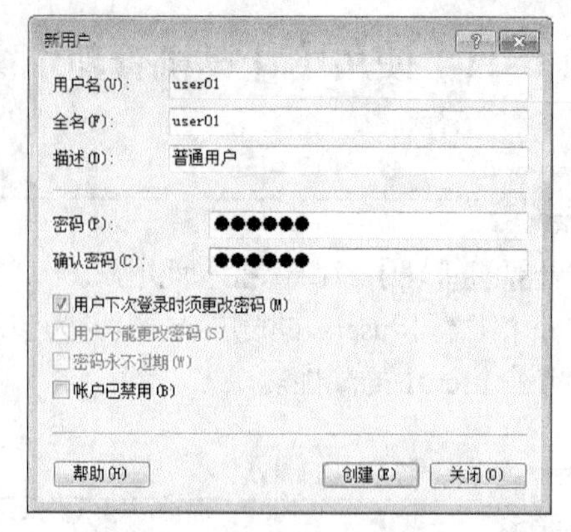

图 1-78　【新用户】对话框

单击【关闭】按钮，关闭【新用户】对话框。新增账户后，【计算机管理】窗口用户列表如图 1-79 所示。

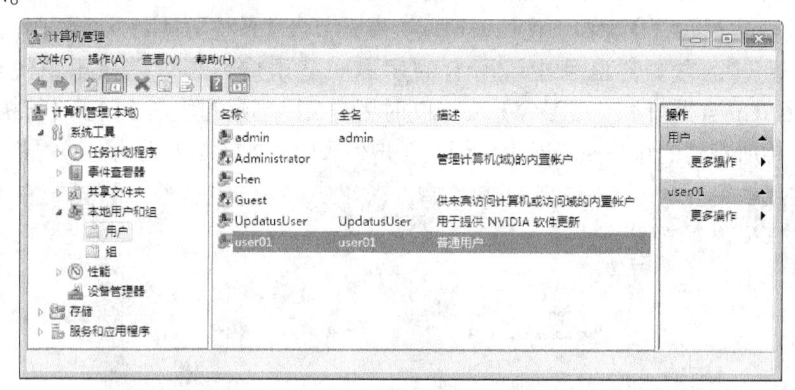

图 1-79　【计算机管理】窗口的用户列表

新增加 2 个账户的【管理账户】窗口如图 1-80 所示。

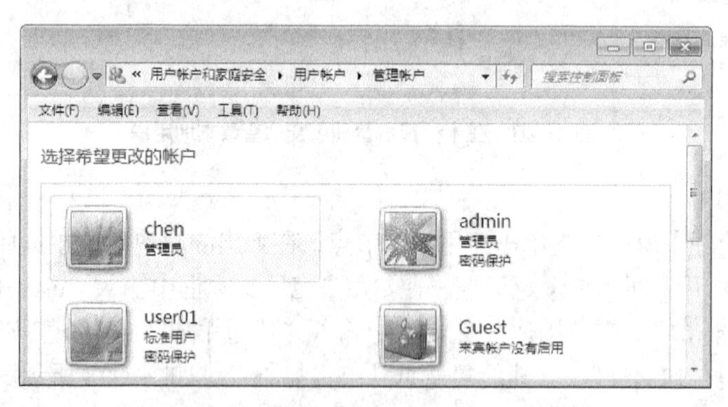

图 1-80　新增加 2 个账户的【管理账户】窗口

3．查看账户 user01 的属性

在【计算机管理】窗口的用户列表中，右键单击“user01”账户，在弹出的快捷菜单中选择【属性】命令，打开【user01 属性】对话框，如图 1-81 所示。在该对话框中可以进行相关属性设置，也可以禁用该账户，或者改变该账户所隶属的权限组。

图 1-81 【user01 属性】对话框

【定向训练】

【任务 1-12】浏览文件夹和文件

训练 1：打开【计算机】窗口，分别使用多种不同的显示形式和多种不同的排列方式查看 C 盘中的文件夹和文件。

训练 2：打开【计算机】窗口，分别使用多种不同的显示形式和多种不同的排列方式查看 D 盘中的文件夹和文件。

训练 3：在【计算机】窗口分别展开和折叠 C 盘中的“Program Files”文件夹和“Windows”文件夹，分别选择当前驱动器为 C，选择当前文件夹为文件夹“Program Files”中的子文件夹“Windows Media Player”。

训练 4：在【文件夹选项】对话框中查看文件夹的常规属性和查看属性。

【任务 1-13】管理文件夹和文件

训练 1：在本机的 D 盘的根目录中新建 1 个文件夹“常用软件”，然后在该文件夹分别建立 2 个子文件夹“附件”和“工具”。

训练 2：使用窗口菜单命令将“C:\Windows\System32”文件夹中的“calc.exe”、“notepad.exe”、“write.exe”、“mspaint.exe”这 4 个文件复制到文件夹“附件”中。

训练 3：使用快捷菜单命令将“C:\Windows\System32”文件夹中的“xcopy.exe”、“chkdsk.exe”这 2 个文件复制到文件夹“工具”中。

训练 4：使用鼠标左键拖动，将文件夹“附件”中的文件“calc.exe”移动到文件夹“工具”中。

训练 5：使用鼠标右键拖动，将文件夹“附件”中的文件“notepad.exe”移动到文件夹“工具”中。

训练 6：使用快捷菜单命令将文件夹“工具”中的文件“notepad.exe”删除，然后再从回收站中还原。

训练 7：使用窗口菜单命令将文件夹“工具”中的文件“calc.exe”删除，然后再从回收站中还原。

训练 8：查看与设置文件夹“常用软件”、“附件”和“工具”的属性。

训练 9：查看与设置文件“calc.exe”的属性。

训练 10：在文件夹“附件”中复制文件“calc.exe”，并在同一个文件夹中进行粘贴，然后将被复制的文件重命名为“calc2.exe”。

【任务 1-14】搜索文件夹和文件

训练 1：在 C 盘中搜索名称为“Windows”的文件夹和文件。

训练 2：在 C 盘中搜索文件名以“a”开头的所有“.exe”文件。

训练 3：在 C 盘中搜索文件名只包含 2 个字母，并且最后 1 个字母为“g”的所有“.txt”文件。

【任务 1-15】管理磁盘

训练 1：分别查看磁盘 C 和磁盘 D 的属性。

训练 2：清理磁盘 C 和磁盘 D。

训练 3：检查磁盘 C 和磁盘 D。

训练 4：整理 C 盘的磁盘碎片。

【任务 1-16】文件夹的共享属性设置

【任务描述】

（1）设置 D 盘文件夹“网上资源”为共享文件夹。

（2）设置共享文件夹“网上资源”的权限。

（3）删除默认共享文件夹。

【操作提示】

共享文件夹可以使用户通过网络远程访问其他计算机上的资源。Windows 7 操作系统允许共享文件夹，可以通过一系列交互式对话框来设置文件夹共享属性。

1．设置共享文件夹

使用文件夹【属性】对话框设置文件夹共享的操作步骤如下。

在【计算机】窗口中右键单击需要设置共享的自定义文件夹“网上资源”，在弹出的快捷菜单中选择【属性】命令，打开【网上资源 属性】对话框的【共享】选项卡。在该选项卡“网络文件和文件夹共享”区域单击【共享】按钮，打开【文件共享】对话框。在该对话框的“用户”列表中选择新建的用户，这里选择“admin”，如图 1-82 所示。

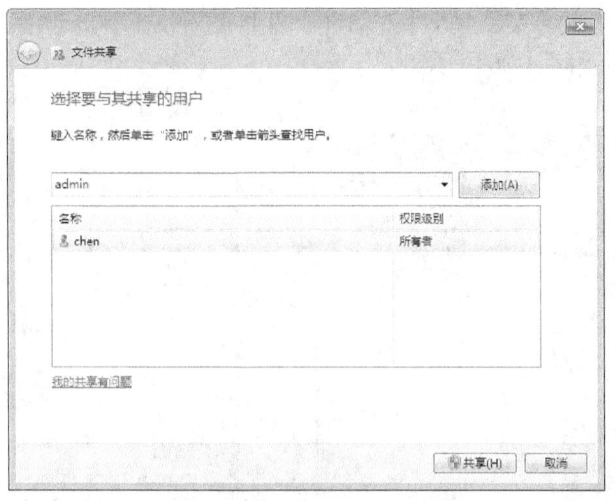

图 1-82 【文件共享】对话框

单击【添加】按钮，添加共享的用户，然后在“权限级别”列单击“读取”，在弹出的快捷菜单中选择“读/写”权限，如图 1-83 所示。

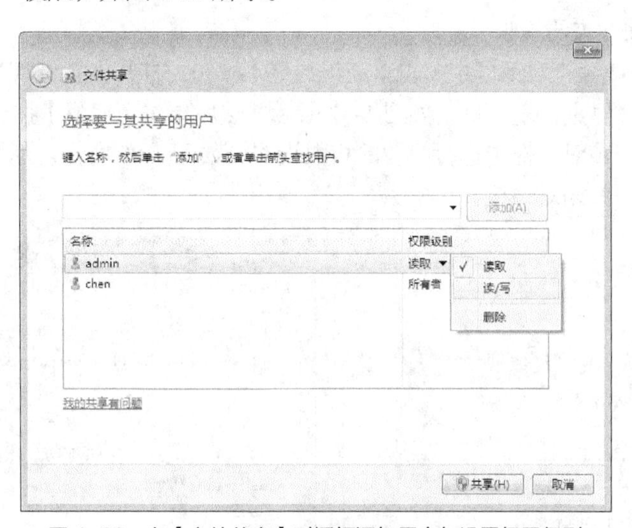

图 1-83 在【文件共享】对话框添加用户与设置权限级别

在【文件共享】对话框，单击【共享】按钮，弹出【网络发现和文件共享】对话框，在该对话框中单击“是，启用所有公用网络的网络发现和文件共享”超链接，如图 1-84 所示。

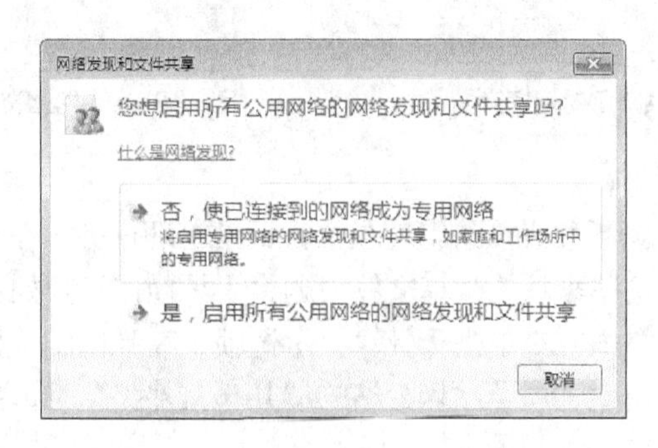

图 1-84 【网络发现的文件共享】对话框

完成文件夹共享后的【文件共享】对话框如图 1-85 所示。单击【完成】按钮，返回【网上资源 属性】对话框，如图 1-86 所示。

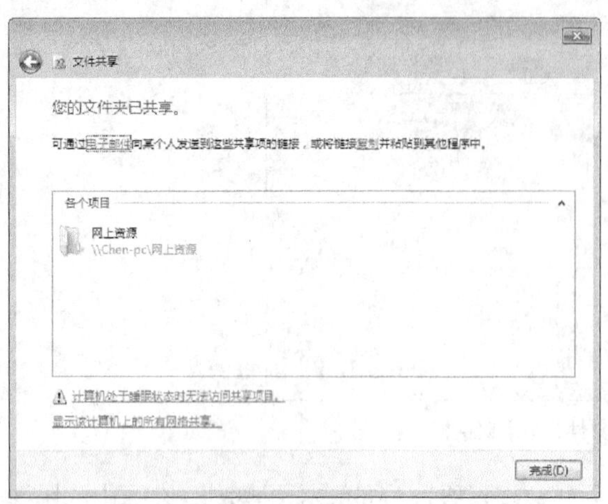

图 1-85　完成文件夹共享后的【文件共享】对话框

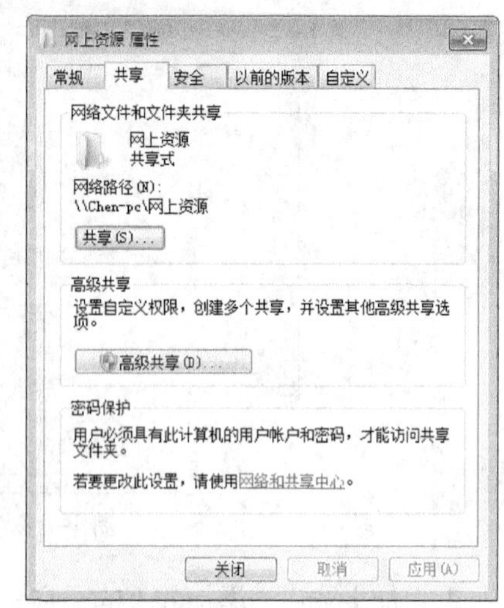

图 1-86　在【网上资源 属性】对话框中设置文件夹共享

2．设置共享文件夹的权限

在【网上资源 属性】对话框中单击【高级共享】按钮，打开【高级共享】对话框。在该对话框选中“共享此文件夹”复选框，如图 1-87 所示。然后单击【权限】按钮，打开【网上资源的权限】对话框，在该对话框中进行必要的权限设置，如图 1-88 所示。然后依次单击【确定】按钮，使设置生效并关闭对话框。

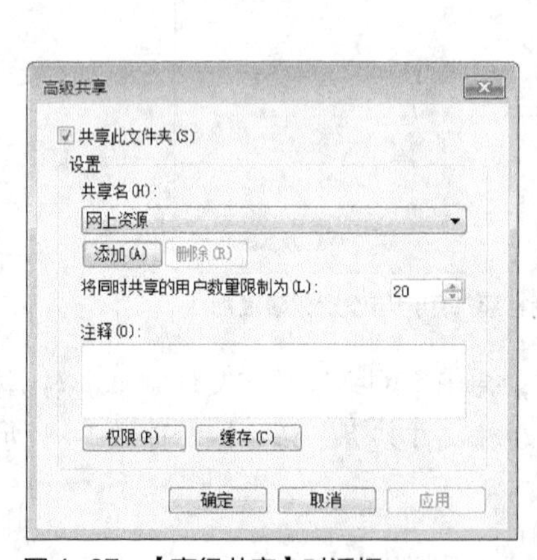

图 1-87　【高级共享】对话框

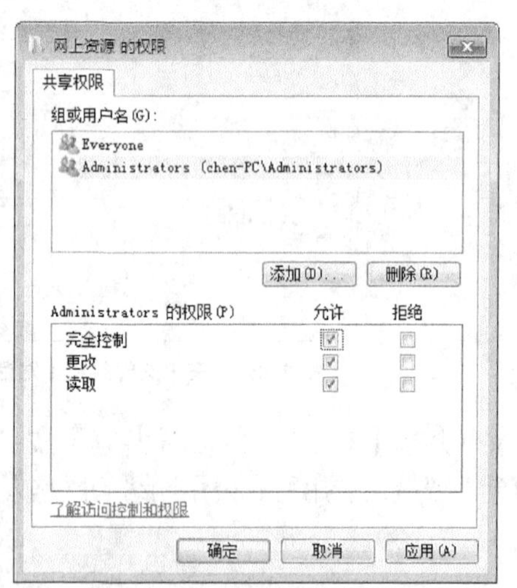

图 1-88　【网上资源的权限】对话框

3．删除默认共享文件夹

Windows 7 操作系统为了便于系统管理员执行日常管理任务，在系统安装时自动共享了用于管理的文件夹，也可将这些默认的共享文件夹删除，其操作步骤如下。

在【开始】菜单右窗格中右键单击【计算机】选项，在弹出的快捷菜单中选择【管理】命令，打开【计算机管理】窗口，展开左侧窗格的“共享文件夹”，选择节点“共享”，右侧窗格中显示了所有的共享文件夹。

右键单击默认共享文件夹，在弹出的快捷菜单中选择【停止共享】命令，如图 1-89 所示，即可删除默认的共享文件夹。

图 1-89 在【计算机管理】窗口停止默认共享文件夹

【创意训练】

【任务 1-17】文件及文件夹操作

（1）在 D 盘根目录中新建 2 个文件夹“Windows7 应用程序”和“我的图片”。

（2）在【开始】菜单的“搜索”文本框中输入“calc.exe”，在搜索结果窗格中的“calc.exe”上单击鼠标右键，在弹出的捷菜单中选择【打开文件位置】命令，打开此文件夹对应的窗口。然后在窗口的搜索框中输入“*.exe”，显示搜索结果。在搜索结果中将应用程序“mspaint.exe”、“calc.exe”和“notepad.exe”复制到文件夹“Windows7 应用程序”中。

（3）将 Windows 7“图片库”中所有的示例图片复制到“我的图片”文件夹中。

（4）将“我的文件”文件夹中的图片“我的桌面.bmp”移动到“我的图片”文件夹中。

（5）将图片“我的桌面.bmp”重命名为“桌面图片.bmp”，将文件夹“我的图片”重命名为“备份图片”。

【任务 1-18】创建与切换账户

（1）创建一个标准账户 user02，并自行选择账户图片。

（2）切换到新创建的用户 user02。

（3）尝试删除 Windows 功能，观察标准用户是否可以卸载应用程序。

【任务 1-19】帮助信息的获取

【任务描述】

打开【Windows 帮助和支持】窗口，获取有关“任务栏”的帮助信息。

【操作提示】

在使用 Windows 7 过程中如果遇到问题，可以选择【开始】菜单的【帮助和支持】命令，打开【Windows 帮助和支持】窗口。在该窗口的搜索文本框中输入“任务栏”关键字，然后单击【搜索】按钮，搜索结果如图 1-90 所示。

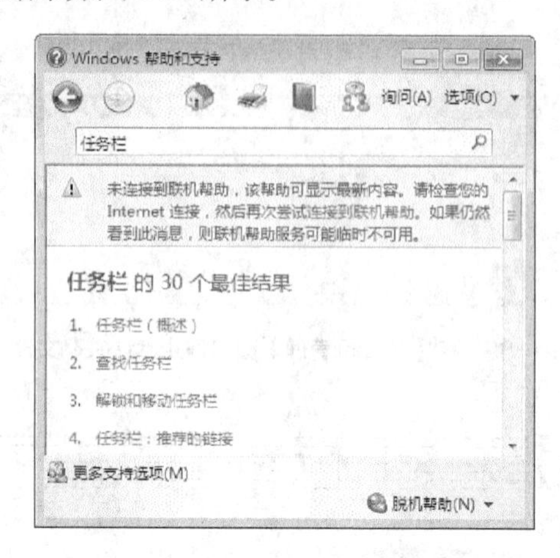

图 1-90 搜索有关“任务栏”的结果

除了使用【开始】菜单的【帮助和支持】命令，能打开【Windows 帮助和支持】窗口获取帮助信息，使用应用程序的【帮助】菜单或使用【F1】功能键也可打开【帮助】窗口。

（1）使用应用程序的【帮助】菜单

应用程序的【帮助】菜单提供了多个帮助选项，可以根据实际需要选择合适的方法，获取所需要的帮助信息。

（2）使用【F1】功能键

在打开的窗口中，按功能键【F1】，可以提供所用窗口的帮助信息。使用时，将在屏幕上弹出对话框，按屏幕提示进行相关操作即可获取帮助信息。

【任务 1-20】文件的备份与还原

【任务描述】

训练 1：对 E 盘的“网上资源”文件夹及其文件进行备份。

训练 2：备份文件的恢复。

【操作提示】

文件的备份与还原是保障计算机安全的重要手段之一。随时备份硬盘数据，可以在计算机出现故障或意外删除数据时及时恢复数据，以免造成数据丢失。

1．文件夹及文件的备份操作

（1）打开【备份和还原】窗口

打开【控制面板】窗口，切换到“小图标”查看方式，然后单击“备份和还原”超链接，打开【备份和还原】窗口，如图 1-91 所示。

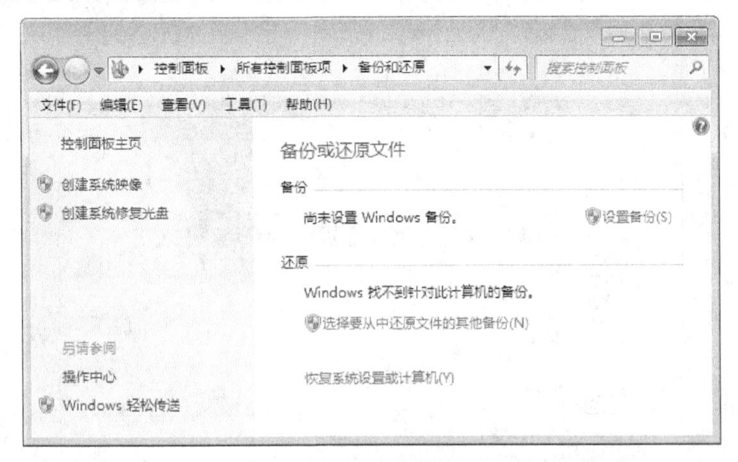

图 1-91 【备份和还原】窗口

右键单击磁盘的盘符，例如“C:”盘，在弹出的快捷菜单中选择【属性】命令，打开【系统盘(C:)属性】对话框，切换到“工具”选项卡，如图 1-92 所示。然后单击【开始备份】按钮，也可以打开如图 1-91 所示的【备份和还原】窗口。

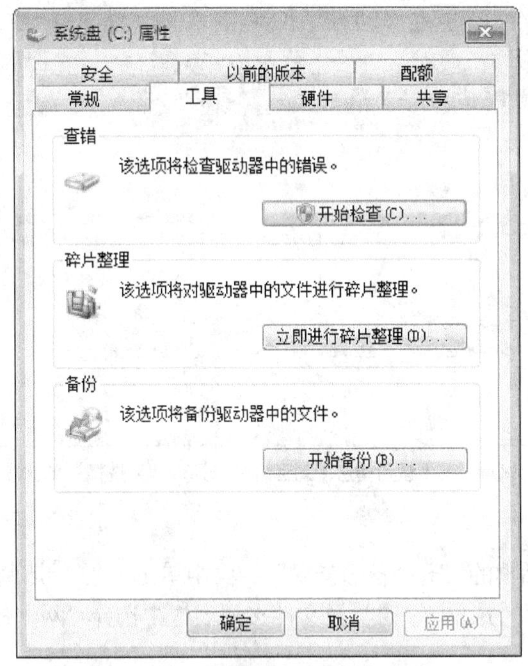

图 1-92 【系统盘(C:)属性】对话框

（2）选择要保存备份的位置

在【备份和还原】窗口，单击“设置备份”超链接，打开【设置备份】对话框的“选择要保存备份的位置”界面，在“保存备份的位置”列表框中选择要保存备份的位置。这里选择“E:”盘，如图 1-93 所示。

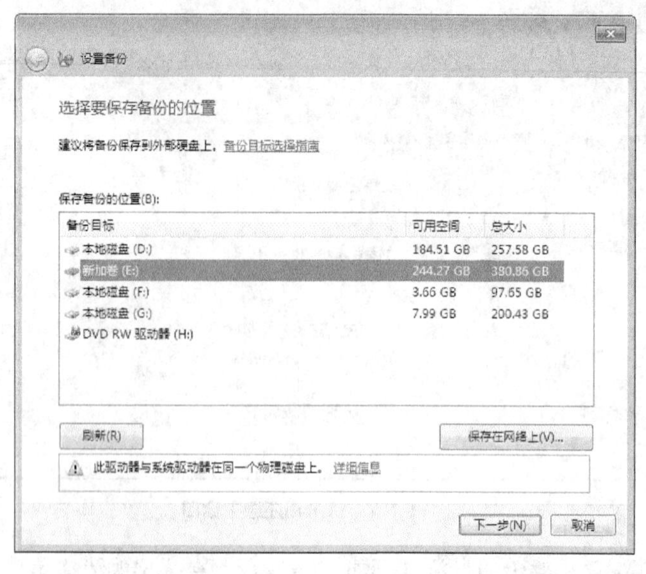

图 1-93　在【设置备份】对话框选择“E:”盘

（3）选择备份方式

在【设置备份】对话框的“选择要保存备份的位置”界面中，单击【下一步】按钮，进入【设置备份】对话框的“选择备份方式”界面。在该对话框中选择“让我选择”单选按钮，如图 1-94 所示。

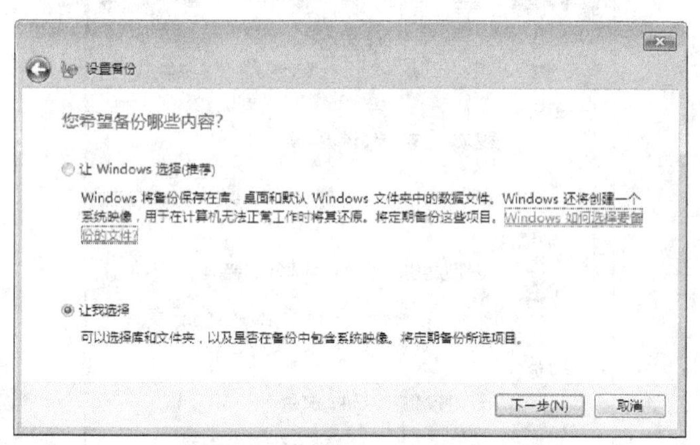

图 1-94　在【设置备份】对话框中选择“让我选择”单选按钮

（4）选择备份项目

在【设置备份】对话框的“选择备份方式”界面中单击【下一步】按钮，进入【设置备份】对话框的“选择备份项目”界面。在磁盘及文件夹列表框中选择“网上资源”文件夹，如图 1-95 所示。

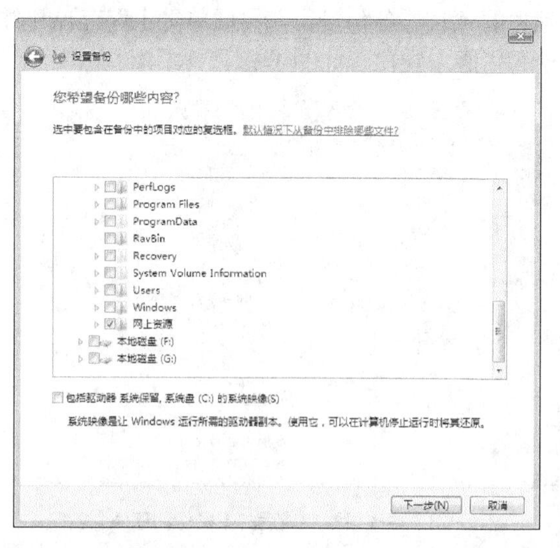

图 1-95 在【设置备份】对话框中选择需要备份的文件夹“网上资源”

（5）更改备份计划

在【设置备份】对话框的“选择备份项目”界面中单击【下一步】按钮，进入【设置备份】对话框的“查看备份设置”界面，如图 1-96 所示。

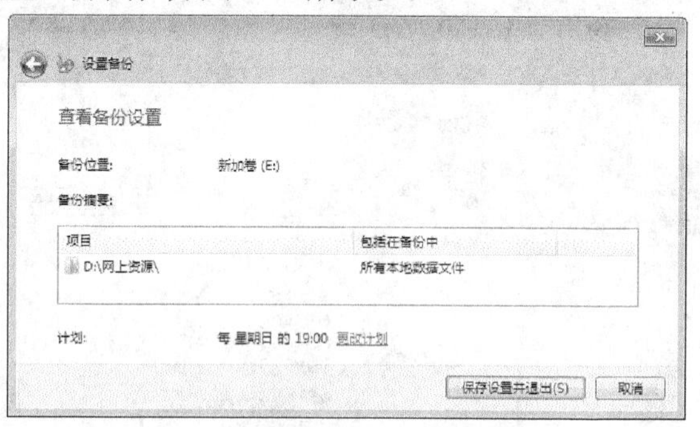

图 1-96 在【设置备份】对话框中查看备份设置

在【设置备份】对话框的“查看备份设置”界面中，单击“更改计划”超链接，打开【设置备份】对话框的“更改备份计划”界面，在该界面进行备份计划设置，如图 1-97 所示。设置完成后单击【确定】按钮，返回“查看备份设置”界面。

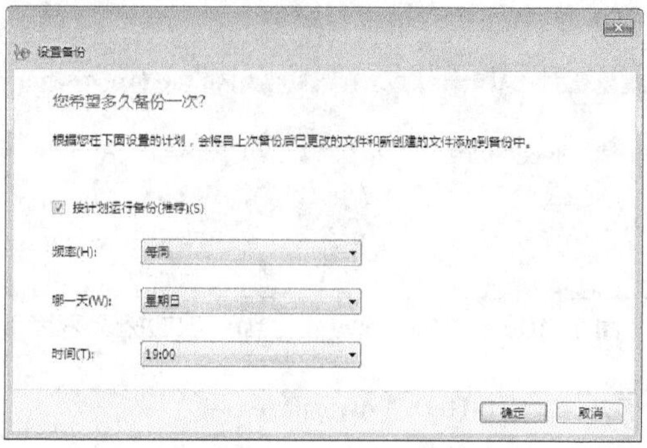

图 1-97 在【设置备份】对话框更改备份计划

在【设置备份】对话框的“查看备份设置”界面单击【保存设置并退出】按钮，完成备份设置的更改，返回【备份和还原】窗口，如图 1-98 所示。

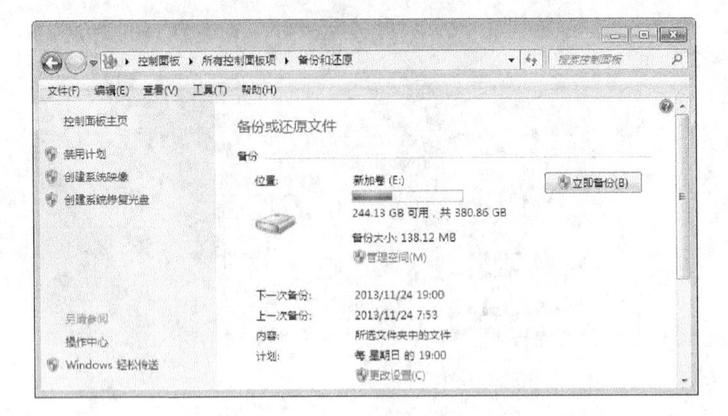

图 1-98　更改设置完成后的【备份和还原】窗口

（6）开始进行备份

在【备份和还原】窗口中单击【立即备份】按钮，开始进行备份，并显示“正在进行备份”进程，如图 1-99 所示。

图 1-99　在【备份和还原】窗口显示“正在进行备份”进程

单击【查看详细信息】按钮，弹出【Windows 备份完成】对话框，如图 1-100 所示。

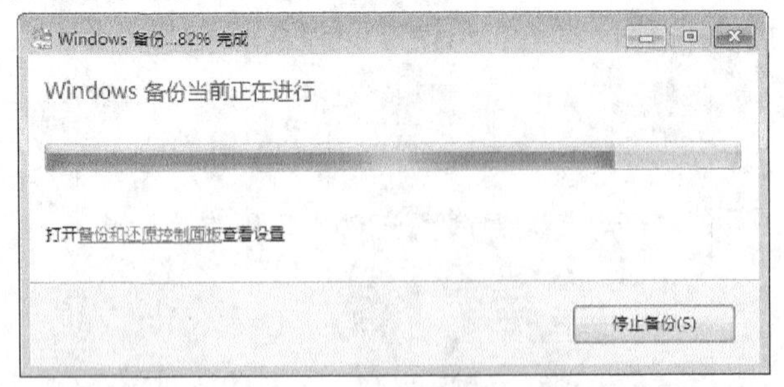

图 1-100　“Windows 备份当前正在进行”界面

当备份成功完成时会显示如图 1-101 所示的信息。

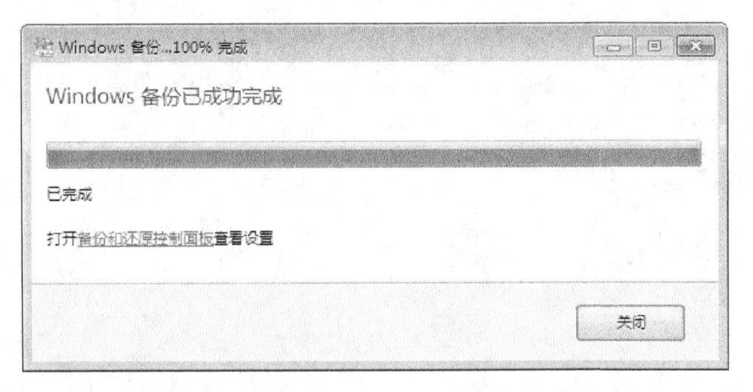

图 1-101 “Windows 备份已成功完成”界面

2．文件夹及文件的还原操作

（1）打开【还原文件】对话框

在【备份和还原】窗口中单击【还原我的文件】按钮，如图 1-102 所示，打开【还原文件】对话框。

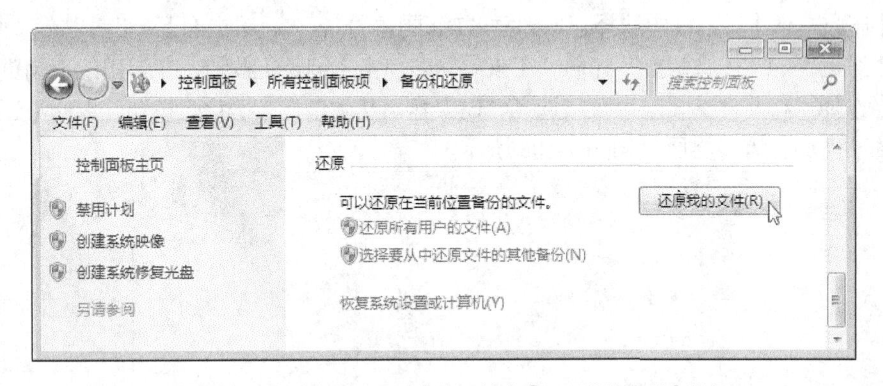

图 1-102 在【备份和还原】窗口单击【还原我的文件】按钮

（2）选择待还原的对象

在该对话框中单击【浏览文件夹】按钮，打开【浏览文件夹或驱动器的备份】窗口，在该窗口中单击选择“D:的备份”，如图 1-103 所示。

图 1-103 在【浏览文件夹或驱动器的备份】窗口选择还原对象

然后在【浏览文件夹或驱动器的备份】窗口中单击【添加文件夹】按钮，关闭该窗口并返回【还原文件】对话框的“浏览或搜索要还原的文件和文件夹的备份”界面，如图 1-104 所示。

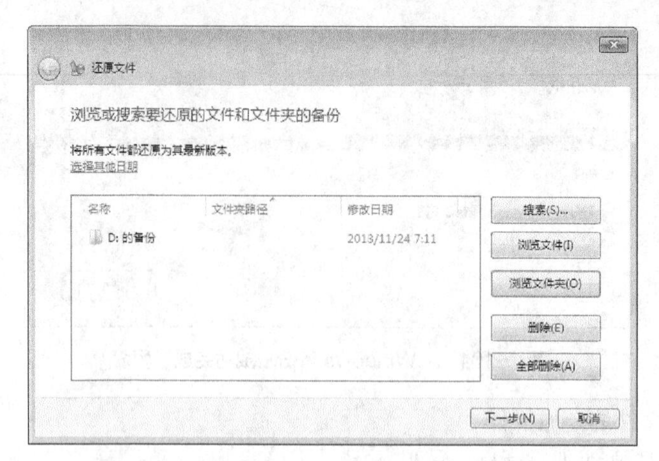

图 1-104 【还原文件】对话框的“浏览或搜索要还原文件和文件夹的备份”界面

（3）确定还原文件的保存位置

在【还原文件】对话框中选择还原对象“D：的备份”，然后单击【下一步】按钮，打开【还原文件】对话框的“还原位置”界面。在该界面中单击【浏览】按钮，在弹出的【浏览文件夹】对话框中选择目标文件夹，这里直接选择“E：”盘。然后单击【确定】按钮，返回【还原文件】对话框的“还原位置”界面，如图 1-105 所示。

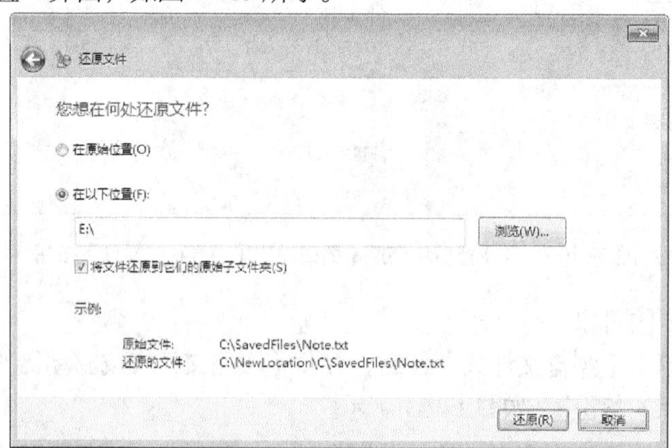

图 1-105 在【还原文件】对话框中确定还原文件的位置

（4）开始进行还原

在【还原文件】对话框的“还原位置”界面中单击【还原】按钮，显示“正在还原文件…”的界面，如图 1-106 所示。

图 1-106 【还原文件】对话框“正在还原文件…”界面

还原文件完成后，显示如图 1-107 所示的界面。在该界面单击“查看还原的文件”超链接，则会打开【计算机】窗口，查看还原的文件夹“网上资源”。

图 1-107 【还原文件】对话框“已还原文件...”界面

【单元小结】

操作系统的重要作用之一就是管理计算机系统中的各种资源。Windows 7 操作系统提供了多种管理资源的工具，例如【计算机】和【库】。利用这些工具可以很好地管理计算机的各种软、硬件系统资源。系统资源主要包括磁盘（驱动器）、文件夹、文件以及其他系统资源。

【单元习题】

（1）在【计算机】窗口中，按（　　　）组合键，实现文件或文件夹的复制。

A.【Ctrl+ X】　B.【Ctrl+ C】　C.【Ctrl+ A】　D.【Ctrl+V】

（2）在 Windows 7 中，欲选定当前文件夹中的全部文件和文件夹对象，可使用的组合键是（　　）。

A.【Ctrl+ V】　B.【Ctrl+ A】　C.【Ctrl+ X】　D.【Ctrl+D】

（3）在 Windows 7 中，切换汉字输入法的功能键是（　　）。

A.【Ctrl + Shift】　B.【Ctrl + BackSpace】

C.【Alt + P】　D.【Ctrl + Esc】

（4）Windows 7 的【控制面板】是用来（　　）的。

A. 实现硬盘管理　B. 改变文件属性

C. 进行系统配置　D. 管理文件

（5）在 Windows 7 中，“画图”的默认文件类型是（　　　）。

A. bmp　B. exe　C. gif　D. jpg

PART 2 单元 2 中英文的快速输入

在使用计算机时，经常会用到文字输入这一功能，通过向计算机中输入中英文，人们可在计算机中进行编辑文档、制作表格、处理数据等操作。中英文输入是用户熟练操作计算机的必备技能，也是一项不能被完全替代的重要技能。

在进行中英文输入时，选择一款合适的输入法，可以让文字输入过程变得更加轻松自如，极大地提高用户中英文输入速度。不同国家或地区有着不同的语言，其输入法自然有所不同。针对中文的输入，其输入法可分为音码输入法、形码输入法和音形码输入法。常用中文输入法有拼音输入法和五笔字输入法。只有熟练掌握了中文输入法，才能得心应手地完成汉字输入操作。

【规范探究】

1．键位与指法的规范

无论是输入英文字母还是汉字，都需要通过键盘中的字母键进行输入。但是键盘中的字母键分布并不均匀，如何才能让手指在键盘上有条不紊地进行输入操作，从而使输入速度达到最快呢？人们将 26 个英文字母键、数字键和常用的符号键分配给不同的手指，让不同的手指负责不同的按键，从而实现快速输入的目的。

（1）基准键位

细心的您可能已经发现在字母【F】键和【J】键上，都有一个凸起的小横条，该横条用于左、右手的手指在键盘上准确定位，便于手指迅速找到这 2 个键。通常将键盘中的“A、S、D、F、J、K、L、;”8 个键作为基准键位，左、右手除 2 个拇指外的其他 8 个手指分别对应其中的一个键位，如图 2-1 所示。

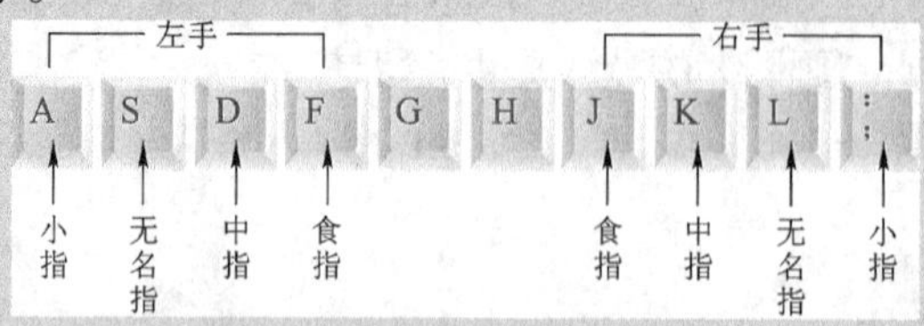

图 2-1　基准键位手指分工图

在没有进行输入操作时，应将左、右手食指分别放在【F】键和【J】键上，其余 3 个手指依次放在相应的基准键位，左、右手的 2 个大拇指则应轻放在空格键上。完成其他键的击键动作后也应迅速回到相应的基准键位。

（2）手指的键位分配

将手指分别放置在基准键位上后，也只能输入基准键位上的各个字母和符号。怎样才能输入其他的字母和符号呢？为此，有必要为手指进行明确的键位分工，将字母键及一些符号键划分为 8 个区域，分别分配给除大拇指之外的其他 8 个手指，而左、右手的大拇指则只负责空格键。各手指的键位分配如图 2-2 所示。

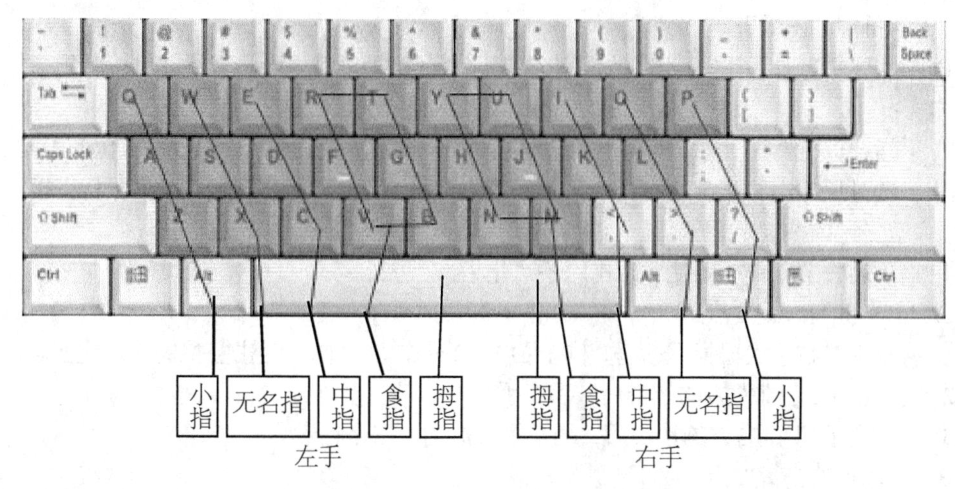

图 2-2 左、右手的手指分工

只有两只手的各个手指分工明确、各负其责，操作键盘时才不会出现盲目、输入混乱的情况。

2．打字姿势的规范

掌握了键位与指法分工后，就可以开始练习输入了。要想既快速地输入，又不会使自己感觉到疲倦，需要掌握正确的打字姿势和击键要领。

我们进行文字输入时必须养成良好的打字姿势。如果打字姿势不正确，不仅会影响文字的输入速度，还会增加工作疲劳感，造成视力下降和腰背酸痛。要养成良好的打字姿势，应注意以下几点。

① 身体坐正，全身放松，双手自然放在键盘上，腰部挺直，上身微前倾。身体与键盘的距离大约为 20 cm。

② 眼睛与显示器屏幕的距离为 30～40cm，且显示器的中心应与水平视线保持 15° ～20° 的夹角。另外，不要长时间盯着屏幕，以免损伤眼睛。

③ 两脚自然平放于地，无悬空，大腿自然平直，小腿与大腿之间的角度近似 90° 。

④ 坐椅的高度应与计算机键盘、显示器的放置高度相适应。一般以双手自然垂放在键盘上时肘关节略高于手腕为宜。击键的速度来自手腕，所以手腕要下垂，不可弓起。

⑤ 输入文字时，文稿应置于计算机桌的左边，便于观看。

正确的打字姿势如图 2-3 所示。

图 2-3 正确的打字姿势示意图

3．击键方法的规范

输入文字时，掌握正确的击键方法也非常重要，它直接影响着文字的输入速度。在敲击键盘时应注意以下几点规则。

① 敲击键位要迅速，按键时间不宜过长，否则易造成重复输入的情况。

② 击键时应该是指关节用力，而不是手腕用力。

③ 每一次击键动作完成后，只要时间允许，一定要习惯性地回到各自的基准键位。

④ 应严格遵守手指分工，不要盲目乱打。

⑤ 尽量学会“盲打”，即不看键盘，凭手指触觉击键。

（1）字母键的击键要点

① 手腕要平直，手臂保持静止，只有手指部分在运动，切忌上身其他部位接触到工作台或键盘。

② 手指要保持弯曲，稍微拱起，指尖后的第一关节微弯成弧形，分别放在键位的中间位置。

③ 击键时只伸出要击键的手指，完成击键动作后，应立即回基准位置，不要将手指一直停留在已经敲击过的按键上。

④ 输入过程中动作要敏捷，敲击时不可用力太大。

（2）空格键的击键要点

① 将左手、右手大拇指迅速垂直向上抬 1～2 cm，然后向下敲击空格键输入空格。

② 当敲击【F】键左方的按键后，用右手大拇指敲击空格键。

③ 当敲击【J】键右方的按键后，用左手大拇指敲击空格键。

（3）回车键的击键要点

① 用右手小指敲击【Enter】键后立即回到基准键位上。

② 在敲击过程中，小指应避免碰到其他按键。

（4）控制键的击键要点

① 用右手中指敲击【↑】和【↓】键，食指敲击【←】键，无名指敲击【→】键。

② 由于小键盘区中的【5】数字键上也有一条凸起的小横条，在使用小键盘区时，可将中指放在【5】键上，然后将食指和无名指自然放在【4】键和【6】键上，从而对小键盘中的各个按键进行指法分工。在输入时，可按分工，使用不同的手指对按键进行敲击。

（5）功能键和编辑键的击键要点

① 敲击功能键时可以根据手指在键位的分配进行敲击，如【F1】键可使用左手无名指进行敲击，其余功能键则依次类推。

② 根据就近原则，在键盘左侧的编辑键可用左手小指进行敲击，右侧的编辑键可使用右手小指进行敲击。

【知识梳理】

1. 汉字的层次结构

从表 2-1 中 20 个汉字的结构分析可以看出，一个复杂的汉字通常由多个简单的汉字或笔画组成，可以将这些复杂的汉字拆分为简单的汉字和笔画。这些简单的汉字大部分都是汉语语法中规定的偏旁首部，但有些不是规范的偏旁首部，也不是规范的汉字，而是将规范的偏旁首部进一步分解而得到的，例如将“鱼”字拆分为“⺈”和“一”，将“羊”字拆分为“丷”和“手”，其主要目的是减少重码、提高输入速度。

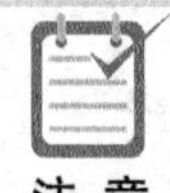

注意

这里所说的简单汉字通常指笔画数较少的汉字，例如一、人、八、土、工、口、士、曰、又、力、王、月、立、六、车、耳等。

简单的汉字通常由多个单笔画组成，例如，“工”由“一”（横）、“丨”（竖）和“一”（横）3个笔画组成，“口”由“丨”（竖）、“㇆”（折）和“一”（横）3个笔画组成，“八”由“丿”（撇）和“㇏”（捺）2个笔画组成，“立”由“、”（点）、“一”（横）、“、”（点）、“丿”（撇）和“一”（横）5个笔画组成。

表2-1 汉字的结构分析

汉字	汉字结构示意	汉字组成	汉字	汉字结构示意	汉字组成
如	如	女口	吉	吉	士口
蝴	蝴	虫古月	意	意	立日心
框	框	木匚王	喜	喜	士口⺦口
情	情	忄龶月	劳	劳	艹冖力
慢	慢	忄曰罒又	冥	冥	冖曰六
澎	澎	氵士口⺦彡	豪	豪	亠口冖豕
鲜	鲜	鱼丷干	窍	窍	宀八工一㇉
聪	聪	耳丷口心	蓓	蓓	艹亻立口
鼓	剑	人一⺍刂	命	命	人一口卩
输	输	车人一月刂	筋	筋	𥫗月力

在五笔字型输入法中将这些规范的简单汉字、规范的偏旁部首、非规范的汉字或非规范的偏旁部首和单笔画统称为字根，字根特指五笔字型输入法中所规定的一些汉字、偏旁部首、非规范的汉字或非规范的偏旁部首、单笔画的集合。

经过以上分析，我们将汉字划分为3个层次：汉字、字根、笔画。汉字由字根组成，字根是由若干笔画连接、交叉形成的相对不变的结构组合，字根是组成汉字的基本单位，笔画归纳为横、竖、撇、捺、折5类。例如，“只”是由“口”和“八”2个字根组成的，“口”由“丨”（竖）、“㇆”（折）和“一”（横）3个笔画组成，“八”由“丿”（撇）和“㇏”（捺）2个笔画组成。

2．汉字的基本笔画

所谓“笔画”是指书写汉字时，不间断地一次连续写成的线段。区分笔画时，只考虑笔画的运笔方向，而不考虑其长短轻重，将汉字的笔画分为5种基本笔画，即横、竖、撇、捺、折，其代号为1、2、3、4、5，如表2-2所示。

表2-2 5种基本笔画及其编码

代号	笔画名称	笔画运笔方向	基本笔画	变形笔画	举例说明
1	横	左→右	一	㇀（提）	旦刁
2	竖	上→下	丨	亅（竖左钩）	引利
3	撇	右上→左下	丿	㇀ 丿丿	八毛川乡
4	捺	左上→右下	㇏	丶（点）	及入寸
5	折	带转折	乙	㇛ ㇖ ㇉ ㇋ ㄥ ㇅ ㄥ ㇈ ㇉ ㇙（竖右提）	忆买巧与乃刁毛 汛瓦车飞专饭以

3．汉字的基本字型

有些汉字，它们所含的字根相同，但字根之间关系却不同，例如，“叭”和“只”2个字都由字根“口”和“八”组成，“旭”和“旮”都由字根“九”和“日”组成。为了区别这些汉字，使含有相同字根的字不重码，还需要添加字型信息。所谓“字型”是指汉字的各个字根之间的位置关系类型。

五笔字型输入法将汉字的字型划分为3类，分别为左右型、上下型和杂合型3种字型。这些字型的代号分别是1、2、3，如表2-3所示。

表2-3 汉字的3种字型及代号

字型代号	字型名称	图示	特征	举例说明
1	左右型		汉字的各个字根之间可有间距，总体结构呈左右排列	汉 代 胡 湘 侧 树 结 情 部 封
2	上下型		汉字的各个字根之间可有间距，总体结构呈上下排列	吉 志 意 莫 劳 花 筋 华 竖 想
3	杂合型		汉字的字根之间无法明显区分上下、左右，字根之间交叉叠合	回 圆 困 电 末 本 且 天 义 风 凶 勺 区 匹 司 包 斗 这 进 术

（1）左右型汉字

如果1个汉字能分成有一定距离的左、右2部分或左、中、右3部分，那么该汉字就称为左右型汉字。左右型汉字主要包括2种情况。

① 双合字。1个汉字可以明显地分成左、右2个部分，并且字根之间有一定的距离，每一部分可以是1个字根，也可以由多个字根组合而成。例如：肚、肝、胡、理、咽、拥等。

② 三合字。1个汉字可以明显地分成3个部分，这3个部分可以从左到右并列，其间有一定距离；也可以分成左、右2部分，其间有一定距离，而其中的左侧或右侧又可分为上、下2部分，每一部分可以是1个字根，也可以由多个字根组成。例如：侧、别、谈、那等。

（2）上下型汉字

如果1个汉字能分成有一定距离的上、下2部分或上、中、下3部分，那么该汉字就称为上下型汉字。上下型汉字主要包括2种情况。

① 双合字。1个汉字可以明显地分成上、下2部分，并且这2部分之间有一定的距离，每一部分可以是1个字根，也可以由多个字根组合而成。例如：字、节、昊、旦、看等。汉字“午”、

"矢"、"卡"、"严"、"左"、"右"、"足"、"个"、"少"、"么"都视为上下型汉字，但是"自"、"且"、"千"、"太"、"主"都不属于上下型汉字。

② 三合字。1个汉字可以明显地分成3部分，这3个部分分为上、中、下3层，或者分为上、下2层，其中的某一层又可以分为左、右2部分，但是层与层之间必须有一定的距离，每部分可以是1个字根，也可以由多个字根组合而成。例如：思、节、音、合、笑、荫、葫、坚、贤等。

（3）杂合型汉字

如果组成汉字的字根之间没有明确的左右型或上下型关系，那么该汉字称为杂合型汉字。主要包括以下5种情况。

① 全包围型。汉字的1个字根将其他字根完全包围，例如：国、因、固、困、园、团等。

② 半包围型。汉字的1个字根将其他字根部分包围，例如：包、区、医、匝、这、边、过、斗等。

③ 交叉型。汉字的字根之间交叉重叠。例如：申、串、半、东、未、牛等。

④ 连笔型。汉字的1个字根连1个单笔画，例如：天、下、正、且、夭、自、千、乡、尺、久、丑等。

⑤ 孤点型。汉字的1个字根之前或之后包含有1个或多个孤立点，并且该点笔画没有与其他字根相连，例如：勺、术、太、主、义、叉、为、斗、头等。

由以上分析可知，汉字虽由字根组合而成，相同的字根因字型不同可以构成不同的汉字。例如，字根"口"和"八"既可以构成"叭"，也可以构成"只"。所以在输入汉字时，为了区分是输入"只"还是输入"叭"，就得告诉计算机"口"和"八"这2个字根按什么类型来组合。在输入那些字根数少于4的汉字时，还必须告诉计算机所输入的字根是按什么方式排列的，即要输入1个汉字的字型信息，这就是我们后面将分析的末笔字型交叉识别码。

4．字根间的结构关系

字根间的结构关系可以概括为单、散、连、交4种类型。

（1）单

"单"字根是指汉字本身就是一个单独的字根，不能再对其进行拆分。输入汉字时对于"单"字根应作为一个整体输入，不再拆分。例如："草"字只能拆分为"艹"和"早"，"早"字不能再进行拆分；"估"字只能拆分为"亻"和"古"，"古"字不能再进行拆分；"泵"字只能拆分为"石"和"水"，"石"字不能再进行拆分。

（2）散

汉字由多个字根组成，并且各个字根之间保持一定的距离，字根的位置关系为左右或上下，不相连也不相交。散结构汉字又可以分为左右型汉字和上下型汉字。例如：加、好、功、妈、经、昌、苗、李、盘、型等。

（3）连

"连"是指1个字根与1个单笔画相连。五笔字型输入法中字根之间的相连关系特指以下2种情况。

① 单笔画与另一个字根相连，例如：天、下、正、于、且、夭、自、千、生、乡、尺、久、丑、血、丘等。

② 带点结构视为"连"。对于带点结构的汉字，点与其他字根之间并不一定相连，其间可能相连也可能不相连，点与其也字根之间的距离可近也可远，在五笔字型输入法中都视为"连"，例如：勺、术、太、主、义、叉、为、斗、头。

五笔字型输入法中对于单笔画与字根之间有明显距离者不认为是“连”，例如：个、少、么、旦、全等，以下汉字也不认为是“连”：足、左、右、页、首、充等。

（4）交

由多个字根交叉重叠组成，并且字根之间没有距离的汉字认为是“交”，例如未、末、夫、无、中、本、申、里、夷、必、东、农等。

“连”和“交”都视为杂合结构。

5．五笔字型字根及其键盘分布

汉字包括很多的偏旁部首和简单结构的汉字，将那些组字能力强、而且在日常汉语中出现次数多的笔画结构优选为字根。根据这一原则，“五笔字型输入法”的创始人王永民先生选定了 130 多个字根作为五笔字型的基本字根。输入汉字就是要输入组成汉字的字根，将优选出来的字根按一定规律分布到键盘的各个键位上，按键即输入字根，这就是五笔字型输入法的键盘设计。

（1）字根键盘的分布方式

将 130 个字根分布在键盘的字母键上，形成汉字的“字根键盘”，如图 2-4 所示。

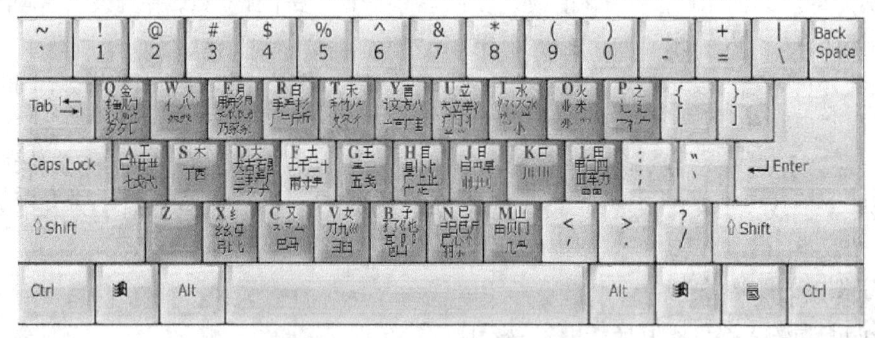

图 2-4　五笔字型输入法字根键盘

将英文键盘上的 A～Y 共 25 个键分成 5 个区，区号分别为 1～5。中间一排的左方 G、F、D、S、A 键为一区，右方的 H、J、K、L4 键加上下排最右的 M 键为二区；上排左方的 T、R、E、W、Q 键为三区，右方的 Y、U、I、O、P 键为四区；下排 N、B、V、C、X 键为五区。一区的区号为 1，对应字根的首笔画为横；二区的区号为 2，对应字根的首笔画为竖；三区的区号为 3，对应字根的首笔画为撇；四区的区号为 4，对应字根的首笔画为捺；五区的区号为 5，对应字根的首笔画为折，如图 2-5 所示。

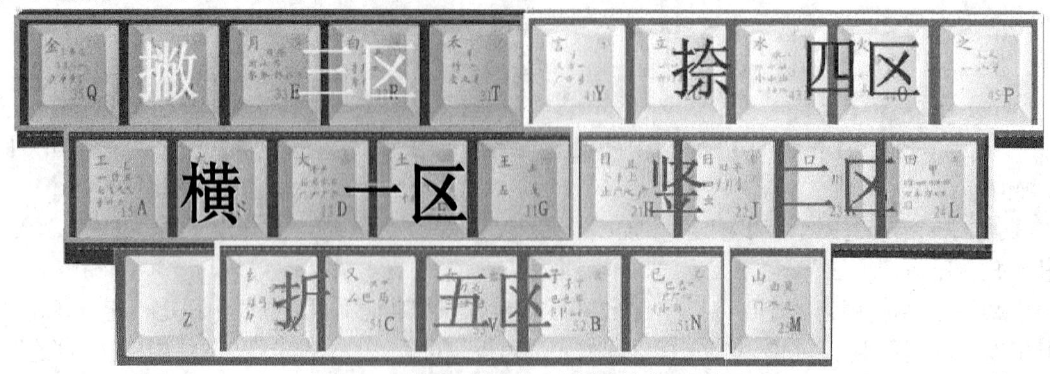

图 2-5　五笔字型输入法字根键盘的分区示意图

每个区都包含5个键，每个键称为一个位，位号为1～5。一、三、五区从中间向左编排位号1、2、3、4和5，二、四区从中间向右编排位号1、2、3、4和5，如图2-6所示。

图2-6　五笔字型输入法字根键盘的分位示意图

如果将每个键的区号作为第1个数字，位号作为第2个数字，那么用两位数就可以表示一个键，这就是通常所说的“区位号”。1区1位的区位号为11，1区2位的区位号为12，依此类推，5区5位的区位号为55。

（2）五笔字型输入法字根表

将构成汉字的130个字根有规律地分配在键盘的25个字母键上，就形成了五笔字型输入法的字根总表，如图2-7所示。由于键盘的字母键只有26个，Z键另作他用，而字根有130多个，这样同一个字母键上就会有多个不同的字根。字根与字母键不是一一对应关系，这就增加了五笔字型输入法的学习难度。

图2-7　五笔字型输入法字根分布

图2-7中每个键左下角的汉字（一、地、在、要、工、上、是、中、国、同、和、的、有、人、我、主、产、不、为、这、民、了、发、以、经）为日常汉语中使用频率较高的汉字，也称为“高频字”，将在后面的“一级简码”中对其进行具体说明。

为了有助于记忆，便于快速熟练掌握，同时还考虑各键的字根分布均衡性、击键的各手指的灵活程度等因素，字根的分布有以下基本规律。

① 字根首笔画代号和所在的区号一致，大部分字根的第2笔画代号与其“位号”一致。

基于这一规律，我们可以根据字根的首笔画快速判断该字根属于哪一区，再根据其次笔画判断字根属于哪一位。例如："王"和"戋"的首笔画是横，其代号为1，与区号一致，第2笔画也是横，代号仍为1，与其位号一致，所以这些字根的区位号为11（G）。"文"和"方"的首笔画是捺（点），其代号为4，与其区号一致，第2笔画是横，其代号为1，与其位号一致，所以这些字根的区位号为41（Y）。

② 将130个字根划分为5个大类，每个大类对应键盘上的一个区。每一个大类又分为5个小类，每个小类各对应区内的一个位。从每一小类字根中优选出1个最具代表性的字根，该代表字根称为"键名字"。各个键位对应的键名字如表2-4所示，1区键名字（王、土、大、木、工）的首笔画为横，2区键名字（目、日、口、田、山）的首笔画为竖，3区键名字（禾、白、月、人、金）的首笔画为撇，4区键名字（言、立、水、火、之）的首笔画为捺，5区键名字（已、子、女、又、纟）的首笔画为折。

③ 每个键位的大部分字根与键名字的外形相近，例如："G"键的键名是"王"，与其相近的字根有"五"和"龶"。"J"键的键名是"日"，与其相近的字根有"曰"、"虫"等。"N"键的键名是"已"，与其相近的字根有"己"和"巳"。

④ 单笔画及其"复笔字根"的笔画数与位号一致。

单笔画（一、丨、丿、㇏、丶、乙）分别位于每个区的第1位，由2个单笔画组成的字根（二、刂、⺀、冫、巜）分别位于每个区的第2位，由3个单笔画组成的字根（三、川、彡、氵、巛）分别位于每个区的第3位，由4个单笔画组成的字根（川、灬）则位于第4位。

重要说明：五笔字型输入法字根中有几个较特殊的偏旁部首，与中文中规范的偏旁部首有所不同，应注意区分。"礻"拆分为"礻"和"丶"，"衤"拆分为"礻"和"冫"，"犭"必须拆分为"犭"和"丿"，"饣"拆分为"勹"和"乙"，"鱼"拆分为"鱼"和"一"。

五笔字型输入法各键位字根分布的基本规律如表2-4所示。

表2-4 五笔字型输入法各键位的字根分布规律

键位字母	键名字	首笔画对应区号 次笔画对应位号	单笔画数目 对应位号	形、音、义联想	特殊的调整
G	王		一	与"王"形相近：龶、五	戋
F	土	士 十 寸 雨	二	（1）"干"的横笔数为2，与"二"形相似 （2）"串"与"干"形相似	
D	大	犬 石 厂 ナ 𠂇	三	（1）"镸"、"手"、"产"3个字根的前3笔都是横，与"三"形相似 （2）"古"与"石"形相近	
S	木			"木"的末笔是捺，"丁"在甲、乙、丙、丁、……中排第4，"西"下部的形状为"四"，都与位号4相关	
A	工	戈 弋 七 匚		"艹"、"廾"、"龷"、"廿"形相似	
H	目	上 止 ⺊ 龰	丨 亅	（1）与"目"形相近：且 （2）"卜"与"⺊"形相似 （3）"卢"、"广"与"⺊"形相似	
J	日		刂 刂 リ 丨 川	与"日"形相近：曰、四、早、虫	

续表

键位字母	键名字	首笔画对应区号次笔画对应位号	单笔画数目对应位号	形、音、义联想	特殊的调整
K	口		川 川	"口"的发音可与"K"联想	
L	田		川	(1)与"田"形相近：甲 (2)"四"的字义是4，与位号4相关 (3)"皿"、"罒"、"罒"与"四"形相近 (4)"力"的发音可与"L"联想	车 口
M	山	由 贝 几 冂			
T	禾	竹 ⺮ 攵 𠂉	丿	"夂"与"攵"形相似	彳
R	白		彡	(1)"厂"、"斤"前2个笔画为撇，与位号2相关 (2)"手"、"⺝"、"手"前3个笔画为1撇加2横，与位号相关 (3)"扌"与"手"同义 (4)"斤"与"斤"形相似	
E	月		彡	(1)与"月"形相似：目、用、乃、丹 (2)"爫"下有3点，"豸"有3撇，与位号3相关	豕 𠃋 衣 𧘇
W	人			(1)与"人"形相似：八 (2)"亻"与"人"同义 (3)"癶"、"癶"与"八"形相似	
Q	金	夕 儿 犭 勹 鱼 夕 夕 [		"钅"与"金"同义	乂 儿
Y	言	文 方 广 亠 言 圭	丶 乀	"讠"与"言"同义	
U	立	门	丷 冫 丬	(1)与"立"形相似：六、亠、辛 (2)"丬"、"⺌"、"丬"与"丷"形相似	疒
I	水		氵 ⺌ ⺍	(1)"氺"与"水"形相近 (2)"⺌"、"⺍"联想"水" (3)"⺌"联想"氵" (4)"小"联想" "	
O	火		灬	"业"、"⺌"与"灬"形相似	米
P	之	冖 礻		(1)"辶"、"廴"与"之"形相似 (2)"冖"与"冖"形相似	
N	已	コ 尸 己 巳	ㄑ 乙	"心"、"羽"的最长笔画为折	忄 ⺗ 尸
B	子	也 阝 卩 凵 了 孑	巜	(1)"耳"与"卩"同义 (2)"㔾"与"卩"形相似	
V	女	刀 九	巛		臼 彐 ヨ ヨ
C	又	厶 ス マ ⺊			巴 马
X	纟	幺 纟 口 ⺊			弓 匕 ⺊

（3）五笔字型输入法助记词

五笔字型输入法的字根分布在键盘的各个键位上，我们必须牢记字根在键盘上的分布，才能准确、快速地输入汉字，可以借助表 2-5 所示的助记词熟记字根分布。

表 2-5　五笔字型输入法字根助记词

键位字母	键名字	五笔字型输入法字根助记词
G	王	王旁青头戋（兼）五一
F	土	土士二干十寸雨
D	大	大犬三（羊）古石厂
S	木	木丁西
A	工	工戈草头右框七
H	目	目具上止卜虎皮
J	日	日早两竖与虫依
K	口	口与川，字根稀
L	田	田甲方框四车力
M	山	山由贝，下框几
T	禾	禾竹一撇双人立，反文条头共三一
R	白	白手看头三二斤
E	月	月彡（衫）乃用家衣底
W	人	人和八，三四里
Q	金	金勺缺点无尾鱼，犬旁留乂儿一点夕，氏无七
Y	言	言文方广在四一，高头一捺谁人去
U	立	立辛两点六门疒
I	水	水旁兴头小倒立
O	火	火业头，四点米
P	之	之宝盖，摘礻（示）衤（衣）
N	已	已半巳满不出己，左框折尸心和羽
B	子	子耳了也框向上
V	女	女刀九臼山朝西
C	又	又巴马，丢矢矣
X	纟	慈母无心弓和匕，幼无力

【引导训练】

2.1 英文字符与标点符号的输入

【任务 2-1】熟练输入英文短句

【任务描述】

在 Windows 操作系统的【记事本】中进行指法练习，输入英文短句“Good luck,Better Life,Happy every day,Always healthy”。

【方法集锦】

1．键盘指法练习

俗话说“熟能生巧”，只有在不断练习中，才能真正提高输入速度和输入的熟练程度。可以直接在 Windows 操作系统的【记事本】中进行指法练习，也可以使用金山打字软件进行练习。由于金山打字软件是专门为初学者提供的打字练习软件，在软件中已经为用户提供了各种各样的练习文章，可以直接对照输入，练习指法，还可以通过玩游戏来练习指法。

2．输入法的切换

（1）中英文输入法切换

① 按【Ctrl+Space】组合键，可以在中文和英文输入法之间进行切换。

② 按一下【Caps Lock】键，键盘右上角的【Caps Lock】指示灯亮，表示此时可以输入大写英文字母。

③ 王码五笔字型输入法中输入法状态条主要是为了让用户了解输入法当前的输入状态以及控制输入法的各种输入方式。默认状态下，输入法状态条最左边的按钮表示中文输入状态，如图 2-8 所示。将鼠标指针移到状态框的按钮上方，当其变为形状时，单击鼠标左键，按钮变为A状态时，表示此时可以输入大写英文字母。

（2）输入法切换

① 按【Ctrl+Shift】组合键，可以在英文及各种中文输入法之间进行切换。

② 单击 Windows 任务栏上的输入法按钮，弹出输入法菜单列表，如图 2-9 所示，单击选择需要的输入法即可。

图 2-8 王码五笔字型输入法状态条

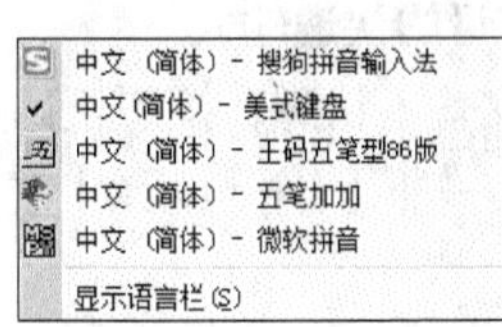

图 2-9 输入法菜单列表

（3）全半角切换

中文输入法选定后，屏幕上会出现一个所选输入法的状态框。图 2-10 所示为半角英文标点的输入状态，图 2-11 所示为全角中文标点的输入状态。在全角输入状态下，输入的字母、数字和符号各占据一个汉字的位置，即 2 个字节的大小；而在半角输入状态下，输入的字母、数字和符号只占半个汉字的位置，即 1 个字节的大小。单击输入法状态条中的按钮，当其变为按钮时，即可切换到全角输入状态，如图 2-11 所示。

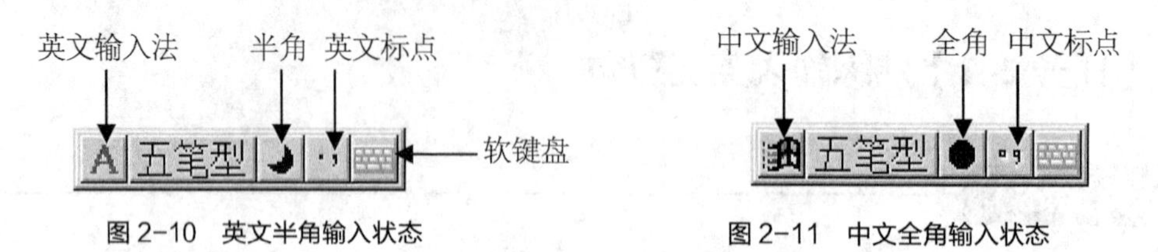

图 2-10　英文半角输入状态　　　　图 2-11　中文全角输入状态

（4）中英文标点符号切换

中文标点输入状态用于输入中文标点符号，而英文标点输入状态则用于输入英文标点符号。在王码五笔字型输入法中，默认为输入中文标点符号。单击输入法状态条中的按钮，当其变为按钮时，表示可输入英文标点符号。在不同的输入状态下，中文标点符号和英文标点符号区别很大。例如输入句号，在中文标点状态下输入，则为“。”，在英文标点状态输入，则为“.”。

（5）软键盘的使用

通过输入法状态条还可以输入键盘无法输入的某些特殊字符。要输入特殊符号，可以通过软键盘输入。默认情况下，系统并不会打开软键盘。单击输入法状态条中的按钮，当其变为按钮时，系统将自动打开默认的软键盘，如图 2-12 所示。再次单击按钮，即可关闭软键盘。

图 2-12　软键盘的默认状态

在打开的软键盘中，通过与软键盘上相对应的按钮或单击软键盘上要输入的按钮，即可输入软键盘中对应的字符。

在软键盘的按钮上单击鼠标右键，在弹出的快捷菜单中可选择不同类型的软键盘。单击选择一种类型后，系统将自动打开对应的软键盘。

3．英文字母的快速输入

切换到英文输入状态，按照正确的击键方法直接输入小写英文字母即可。如果需要输入大写英文字母，按一下【Caps Lock】键，键盘右上角的【Caps Lock】指示灯亮，此时可以输入大写英文字母。

在输入小写英文字母状态或者输入汉字状态下，按住【Shift】键，然后按字母键，则输入的字母为大写字母。

4．中英文标点符号的输入

在英文输入法状态下，所有的标点符号与键盘一一对应，输入的标点符号为半角标点符号。但在中文中，若需输入的是全角标点符号，即中文标点符号，需切换到全角标点符号状态才能输入中文标点符号。大部分的中文标点符号与英文标点符号为同一个键位，有少数标点符号特殊一些，例如省略号（……）应按【Shift+6】组合键，破折号（——）应按【Shift+-】组合键，连接号（—）应按【Shift+7】组合键。

输入英文句子或文章时，标点符号应输入半角标点符号。

【任务实现】

① 左、右手的8个手指自然放在基准键位上，2个大拇指放在空格键上，输入练习准备就绪。

② 按一下【Caps Lock】键，键盘右上角的【Caps Lock】指示灯亮，然后左手食指向右伸出一个键位的距离击1次【G】键，击完后手指立即回基准键位【F】键。击键时，指关节用力，而不是腕用力，指尖尽量垂直键面发力。

再按一下【Caps Lock】键，键盘右上角的【Caps Lock】指示灯熄灭，然后右手的无名指向左上方移动，并略微伸直击2次【O】键，击完后手指立即回基准键位【L】键；左手中指击1次【D】键。

右手大拇指上抬1～2cm，横着向空格键击一下，并立即抬起。

③ 右手无名指击1次【L】键；右手食指向上方（微微偏左）伸直，击1次【U】键，击完后手指立即回基准键位【J】键；左手中指向右下方移动，手指微弯，击1次【C】键，击完后手指立即回基准键位【D】键；右手中指击1次【K】键。

右手中指向右下方移动击1次【,】键，击完后手指立即回基准键位【K】键，左手大拇指击1次空格键。

④ 按一下【Caps Lock】键，键盘右上角的【Caps Lock】指示灯亮，然后左手食指向右下方移动击1次【B】键，击完后手指立即回基准键位【F】键；再按一下【Caps Lock】键，键盘右上角的【Caps Lock】指示灯熄灭，然后左手中指向上方（略微偏左方）伸直，击【E】键，击完后手指立即回基准键位【D】键；左手食指向右上方移动击，2次【T】键，击完后手指立即回基准键位【F】键；左手中指向上方（略微偏左方）伸，击1次【E】键，击完后手指立即回基准键位【D】键；左手食指向上方（略微偏左）伸直，击1次【R】键，击完后手指立即回基准键位【F】键。

⑤ 按一下【Caps Lock】键，键盘右上角的【Caps Lock】指示灯亮，然后右手无名指击1次【L】键；再按一下【Caps Lock】键，键盘右上角的【Caps Lock】指示灯熄灭，然后右手中指向上（略微偏左方）伸，击1次【I】键，击完后手指立即回基准键位【K】键；左手食指击1次【F】键；左手中指向上方（略微偏左方）伸，击1次【E】键，击完后手指立即回基准键位【D】键。

右手中指向右下方移动，击1次【,】键，击完后手指立即回基准键位【K】键。

运用类似的击键方法，输入其他单词："Happy every day,Always healthy"。

2.2 使用拼音输入法输入汉字

【任务 2-2】熟练使用搜狗拼音输入法输入短句

【任务描述】

使用搜狗拼音输入法输入短句“祝您好运（Good luck）”。

【方法集锦】

搜狗拼音输入法自推出以来，很快就凭借其输入准确快捷、皮肤绚丽、词库全的特点受到了大众的支持。也许很多人只知道搜狗拼音中文输入的优点，却不知道搜狗拼音特殊输入也毫不逊色。

1．搜狗拼音输入法 V 模式的使用技巧

搜狗拼音输入法支持 5 种特殊输入方式，可以让我们在各种模式下以最简单、最快捷的方式输入大写数字与计算结果。

V 模式就是按一下键盘上打字时不常用的“V”键，V 模式是转换和计算的功能组合。由于双拼占用了【V】键，所以双拼下需要按【Shift+V】进入 V 模式。

（1）输入中文数字

输入“V+整数数字”，例如输入“v123”，搜狗拼音就会把这些数字转换成中文大小写数字，如图 2-13 所示。

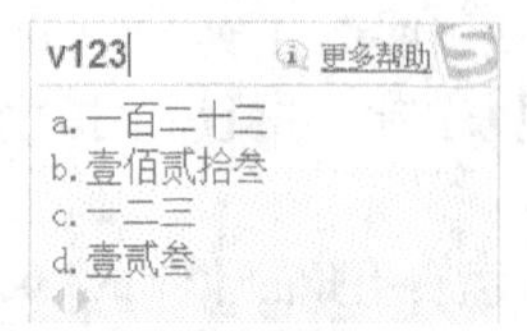

图 2-13　V 模式下输入中文数字

（2）输入中文金额

输入“V+小数数字”，例如输入“v123.45”，搜狗拼音就会把这些数字转换成大小写金额，如图 2-14 所示。

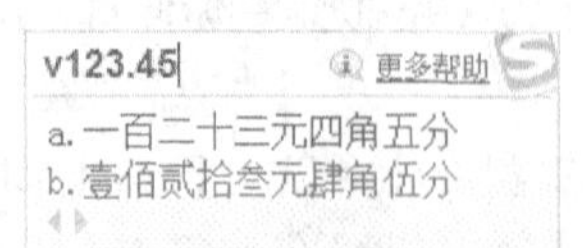

图 2-14　V 模式下输入中文金额

（3）输入日期

输入“V+日期”，例如输入“v2014.10.8”，搜狗拼音就会自动把数字转换为日期格式，如图 2-15 所示。

图 2-15　V 模式下输入日期

（4）输入算式

输入“V+算式”，就可以同时显示算式和结果，如图 2-16 所示。

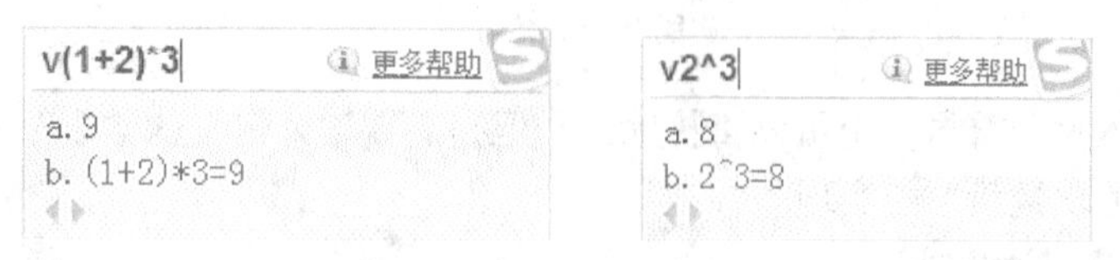

图 2-16　V 模式下输入算式

搜狗拼音输入法的 V 模式所支持的运算类型如图 2-17 所示。

搜狗拼音输入法支持函数列表

函数名	缩写	函数名	缩写
加	+	开平方	sqrt
减	-	乘方	^
乘	*	求平均数	avg
除	/	方差	var
取余	mod	标准差	stdev
正弦	sin	阶乘	!
余弦	cos	取最小数	min
正切	tan	取最大数	max
反正弦	arcsin	以e为底的指数	exp
反余弦	arccos	以10为底的对数	log
反正切	arctan	以e为底的对数	ln

如：v3+2

图 2-17　搜狗拼音输入法 V 模式所支持的运算类型

（5）输入特殊符号

当输入 v1 ~ v9 时，就可以选择想要的特殊字符了。v1 ~ v9 代表的特殊符号快捷入口分别是：v1 为标点符号，v2 为数字序号，v3 为数学单位，v4 为日文平假名，v5 为日文片假名，v6 为希腊/拉丁文，v7 为俄文字母，v8 为拼音/注音，v9 为制表符。

2．数学符号的快速输入技巧

工作的时候经常会用到一些符号，每次都去复制粘贴比较麻烦，直接输入汉语拼音就能实现部分数学符号的输入，如直接输入“dayu”即可输入“>”，如图 2-18 所示，直接输入“pai”即可得出“π”，如图 2-19 所示，都是完整拼音输入符号，但是对号却需要输入“dg”才能得出“√”，如图 2-20 所示，输入“duihao”则不能得出。

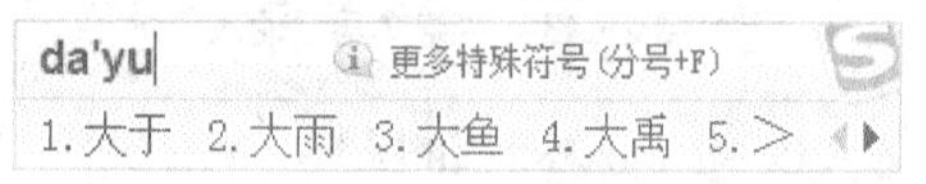

图 2-18　输入>

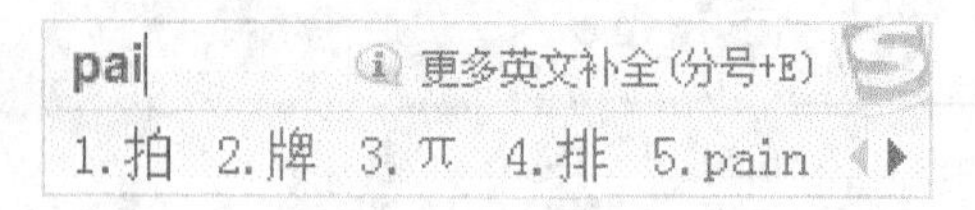

图 2-19　输入π

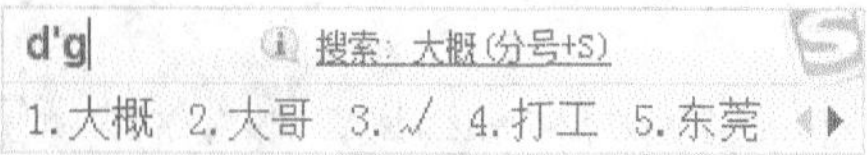

图 2-20　输入√

如果需要输入常用符号，也可以直接输入，但是若要输入最全的数学符号、序号还是需要使用搜狗输入法的软键盘才能实现。

3．插入当前日期和时间

写邮件、记账、写日志时，搜狗输入法也可以快速输入日期。例如输入“rq”（日期的首字母)、输入“sj”（时间的首字母）、输入“xq”（星期的首字母）等。

4．输入单笔画

在搜狗拼音输入法的中文模式下，直接输入小写“u”，此时在录入提示条中就可以看到对应的笔画内容，如中文字词所涵盖的横、竖、撇、捺、折等，如图 2-21 所示，这时通过选择即可手工输入对应笔画，并通过悬停的笔画选项，选中对应编号快速完成录入。

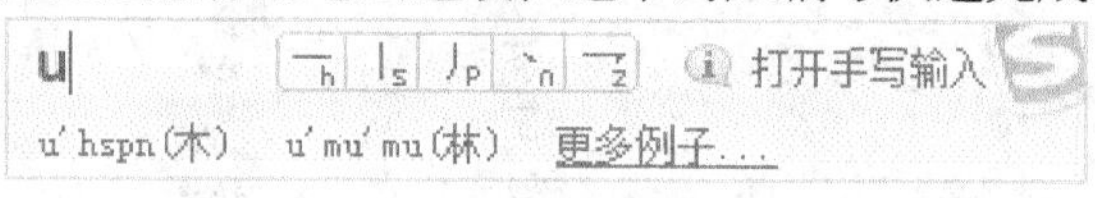

图 2-21　输入单笔画

5．输入标点符号

在搜狗拼音输入法中，一些特殊的符号可以通过输入该符号名拼音字母的声母来实现。例如：破折号（——）则为“pzh”，如图 2-22 所示；省略号（……）为“slh”；书名号（《》）为“smh”。

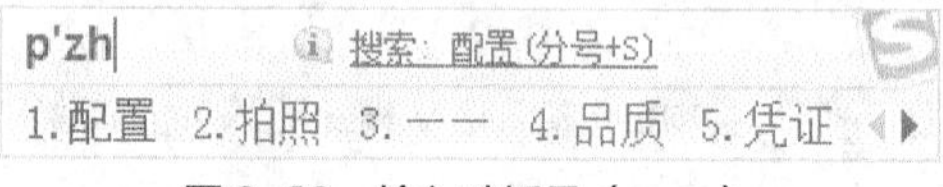

图 2-22　输入破折号（——）

6．中英文的混合输入

搜狗拼音输入法将中文输入和英文输入完美地融合到一起。想输入英文时，我们在正常的中文输入中就可以完成。例如我们想输入“congratulate”这个词，那么只要在中文模式下按字母顺序输入“congra”，就会发现英文单词和中文字词同时出现，如图 2-23 所示。只要按一下【；+E】键即可进入到英文补全模式，在所有候选词中挑选自己需要的英文单词了，如图 2-24 所示。而若想回到中文模式也非常便捷，再次按下【；】键就可以了。

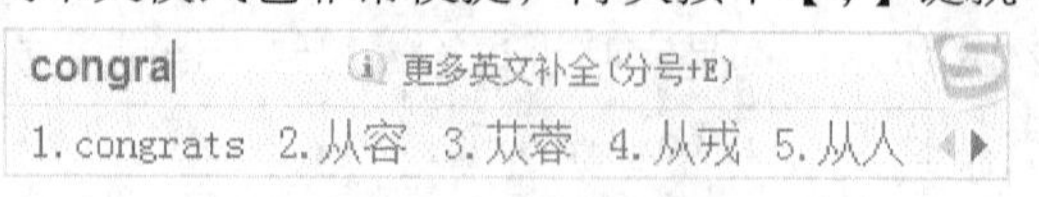

图 2-23　中英文混合输入

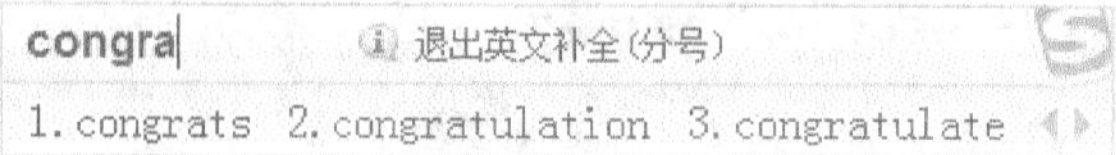

图 2-24　进入英文补全模式

【任务实现】

启动“记事本”程序或“Word”文字处理软件，将输入法切换到搜狗拼音输入法，输入法的状态条如图 2-25 所示。

然后在默认的文本插入点输入“祝您”的全拼编码“zhunin”，此时可以在输入提示框中看到“祝您”位于第 1 个位置处，如图 2-26 所示。

继续输入“好运”全拼编码“haoyun”，此时可以在输入提示框中看到“祝您好运”位于第 1 个位置处，如图 2-27 所示。此时按空格键选择该文本即可。

图 2-25 搜狗拼音输入法状态条

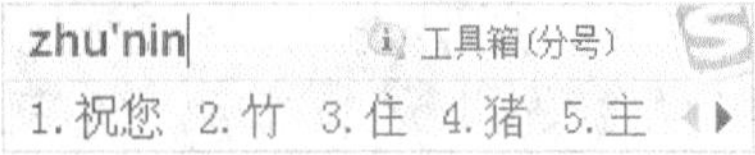

图 2-26 利用搜狗拼音输入法输入“祝您”

接下来不必切换为英文输入状态，直接输入括号和英文单词“(Good luck)”即可。

提 示

搜狗拼音输入法的简拼功能非常强，输入“祝您好运”时，可以直接输入“znhy”，如图 2-28 所示。

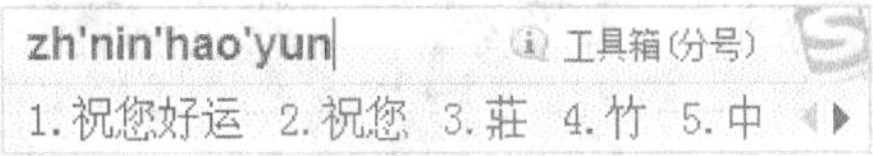

图 2-27 利用搜狗拼音输入法输入“祝您好运”

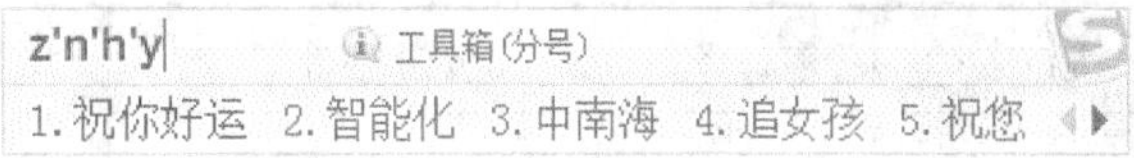

图 2-28 简拼输入“祝您好运”

2.3 使用五笔字型输入法输入汉字

【任务 2-3】使用五笔字型输入法的全码方式输入单个汉字

【任务描述】

在 Windows 的记事本中或在 Word 中完成以下的文字输入操作。

（1）输入五笔字型输入法的键名字和成字字根。

（2）使用全码方式正确输入以下 33 个非字根汉字。

零、壹、贰、叁、肆、伍、陆、柒、捌、玖、拾、福、翰、絮、殿、舞、醉、练、傲、德、遐、貌、吉、如、湖、意、巨、印、曳、互、与、毛、予。

【方法集锦】

我们知道英文单词是由多个字母组成。输入英文单词时，直接输入每一个字母就可以。使用拼音输入法输入汉字是通过汉字的读音转换为字母输入，通过拼音输入相应的汉字。但由于汉字同音字较多，当输入相同的拼音字母时，可能会出现多个同音汉字，需要从多个同音字中选择一个所需输入的汉字，这样就会影响输入速度和输入的正确率。五笔字型输入法是一种拼形输入法，根据汉字的形状结构对汉字进行合理拆分，然后通过按对应字母键输入汉字。五笔字型输入法从 1983 年年底问世至今，已拥有相当广泛的用户群。其具有击键次数少、输入速度快、重码少、正确率高的特点。

1．键面汉字的编码与输入

键面字是指字根总表中本身就是汉字的字根。键面字又分为键名字和成字字根 2 种。在字根总表中，除了键面汉字，还包括单笔画和多个偏旁部首。这些汉字或偏旁部首的编码和输入规则比较特殊。其编码的基本原则是只取 4 码，不足 4 码的输入时补打空格键。

（1）键名字的编码与输入

键名字的输入规则是在同一字母键上连击 4 下，即在表 2-6 中连击第 1 列和第 4 列的字母键，就会输入第 2 列和第 5 列对应的键名字。键名字的编码为相同的 4 个字母。

（2）成字字根的编码与输入

成字字根的输入规则为：户口码 + 首笔画码 + 次笔画码 + 末笔画码，即先击一下成字字根所在的键位，然后根据书写顺序，依次击成字字根的第 1、2 及最后一个笔画所在的键位进行输入。单笔画横、竖、撇、捺、折的编码分别为 G、H、T、Y、N，对应每个区的第 1 位。如果成字字根只有 2 个笔画，最后需补击一个空格键。

130 个字根中，除了 25 个键名字外，还有几十个字根本身就是汉字，这些字根称为成字字根，表 2-6 中第 3 列和第 6 列即为每个键位的成字字根。

表 2-6　五笔字型输入法的键面汉字及其他字根

键位字母	键名字	成字字根	键位字母	键名字	成字字根
G	王	戋 五 一	W	人	八
F	土	士 二 干 十 寸 雨	Q	金	儿 夕
D	大	犬 三 古 石 厂	Y	言	文 方 广
S	木	丁 西	U	立	辛 六 门
A	工	戈 弋 七 廿	I	水	小
H	目	止 上 卜	O	火	米
J	日	曰 早 虫	P	之	
K	口	川	N	已	己 巳 尸 心 羽 乙
L	田	甲 四 车 力 皿	B	子	耳 了 也 孑
M	山	由 贝 几	V	女	刀 九 臼
T	禾	竹	C	又	巴 马 厶
R	白	手 斤	X	纟	弓 匕 幺
E	月	乃 用 豕			

（3）单笔画的编码与输入

由于单笔画只有一个笔画，按成字字根的方法输入时只有 2 码，需要补击 2 次【L】键。5 个单笔画的编码如下。

一：GGLL　丨：HHLL　丿：TTLL　丶：YYLL　乙：NNLL

注 意

使用五笔字型输入法输入汉字时，都是在小写字母状态下输入的，在大写字母状态不能输入汉字。但为了表达方便和清晰，本单元中汉字编码都采用大写字母，特此说明。

2．键外字的拆分与输入

五笔字型输入法中，键面字以外的汉字称为键外字。键外字由 2 个或者 2 个以上的字根或笔画组成。首先要运用汉字的拆分原则进行拆分，然后通过对应的字根按键进行输入。不管键外字包括 4 个还是 4 个以上的字根或笔画，编码和输入时一律为 4 码。如果不足 4 码，则补末笔字型交叉识别码和空格键，凑足 4 码。

（1）键外汉字的拆分原则

输入键外汉字时，首先要将其拆分为字根，然后按字根键输入。拆分键外汉字时必须遵守以下 5 条基本原则，以便快速无误地进行拆分和输入。

原则 1：书写顺序。拆分汉字时首先应考虑正确的汉字书写顺序，从左到右、从上到下、从外到内进行拆分。

例如："做"按从左到右的顺序拆分为"亻"、"古"和"攵"3 个字根，其编码为 WDT；"意"按从上到下的顺序拆分为"立"、"曰"和"心"3 个字根，其编码为 UJN；"围"按从外到内的顺序拆分为"囗"、"二"、"乙"和"丨"4 个字根，其编码为 LFNH；"蓓"先从整体按上下顺序拆分，然后下部按左右顺序拆分，最后局部又按上下顺序拆分，总之按照汉字的书写顺序自然拆分为"艹"、"亻"、"立"和"口"4 个字根，其编码为 AWUK。

原则 2：取大优先。"取大优先"是指拆分汉字时，拆分出的字根数应最少。当有多种拆法时，应取前面字根大（笔画数多）的那一种，从而保证汉字的拆分方案具有唯一性。这就是说，按书写顺序拆分汉字时，应当以"再加一笔便不能成其为字根"为限度，每次都拆取一个"尽可能大"，即"笔画数最多"的字根。

例如："夫"应拆分为"二"和"人"，而不能拆分为"一"和"大"，因为字根"二"的笔画数要比字根"一"多；"未"应拆分为"二"和"小"，而不能拆分为"一"和"木"；"末"应拆分为"一"和"木"，却不能拆分为"二"和"小"，因为字根总表中没有上横长下横短的字根。这样，由于取大优先规则的限制，就能保证拆分方案的唯一性。

但是"笔画数最多的大字根"也是相对而言的，有时候单笔画也是大字根，有时候 4 个单笔画才是大字根。例如"舞"应拆分为"𠂉"、"卌"、"一"、"夕"、"匚"和"丨"6 个字根，分别包含有笔画数为 1、2、3、4 的情况。

原则 3：能散不连。拆分汉字时，能拆分为互相隔开的字根（"散"结构的汉字），则不能拆分为互相连接的字根（"连"结构的汉字）。

例如："午"应拆分为"𠂉"和"十"，而不能拆分为"丿"和"干"，前者为"散"，后者为"连"，"散"优先于"连"。也不能拆分为"𠂉"和"丨"，这样拆虽然遵守了书写顺序和取大优先的原则，但违背了能散不连的原则，直观性不强。类似的汉字还有：矢、升、占。

原则 4：能连不交。当一个汉字既能拆分成"相连"的多个字根时，也能拆分成"相交"的多个字根时，由于"连"比"交"更为"直观"，所以规定按"相连"的关系进行拆分，而不能按"相交"的关系进行拆分。五笔字型输入法的"连"是指 1 个字根与 1 个单笔画相连，也包括带点结构，所以"连"结构汉字应拆分为单笔画和另一个字根。

例如："天"应拆分为"一"和"大"，而不能拆分为"二"和"人"，类似的汉字还有：下、正、于、且、夭、自、千、生、乡、尺、久、丑等。但是"牛"字应拆分为"𠂉"和"丨"，属于“交”结构。

带点结构的汉字“主”应拆分为“丶”和“王”，而不能拆分为“亠”和“土”，类似的汉字还有：勺、术、太、义、叉、为、斗、头。

原则 5：兼顾直观。在拆分汉字时，有时为了照顾汉字字根的完整性和直观性，对于某些汉字不得不违背“书写顺序”和“取大优先”的原则进行拆分。

例如：“因”字如果按书写顺序应拆成“冂”、“大”和“一”，但这样拆分破坏了汉字结构的直观性，故只好违背“书写顺序”，照顾“直观”，应拆分为“囗”和“大”。类似的包围型汉字还有：园、国、圆、围、回等。

“自”字如果按书写顺序应拆成“亻”、“乙”和“三”，但这样拆分也破坏了汉字结构的直观性，照顾“直观”应拆分为“丿”和“目”。类似的汉字还有：生、于、丑等。

另外“兆”、“挑”、“乘”、“剩”等汉字都应从直观性角度进行拆分，“兆”应拆分为“冫”和“儿”，“乘”应拆分为“禾”、“丬”和“匕”。

注意

拆分汉字时，不能为“取大优先”而割断笔画，例如，“果”只能拆分为“曰”和“木”，而不能拆分为“田”和“木”。

（2）键外汉字的编码与输入方法

① 字根数大于或等于 4 的汉字。汉字拆分后，对于字根数大于或者等于 4 的汉字，其输入规则为：第 1 字根码+第 2 字根码+第 3 字根码+末字根码。

例如：“型”拆分为“一”、“廾”、“刂”和“土”，正好 4 个字根，取第 1、2、3、4 个字根进行编码输入，其编码为 GAJF；“续”拆分为“纟”、“十”、“乙”、“冫”和“大”，共有 5 个字根，取第 1、2、3、末字根进行编码输入，其编码为 XFND；“舞”拆分为“𠂉”、“卌”、“一”、“夕”、“匚”和“丨”，共有 6 个字根，取第 1、2、3、末字根进行编码输入，其编码为 RLGH。

② 字根数小于 4 的汉字。汉字拆分后，对于字根数小于 4 的汉字，其输入规则为：依次输入字根码，再补打 1 个末笔字型交叉识别码，如果仍不足 4 码，再补打 1 个空格即可。识别码的作用是增加汉字的输入信息，减少重码，保证输入汉字编码的唯一性。

3．末笔字型交叉识别码的正确使用

我们先来分析 3 组字根码完全相同的汉字。第 1 组：“叭”、“只”，编码相同，都为 KL，但两个字的字型不同，“叭”是左右型，“只”是上下型。

第 2 组：“杜”、“杆”，编码相同，都为 SF，但两个字的末笔画不同，“杜”的末笔画为“一”（横），“杆”的末笔画为“丨”（竖）。

第 3 组：“吧”、“吗”、“叹”、“邑”，编码相同，都为 KC，前 3 个汉字的字型相同，都是左右型，但是它们的末笔画，分别为“乙”（折）、“一”（横）和“㇏”（捺），第 4 个汉字的字型为上下型，末笔也为“乙”（折）。

在输入字根数小于 4 的汉字时，需要补打识别码。识别码因汉字的末笔画和字型不同而不同，用以区别这种前面几个编码完全相同的汉字。因此，五笔字型输入法规定：识别码由末笔画编码和字型编号组合而成，故称之为末笔字型交叉识别码。识别码为两位数字，第 1 位（十位）是末笔画键位编码，第 2 位（个位）是字型代码。可以把识别码看成一个键的区位码，由此便得到识别码的字母编码，并且只能是每个区的前 3 位。如表 2-7 所示，五笔字型输入法中末笔画分别为横、竖、撇、捺、折 5 种笔画，其代码分别为 1、2、3、4、5。由前面的分析可知字型分为左右型、上下型和杂合型 3 种，其代码分别为 1、2、3。末笔画代码和字型代码组合便得到识别码的代码。

表 2-7　末笔字型交叉识别码

末笔＼识别码＼字型		左右型	上下型	杂合型
		1	2	3
横（一）	1	G（11）	F（12）	D（13）
竖（丨）	2	H（21）	J（22）	K（23）
撇（丿）	3	T（31）	R（32）	E（33）
捺（㇏）	4	Y（41）	U（42）	I（43）
折（乙）	5	N（51）	B（52）	V（53）

提　示

只有拆分的汉字并且字根不足 4 个时才使用末笔字型识别码，对于键名汉字、成字字根汉字以及拆分的字根数多于或等于 4 个的汉字，都不使用识别码。

末笔字型交叉识别码的应用实例如表 2-8 所示。

表 2-8　末笔字型交叉识别码的应用实例

汉字	拆分的字根	字根编码	末笔代号	字型代号	识别码	完整编码
江	氵工	IA	1	1	G（11）	IAG
备	夂田	TL	1	2	F（12）	TLF
同	冂一口	MGK	1	3	D（13）	MGKD
析	木斤	SR	2	1	H（21）	SRH
华	亻匕十	WXF	2	2	J（22）	WXFJ
串	口口丨	KKH	2	3	K（23）	KKHK
杉	木彡	SE	3	1	T（31）	SET
参	厶大彡	CDE	3	2	R（32）	CDER
阀	门亻戈	UWA	3	3	E（33）	UWAE
沐	氵木	IS	4	1	Y（41）	ISY
会	人二厶	WFC	4	2	U（42）	WFCU
层	尸二厶	NFC	4	3	I（43）	NFCI
份	亻八刀	WWV	5	1	N（51）	WWVN
男	田力	LL	5	2	B（52）	LLB
毛	丿二乙	TFN	5	3	V（53）	TFNV

五笔字型输入法对末笔画的规定如下。

①末字根为“力”、“刀”、“九”、“匕”时，一律以最长笔画折作为末笔画。

例如：“男”的识别码为 B，“份”的识别码为 N，“仇”的识别码为 N，“花”的识别码为

B，“历”的识别码为 V。这些识别码对应的键位都在第 5 区，也就是说末笔画为折。

② 对于由“辶”、“廴”、“门”、“勹”和“疒”组成的半包围型汉字以及由“囗”组成的全包围型汉字，其末笔一律规定为被包围内部的末笔画。

例如：“延”的识别码为 D，“进”的识别码为 K，“远”的识别码为 V，“团”的识别码为 E，“困”的识别码为 I。这些识别码的末笔画代码都为被包围在内部的末笔画代码。

注意

对于用“囗”包围 1 个字根组成的双码字根再位于另一个字根后面，所得到的 3 码字的末笔仍为被包围的那个字根的末笔。例如“烟”的识别码为“Y”，“茵”的识别码为 U，“囱”的识别码为 I。但是，如果用“辶”包围 1 个字根组成的双码字根再位于另一个字根后面，所得到的 3 码字的末笔画都为“辶”的末笔画，即末笔画为“丶”。例如：“链”的末笔画为“丶”，而不是“丨”。

③ 对于末字根为“戋”、“戈”、“成”、“我”时，按照“从上到下”的原则，一律以“丿”作为末笔画。

例如：“践”的识别码为 T，“伐”的识别码为 T。“成”的末字根为“丿”，“我”的末字根为“丿”。

④ 左右型和上下型汉字的结构类型都为“散”，而“连”和“交”结构汉字的字型都为杂合型，其中，孤立结构的汉字属于“连”，所以其字型为杂合型。例如“义”、“太”、“勺”、“久”和“为”等汉字的识别码都为 I，“主”的识别码为 D，其字型都为杂合型。

4．重码处理

编码相同的汉字，称之为重码汉字，其编码称之为重码。现举例如下。

① 汉字“去”、“云”和“支”的编码都是 FCU。

② 汉字“竿”和“午”的编码都是 TFJ。

③ 汉字“寸”和“雨”的编码都是 FGHY。

④ 汉字“喜”和“嘉”的编码都是 FKUK。

当输入重码汉字的编码时，重码的汉字会同时出现在屏幕的提示行中，如图 2-29 所示。如果要输入的汉字在第 1 个位置上，例如“去”，此时只管继续输入下文，该字就会自动地跳入屏幕。如果所需汉字不在第 1 位，则可按对应的数字键输入，例如输入“云”字则按数字键【2】，输入“支”字则按数字键【3】。

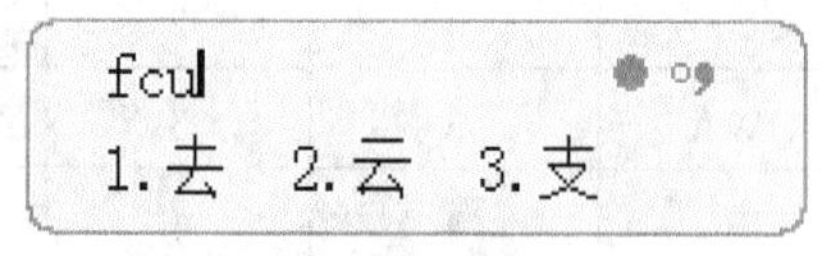

图 2-29 输入重码汉字

重码汉字的选字显然要影响汉字的输入速度，不过，在五笔字型编码中这种汉字很少出现。正因为重码汉字出现少，才使五笔字型比其他方式输入速度更快。

【任务实现】

1．输入五笔字型输入法的字根汉字

（1）输入键名字

按 4 次 G 就会输入“王”字，按 4 次 L 就会输入“田”字。其他键名字的编码方法与输入方法类似。

（2）输入成字字根

“竹”的编码为TTGH，其中，户口码为T，第1个笔画“丿”对应T，第2个笔画“一”对应G，末笔画“丨”对应H，即按键【T】、【T】、【G】、【H】输入“竹”字。

常用成字字根及其编码如表2-9所示，根据表中汉字对应的编码输入即可。

表2-9 成字字根及其编码

汉字	编码	汉字	编码	汉字	编码	汉字	编码
一	GGLL	雨	FGHY	了	BNH	贝	MHNY
二	FGG	羽	NNYG	孑	BNHG	车	LGNH
三	DGGG	心	NYNY	早	JHNH	皿	LHNG
四	LHNG	辛	UYGH	甲	LHNH	竹	TTGH
五	GGHG	夕	QTNY	由	MHNG	手	RTGH
六	UYGY	西	SGHG	刀	VNT	乃	ETN
七	AGN	巳	NNGN	力	LTN	用	ETNH
八	WTY	士	FGHG	戋	GGGT	豕	EGTY
九	VTN	厶	CNY	戈	AGNT	弓	XNGN
十	FGH	耳	BGHG	弋	AGNY	门	UYHN
犬	DGTY	儿	QTN	止	HHHG	小	IHTY
古	DGHG	几	MTN	上	HHGG	米	OYTY
石	DGTG	已	NNGN	曰	JHNG	也	BNHN
厂	DGT	匕	XTN	虫	JHNY	臼	VTHG
廿	AGHG	幺	XNNY	文	YYGY	巴	CNHN
丁	SGH	斤	RTTH	方	YYGN	马	CNNG
卜	HHY	干	FGGH	广	YYGT	乙	NNLL
寸	FGHY	川	KTHH	尸	NNGT		

2. 使用全码方式输入非字根汉字

根据表2-10中的汉字编码正确输入这些汉字。

表2-10 常用非字根汉字的拆分与编码

字	拆分的字根	编码	字	拆分的字根	编码	字	拆分的字根	编码
零	雨人丶マ	FWYC	醉	西一亠人人十	SGYF	印	［一卩	QGB
壹	士冖一口丷	FPGU	贾	覀贝	SM	氏	［七	QA

续表

字	拆分的字根	编码	字	拆分的字根	编码	字	拆分的字根	编码
武	弋二贝	AFM	巨	匚コ	AN	乐	𠂆小	QI
叁	厶大三	CDD	练	纟七乛八	XANW	免	𠂊口儿	QKQ
肆	镸ヨ二丨	DVFH	牙	匚丨丿	AHT	詹	𠂊厂八言	QDWY
伍	亻五	WG	切	七刀	AV	刘	文刂	YJ
陆	阝二山	BFM	忐	上心	HN	旋	方𠂉乛龰	YTNH
柒	氵七木	IAS	忑	一卜心	GHN	庆	广大	YD
捌	扌口力刂	RKLJ	皮	广又	HC	讥	几	YM
玖	王久	GQY	战	⺊口戈	HKA	雄	𠂇厶亻主	DCWY
拾	扌人一口	RWGK	延	丿止廴	THP	辩	辛讠辛	UYU
吉	士口	FK	倡	亻日曰	WJJ	滚	氵六厶𧘇	IUCE
祥	礻丶丷手	PYUD	草	艹早	AJ	问	门口	UK
如	女口	VK	虹	虫工	JA	疗	疒了	UB
意	立日心	UJN	临	丨𠂉丶罒	JTYJ	将	丬夕寸	UQF
笑	⺮丿大	TTD	监	丨𠂉丶皿	JTYL	北	北	UX
傲	亻龶勹攵	WGQT	帅	刂冂丨	JMH	冰	冫水	UI
江	氵工	IA	非	三刂三	DJD	京	亠口小	YI
湖	氵古月	IDE	带	一川冖丨	GKPH	商	亠冂八口	UMWK
天	一大	GD	顺	川𠂆贝	KDM	冲	冫口丨	UKH
涯	氵厂土土	IDFF	钾	钅甲	QL	肖	⺌月	IE
海	氵𠂉口一⺀	ITXU	舞	𠂉Ⅲ一夕匚丨	RLGH	学	⺍冖子	IPB
角	𠂊用	QE	轰	车又又	LCC	录	ヨ氺	VI
事	一口ヨ亅	GKVH	德	彳十罒一心	TFLN	丞	了𡿨一	BIG
半	丷十	UF	曾	丷罒日	ULJ	兆	冫乂儿	IQ
功	工力	AL	图	囗夂⺀	LTU	不	一个	GI
倍	亻立口	WUK	蜀	四勹虫	LQJ	步	止少	HI
熟	亠子九丶灬	YBVO	骨	冎月	ME	光	⺌儿	IQ
能	厶月匕匕	CEXX	签	竹人一⺍	TWGI	聚	耳又丿氺	BCTI
生	丿龶	TG	彻	彳七刀	TAV	粉	米八刀	OWV
巧	工一㇉	AGN	改	己攵	NT	业	业一	OG

续表

字	拆分的字根	编码	字	拆分的字根	编码	字	拆分的字根	编码
如	女口	VK	掰	手八刀手	RWVR	赤	土小	FO
虎	虍七几	HAM	岳	斤一山	RGM	严	一⺌厂	GOD
添	氵一大⺗	IGDN	欣	斤⺈人	RQW	芝	艹之	AP
翼	羽田艹八	NLAW	扬	扌乛彡	RNR	迎	𠂎卩辶	QBP
实	宀⺀大	PUD	看	龵目	RH	初	衤刀	PUV
践	口止戋	KHG	后	厂一口	RGK	改	己攵	NT
出	凵山	BM	仍	亻乃	WE	导	巳寸	NF
真	十且八	FHW	家	宀豕	PE	届	尸由	NM
知	口𠂉	TDK	彰	立早彡	UJE	忆	忄乙	NN
春	三人日	DWJ	且	月一	EG	与	一勹一	GNG
夏	丆目夂	DHT	采	爫木	ES	毛	丿二乚	TFN
秋	禾 火	TO	舟	丿丹	TE	汛	氵乙十	INF
冬	夂 ⺀	TU	貌	爫豸白儿	EERQ	瓦	一乙丶乙	GNYN
横	木艹由八	SAMW	衣	亠𧘇	YE	民	𠃍七	NA
眉	尸目	NH	象	𠂊罒豕	QJE	遐	⺕丨二⺕又辶	NHFP
冷	冫人丶龴	UWYC	丧	十⺍𠄌	FUE	侯	亻コ𠂉大	WNTD
对	又寸	CF	及	乃乀	EY	驰	马也	CB
千	丿十	TF	派	氵厂𧘇	IRE	粼	米夕匚丨巛	OQAB
夫	二人	FW	央	冂大	MD	创	人㔾刂	WBJ
指	扌匕日	RXJ	良	丶彐𧘇	YVE	予	龴丁	CB
型	一廾刂土	GAJF	登	癶一口⺍	WGKU	舅	臼田力	VLL
刁	乛㇀	NG	蔡	艹癶二小	AWFI	巡	巛辶	VP
靶	廿串巴	AFC	段	亻三几又	WDMC	扫	扌彐	RV
赶	土龰干	FHF	淦	氵金	IQ	径	彳ス工	TCA
器	口口犬口口	KKDK	仪	亻丶乂	WYQ	既	彐𠃊匚儿	VCAQ
磁	石⺍幺	DUXX	免	⺈口儿	QKQ	引	弓丨	XH
判	⺍𠂇刂	UDJ	狈	犭丿贝	QTM	曳	日乂	JX
优	亻𠂇乚	WDN	鱼	鱼一	QG	互	一彑一	GXG
养	⺍夫丶川	UDYJ	侃	亻口川	WKQ	顷	匕丆贝	XDM
钉	钅丁	QS	然	夕犬灬	QDO	乡	幺丿	XT

【任务 2-4】使用五笔字型输入法的简码方式输入汉字和词组

【任务描述】

在 Windows 的记事本中或在 Word 中完成以下文字的输入操作。

（1）使用简码方式输入一级简码字：一、地、在、要、工、上、是、中、国、同、和、的、有、人、我、主、产、不、为、这、民、了、发、以、经。

（2）使用简码方式输入二级简码字：于、信、大、立、水、之、马、七、物、商。

（3）使用简码方式输入三级简码字：言、黛、输、然、再、例。

（4）输入以下词组：

明天、金属、大学、方向、用途、马上、发现、我们、人民、工人、中国、计算机、办公室、科学家、四川省、五笔字型、艰苦奋斗、社会主义、高等院校、中华人民共和国、中国共产党、广西壮族自治区、新疆维吾尔自治区。

【方法集锦】

1．简码字的输入

为了提高汉字输入速度，五笔字型输入法将大量常用汉字的编码进行简化。经过简化以后，只取汉字全码的前 1 个、前 2 个或者前 3 个字根编码输入，称之为简码输入。简码又分为一级简码、二级简码和三级简码。其中，一级简码是指只取全码的第 1 个字根编码，二级简码是指只取全码的前 2 个字根编码，三级简码是指只取全码的前 3 个字根编码。用简码输入汉字，既减少了击键次数，又不用考虑识别码，从而大幅提高了汉字的输入速度。

（1）一级简码

一级简码汉字有 25 个，分别对应 25 个键位 A～Y，如图 2-30 所示。这些汉字都是日常汉语中使用频率较高的汉字。图 2-30 每个键的左下角所示的汉字就是一级简码汉字。

一级简码汉字的输入规则为：击对应键+空格键。

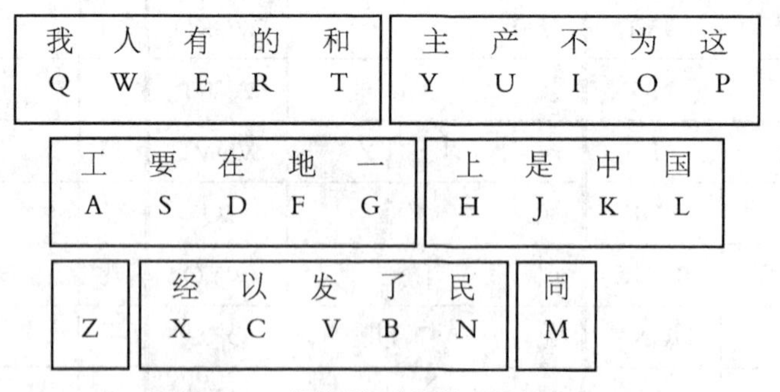

图 2-30　一级简码汉字及编码示意图

（2）二级简码

二级简码是由全码的前 2 个字根代码组成，二级简码有 600 多个，如表 2-11 所示。

表2-11 二级简码汉字及编码表

二级简码汉字编码			第2位编码				
			1区	2区	3区	4区	5区
			GFDSA	HJKLM	TREWQ	YUIOP	NBVCX
第1位编码	1区	G	五于天末开	下理事画现	玫珠表珍列	玉平不来	与屯妻到互
		F	二寺城霜载	直进吉协南	才垢圾夫无	坟增示赤过	志地雷支
		D	三夺大厅左	丰百右历面	帮原胡春克	太磁砂灰达	成顾肆友龙
		S	本村枯林械	相查可楞机	格析极检构	术样档杰棕	杨李要权楷
		A	七革基苛式	牙划或功贡	攻匠菜共区	芳燕东 芝	世节切芭药
	2区	H	睛睦睚盯虎	止旧占卤贞	睡睥肯具餐	眩瞳步眯瞎	卢 眼皮此
		J	量时晨果虹	早昌蝇曙遇	昨蝗明蛤晚	景暗晃显晕	电最归紧昆
		K	呈叶顺呆呀	中虽吕另员	呼听吸只史	嘛啼吵噗喧	叫啊哪吧哟
		L	车轩因困轼	四辊加男轴	力斩胃办罗	罚较 辚边	思团轨轻累
		M	同财央朵曲	由则 崭册	几贩骨内风	凡赠峭赕迪	岂邮 凤嶷
	3区	T	生行知条长	处得各务向	笔物秀答称	入科秒秋管	秘季委么第
		R	后持拓打找	年提扣押抽	手折扔失换	扩拉朱搂近	所报扫反批
		E	且肝须采肛	胩胆肿肋肌	用遥朋脸胸	及胶膛膦爱	甩服妥肥脂
		W	全会估休代	个介保佃仙	作伯仍从你	信们偿伙侬	亿他分公化
		Q	钱针然钉氏	外旬名甸负	儿铁角欠多	久匀乐炙锭	包凶争色
	4区	Y	主计庆订度	让刘训为高	放诉衣认义	方说就变这	记离良充率
		U	闰半关亲并	站间部曾商	产瓣前闪交	六立冰普帝	决闻妆冯北
		I	汪法尖洒江	小浊澡渐没	少泊肖兴光	注洋水淡学	不池当汉涨
		O	业灶类灯煤	粘烛炽烟灿	烽煌粗粉炮	米料炒炎迷	断籽娄烃糨
		P	定守害宁宽	寂审宫军宙	客宾家空宛	社实宵灾之	官字安 它
	5区	N	怀导居 民	怀慢避惭届	必怕 愉晚	心习悄屡忱	忆敢很怪尼
		B	卫际承阿陈	耻阳职阵出	降孤阴人隐	防联孙耿辽	也子限取陛
		V	姨寻姑杂毁	叟旭如舅妯	九 奶 婚	妨嫌录灵巡	刀好妇妈姆
		C	骊对参骠戏	骒台劝观	矣牟能难允	驻骈 驼	马邓艰双
		X	线结顷 红	引旨强细纲	张绵级给约	纺弱纱继综	纪弛绿经比

二级简码汉字的输入规则是：该汉字的前2个编码+空格。

键名字、成字字根和键外字都可能是二级简码汉字，输入时都取前2个编码，然后按空格键输入。对于键名字，连击2次键名字所在键后再按空格键。对于成字字根汉字，输入户口码后，再输入首笔画码，接着按空格键即可。二级简码的成字字根主要有"五"、"二"、"三"、"七"、"止"、"早"、"车"、"四"、"力"、"由"、"几"、"手"、"用"、"儿"、"方"、"六"、"小"、"米"、"心"、"也"、"子"、"九"、"刀"等。

对于需要拆分输入的键外汉字，只需要输入前2个字根码，再按空格键即可。

输入二级简码汉字时，可以按照"二级简码试一试"的原则，也就是说在进行汉字输入时，如果遇到只有2个字根的汉字，可以试着输入这2个字根码再按空格键，如果能够输入，说明这个字就是一个二级简码汉字。

（3）三级简码

三级简码是由单字全码的前 3 个字根编码组成的。由于空格键代替了末字根或识别码，所以减少了击键次数，省去了汉字识别码的判断和编码，带来了很大方便。

三级简码汉字的输入规则：该汉字前 3 个编码+空格。

键名字、成字字根汉字和键外字都可能是三级简码汉字，按各自的编码规则，取前 3 个编码加按空格键即可输入。

输入汉字时，如果遇到只有 3 个字根的汉字，可以试着输入这 3 个字根编码，再按空格键，如果能够输入，说明这个字就是一个三级简码汉字。

输入 3 个字根以上的汉字时，如果输入前 3 个字根编码，还打不出该字，则需要补一个末笔字型识别码。例如输入“场”字，依次按【F】键、【N】键、【R】键后，再按末笔字型识别码【T】键。输入“扇”依次按【Y】键、【N】键、【N】键后，再按识别码【D】键。

2．词组的输入

五笔字型输入法不仅可以输入单个汉字，还可以输入词语，而且单个汉字和词语都可以直接输入，不用进行转换操作，这就是所谓的“字词兼容”。但是只能输入词库集中包含的词组，对于词库集中没有的词组，则无法采用词组的方法输入，这时只能拆分为单个汉字输入。也可以想办法将词组添加到词库集中，从方便输入词组，提高文字输入速度。

输入词语时，不管词语由几个汉字组成，一律只取 4 码。

（1）两字词

两字词的输入规则是：每个汉字各取其全码的前 2 个编码组成 4 码。即：第 1 个汉字第 1 码 + 第 1 个汉字第 2 码 + 第 2 个汉字第 1 码 + 第 2 个汉字第 2 码。

输入词组时，取汉字的前 2 个编码，必须注意区分键名字、成字字根和键外汉字。键名字必须按键名字的编码规则，即取相同的两码输入，例如“金”、“大”、“工”、“人”；成字字根必须按成字字根的编码规则，即取户口码和第 1 个笔画码输入，例如“用”、“方”、“马”、“上”；对于一级简码的键外汉字，不能按一级简码对应的编码输入，而必须按拆分的汉字的编码输入，取第 1、2 两个字根的编码。例如“我”的前 2 个字根是“丿”和“扌”，编码为 TR；“发”的前 2 个字根是“乙”和“丿”，编码为 NT；“民”的前 2 个字根是“巳”和“七”，编码为 NA；“中”的前 2 个字根是“口”和“丨”，编码为 KH，“国”的前 2 个字根是“囗”和“王”，编码为 LG；“工”是键名字，前 2 个编码为 AA；“人”是键名字，前 2 个编码为 WW。

（2）三字词

三字词的输入规则是：前 2 个汉字各取其第 1 个编码，第 3 个汉字取其前 2 个编码，组成 4 码。即：第 1 个字的第 1 码 + 第 2 个字的第 1 码 + 第 3 个字的第 1 码 + 第 3 个字的第 2 码。

不能把词组中的属于键名字或成字字根的汉字按键外字拆分取码，例如词组“四川省”中，“四”和“川”都是成字字根，其第 1 码为户口码。

（3）四字词

汉语中的四字词组较多，并且大多数都为成语，因此学习四字词组的输入方法显得尤为重要。

四字词组的输入规则是：分别取每个汉字的第 1 码，组成 4 码。即：第 1 个字的第 1 码 + 第 2 个字的第 1 码 + 第 3 个字的第 1 码 + 第 4 个字的第 1 码。

（4）多字词

多字词是指由 4 个以上的汉字组成的词组，即组成多字词组的汉字可以是 5 个，也可以是 6 个或者更多。多字词组可以作为一个整体输入。

多字词的输入规则是：取第 1、2、3、末汉字的第 1 个码，组成 4 码。即：第 1 个字第 1 码 + 第 2 个字第 1 码 + 第 3 个字第 1 码 + 最后 1 个字的第 1 码。

【任务实现】

（1）输入一级简码

输入"中"字，按【K】键+空格键，输入"国"字，按【L】键+空格键，其与一级简码输入方法类似。

提示

输入一级简码汉字是按空格键结束，而不是按回车键结束。一级简码汉字有 2 个键名字"工"和"人"，有 3 个成字字根"一"、"上"和"了"，其他的是键外汉字。

（2）输入二级简码

输入"于"字，依次按【G】键、【F】键和空格键；输入"信"字，依次按【W】键、【Y】键和空格键；输入"大"字，连击 2 次【D】键后再按空格键；输入"立"字，连击 2 次【U】键后再按空格键；输入"水"字，连击 2 次【I】键后再按空格键；输入"之"字，连击 2 次【P】键后再按空格键；输入"马"字，依次按【C】键、【N】键和空格键；输入"七"字，依次按【A】键、【G】键和空格键；输入"物"字，依次按【T】键、【R】键和空格键即可；输入"商"字，依次按【U】键、【M】键和空格键。

（3）输入三级简码

输入"言"字，连按 3 次【Y】键，再按空格键；输入"黛"字，依次按【W】键、【A】键、【L】键后，再按空格键；输入"输"字，依次按【L】键、【W】键、【G】键后，再按空格键；输入"然"字，依次按【Q】键、【D】键、【O】键后，再按空格键；输入"再"字，依次按【G】键、【M】键、【F】键后，再按空格键；输入"例"字，依次按【W】键、【G】键、【Q】键后，再按空格键。

（4）输入词组

根据表 2-12 中的词组编码正确输入这些词组。

表 2-12　词组的编码

词组	编码	词组	编码	词组	编码	词组	编码
明天	JEGD	发现	NTGM	办公室	LWPG	高等院校	YTBS
金属	QQNT	我们	TRWU	科学家	TIPE	中国共产党	KLAI
大学	DDIP	人民	WWNA	四川省	LKIT	办公自动化	LWTW
方向	YYTM	工人	AAWW	五笔字型	GTPG	中华人民共和国	KWWL
用途	ETWT	中国	KHLG	艰苦奋斗	CADU	广西壮族自治区	YSUA
马上	CNHH	计算机	YTSM	社会主义	PWYY	新疆维吾尔自治区	UXXA

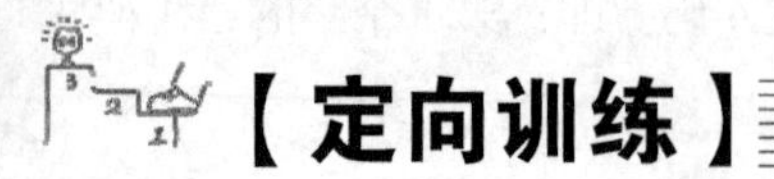

【定向训练】

【任务 2–5】使用搜狗输入法快速输入中文

【任务描述】

分别使用搜狗拼音输入法和搜狗五笔输入法快速输入以下文字。

我国旅游资源丰富，拥有壮丽的山岳河流，丰富的民俗民风，奇特的动植物和数不尽的名胜古迹，也拥有独具特色的地质公园和森林公园。

【操作提示】

搜狗拼音输入法的状态条如图 2-25 所示，搜狗五笔输入法的状态条如图 2-31 所示。

图 2–31　搜狗五笔输入法的状态条

1．使用搜狗拼音输入法快速输入中文

① 在输入法列表中选择“搜狗拼音输入法”，如图 2-32 所示。

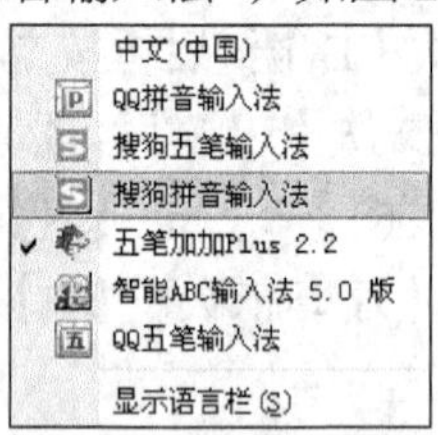

图 2–32　在输入法列表中选择“搜狗拼音输入法”

② 依次输入字母“wglyzyff”，即“我国旅游资源丰富”的首个字母。此时，在输入提示框下方将显示相应语句，如图 2-33 所示。选项正确的语句后，接着输入“,”。

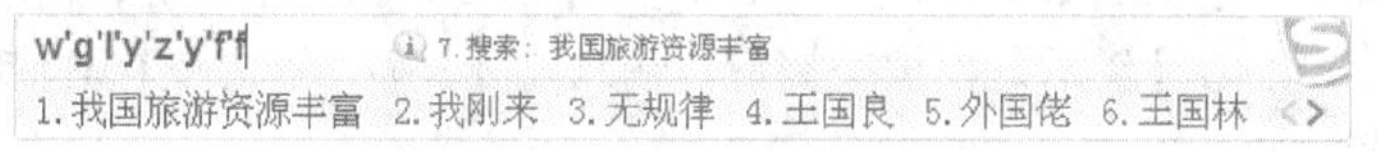

图 2–33　简拼输入“我国旅游资源丰富”

③ 输入汉字“拥有”的全拼编码，如图 2-34 所示。

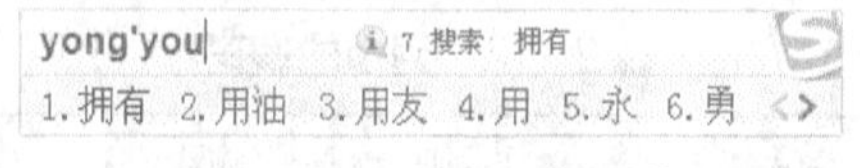

图 2–34　全拼输入“拥有”

④ 输入汉字“壮丽”的全拼编码，如图 2-35 所示。

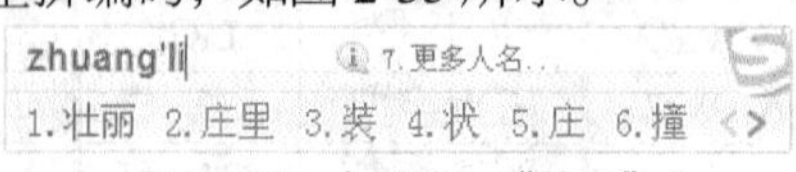

图 2–35　全拼输入“壮丽”

⑤ 简拼输入“的”，如图 2-36 所示。

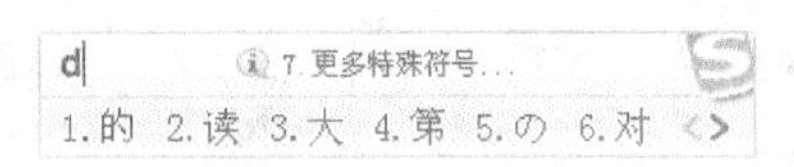

图 2-36 简拼输入“的”

⑥ 输入汉字“山岳河流”的全拼编码，如图 2-37 所示。选择正确的词语后，接着输入“，”。

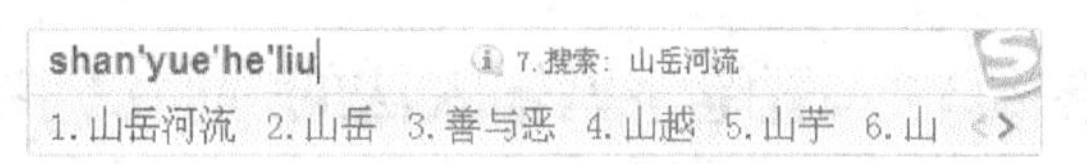

图 2-37 全拼输入“山岳河流”

⑦ 简拼输入“丰富”，如图 2-38 所示。

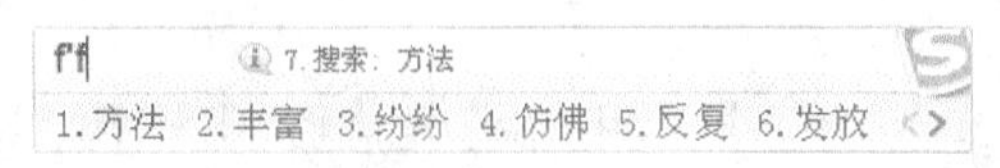

图 2-38 简拼输入“丰富”

采用全拼输入或简拼输入方法输入其他汉字。

2．使用搜狗五笔输入法快速输入中文

① 在输入法列表中选择“搜狗五笔输入法”，如图 2-39 所示。

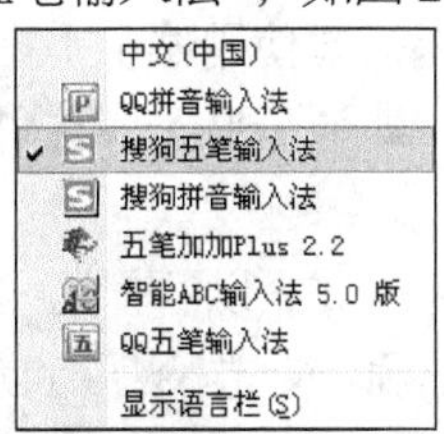

图 2-39 在输入法列表中选择“搜狗五笔输入法”

② 简码输入汉字“我”，如图 2-40 所示。

③ 简码输入汉字“国”，如图 2-41 所示。

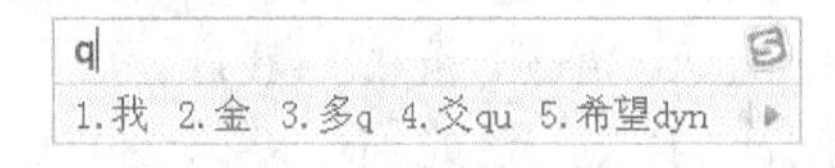

图 2-40 简码输入汉字“我”

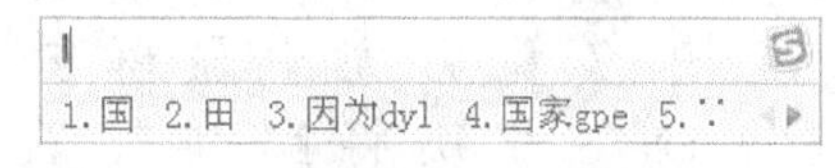

图 2-41 简码输入汉字“国”

④ 简码输入词语“旅游”，如图 2-42 所示。

⑤ 简码输入词语“资源”，如图 2-43 所示。

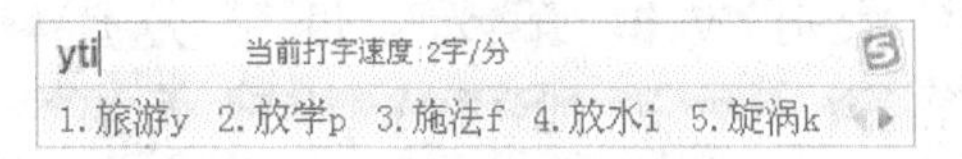

图 2-42 简码输入词语“旅游”

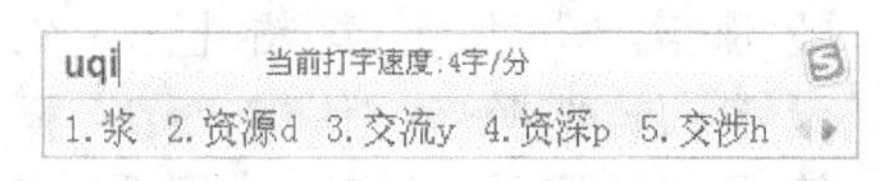

图 2-43 简码输入词语“资源”

⑥ 简码输入词语“丰富”，如图 2-44 所示。接着输入“，”。

⑦ 简码输入词语“拥有”，如图 2-45 所示。

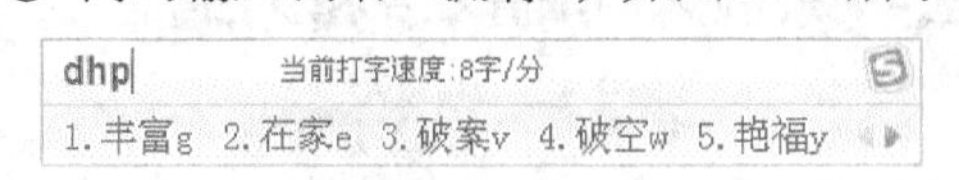

图 2-44 简码输入词语“丰富”

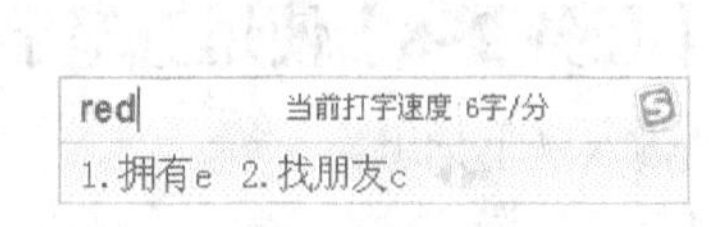

图 2-45 简码输入词语“拥有”

⑧ 简码输入词语“壮丽”，如图 2-46 所示。

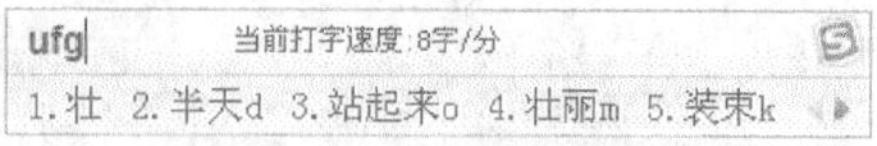

ufg 当前打字速度:8字/分

1.壮 2.半天d 3.站起来o 4.壮丽m 5.装束k

图2-46 简码输入词语“壮丽”

采用全码或简码输入其他汉字。

【任务2–6】熟练输入五笔字型输入法的键面汉字或字根

输入以下键面字或字根，注意它们在音、形、意上的区别。

（1）一、二、三、四、五、六、七、八、九、十

（2）雨、羽、心、辛、力、立、目、本、工、弓、斤、金、夕、西、已、士、厶、耳、儿、巳、乙、又、幺

（3）了、孑、子、土、士、干、早、甲、由、七、匕、匚、冂、凵、九、刀、力、廾、戋、弋、戈、石、犬

【任务2–7】使用五笔字型输入法熟练拆分与输入汉字

拆分和输入汉字时，拆分出字根后，思考字根分别对应于键盘中的哪一个按键，以巩固对字根在键盘中分布情况的认识。再思考需要使用哪个手指进行敲击，以巩固手指指法。只有做到在看到汉字时就能迅速拆分并输入，即脑、眼、手并用，才能快速提高五笔打字速度。

熟练拆分并输入以下汉字：

出 击 衬 建 物 博 酬 张 拆 半 电 脑 以 青 鸟 隆 奏 践 革 羞 肆 插 乖 未 幸
垂 羊 差 尤 万 肆 石 群 喊 跋 百 末 卷 爽 期 判 丈 戎 着 粟 歌 醒 草 开 昔
匡 东 切 越 谨 曹 载 宅 试 诚 尧 巫 裁 虎 皮 足 延 卧 禺 起 牙 捷 市 爪 呼
夏 临 利 象 肃 览 寒 养 弗 圳 柬 回 罢 舞 内 骨 央 册 黄 身 尹 箭 条 径 玫
必 处 览 成 剩 麦 看 牛 丘 派 殷 掰 卸 易 气 缸 采 舟 貌 衣 象 丧 家 良 派
及 颜 震 般 蒙 透 旅 诱 拳 登 祭 休 段 办 刻 梁 钊 凶 犯 句 充 流 鱼 然 印
氏 象 乐 奂 免 卯 光 史 傲 鲜 窗 鬼 订 京 焦 高 瓜 贸 州 雀 戊 夜 丹 习 买
丧 冰 商 冬 北 疾 将 鲜 辣 善 丫 喜 伞 陕 鼠 江 学 党 光 兆 不 永 兴 涉 聚
敝 剥 率 求 洲 策 赤 变 杰 兼 严 凿 边 延 审 幂 补 爱 受 臣 眉 添 民 亿 怀
祀 侯 习 买 练 瓿 考 斟 丐 快 追 凯 永 跑 馆 拨 跨 与 恭 羌 毛 汛 曳 丑 疏
瓦 场 飞 专 州 承 年 妻 互 予 饭 予 仓 凶 予 陈 即 粼 报 矛 录 隶 寻 巡 滔
毁 那 离 即 劲 么 康 贯 旨 顷 幻 夷 版 事 基 础 应 键 函 龄 既 母 平 夹 片
溉 歉 遇 端 弊 望 跑 馆 掰 攀 暨 戴 朝 隆 率 养 眷 颠 般 滚 缓 嘉 捷 羌 裁
策 歌 醒 遇 殷 丑 窗 爱 撰 暇 奏 藏 越 鬼 王 千 矢 看 着 瓦 侥 鲜 期 谨 傲
蓓 输 制 鼓 基 莹 喜 彭 豹 睿 濒 蔽 鹅 血 丘 万 亡 尤 农 卞 连 西 匣 巨 尹

【任务2–8】使用五笔字型输入法熟练输入简码汉字和词组

请输入以下词组。

（1）二字词

技术、经济、计算、程序、湖南、北京、天津、上海、重庆、广州、西安、武汉、电脑、公演、数学、工程、科学、语言、物理、记录、考试、教授、教师、老师、单位、改革、高兴、

和谐、文字、世界、代表、基础、建设、提高、改造、发行、体系、广泛、努力、实践、初中、研究、方案、探讨、解放、学生、社会、进步、困难、任何、政治、文化、军事、艺术、人类、思维、思想、集团、唱歌、书记、电影、电视、屏幕、输入、输出、机器、修改、公司、软件、硬件、工资、职员、组长、物价、企业、申请、河流、阅读、文件、编辑、出现、准备、设备、广场、命令、系统、任意、通知、书记、医生、工人、护士、新装、新闻、记者、先生、方式、比拟、启动、移动、复制、战士、广度。

（2）三字词

操作员、运动员、现代化、留学生、人生观、共青团、共产党、解放军、工作者、革命化、正规军、服务员、工程师、副教授、乘务员、计算机、生产力、天安门、北京市、上海市、湖南省、广东省、办公室、电冰箱、电风扇、打印机、黑龙江、二进制、数据库。

（3）四字词

程序设计、共产党员、高等院校、精兵简政、社会科学、电话号码、光明正大、蒸蒸日上、欣欣向荣、操作系统、中共中央、同心同德、呼和浩特、扬长避短、国民经济、自动控制、引人注目、锦上添花、丰富多彩、美中不足、呼和浩特、事半功倍、得心应手、熟能生巧、如虎添翼、兴高采烈、各式各样、科学技术、诚心诚意、以身作则。

（4）多字词

中国人民解放军、全国人民代表大会、马克思列宁主义、中央政治局、内蒙古自治区、人民大会堂、中国科学院、中国共产党、毛泽东思想、中央电视台、中央人民广播电台。

【创意训练】

【任务 2-9】选择熟悉的拼音输入法输入短文

办公自动化又称 OA（Office Automation 的简称），就是采用 Internet/Intranet 技术，基于工作流的概念，使企业内部人员方便快捷地共享信息，高效地协同工作，改变过去复杂、低效的手工办公方式，实现迅速、全方位的信息采集、信息处理，为企业的管理和决策提供科学的依据。一个企业实现办公自动化的程度也是衡量其实现现代化管理的标志。

【任务 2-10】使用五笔字型输入法快速输入结构近似的汉字

请输入以下结构近似的汉字。

（1）载　哉　栽　截　裁
（2）虎　虑　虔　虚　虞
（3）垄　袭　聋　龚　咙
（4）钱　线　残　浅　贱　盏
（5）诚　城　盛
（6）试　拭　轼
（7）社　祁　祥　福　禄　祷　视　礼
（8）勒　靶　靳　鞭　靴　鞍　鞋
（9）酝　配　醉　酡　酐　酿　酎
（10）趣　赴　赵　起　越　趟　趁　趋　赶　趔

（11）蛋　胥　楚　疏　疑
（12）补　衬　初　袖　裕　袄　袂　袜　裤　被　袱　裙
（13）狼　狗　猴　猎　狞　狐　狡　猾　独　狂　猪　猫
（14）趴　跑　跳　跨　跌　踢　趾　路　跺　跟　踪　踊　距　践　蹑
（15）彩　妥　乳　爱　觅　踩　稻　妥
（16）悉　番　釉　释　翻　播
（17）良　艰　恨　银　很　退
（18）即　既　暨
（19）决　快　块　缺　袂
（20）央　泱　映　秧
（21）牙　邪　穿　区　巨　匡　臣
（22）卯　乐　贸　兜　印　抑　迎
（23）羞　差　着　翔　养　羊　佯
（24）耙　耕　耘　耗　耪
（25）邦　帮　绑　寿
（26）看　拜
（27）知　矩　短　矬　雉　矮　疑
（28）缸　缺　罂　罄　磬　罄
（29）舡　般　航　舱　舶　盘　舷　舵　般
（30）魁　鬼　魂　魂　魏　魔
（31）骸　骰　髓　髅　鹘　髓　骶
（32）毡　毫　毳
（33）彖　篆　缘　毋　贯　母　毒　每　毓
（34）辣　瓣　辨　辫　辩　辜　辞　辟　避　劈
（35）顶　顷　项　须　颁　硕　颀　烦　顿
（36）泔　苷　某　柑　绀　谋　疳
（37）厘　重　野　理　量　理
（38）物　特　牝　牧　犄　牺　犍　牲　姑
（39）郝　赦　赫　赧
（40）颇　皱　彼　波　被　披

【任务 2-11】使用五笔字型输入法输入易错字和生僻字

（1）在表 2-13 中填写汉字对应的编码，然后完成输入练习。

表 2-13　填写对应编码

汉字	拆分的 4 码字根	编码	汉字	拆分的 4 码字根	编码	汉字	拆分的 4 码字根	编码
凸	丨一几一		拜	手三十		戍	厂丶乙丿	
凹	几冂一		离	文凵冂厶		戌	厂乙丶丿	
卵	𠂎丶丿卩		追	亻ココ辶		戎	戈𠂇	
鹅	丿扌乙一		鸟	勹丶乙一		代	亻弋	

续表

汉字	拆分的 4 码字根	编码	汉字	拆分的 4 码字根	编码	汉字	拆分的 4 码字根	编码
爱	爫冖ナ又		爪	厂丨丶		伐	亻戈	
臧	厂乙丆丿		瓜	厂厶丶		免	⺈口儿	
曳	曰匕		拔	扌龙又		奂	⺈冂大	
成	厂乙乙丿		拨	扌乙丿丶		年	𠂉丨十	

（2）在表 2-14 中填写拆分的四码字根，然后完成输入练习。

表 2-14　填写四码字根

汉字	拆分的字根	编码	汉字	拆分的字根	编码	汉字	拆分的字根	编码
片		THGN	面		DMJD	呀		KAHT
末		GS	鬼		RQC	峨		MTR
曲		MA	报		RBC	途		WTP
曳		JX	励		DDNL	赛		PFJM
特		TRFF	翠		NYWF	派		IRE
助		EGL	黄		AMW	满		IAGW
序		YCB	所		RNR	像		WQJE
彤		MYE	重		TGJF	敖		GQT
函		BIB	剩		TUXJ	旅		YTE
夜		YWTY	豫		CBQE	貌		EERQ
练		XANW	盛		DNNL	饮		QNQW
书		NNHY	身		TMDT	卖		FNUD
鼠		VNUN	遇		JMHP	捕		RGEY
既		VCAQ	段		WDMC	长		TAY
袂		PUNW	乘		TUX	整		GKIH
追		WNNP	犹		QTDN	畅		JHNR

【任务 2-12】快速输入中英文文章

（1）选择一种熟悉的拼音输入法，例如搜狗拼音输入法、QQ 拼音输入法、微软拼音输入法，输入以下“自荐信”的内容。

尊敬的王先生：

您好！

在网站上获知贵公司招聘 Web 程序员的信息，我激动地带上我在明德学院优秀的学习经历以及对诺克斯公司的热情，向贵公司投递简历，申请 Web 程序员一职。

我是明德学院软件技术专业××届毕业的应届专科毕业生，除了 3 年软件技术专业学习的经历以外，我还在多个网站开发项目、顶岗实习等实践活动和课外活动中体现出我的专业能力和综合素质。在校期间，我勤奋学习专业知识，努力把理论知识运用到实践中去，曾参与精工广告公司、思创电器公司的网站开发，曾在长沙创智软件开发有限公司实习。这些实践活动不仅锻炼了我的网站开发能力，也积累了与人沟通、团队协作的经验，培养了自己的协作精神。

我曾参加湖南省应用程序设计技能大赛，荣获一等奖。所有这一切都为我应聘贵公司的 Web 程序员做好了充分的准备。

非常感谢您能在百忙之中抽出时间来阅读我的求职信。同时我也万分期待能够在您方便的时候与您见上一面，给我一个机会来向您展示自信的我。

顺祝贵公司事业欣欣向荣！也祝您工作顺利！

自荐人：丁一

201×年 6 月 18 日

附：

A. 实践经历

① 2011/07－2011/10：参与精工广告公司和思创电器公司的网站开发，主要从事 JSP、Struts、ASP.NET 等代码编写与网站测试，完成了用户注册、用户登录、商品展示、购物车、订单处理等模块的设计与测试。

② 2012/02－至今：长沙创智软件开发有限公司实习，参与了湘江机电有限公司生产管理信息系统开发和实施全过程，主要完成了设备管理、客户管理等模块的编码，还完成了多个模块的报表设计和文档编制等工作。

B. 专业技能

① 掌握 Java，JSP、C#、ASP.NET。

② 掌握 HTML 和 CSS，熟悉 Dreamweaver 等网页设计工具。

③ 熟悉 JavaScript、XML 等常用 Web 开发技术。

④ 熟悉 Struts，Hibernate，Spring 等框架。

⑤ 熟悉 SQL Server、Oracle 数据库的设计。

⑥ 熟悉常用的设计模式、数据库建模方法及 UML 软件建模方法。

⑦ 了解 Web Service、DOM、Ajax、RUP、CVS、VSS 等。

⑧ 了解 Flash、Photoshop、PHP、MySQL 等。

⑨ 了解 LoadRnner、TestDirector、JTest 等测试工具的使用。

（2）选择一种熟悉的五笔字型输入法，例如搜狗五笔输入法、QQ 五笔输入法、王码五笔字型输入法、智能陈桥五笔输入法、万能五笔输入法、五笔加加输入法等，重新输入“自荐信”的内容，并比较拼音输入法和五笔字型输入法的输入速度和正确率。

注 意

使用五笔字型输入法输入时，可以使用词组方式输入的应使用词组方式输入，能使用简码输入的应使用简码方式输入，以区别与键名字、成字字根和键外字编码方法的不同。注意数字和英文字母只能使用输入半角数符，标点符号应输入全角的标点符号。

【单元小结】

使用五笔字型输入法输入文章时，应做到尽量考虑将要输入的汉字按词组输入，且应从词组中汉字个数考虑起，即先思考有无多字词组，再思考有无四字词组，依此类推。如果只能输入单个汉字，先考虑是否为一级简码，其次考虑是否为二级简码，然后考虑是否为三级简码，最后才考虑按全码输入。不管是词组中的汉字还是单个汉字，输入时要区分是键名字、成字字根、单笔画还是需要拆分的键外字，因为它们的编码规则不同。

词组和单个汉字的输入规则总结如下。

（1）词组区分字数

多字词组：第 1、2、3、末汉字各取第 1 码。

四字词组：第 1、2、3、4 个汉字各取第 1 码。

三字词组：第 1、2 个汉字取第 1 码，第 3 个字取前 2 码。

二字词组：第 1、2 个汉字各取前 2 码。

（2）简码区分级数

一级简码：该简码所在键位+空格键。

二级简码：前 2 个字根码+空格键。

三级简码：前 3 个字根码+空格键。

（3）单个字区分类型

键名字：连击 4 下键名字所在的键。

成字字根：户口码+首笔画码+次笔画码+末笔画码（不足 4 码补击空格键）。

单笔画：连击 2 下所在的键位+L+L。

4 码或 4 码以上的非键面汉字：首字根码+次字根码+第 3 字根码+末字根码。

不足 4 码的非键面汉字：全部字根码+末笔字型识别码，若仍不足 4 码，补击空格键。

【单元习题】

（1）由左手中指控制的字母键是（　　）。

A. A、Q、Z　　B. E、D、C　　C. W、S、X　　D. T、R、V

（2）切换输入法的组合键是（　　）。

A. Ctrl + Shift　　B. Alt + Shift　　C. Ctrl + Alt　　D. Shift

（3）五笔字型输入法字根键盘中首笔画为横的字母分别是（　　）。

A. A、D、S、F、E　　B. A、K、O、S、F

C. D、W、C、O、F　　D. F、S、A、D、G

（4）五笔字型输入法字根键盘中，分布在 S、E、K、N、V 这 5 个键上的键名汉字分别是（　　）。

A. 木、白、田、已、女　　B. 大、人、口、又、纟

C. 木、月、口、已、女　　D. 大、土、口、女、女

（5）五笔字型输入法中，“金”的输入方法是（　　）。

A. QQQQ　　B. WGU　　C. WFU　　D. WGUU

（6）使用拼音输入法输入“旅”字时，应输入（　　）。

A. lu　　B. lv　　C. lü　　D. 无法输入

PART 3 单元 3 Word 文档的编辑排版与邮件合并

Word 2010 是一款非常优秀和成熟的文字处理软件。其功能强大、操作直观、易学易用，已被广泛作为办公自动化的工具。Word 2010 集文字处理、表格制作、图文混排等多项功能于一体，在功能性、兼容性和稳定性等方面取得了明显的进步，不仅适用于各种书报、杂志、信函等文档的文字录入和编辑排版，而且还可以对各种图形、表格、声音等多媒体文件进行处理。

【规范探究】

1．党政机关公文的格式规范

2012 年 4 月 16 日，中共中央办公厅、国务院办公厅以中办发〔2012〕14 号印发《党政机关公文处理工作条例》（以下简称《条例》）。《条例》对党政机关公文格式、排版形式给出了具体要求。

（1）公文用纸幅面尺寸要求

① 采用国际标准 A4 型纸，尺寸为 210 mm × 297 mm。

② 公文用纸天头 37 mm，公文用纸订口 28 mm，版心尺寸 156 mm × 225 mm（不含页码）。

③ 发文机关标识上边缘至版心上边缘为 25 mm。对于上报的公文，发文机关标识上边缘至版心上边缘为 80 mm。

（2）公文书写形式要求

从左至右横排、横写。其标识第一层为“一、”，第二层为“（一）”，第三层为“1.”，第四层为“（1）”。

（3）字体字号要求

① 发文机关标识使用二号小标宋体字，红色标识。

② 秘密等级、保密期限、紧急程度用三号黑体字。

③ 发文字号、签发人、主送机关、附注、抄送机关、印发机关、印发时间用三号仿宋体字。

④ 签发人姓名用三号楷体字。

⑤ 正文用 3 号仿宋体字，一般每面排 22 行，每行排 28 个字，正文中如有小标题，可用三号小标宋体字或黑体字。

（4）页码要求

用 4 号半角白体阿拉伯数码标识，置于版心下边缘之下一行，数码左右各放一条四号一字线，一字线距版心下边缘 7 mm。单页码居右空 1 字，双页码居左空 1 字。

（5）信函式公文

发文机关名称上边缘距上页边的距离为30 mm ，推荐用小标宋体字，字号由发文机关酌定。发文机关全称下4 mm处为一条武文线（上粗下细），距下页边20 mm处为一条文武线（上细下粗），两条线长均为170 mm。每行居中排28个字。发文机关名称及双线均印红色。

（6）眉首要求

置于公文首页红色反线以上的各要素统称为公文眉首。眉首包括：公文份数序号、秘密等级和保密期限、紧急程度、发文机关标识、发文字号、签发人。

①份号：公文印制份数的顺序号，即将同一文稿印刷若干份时，每份公文的顺序编号。涉密公文应当标注份号。置于版心左上角第1行，用阿拉伯数字。

②秘级和保密期限：置于版心右上角第1行，两字之间空1字。

③紧急程度：置于版心右上角第1行，两字之间空1字。公文同时标识秘密等级与紧急程度。秘密等级顶格标识在版心右上角第1行，紧急程度顶格标识在版心右上角第2行。

④发文机关标识：由发文机关全称或规范化简称后加“文件”组成，居中、红色、套印在文件首页上端。联合行文时，发文机关标志可以并用联合发文机关名称，也可以单独用主办机关名称，“文件”二字置于发文机关名称右侧，上下居中排布。

⑤发文字号：发文字号是发文机关按照发文顺序编排的顺序号。由发文机关代字、年份和序号组成。置于发文机关标识下空2行，居中排布。年份、序号用阿拉伯数码标识。年份应标全称，用六角括号“〔 〕”括入；序号不编虚位（即1不编为001），不加“第”字。联合行文使用主办机关的发文字号。发文字号之下4 mm处印一条与版心等宽的红色反线。

⑥签发人：签发人姓名居右空一字。签发人用三号仿宋体字，签发人后标全角冒号，冒号后用三号楷体字标识签发人姓名，如有多个签发人，主办单位签发人姓名置于第1行，其他签发人姓名从第2行起在主办单位签发人姓名之下按发文机关顺序依次顺排，下移红色反线，应使发文字号与最后一个签发人姓名处在同一行，并使红色反线与之的距离为4 mm。

（7）公文主体部分要求

置于公文首页红色反线（不含）以下至抄送机关（不含）之间的各要素统称为主体。包括：标题、主送机关、正文、附件说明、成文日期、印章、附注、附件。

①公文标题：即对公文主要内容准确、简要的概括。由发文机关名称、事由和文种组成。除法规名称加书名号外，一般不用标点符号。位于红色反线下空2行，用二号小标宋体字，可分一行或多行居中排布。回行时，要做到词义完整，排列对称，间距恰当。

②主送机关：是指要求公文予以办理或答复的主要受理机关，应当使用机关全称、规范化简称或者同类型机关统称。标识在标题下空1行，左侧顶格三号仿宋体字标识，回行时仍顶格。最后一个主送机关名称后标全角冒号。

③公文正文：公文正文表述公文的具体内容。通常分为导语、主体和结束语。在主送机关下一行，每自然段左空2个字，回行顶格，数字、年份不回行。正文以三号仿宋体字，一般每面排22行，每行排28个字。文中如有小标题，可用三号小标宋体字或黑体字。

④附件说明：公文附件的顺序号和名称。公文如有附件，在正文下空1行左空2字用三号仿宋体字标识“附件”，后标全角冒号和名称。附件如有序号，使用阿拉伯数码（如“附件：1.××××”）。附件名称后不加标点符号。

⑤发文机关署名：署发文机关全称或者规范化简称。

⑥成文日期：指公文生效的日期。署会议通过或者发文机关负责人签发的日期。联合行文时署最后签发机关负责人签发的日期。标识在正文之下，空2行右空4字。用汉字将年、月、日标全，“零”写为“0”。

⑦印章：公文中有发文机关署名的，应当加盖发文机关印章，并与署名机关相符。有特定发文机关标志的普发性公文和电报，可以不加盖印章。联合上报的公文，由主办机关加盖印章；联合下发的公文，发文机关都应加盖印章。

单一机关制发的公文，在落款处不署发文机关名称，只标识成文时间。加盖印章应上距正文 2~4 mm，端正、居中，下压成文时间，印章用红色。

当公文排版后所剩空白处不能容下印章位置时，应采取调整行距、字距的措施加以解决，务使印章与正文同处一面，不得采取标识“此页无正文”的方法解决。

⑧ 附注：公文如有附注，用三号仿宋体字，居左空 2 字加圆括号标识在成文时间下一行。

⑨ 附件：附件应与公文正文一起装订，并在附件左上角第 1 行顶格标识“附件”。有序号时标识序号，附件的序号和名称前后标识应一致。如附件与公文正文不能一起装订，应在附件左上角第 1 行顶格标识公文的发文字号并在其后标识附件（或带序号）。

（8）公文版记部分要求

置于抄送机关以下的各要素统称为版记。包括：抄送机关、印发机关和印发日期。

① 抄送机关：公文如有抄送，在主题词下一行，左空 1 字用三号仿宋体字标识“抄送”，后标全角冒号。抄送机关间用逗号隔开，回行时与冒号后的抄送机关对齐，在最后一个抄送机关后标句号。

② 印发机关和印发时间：印发机关是印制公文主管部门，印发时间是公文的付印时间，位于抄送机关之下（无抄送机关在主题词之下）占 1 行位置，用三号仿宋体字。印发机关左空 1 字，印发时间右空 1 字。印发时间以公文付印的日期为准，用阿拉伯数码标识。

③ 版记中的反线：版记中各要素之下均加一条反线，宽度同版心。

2．正式出版物的常用格式规范

（1）版式要求

① 纸型采用国际标准 A4 型纸，尺寸为 210 mm × 297 mm。

② 上、下页边距设置为 2.25 cm，左、右页边距设置为 3.2 cm，“装订线”的数值设置为 0 cm。

（2）正文要求

① 正文字体：无特别指明，在正文中汉字使用小四、常规、宋体，西文使用 Times New Roman 字体（包括数字、标题、图注等），字号与汉字字号一致。

书稿中的所有文字都要使用黑色，不要给文字加任何其他的颜色（包括公式、表格等）。英文、数字不要使用中文字体。所有文字不可进行“加粗”处理，必要时可使用黑体。

② 标点符号：除程序、引用外文原文外，正文中一律用汉字标点符号（包括英文注释），要特别注意逗号、引号、冒号和圆括弧的使用。

从网站上截取的内容，所使用的标点符号往往不符合书稿出版要求，需要使用“编辑/替换”功能进行修改。

③ 段落缩进：正文段落首行要缩进 4 个半角空格或 2 个全角空格。

一定要用插入空格的方法进行段落缩进，不要使用【Tab】键和自动编号功能进行段落缩进。

（3）标题要求

所有标题的末尾都不要加任何标点符号，也不能继续书写内容和解释。正文内容放在标题下，使用段落缩进4个半角空格方式开始。

书稿规定只用4级标题，格式分别如下。

①第1级标题：章，形式为“第1章×××”，居中，不缩进，“第×章”与章名间有1个汉字空格。

②第2级标题：节，形式为“1.1　×××”，左对齐，缩进4个半角空格，“×.×”与节名之间有2个半角空格。

③第3级标题：小节，形式为“1.1.1　×××”，左对齐，缩进4个半角空格，“×.×.×”与小节名之间有2个半角空格。

④第4级标题：形式为“1.×××”，左对齐，缩进4个半角空格，“1.”由数字1和西文小数点组成。不要使用Word的自动编号功能。

如有需要可使用“(1)、(2)……”、“①、②……”的形式继续表述,还可以加注“•”进行表述。

（4）表格要求

各章中一定要先见文后见表，表、文不得相距过远，不得跨节。

表格由表题和表体2部分组成（提示：表题在表体之上），表题分成表号和表名2部分。在制作表格时需要注意以下问题。

① 表题居中，五号，汉字黑体，西文Arial。

② 表号要按章号（即第1级标题号）加顺序号排列，例如“表1-1”和“表1-2”表示第1章的第1个和第2个表格。

③ 表名在表号后，其间空2个半角空格。

④ 表的大小以版面大小为准，即表格宽度充满版心。

⑤ 表格应为通栏格式，即表格只有上下两条实线，无左右边线。有表头栏的（即表格的第1行表示表格中各列的内容），表格的上下两条边框线为1磅，其余的边框线为0.5磅。

⑥ 表格中的中文为五号宋体，西文为五号Times New Roman常规字体。表头栏中的文字应居中，表格中其余的文字视具体内容确定是居中还是左对齐。

⑦ 表中文字叙述的结尾不加标点。

（5）插图要求

① 各章中一定要先见文后见图，图、文不得相距过远，不得跨节。

② 插图一律做成图片，直接插入文稿中，不允许使用“图文框”的形式。

③ 图要随文档一起保存，不需要另外保存，不做链接。

④ 图不可“浮于文字上方”，一般将其“环绕方式”设置为“嵌入型”。

⑤ 图题的要求。图题要在图之下，图题分成图号和图名2部分。图号按章顺序编号，例如“图2-1”、“图3-1”……。图号和图名间应空2个半角空格，图名要简洁明了，不要出现相同或相近的图名。图题的汉字用五号宋体，西文用五号Times New Roman。

（6）数字表示要求

下面各情况应使用阿拉伯数字。

① 物理量量值中的数字，如1 m（1米）、3 kg（3千克）、20℃（20摄氏度）等，不采用括号中的写法。

② 非物理量量词前的数字，如 3 个人、50 元、2 台计算机等。

③ 计数的数值，如 3、－6、0.28、1/3、96.25%、3∶7 及一部分概数，如 10 多、500 余、3000 左右。

④ 公元世纪、年代、年、月、日、时刻，如公元 19 世纪、80 年代、2000 年、8 月、15 日等。

⑤ 其他代号、代码和序号中的数字，如 GB2312 等。

阿拉伯数字的书写规则如下所示。

① 阿拉伯数字只能与“万”、“亿”及法定计量词头的汉字数字连用，如：453 000 000 可写成 45 300 万、4.53 亿、4 亿 5 300 万，不可写成 4 亿 5 千 3 百万。3 000 元可写成 0.3 万元，不可写成 3 千元。

② 纯小数必须写出小数点前的“0”，如 0.5 不可写成“.5”。

③ 用阿拉伯数字书写的数字范围，应使用“~”号，如，10%~20%，30~40 km 等。

（7）常用单位要求

正式出版物中使用的单位都应符合国家技术监督局发布的国家标准，在计算机书籍中常用的单位列举如下，不采用括号中的写法。

24 bit（24 位，24 B），3 KB（3 千字节，3 KB），8 MB（8 兆字节），数据传输速率 10 bit/s（10 bps）、10 kbit/s、10 Mbit/s。

有些单位符号，若国家标准没有规定，则可使用汉字表示，如“像素”，但不能随意使用英文缩写。

（8）外文使用要求

除英文缩写全用大写字母外，一般的英文单词均采用首字母大写的形式，如 Windows、Microsoft 等。专有名词不能用简称，例如 Windows 8 不应写为 Win 8。

软件名应严格按原名书写，英文名称不可任意改变大小写，如 WinZip 软件不能写成 winzip 或 Winzip。软件名和版本号之间留一个空格，如 Word 2010 不可写成 Word2010。

（9）括号使用要求

正文中必须使用全角括号，如“( )”，不能使用半角括号“()”。

3．教学资源库文本资源的格式规范

（1）版式要求

① 纸型采用国际标准 A4 型纸，尺寸为 210 mm × 297 mm。

② 上、下、左、右页边距均设置为 20 mm。

③ 页眉字体设置为宋体，字号设置为小四号。

（2）字体字号要求

① 一级标题设置为宋体小三号加粗。

② 二级标题设置为宋体四号加粗。

③ 三级标题设置为宋体小四号加粗。

④ 四级标题设置为宋体小四号。

⑤ 正文及参考文献设置为宋体小四号。

⑥ 注释内容设置为宋体五号。

（3）段落行间距要求

正文段落一律取 1.25 倍行距，标题段前与段后间距为 0.5 倍行距。

（4）数字格式要求

文中的数字，除部分结构层次序数、词组、惯用语、缩略语、具有修辞色彩语句中作为词素的数字必须使用汉字外，应使用阿拉伯数字。文中数字字体设置为Arial。

（5）正文中标题要求

正文中根据实际需要使用多级标题，其形式第一级为“第1章”，第二级为“1.1”，第三级为“1.1.1”，第四级为“1.1.1.1”，第五级为“1.”，第六级为“（1）”，第七级为“①”。

正文中各级标题末尾不书写任何标点符号。

（6）页码设置要求

① 封面不加页码。

② 中英文摘要合在一起排页码，从“1”开始；目录单独排页码，从“1”开始；正文需要单独编排页码，从“1”开始。

③ 页码在页面底端（页脚）居中书写，页码与正文之间只空一行字的距离。

④ 页码使用宋体五号字。

（7）图、表设置要求

① 图、表与正文之间上、下各有0.5行（宋体小四号）的距离。

② 图序及图名居中置于图的下方，表序及表名置于表的上方，字体均为宋体五号加粗。

③ 图序号和表序号分别在全文中进行统一编号。如表1、表2，图1、图2等。

④ 图、表中的文字采用宋体五号字。

⑤ 表格采用左右两侧开口方式，上下边框采用1.5磅宽度。

（8）公式编号要求

①文中的公式统一采用公式编辑器进行编辑。

②下文需要引用的公式，空1行（宋体小四号）居中书写，并在同一行右端用圆括弧即“( )”中间加阿拉伯数字来统一编号。公式与下面的内容间空1行。

③不需在下文引用的公式，不用另起一行单独书写。

（9）注释要求

①注释内容书写在标明有对应注释的正文的同一页下端（正文与页码之间）。

②在有注释的每一页，须在当页的正文与注释内容之间加划一条横线（自左往右），其长度约为页面宽度1/4。

③注释要每页重新编号。

④注释为宋体五号字。

【知识梳理】

1．启动Word 2010

启动Word 2010常用的方法如下。

方法1：利用Windows 7的【开始】菜单启动。

单击Windows 7的【开始】按钮，打开【开始】菜单，单击【所有程序】，打开其列表，然后单击【Microsoft Office】打开其列表，再选择菜单项【Microsoft Word 2010】，如图3-1所示，即可启动Word 2010。启动成功后，会自动创建1个名称为“文档1”的空白文档，如图3-2所示。此时，系统已进入编辑状态，用户可以在编辑区域输入文字。

图 3-1　从【开始】选项卡启动 Word 2010

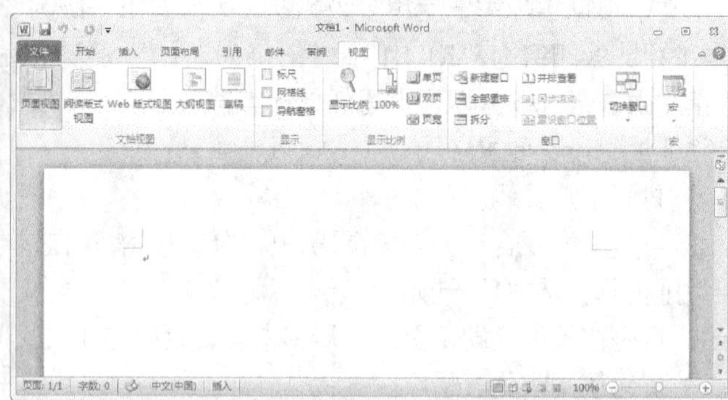

图 3-2　Word 2010 的初始窗口

方法 2：利用 Windows 7 的桌面快捷图标启动。

如果在桌面设置了如图 3-3 所示的快捷图标，则双击该快捷图标也可启动 Word 2010。

图 3-3　Microsoft Word 2010 的桌面快捷图标

方法 3：利用已经创建的文档启动。

在 Windows 7 的【计算机】窗口中找到已保存的 Word 文档或其快捷方式，然后双击该 Word 文档或快捷方式即可启动 Word 并打开 Word 窗口。

方法 4：利用最近打开过的文档启动。

在 Windows 7 的【开始】选项卡中，选择【最近使用的项目】命令，在其级联菜单中选择要打开的 Word 文档，即可启动 Word 2010，进入其编辑环境。

2．退出 Word 2010

退出 Word 2010 常用的方法如下。

方法 1：单击 Word 窗口标题栏右上角的【关闭】按钮 × 退出。

如果在退出 Word 2010 之前，当前正在编辑的文档还没有存盘，则退出时 Word 会提示是否保存对文档的更改。

方法 2：双击 Word 2010 标题栏左上角的【控制】按钮 W 退出。

方法 3：选择 Word 2010 窗口【文件】选项卡中的【退出】命令退出。

注 意

【文件】选项卡中的【退出】命令是用于关闭所有打开的 Word 文档的，而【关闭】按钮只用于关闭当前的活动窗口，不会影响到其他打开的非活动 Word 文档窗口。

方法 4：按【Alt+F4】组合键退出。

3．Word 2010 窗口的基本组成及其主要功能

（1）Word 2010 窗口的基本组成

Word 2010 启动成功后，屏幕上出现 Word 2010 窗口，该窗口主要由标题栏、快速访问工

具栏、功能区、导航、文本编辑区、滚动条、状态栏等元素组成。

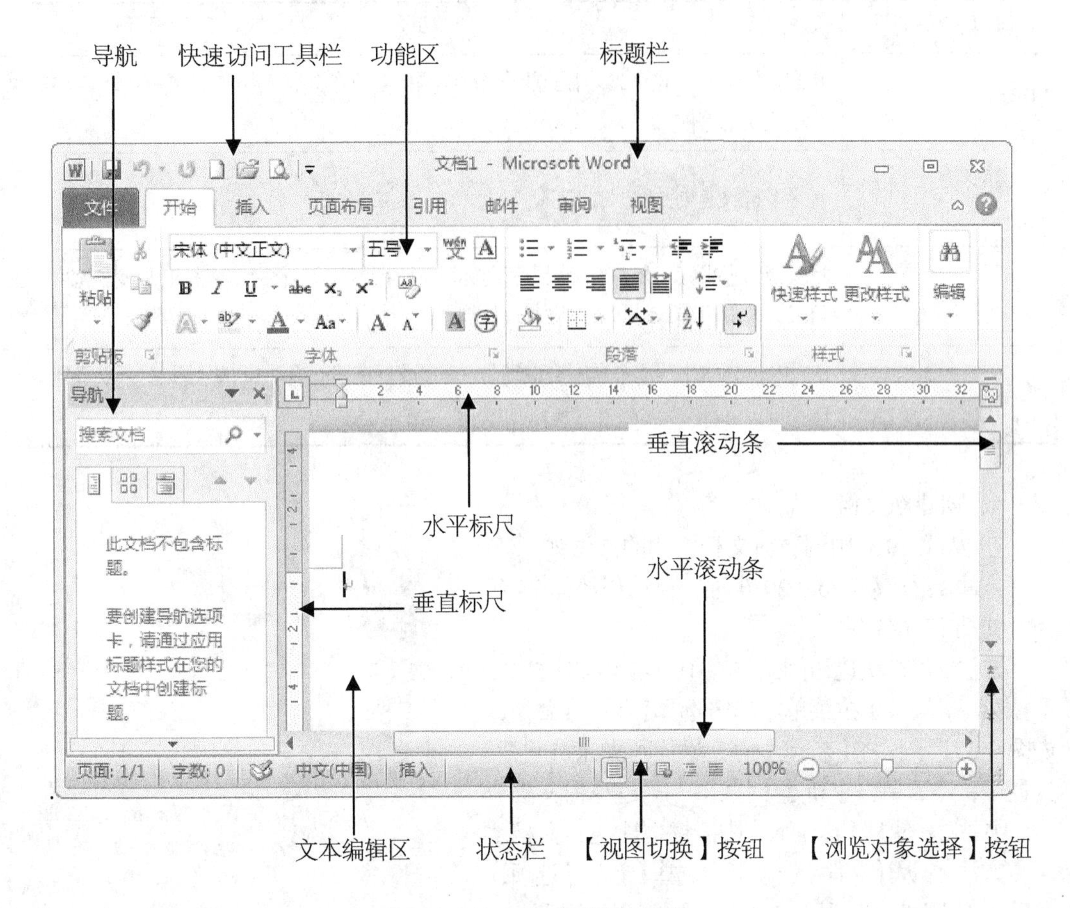

图 3-4　Word 2010 窗口的组成

（2）Word 窗口组成元素的主要功能

Word 窗口的各个组成元素的主要功能如表 3-1 所示。

表 3-1　Word 2010 窗口元素的功能说明

窗口元素名称	功能
标题栏	标题栏位于 Word 窗口的最上方，用于显示当前文档的文件名及应用程序名称。最左侧为【控制】按钮，最右侧依次为【最小化】按钮、【最大化】按钮或【还原】按钮、【关闭】按钮
【控制】按钮	单击【控制】按钮，打开控制菜单，可以控制 Word 窗口的移动、大小及关闭
功能区	Word 窗口的功能区位于标题栏的下方，由 8 个选项卡（【文件】、【开始】、【插入】、【页面布局】、【引用】、【邮件】、【审阅】、【视图】）组成，这些选项卡中包括若干个命令
【视图切换】按钮	用于切换文档的视图显示模式，包括页面视图、阅读版式视图、Web 版式视图、大纲视图和草稿
文本编辑区	用于输入文本、插入图像和表格的区域。该区域有不断闪烁的一个黑色竖线，这是文字插入点，输入文字时，输入的文字就显示在插入点位置

续表

窗口元素名称	功能
状态栏	状态栏位于窗口的底部，用于显示当前编辑内容所在页数、当前文档总页数、字数、改写模式状态等信息
【浏览对象选择】按钮	包括多种快速浏览文档的按钮
标尺	标尺分为水平标尺和垂直标尺。利用标尺可以查看正文、图片、表格的高度和宽度，还可以设置页边距、段落缩进和制表位等
滚动条	滚动条分为水平滚动条和垂直滚动条。水平或垂直移动滚动条中的滑块，可以看到文档的不同位置

4．创建新文档

在 Word 2010 中创建新文档常用的方法如下。

方法 1：启动 Word 2010 时，自动创建一个名为“文档 1”的空白文档。

方法 2：在快速访问工具栏中单击按钮打开下拉菜单，从该下拉菜单中单击选择【新建】命令，如图 3-5 所示，将【新建】命令添加到快速访问工具栏中，然后单击【新建】按钮创建空白文档。

方法 3：使用【Ctrl+N】快捷键创建空白文档。

方法 4：从【文件】选项卡中选择【新建】选项，然后从“可用模板”列表中选择一种合适的模板，接着单击右侧的【创建】按钮即可创建空白文档。

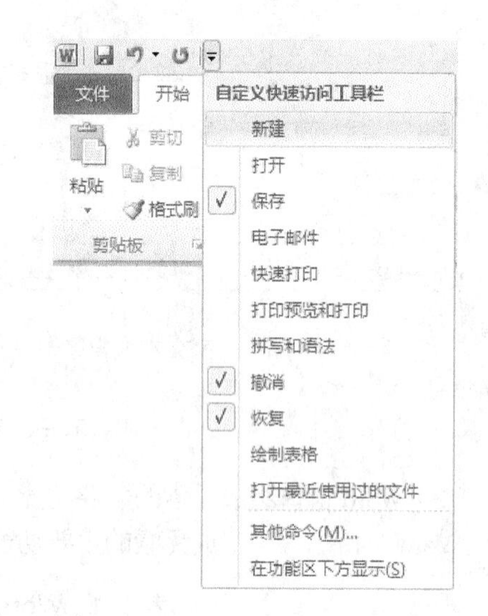

图 3–5　在快速访问工具栏中选择【新建】命令

5．保存文档

当文稿的部分内容或全部内容输入完成后，已经输入的内容一般保存在计算机的内存中，并没有保存在硬盘中。为防止各种意外故障或断电造成文档丢失，应及时保存文档。保存文档分为新创建文档的第 1 次保存、保存已有文档与另存为新文档 3 种情况，其操作方法有所区别。

（1）保存未命名的新文档的常用方法

方法 1：在【文件】选项卡中选择【保存】命令，弹出【另存为】对话框。在该对话框中选择合适的保存位置，在“文件名”编辑框中输入文件名，保存类型默认为“.docx”，因为 Word 2010 文档的默认扩展名为“.docx”，然后单击【保存】按钮进行保存。

方法 2：在快速访问工具栏中单击【保存】按钮，也会弹出【另存为】对话框。后续操作方法如前所述。

方法 3：按【Ctrl+S】快捷键，也会弹出【另存为】对话框，后续操作方法如前所述。

（2）保存已命名 Word 文档的方法

保存已有 Word 文档的方法与第 1 次保存新文档的方法相似，由于保存已有 Word 文档时保存位置和文件名已确定，不会弹出【另存为】对话框，直接在原文档进行保存操作。

（3）将已有Word文档另存为新文档的方法

在【文件】选项卡中选择【另存为】命令，弹出【另存为】对话框。在该对话框中更改保存位置或者文件名，然后单击【保存】按钮即可。如果保存位置和文件名都没有改变，则会覆盖同名Word文档。

提示

Word提供了自动保存功能，可以按指定的时间间隔自动保存文档。在指定的时间间隔后，Word将文档存放在临时文件中。

6．关闭文档

关闭文档常用的方法如下。

方法1：选择【文件】选项卡中的【关闭】命令。

方法2：从控制菜单中选择【关闭】命令。

方法3：单击标题栏中右上角的的【关闭】按钮。

方法4：按【Alt+F4】组合键。

7．打开文档

打开文档是指将已存储在磁盘中的文档装入计算机内存，并在Word的编辑区中显示出来。

打开Word文档常用的方法如下。

方法1：利用Windows的【计算机】窗口浏览文件夹和文件后，在需要打开的Word文档文件名上双击鼠标左键，便可以启动Word并打开该文档。

方法2：选择【文件】选项卡中的【打开】命令，或者在快速访问工具栏中单击【打开】按钮，弹出【打开】对话框，在该对话框选择待打开文档所在的驱动器名称、文件夹名称，然后选中待打开的Word文档，最后单击【打开】按钮即可打开文档。也可以在“文件名”列表框中用鼠标双击文件名打开选择的文档。

方法3：如果要打开的文档是最近使用过的Word文档，并且【文件】选项卡“最近所用文件”列表中列出了该文件名，单击需要打开的文件名即可打开文档。

【引导训练】

3.1 Word 2010的基本操作

【任务3-1】“捐书活动倡议书”的输入与编辑

【任务描述】

启动Word 2010，在文本编辑区撰写“捐书活动倡议书”，并以“捐书活动倡议书.docx”为文件名保存在文件夹“任务3-1”中。

“捐书活动倡议书”的参考内容如下。

“感恩母校 惠泽后学 爱心捐书”倡议书
尊敬的老师、亲爱的同学们：
为了在我院学生当中倡导“读书、爱书”的文明新风，图书馆决定从今年开始，每年4月开展“感恩母校、惠泽后学、爱心捐书”活动周。我们热忱欢迎老师、同学，特别是毕业班的同学把读过的好书、用过的教材以及教学参考书捐赠给图书馆。这些图书一部分将收入图书馆馆藏，另一部分将由图书馆转赠给学弟、学妹们。
赠人玫瑰，手有余香；大厦巍然，梁椽共举。也许一个人的赠送有限，但涓涓细流，定能汇成知识的海洋。我们期待着师生们踊跃捐出饱含自己浓浓爱心的书籍，让爱的暖流在菁菁校园里传递！
现场捐书时间：4月25日~4月27日 12：00~13：30；17：00~18：30。
捐书地点：1#、3#学生公寓楼前。
其他时间可直接捐至图书馆各阅览室、办公室及采编室。
咨询电话：85603292
图书馆全体职工衷心祝愿同学们顺利完成学业，走向展示自己、实现梦想、报效祖国的工作岗位。
祝同学们在未来的人生征途上鹏程万里、事业有成！
明德学院　图书馆
201×年4月20日

图3-6　“捐书活动倡议书”的参考内容

【方法集锦】

1．输入文本

Word的文本编辑区有2种常见的标识：文本插入点标识和段落标识，如图3-7所示。

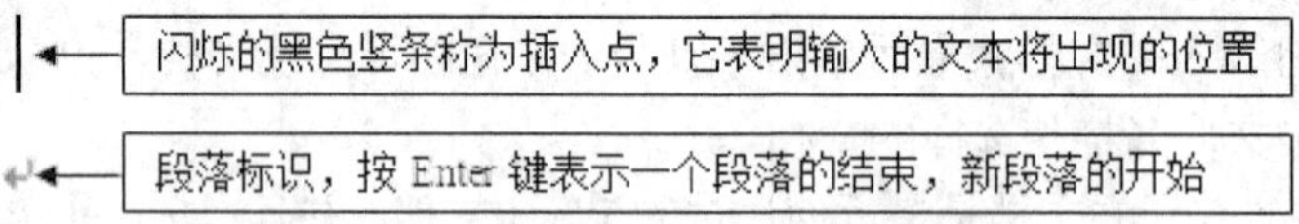

←	闪烁的黑色竖条称为插入点，它表明输入的文本将出现的位置
↵←	段落标识，按Enter键表示一个段落的结束，新段落的开始

图3-7　“文本插入点标识”和“段落标识”

（1）切换输入法

要在Word文档中输入英文，必须切换成英文输入法状态。同样，要输入汉字，必须切换成中文输入法，例如微软拼音、搜狗拼音输入法、搜狗五笔型输入法、五笔加加输入法等。

单击任务栏右侧的【输入法】按钮，弹出【输入法】菜单，如图3-8所示，在【输入法】菜单中单击选择要用的输入法即可。也可以使用【Ctrl+Shift】组合键在各种输入法之间进行切换。在选择某种汉字输入法后，使用【Ctrl+Space】组合键即可在中文和英文输入法之间进行切换。

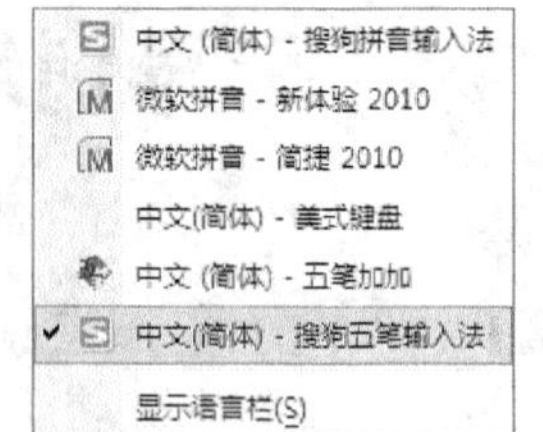

图3-8　【输入法】菜单

（2）定位插入点

将鼠标指针置于需要输入文本的位置，单击鼠标左键。

（3）输入文本内容

在插入点输入文本内容，完成一段文字的输入后，可以按回车键（Enter）换行，即可开始一个新段落。如果文字到行末还没有结束，只需继续输入文本而不必按回车键，Word会自动将插入点移到下一行的行首，继续输入的文本将会出现在新一行中。

2．编辑文本

输入文稿时经常要使用插入、删除、复制、移动和替换等操作对文本内容进行编辑、修改。

（1）移动插入点

编辑文本时通过移动光标键、水平滚动条和垂直滚动条将所编辑位置移入编辑窗口内，再在编辑位置单击鼠标即可。常用插入点移动键如表3-2所示。

表3-2 常用插入点移动键

键盘	光标移动	键盘	光标移动	键盘	光标移动
←	光标向左移动一个字符	Home	光标移至行首	Ctrl+Home	光标移至文档首
→	光标向右移动一个字符	End	光标移至行尾	Ctrl+End	光标移至文档尾
↑	光标向上移动一行	Page Up	光标上移一屏	Ctrl+ Page Up	光标移至上页顶端
↓	光标向下移动一行	Page Down	光标下移一屏	Ctrl+ Page Down	光标移至下页顶端

（2）定位操作

浏览文档时，可以利用鼠标、快捷键和滚动条在文档中定位，也可以使用浏览按钮和【定位】选项卡命令进行定位。

①使用浏览按钮定位。在Word文档窗口右下角单击【选择浏览对象】按钮，打开如图3-9所示的“选择浏览对象”列表，在浏览对象列表中选择一种合适的定位方式，默认为按页浏览。然后单击按钮向前浏览，或者单击按钮向后浏览。

② 使用【定位】选项卡命令定位。在【开始】选项卡“查找”下拉菜单中选择【转到】命令，或按【F5】键，打开【查找和替换】对话框的【定位】选项卡，如图3-10所示。在【定位】选项卡的“定位目标”列表中选择定位的方式，如“页”或“行”等。在“输入页号”文本框中输入具体数值或特定内容。然后单击【下一处】或【前一处】按钮，插入点即可移动到指定位置。

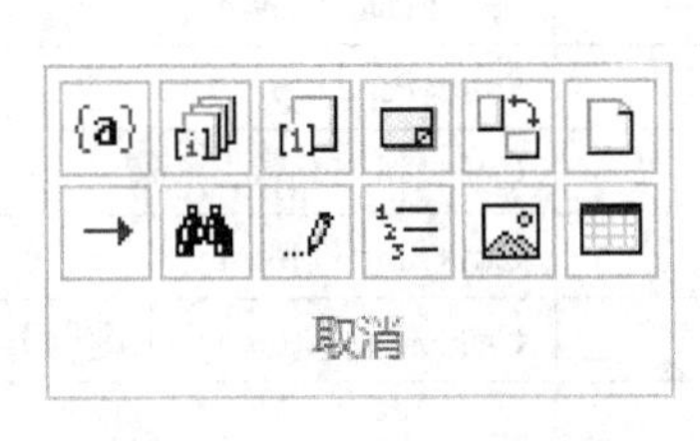

图3-9 “浏览对象”列表

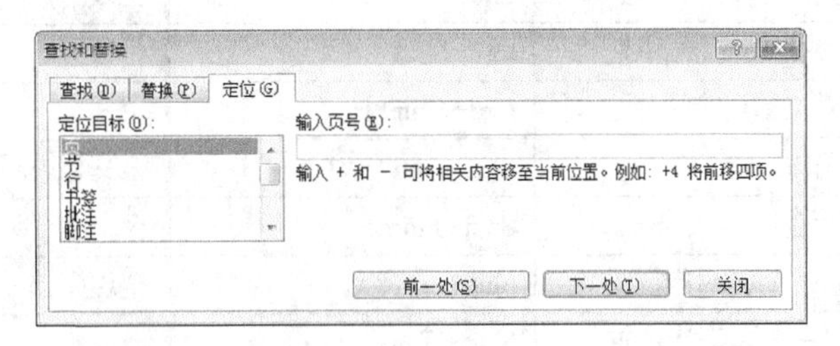

图3-10 【查找和替换】对话框的【定位】选项卡

（3）选定文本

在Word文档中，要对某一区域的文本进行某种操作时，必须先选定该区域内的文本。经常使用鼠标和键盘来选定文本。

① 使用鼠标选定文本。使用鼠标选定文本的方法操作简便且速度较快。表3-3中列出了鼠标选择文本的常用快捷方式。

表 3-3　利用鼠标选择文本的常用快捷方式

选择的文本内容	操作方法
任意数量的文字	移动鼠标指针到要选定文本的起点位置，按住鼠标左键，然后拖动鼠标直到选定文本末尾，松开鼠标左键即可。Word 以反白方式显示被选定的文本内容
一个单词或词组	双击英文单词或中文词组
一行文本	将鼠标指针移至段落左侧的选定区，当光标变成向右上的空心箭头时单击
多行文本	选定首行后向上或向下拖动鼠标选取
一个句子	按住【Ctrl】键后在该句子的任意位置单击
一个段落	将鼠标指针移至段落左侧的选定区，当光标变成向右上的空心箭头时双击；或者在该段落的任意位置三击
多个段落	选定首段后向上或向下拖动鼠标选取
连续区域文本	先单击所选内容的开始处，然后按住【Shift】键，单击所选内容的末尾
不连续区域文本	按上述方法选择一个区域文本后，按住【Ctrl】键，再选择另一个区域的文本内容
整篇文档内容	方法 1：将鼠标指针移至段落左侧选定区，当光标变成向右上的空心箭头时三击 方法 2：将鼠标指针移至段落左侧的选定区，当光标变成向右上的空心箭头时，按住【Ctrl】键后单击 方法 3：按【Ctrl+A】组合键 方法 4：在【开始】选项卡“选择”下拉菜单中选择【全选】命令
矩形区域文本内容	将鼠标指针移动到所选区域的左上角，按住【Alt】键，拖动鼠标至区域的右下角，松开鼠标左键

②使用键盘选定文本。使用键盘选定文本时需要借用【Shift】键或【Ctrl】键与方向键的配合，表 3-4 中列出了键盘组合键选定文本的常用方法。

表 3-4　使用键盘组合键选定文本的常用方法

选定范围	组合键	选定范围	组合键
右边一个字符	Shift+→	至段落末尾	Ctrl+Shift+↓
左边一个字符	Shift+←	至段落开头	Ctrl+Shift+↑
至英文单词的结束处	Ctrl+Shift+→	下一屏	Shift+Page Down
至英文单词的开始处	Ctrl+Shift+←	上一屏	Shift+Page Up
至行末	Shift+End	至文档末尾	Ctrl+Shift+End
至行首	Shift+Home	至文档开头	Ctrl+Shift+Home
至下一行的对应位置	Shift+↓	整篇文档	Ctrl+A 或 Ctrl+5（小键盘）
至上一行的对应位置	Shift+↑		

（4）复制与移动文本

编辑文档过程中，经常需要对文本内容进行复制和移动操作。复制是指将选定内容的备份插入到新位置，移动是指将选定内容插入到新位置并删除原来位置的内容。复制或移动文本可以利用剪贴板来完成。复制使用“复制”和“粘贴”命令，移动则使用“剪切”和“粘贴”命令。Word 文档中复制和移动文本的常用方法有多种，如表 3-5 所示。

表 3-5 Word 文档中复制和移动文本的常用方法

操作方法	复制文本	移动文本
方法 1：使用快捷菜单命令	选定要复制的文本，单击鼠标右键，在弹出的快捷菜单中选择【复制】命令；将光标移到指定位置，单击鼠标右键，在弹出的快捷菜单中选择【粘贴】命令	选定要移动的文本，单击鼠标右键，在弹出的快捷菜单中选择【剪切】命令；将光标移到指定位置，单击鼠标右键，在弹出的快捷菜单中选择【粘贴】命令
方法 2：使用功能区按钮	先选定要复制的文本，选择【开始】选项卡中的【复制】按钮 复制；将光标移到指定位置，选择【开始】选项卡中的【粘贴】按钮	先选定要移动的文本，选择【开始】选项卡中的【剪切】按钮 剪切；将光标移到指定位置，选择【开始】选项卡中的【粘贴】按钮
方法 3：使用快捷键	先选定要复制的文本，按【Ctrl+C】快捷键；将光标移到指定位置，按【Ctrl+V】快捷键	先选定要移动的文本，按【Ctrl+X】快捷键；将光标移到指定位置，按【Ctrl+V】快捷键
方法 4：使用鼠标拖曳	先选定要复制的文本，按住【Ctrl】键的同时按住鼠标左键，拖曳到目标位置松开鼠标左键	先选定要移动的文本，按住鼠标左键，拖曳到目标位置松开鼠标左键

（5）删除文本

在 Word 文档中经常需要删除错误的内容或重复的内容。删除文本常用的方法如下。

方法 1：按退格键（←BackSpace）删除光标左边的字符。

方法 2：按删除键（Delete）删除光标右边的字符。

方法 3：先选择待删除的文本，然后按删除键（Delete）将其删除。

方法 4：先选择待删除的文本，然后单击【开始】选项卡中的【剪切】按钮 剪切。

（6）撤销与恢复操作

进行编辑操作时，如果用户在编辑时误操作需要进行撤销或者恢复时，就可以使用 Word 提供的撤销与恢复命令。

撤销最近一次操作常用的方法如下。

方法 1：按【Ctrl+Z】快捷键。

方法 2：单击【开始】选项卡中的【撤销】按钮。

恢复操作可以恢复被撤销的操作，从以下操作方法中选择一种合适的方法恢复最近一次的撤销操作。

方法 1：按【Ctrl+Y】快捷键。

方法 2：单击【开始】选项卡中的【恢复】按钮。

注 意

恢复功能只能在已经进行了撤销操作的基础上才可以使用，否则【恢复】按钮处于不可用状态。

3．查找与替换文本

使用 Word 的查找与替换功能，可以在文档中查找或替换特定内容。查找或替换的内容除普通文字外，还可以是特殊字符，例如段落标记、手动换行符、图形等。

（1）常规查找

在【导航】窗格的“查找”搜索框输入待查找的内容，如图 3-11 所示。如果找到该内容，将在文本编辑区以反白显示，否则显示“无匹配项”。

图 3-11 【导航】窗格的“查找”搜索框

（2）高级查找

如果需要查找带格式的文本、特殊符号，或者对查找的范围及内容进行限定，就需要使用高级查找功能。如果需要限定查找的范围，则应选定文本区域，否则系统将在整个文档范围内查找。

① 查找一般内容。在【开始】选项卡中单击【查找】选项右侧的按钮，在弹出的快捷菜单中选择【高级查找】命令，如图 3-12 所示。弹出【查找和替换】对话框，在该对话框中单击【更多】按钮，展开对话框的下半部分。在【查找】选项卡的“查找内容”文本框中输入待查找的内容，单击【查找下一处】按钮即开始查找。如果找到，将光标移至查找内容处并以反白显示，如果未找到所查找的内容，则会弹出图 3-13 所示的“未找到搜索项”提示信息对话框。

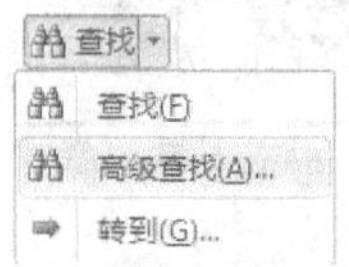

图 3-12 在“查找”下拉菜单中选择【高级查找】命令

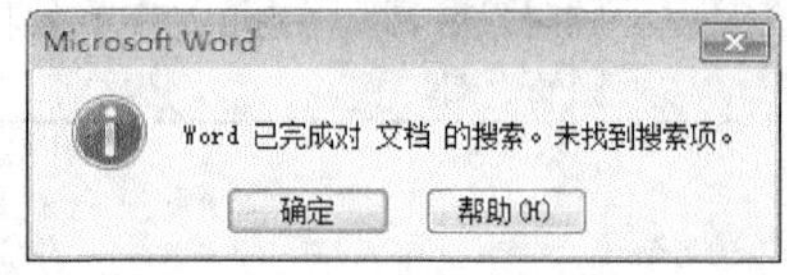

图 3-13 “未找到搜索项”的提示信息对话框

② 查找特殊字符。在【查找和替换】对话框中单击【特殊格式】按钮，打开如图 3-14 所示的“特殊格式”列表，从中选择待查找的特殊字符，则在查找内容列表框中将会出现所选特殊字符的标识，例如段落标记的标识为^p，手动换行符的标识为^l，图形的标识为^g。

③ 查找带格式的文本。在【查找和替换】对话框中单击【格式】按钮，弹出如图 3-15 所示的【格式】菜单。可以在该菜单中选择待查找内容的格式，包括字体、段落、制作位、语言、图文框、样式和突出显示等。

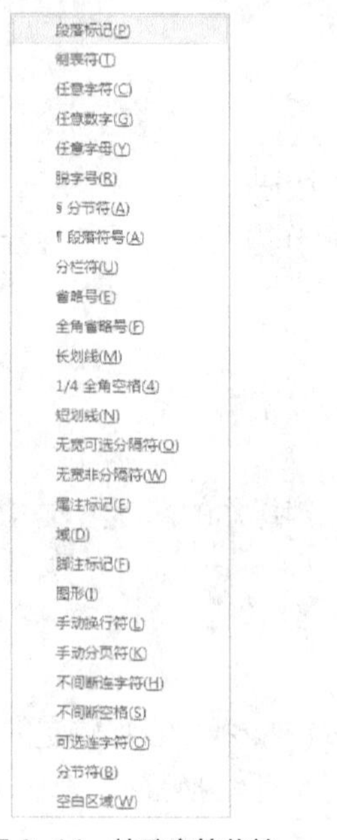

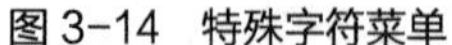

图 3-14 特殊字符菜单

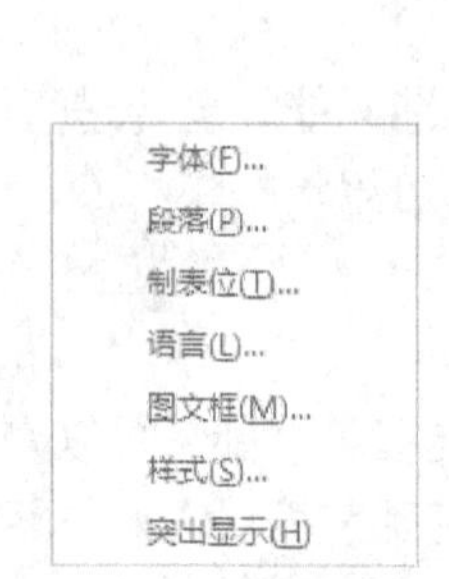

图 3-15 【格式】菜单

④ 限定搜索范围。在【查找和替换】对话框“搜索选项”的“搜索”下拉列表框中选择合适的搜索范围。供选择项包括：全部、向下和向上。

⑤ 限定搜索对象。【查找和替换】对话框“搜索选项”中还提供了“区分大小写”、“全字匹配”、“使用通配符”、“同音（英文）”、“查找单词的所有形式（英文）”、“区分全/半角”等用于限定搜索对象的选项，用于实现精确查询或者模糊查找。

（3）替换操作

替换操作与查找操作类似。先选择【开始】选项卡中的【替换】命令，打开【查找和替换】对话框。也可以在【查找和替换】对话框中切换到【替换】选项卡。

在【查找和替换】对话框的【替换】选项卡的“查找内容”编辑框中输入待查找的内容，然后在“替换为”编辑框中输入替换的内容。单击【查找下一处】按钮，查找待替换的内容。单击【替换】按钮，如果找到待查找的内容，则执行一次替换操作；单击【全部替换】按钮，则将整个文档所有找到的内容全部予以替换。

在替换过程中，按【Esc】键可以取消搜索，单击【取消】按钮可结束操作，单击【关闭】按钮可以关闭【查找和替换】对话框。

在【查找和替换】对话框的【替换】选项卡中，在“查找内容”编辑框中输入待查找的内容，但“替换为”编辑框不输入内容，单击【替换】按钮或【全部替换】按钮将会删除待查找的内容。

【任务实现】

1. 创建新文档

启动 Word 2010，自动创建一个名为“文档 1”的空白文档。

2. 保存文档

在快速访问工具栏中单击【保存】按钮，弹出【另存为】对话框。在该对话框中选择合适的保存位置文件夹“任务 3-1”，在“文件名”编辑框中输入文件名称“捐书活动倡议书”，保存类型默认为“.docx”，如图 3-16 所示。然后单击【保存】按钮进行保存。

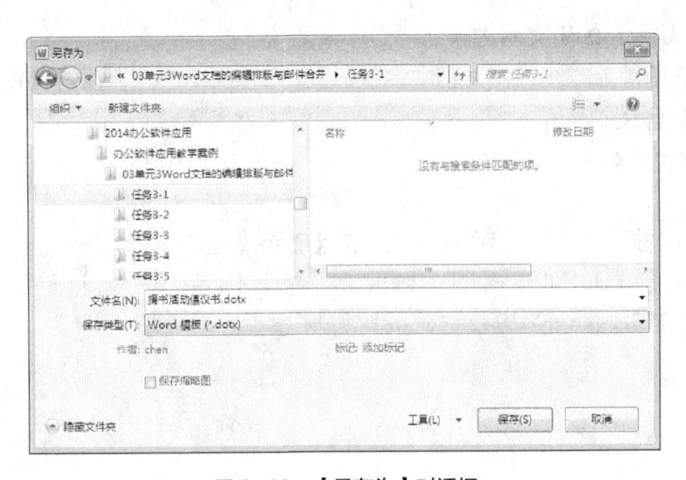

图 3-16 【另存为】对话框

3．关闭文档

选择【文件】选项卡中的【关闭】命令即可关闭当前打开的文档。

对于修改后没有存盘的文档，关闭 Word 文档时系统会自动弹出图 3-17 所示的提示信息对话框。在该对话框中单击【保存】按钮，保存后退出；单击【不保存】按钮，不存盘退出；单击【取消】按钮，返回编辑窗口。

图 3-17　提示保存文档的对话框

4．打开文档

在快速访问工具栏中单击【打开】按钮，弹出【打开】对话框。在该对话框选择待打开文档所在的驱动器名称和文件夹名称，这里选择文件夹“任务 3-1”，然后选中待打开的 Word 文档“捐书活动倡议书.docx”，如图 3-18 所示。最后单击【打开】按钮即可打开该文档。

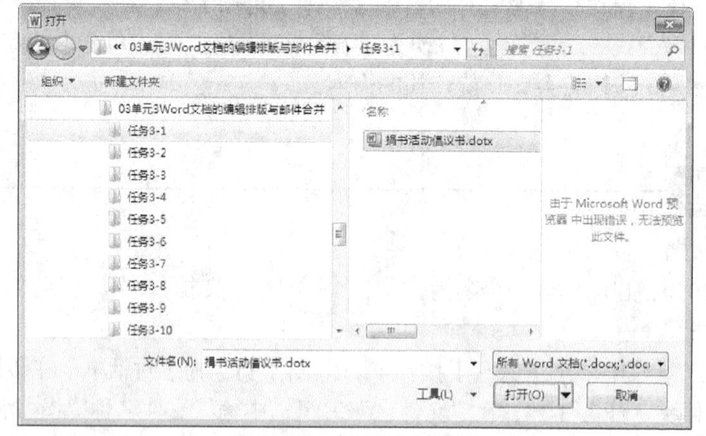

图 3-18　【打开】对话框

5．在文档中输入与编辑文本内容

选择一种合适的输入方法，在文档中定位插入点，然后输入“捐书活动倡议书”的内容，参考内容如图 3-6 所示。

6．查找与替换文本

（1）查找文本

打开【查找和替换】对话框，在该对话框的【查找】选项卡的“查找内容”文本框中输入待查找的内容“现场捐书时间”，如图 3-19 所示，单击【查找下一处】按钮即开始查找。如果找到，将光标移至查找内容处并以反白显示。

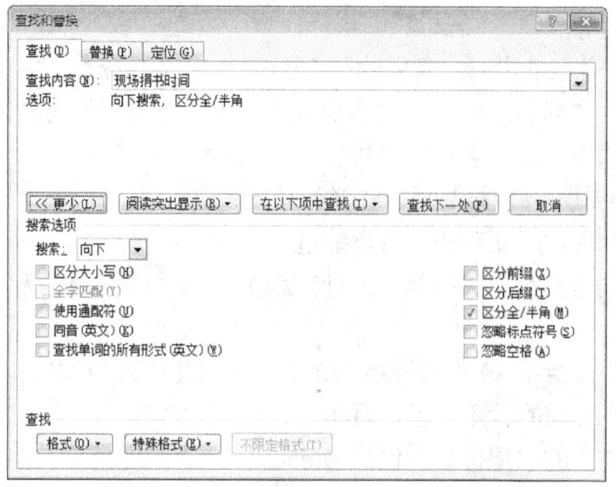

图 3-19 【查找和替换】对话框中的高级查找

（2）替换文本

打开【查找和替换】对话框，切换到【替换】选项卡。在【查找和替换】对话框的【替换】选项卡的“查找内容”编辑框中输入待查找的内容“现场捐书时间”，然后在“替换为”编辑框中输入替换的内容“捐书时间”，如图 3-20 所示。单击【全部替换】按钮，将整个文档所有找到的内容全部予以替换。

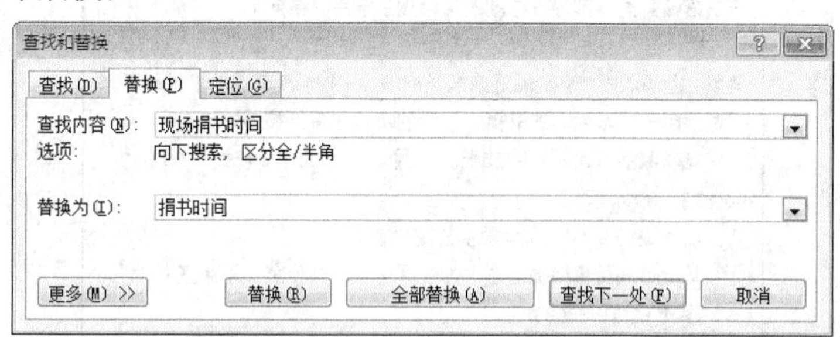

图 3-20 【查找和替换】对话框的【替换】选项卡

7．退出 Word 2010

在快速访问工具栏中单击【保存】按钮，再一次对 Word 文档“捐书活动倡议书.docx”进行保存操作，然后单击 Word 窗口标题栏右上角的【关闭】按钮，退出 Word 2010。

3.2 Word 文档的格式设置

Word 文档的格式设置是指对文档中的文字进行字体、字号、段落对齐、缩进等的各种修饰。另外还可以为文档设置边框、底纹，使文档变得美观和规范。

【任务 3-2】“捐书活动倡议书”文档的格式设置

【任务描述】

打开文件夹“任务 3-2”中的 Word 文档“捐书活动倡议书.docx”，按照以下要求完成相应的格式设置。

（1）设置第1行（标题““感恩母校　惠泽后学　爱心捐书”倡议书”）字体为楷体、字号为二号，设置第2行“尊敬的老师、亲爱的同学们：”字体为仿宋体、字号为小三号，设置正文中的“现场捐书时间”、“捐书地点”和“咨询电话”等文字的字体为楷体、字号为四号，设置正文其他的文字的字体为宋体、字号为四号。

（2）设置第1行居中对齐，第2行居左对齐且无缩进，倡议发起部门“明德学院　图书馆”和日期行右对齐，其他各行两端对齐、首行缩进2字符。

（3）设置第1行的行距为单倍行距，段前间距为6磅，段后间距为0.5行；设置第2行的行距为1.5倍行距。

（4）设置正文第3段至第10段的行距为固定值，设置值为24磅。

（5）设置正文最后2段的行距为多倍行距，设置值为2。

相应格式设置完成后的“捐书活动倡议书.docx”如图3-21所示。

“感恩母校 惠泽后学 爱心捐书”倡议书

尊敬的老师、亲爱的同学们：

为了在我院学生当中倡导“读书、爱书”的文明新风，图书馆决定从今年开始，每年4月开展“感恩母校、惠泽后学、爱心捐书”活动周。我们热忱欢迎老师、同学，特别是毕业班的同学把读过的好书、用过的教材以及教学参考书捐赠给图书馆。这些图书一部分将收入图书馆馆藏，另一部分将由图书馆转赠给学弟、学妹们。

赠人玫瑰，手有余香；大厦巍然，梁椽共举。也许一个人的赠送有限，但涓涓细流，定能汇成知识的海洋。我们期待着师生们踊跃捐出饱含自己浓浓爱心的书籍，让爱的暖流在菁菁校园里传递！

现场捐书时间：4月25日～4月27日　12：00～13：30；17：00～18：30。

捐书地点：1#、3#学生公寓楼前。

其他时间可直接捐至图书馆各阅览室、办公室及采编室。

咨询电话：85603292

图书馆全体职工衷心祝愿同学们顺利完成学业，走向展示自己、实现梦想、报效祖国的工作岗位。

祝同学们在未来的人生征途上鹏程万里、事业有成！

明德学院　图书馆

201×年4月20日

图3-21　“捐书活动倡议书”的外观效果

【方法集锦】

1．设置字符格式

文档中的字符是指汉字、标点符号、数字和英文字母等。字符格式包括字体、字形、字号（即大小）、颜色、下画线、着重号、字符间距、效果（删除线、阴影、下标、上标、阳文、阴文等）等。

格式设置的有效范围：对于先定位插入点再进行格式设置的情况，所做的格式设置对插入点后新输入的文本有效，直到出现新的格式设置为止；对于先选中文本内容，再进行格式设置的情况，所做的格式设置只对所选中的文本有效。对同一文本内容设置新的格式后，原有格式自动取消。

设置字符格式的常用方法如下。

（1）利用 Word【开始】选项卡“字体”功能区域的命令设置字符格式

Word 2010【开始】选项卡功能区的外观如图 3-22 所示，将鼠标置于各个按钮之上会出现相应的功能提示信息。利用“字体”功能区域的命令按钮可以简便地进行格式设置操作。

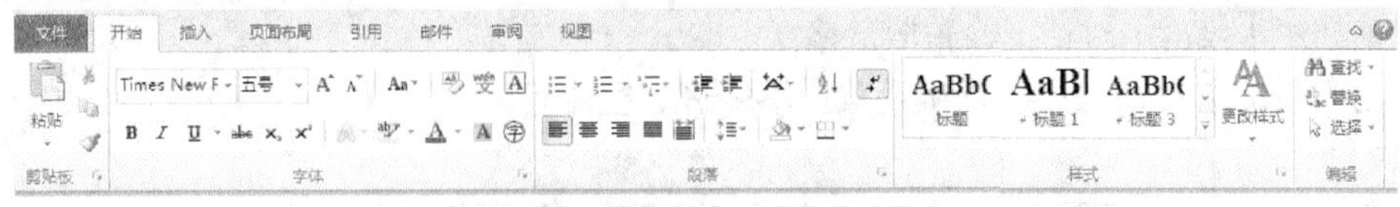

图 3-22 【开始】选项卡的功能区

首先选择文本内容，然后在“字体”功能区域的“字体”列表中选择一种合适的字体设置文本的字体，在“字号”列表中选择一种合适的字号设置文本的大小。

（2）利用 Word【字体】对话框设置字符格式

首先选择文本内容，然后在【开始】选项卡的“字体”区域单击右下角的【字体】按钮，打开【字体】对话框，可以根据需要在此对话框中对选定的文本进行格式设置。

① 设置字体、字形、字号、字符颜色、下画线、着重号和效果。在【字体】对话框的【字体】选项卡中为所选中的文本选择中文字体、字形、字号、字符颜色、下画线、着重号和效果。

② 设置文本的缩放、间距和位置。在【字体】对话框中切换到【高级】选项卡，在【字符间距】选项卡中可设置文本的缩放、间距和位置。“缩放”下拉列表框用于按文本当前尺寸的百分比进行扩大或缩小；“间距”下拉列表框用于加大或缩小字符之间的距离，右侧的文本框用于输入间距数值；“位置”下拉列表框用于将文字相对于基准位置提升或降低指定的磅值，右侧的文本框用于输入提升或降低的磅值。

（3）利用 Word 格式刷快速设置字符格式

使用【开始】选项卡“剪贴板”区域的【格式刷】按钮，可以把一部分文字的格式复制到另一部分的文字上，使其具有相同的字符格式。

① 一次复制格式。选定已设置格式的文本，单击【格式刷】按钮，然后按住鼠标左键，在需要设置相同格式的文本上拖动鼠标，即可将格式复制到拖动过的文本上。

② 多次复制格式。选定已设置格式的文本，双击【格式刷】按钮，然后按住鼠标左键，在多个需要设置相同格式的其他段文本上拖动鼠标。格式复制完成后，再次单击【格式刷】按钮或按键盘上的【Esc】键，即可取消格式刷的选中状态。

2．设置段落格式

段落格式设置包括段落的首行缩进、悬挂缩进、左缩进、右缩进、对齐方式、段前间距、段后间距、行间距、大纲级别、换行和分页格式和中文版式等内容。

设置段落格式时，可以先定位插入点，再进行格式设置。所做的格式设置对插入点之后新输入的段落有效，并会沿用到下一段落，直到出现新的格式设置为止。对于已经输入的段落，将插入点置于段落内的任意位置（无需选中整个段落），再进行格式设置，所做的格式设置对当前段落（光标所在段落）有效。若对多个段落设置相同的格式，应先按住【Ctrl】键选中多个段落，然后再设置这些段落的格式。设置段落的新格式将会取代该段落原有的旧格式。

（1）利用【格式】工具栏设置段落格式

使用【开始】选项卡“段落”功能区域中【左对齐】按钮、【居中】按钮、【右对齐】按钮、【两端对齐】按钮、【分散对齐】按钮可以快速设置文本对齐方式。

首先将插入点移到需要设置格式的段落内，单击【格式】工具栏中的对齐按钮，即可快速设置段落的对齐方式。

设置行距时，先将插入点置于指定段落内，然后在【开始】选项卡的“段落”功能区域中，单击【行和段落间距】按钮钮，在弹出的行距数值列表中选择一个合适的数值即可，如图 3-23 所示。

（2）利用【段落】对话框设置段落格式

利用【段落】对话框可以精确设置段落缩进、行距等段落格式，设置方法如下。

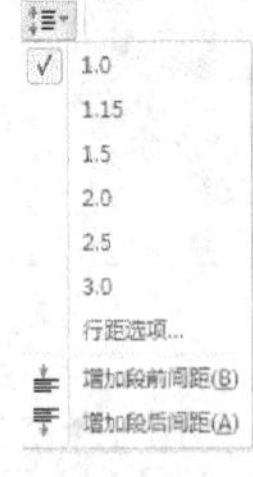

图 3-23　行距数值列表

① 确定格式设置范围。如果只对一个段落设置格式，则将插入点移到段落内的任意位置；如果对多个段落设置格式，则需要全部选定这些段落。

② 在【开始】选项卡“段落”区域中，单击【段落】按钮，打开【段落】对话框，如图 3-24 所示。

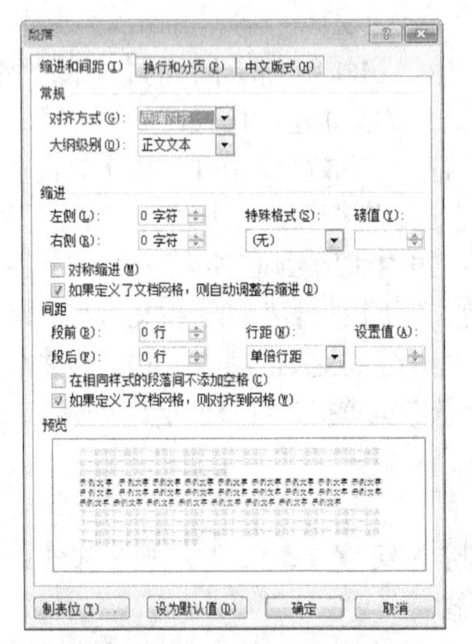

图 3-24　【段落】对话框的【缩进和间距】选项卡

③ 设置缩进和间距。设置对齐方式：在“对齐方式”下拉列表框选择需要设置的对齐方式，包括左对齐、居中、右对齐、两端对齐和分散对齐 5 种方式。“两端对齐”和“分散对齐”对于段落的最后一行显示效果有差别。“两端对齐”与“左对齐”的效果类似，段落的最后一行靠页边距的左端，除段落的最后一行之外，其他行的文字均匀分布在左右页边距之间，从而使得两侧文字具有整齐的边缘。“分散对齐”可以调整段落内每一行字符的距离，使字符均匀地填满段落内的每一行（包括段落内的最后一行），不管最后一行有几个字符，都会分散分布，与前几行左右对齐。

● 设置缩进：在数字编辑框中输入数字或单击【数字】按钮调整段落的左、右缩进字符数。一般情况下，居中对齐的段落首行缩进值应为 0。

● 设置特殊格式：在“特殊格式”的 2 个列表项（“首行缩进”和“悬挂缩进”）中选取一项，并在“度量值”数字编辑框中设置缩进值。

● 设置段前间距和段后间距：“段前”间距是指当前段落与前一段落之间的距离，“段后”间距是指当前段落与后一段落之间的距离。在数字编辑框中输入数字或单击数字按钮调整段前间距或段后间距。注意：段前间距和段后间距的单位可以为行或磅。

● 设置行距：在“行距”下拉列表框中选择一种行距类型，包括“单倍行距”（默认值）、“1.5 倍行距”、“2 倍行距”、“最小值”、“固定值”、“多倍行距”。其中“最小值”、“固定值”、“多倍行距”选项需要在右边的“设置值”数字编辑框内输入数字或单击数字按钮调整数字。“最小值”和“固定值”以磅为单位，“多倍行距”则是基本行距的倍数值。

④ 设置“换行和分页”选项。在【段落】对话框中，切换到【换行和分页】选项卡，如图 3-25 所示。在该选项卡中可以设置“孤行控制”（即不允许只有一行的段落另起一页）、“与下段同页”、“段中不分页”（即在段内不允许分页）、“段前分页”、“取消行号”和“取消断字”。

⑤ 设置“中文版式”选项。在【段落】对话框中，切换到【中文版式】选项卡，如图 3-26 所示。

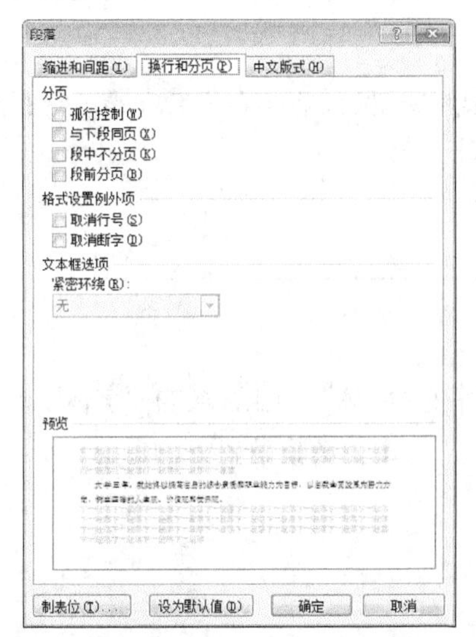

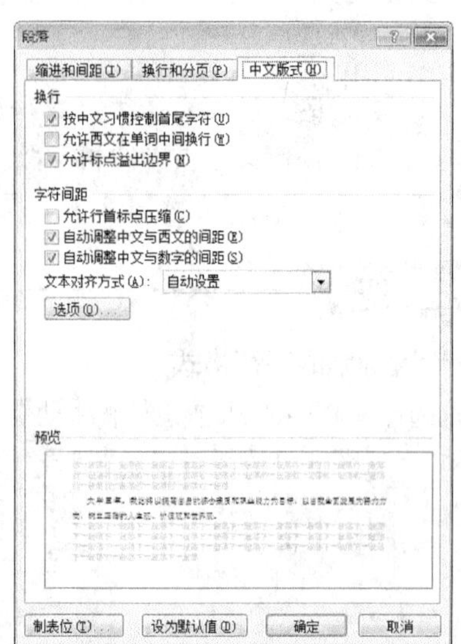

图 3-25 【段落】对话框的【换行和分页】选项卡　图 3-26 【段落】对话框的【中文版式】选项卡

在该选项卡中可以设置“按中文习惯控制首尾字符”、“允许西文在单词中间换行”、“允许标点溢出边界”、“允许行首标点压缩”、“自动调整中文与西文的间距”、“自动调整中文与数字的间距”以及文本的纵向对齐方式。文本的纵向对齐方式包括“顶端对齐”、“居中”、“基线对齐”、“底端对齐”和“自动设置”等选项。默认的纵向对齐方式为“自动设置”。对于文档中插入的按钮小图片，如果要设置与文本内容纵向对齐，则可以将该按钮小图片的纵向对齐方式设置为“居中”。

（3）利用格式刷快速设置段落格式

使用【开始】选项卡上的【格式刷】按钮 格式刷，可以把一个段落的格式复制到其他段落上，使其具有相同的段落格式。操作方法如下。

① 一次复制格式。选定已设置格式的段落，单击【格式刷】按钮 格式刷，然后按住鼠标左键，在需要设置相同格式的其他段落上拖动鼠标，即可将格式复制到该段落。

② 多次复制格式。选定已设置格式段落，双击【格式刷】按钮 格式刷，然后按住鼠标左键，在多个需要设置相同格式的段落上拖动鼠标。格式复制完成后，再次单击【格式刷】按钮或按键盘上的【Esc】键，即可取消格式刷的选中状态。

（4）利用水平标尺设置段落缩进

水平标尺上的段落缩进设置标志，如图 3-27 所示。拖动相应缩进标志，可以设置段落的缩进。

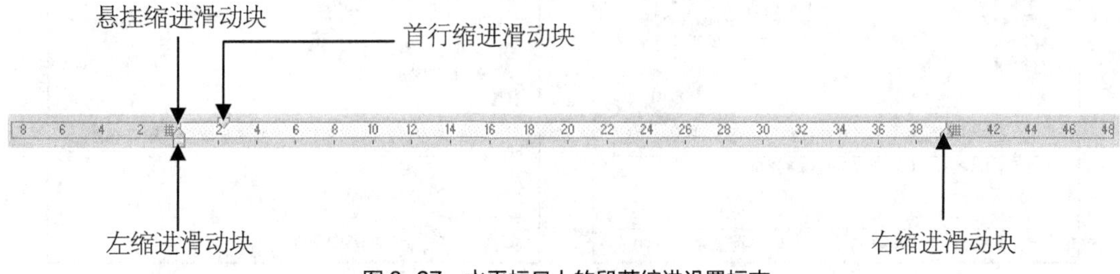

图 3-27 水平标尺上的段落缩进设置标志

“左缩进”控制整个段落左边界的距离，“右缩进”控制整个段落右边界的距离，“首行缩进”控制段落第 1 行第 1 个字符的位置，“悬挂缩进”控制段落中除第 1 行之外，其他各行的缩进距离。

段落的左右边界、首行缩进、悬挂缩进、段前间距和段后间距、行距的计量单位可以是行、字符、磅、厘米或毫米。

【任务实现】

1．设置标题的字符格式

首先选择文档中的标题“捐书活动倡议书”，然后在“字体”功能区域的“字体”列表中选择“黑体”，如图 3-28 所示；在“字号”列表中选择“三号”，如图 3-29 所示。

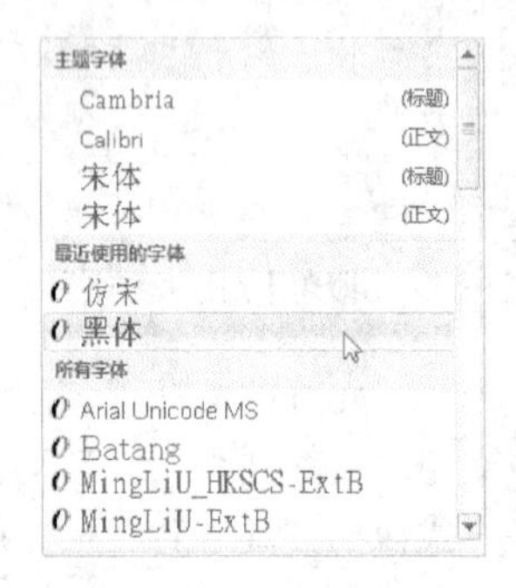

图 3-28　字体列表

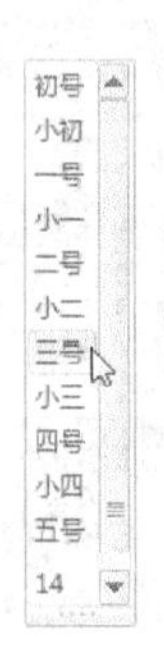

图 3-29　字号列表

2．设置正文第 1 段文字内容的字符格式

首先选择正文第 1 段文字内容，然后打开如图 3-30 所示的【字体】对话框。

在【字体】对话框的【字体】选项卡中为所选中文本选择中文字体“仿宋”、字形“常规”、字号“小四”、字符颜色、下画线、着重号，效果保持默认值不变。

在【字体】对话框中切换到【高级】选项卡，如图 3-31 所示，对文本的缩放、间距和位置进行合理设置。

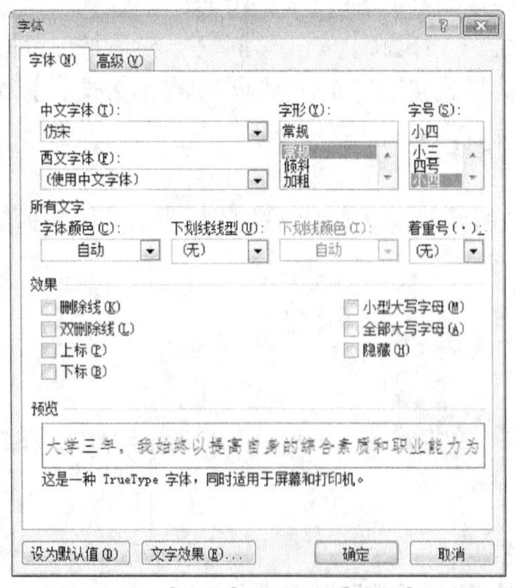

图 3-30　【字体】对话框的【字体】选项卡

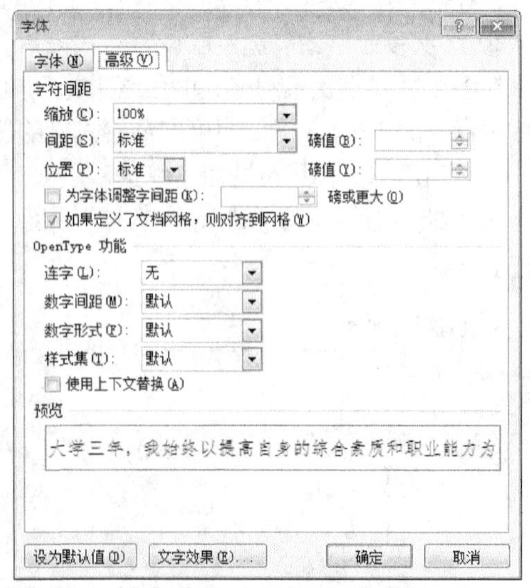

图 3-31　【字体】对话框的【高级】选项卡

3．利用格式刷快速设置字符格式

选定已设置格式的第 1 段文字，单击【格式刷】按钮，然后按住鼠标左键，在需要设置相同格式的其他段落文本上拖动鼠标，即可将格式复制到拖动过的文本上。

4．设置标题的段落格式

首先将插入点移到标题行内，单击“格式”工具栏中的按钮【居中】按钮，即可设置标题行为居中对齐。然后在【开始】选项卡“段落”功能区域中的单击【行和段落间距】的按钮钮，在弹出的下拉菜单中选择【行距选项】命令，弹出【段落】对话框。在该对话框的“缩进和间距”选项卡的“间距”区域中，设置“段前”为“6 磅”，“段后”为“0.5 行”，如图 3-32 所示。然后单击【确定】按钮，使设置生效并关闭该对话框。

以类似方法按要求设置鉴定人签名行和日期行的段落格式。

5．设置正文第 1 段的段落格式

将光标插入点移到正文第 1 段内的任意位置，打开【段落】对话框。

在【段落】对话框的【缩进和间距】选项卡中，“对齐方式”选择“两端对齐”，“大纲级别”选择“正文文本”，“左侧”和“右侧”缩进为“0 字符”，“特殊格式”选择“首行行缩进”，“磅值”设置为“2 字符”，“段前”和“段后”间距设置为“0 行”，“行距”选择“固定值”，“设置值”设置为“20 磅”，设置结果如图 3-33 所示。

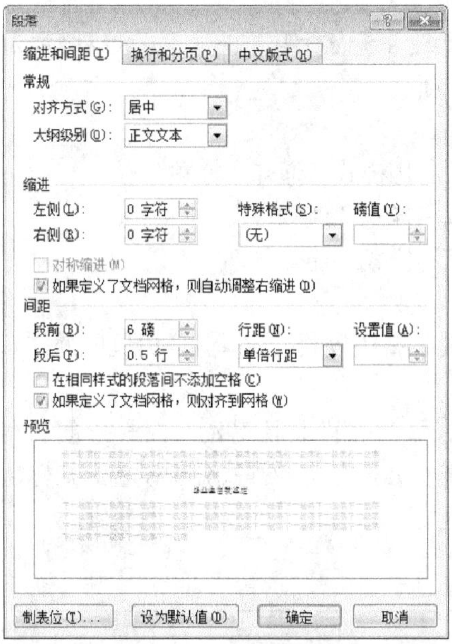

图 3-32　在【段落】对话框中设置标题的段落格式

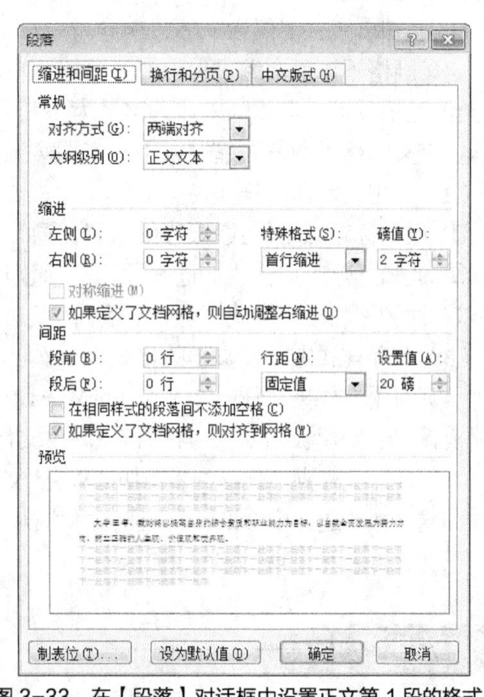

图 3-33　在【段落】对话框中设置正文第 1 段的格式

6．利用格式刷快速设置其他 3 段的格式

选定已设置格式的第 1 段落，单击【格式刷】按钮，然后按住鼠标左键，在需要设置相同格式的其他各段落上拖动鼠标，即可将格式复制到该段落。

Word 文档“捐书活动倡议书.docx”的最终设置效果如图 3-21 所示。

7．保存文档

在快速访问工具栏中单击【保存】按钮，对 Word 文档“捐书活动倡议书.docx”进行保存操作。

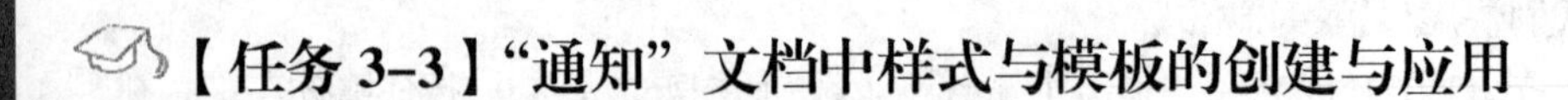

【任务 3-3】"通知"文档中样式与模板的创建与应用

【任务描述】

打开文件夹"任务 3-3"中的 Word 文档"关于暑假放假及秋季开学时间的通知.docx"，按照以下要求完成相应的操作。

（1）创建以下各个样式。

①通知标题：字体为宋体，字号为小二号，字形为加粗，居中对齐，行距为最小值 28 磅，段前间距为 6 磅，段后间距为 1 行，大纲级别为 1 级，自动更新。

② 通知小标题：字体为宋体，字号为小三号，字形为加粗，首行缩进 2 字符，大纲级别为 2 级，行距为固定值 28 磅，自动更新。

③ 通知称呼：字体为宋体，字号为小三号，行距为固定值 28 磅，大纲级别为正文文本，定义网格不调整右缩进，不对齐网格，自动更新。

④ 通知正文：字体为宋体，字号为小三号，首行缩进 2 字符，行距为固定值 28 磅，大纲级别为正文文本，自动更新。

⑤ 通知署名：字体为宋体，字号为三号，行距为 1.5 倍行距，右对齐，大纲级别为正文文本，定义网格不调整右缩进，不对齐网格，自动更新。

⑥ 通知日期：字体为宋体，字号为小三号，行距为 1.5 倍行距，右对齐，大纲级别为正文文本，定义网格不调整右缩进，不对齐网格，自动更新。

（2）应用自定义的样式。

① 通知标题应用样式"通知标题"，通知小标题应用样式"通知小标题"。

② 通知称呼应用样式"通知称呼"，通知正文应用样式"通知正文"。

③ 通知署名应用样式"通知署名"，通知日期应用样式"通知日期"。

（3）保存样式定义及文档的格式设置。

（4）利用文件夹"任务 3-3"中的 Word 文档"关于暑假放假及秋季开学时间的通知.docx"创建模板"通知模板.dotx"，且保存在同一文件夹中。

（5）打开文件夹"任务 3-3"中的 Word 文档"关于"五一"国际劳动节放假的通知.docx"，然后加载模板"通知模板.dotx"，且利用模板"通知模板.dotx"中的样式分别设置通知标题、称呼、正文、署名和日期的格式。

【方法集锦】

1．应用样式设置文档格式

在一篇 Word 文档中，为了确保格式的一致性，会将同一种格式重复用于文档的多处。例如，文档的章节标题采用黑体、三号、居中，段前间距 0.5 行、段后间距 0.5 行，为了避免每次输入章节标题时都重复同样的操作来设置格式，可以将这些格式设置加以命名。Word 中将这些命名的格式组合称为样式。以后可以直接使用这些命名的样式进行格式设置。系统提供了一些默认样式以供使用，用户也可以根据需要自行定义所需的样式。

（1）查看样式及相关对话框

在【开始】选项卡中"样式"功能区域右下角单击【样式】按钮，在弹出的【样式】对话框的列表中可以查看样式名称，如图 3-34 所示。

在【样式】对话框中选择“选项...”链接，弹出如图 3-35 所示的【样式窗格选项】对话框。

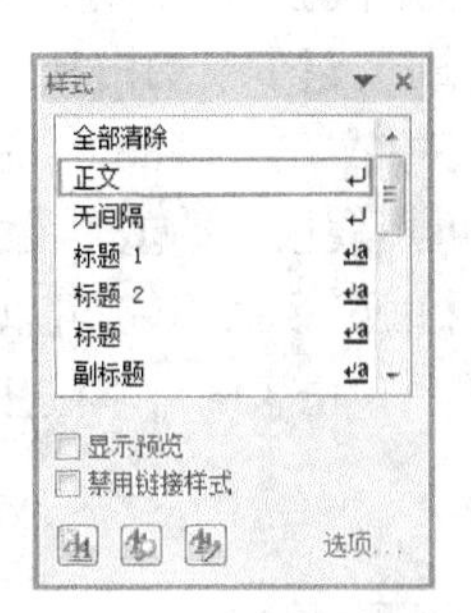

图 3-34 【样式】对话框

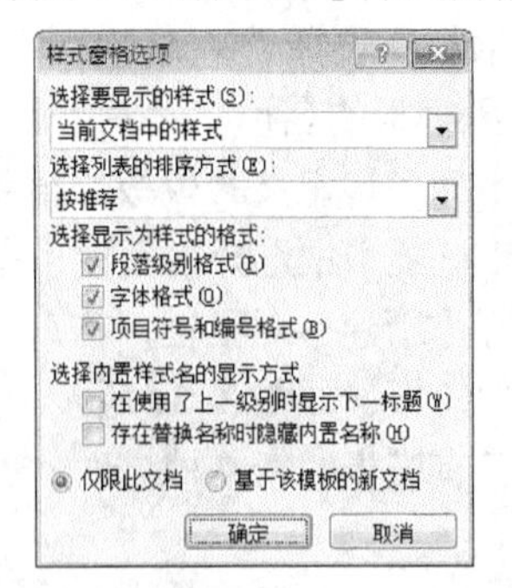

图 3-35 【样式窗格选项】对话框

（2）定义样式

在如图 3-34 所示的【样式】对话框中单击【新建样式】按钮，打开【根据格式设置创建新样式】对话框，如图 3-36 所示。在该对话框中即可创建新样式。

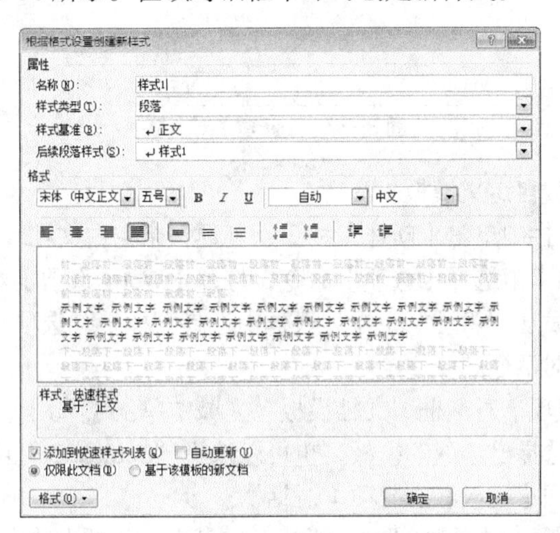

图 3-36 【根据格式设置创建新样式】对话框

（3）修改样式

在【样式】对话框单击【管理样式】按钮，打开【管理样式】对话框。

在【管理样式】对话框中单击【修改】按钮，打开【修改样式】对话框。在该对话框中对样式的属性和格式等方面进行修改，修改方法与新建样式类似。

（4）应用样式

选中文档中需要应用样式的文本内容，然后在【样式】对话框“样式”列表中选择所需要的样式即可。

2．创建与应用模板

Word 模板是包括多种预设的文档格式、图形以及排版信息的文档，其扩展名为“.dotx”。Word 2010 中，系统的默认模板名称是“Normal.dotm”，存放在文件夹 “Templates”下。创建文档模板的常用方法包括根据原有文档创建模板、根据原有模板创建新模板和直接创建新模板。

（1）创建新模板

① 新建或打开 Word 文档。

② 在 Word 文档中设置所需要的样式和格式。

③ 选择【文件】选项卡中的【另存为】命令，打开【另存为】对话框。在该对话框的“保存类型”下拉列表框中选择“Word 模板（*.dotx）”，然后确定模板的“保存位置”，在“文件名”下拉列表框中输入模板的名称。然后单击【保存】按钮，即创建了新的模板。

提 示

如果自定义的模板保存到系统模板的文件夹“Templates”中，那么在【文件】选项卡中选择【新建】命令，在右侧“可用模板”单击“我的模板”选项，打开【新建】对话框，在该对话框的“个人模板”列表中就可以看到刚才自定义的模板，如图 3-37 所示。选择该模板，然后单击【确定】按钮，即可创建基于已有模板的新文档。

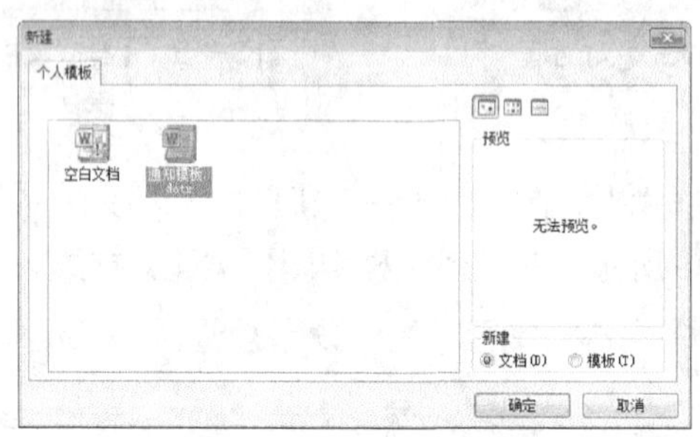

图 3-37 【新建】对话框

（2）创建文档与加载自定义模板

① 在快速访问工具栏中单击【新建】按钮，创建一个空白文档。

② 在【文件】选项卡中选择【选项】命令，打开【Word 选项】对话框。在该对话框中选择“加载项”选项，然后在“管理”下拉列表框中选择“模板”选项，单击【转到…】按钮，打开【模板和加载项】对话框。

③ 在【模板和加载项】对话框“文档模板”区域中单击【选用】按钮，打开【选用模板】对话框。在该对话框中选择已创建的模板，也可以选择“Templates”中系统提供的模板，然后单击【打开】按钮，返回【模板和加载项】对话框。

④ 在【模板和加载项】对话框 “共用模板及加载项”区域中单击【添加】按钮，打开【添加模板】对话框。在该对话框中选择所需的模板，然后单击【确定】按钮，返回【模板和加载项】对话框，且将所选的模板添加到模板列表中。

在【模板和加载项】对话框中，单击【管理器】按钮，打开【管理器】对话框。在该对话框中可以查看模板中已定义的样式，如图 3-38 所示。单击【关闭】按钮，即可返回【模板和加载项】对话框。

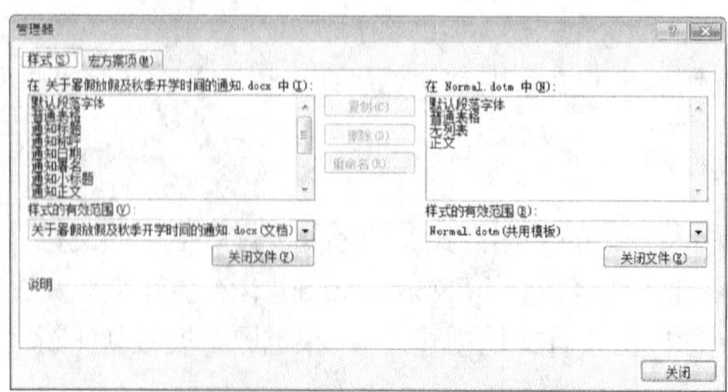

图 3-38 【管理器】对话框

⑤ 在【模板和加载项】对话框中，选中“自动更新文档样式”复选框，则每次打开文档时将自动更新活动文档的样式，以匹配模板样式。然后单击【确定】按钮，返回【Word 选项】对话框。

⑥ 在【Word 选项】对话框中，单击【确定】按钮，返回 Word 文档，则当前文档将会应用所选用的模板。

【任务实现】

1．打开文档

打开文件夹“任务 3-3”中的 Word 文档“关于暑假放假及秋季开学时间的通知.docx”。

2．定义样式

在【开始】选项卡中“样式”功能区域右下角单击【样式】按钮，弹出【样式】对话框。在该对话框中单击【新建样式】按钮，打开【根据格式设置创建新样式】对话框。

① 在【样式】对话框的“名称”文本框中输入新样式的名称“通知标题”。

② 在“样式类型”下拉列表框中选择“段落”。

③ 在“样式基于”下拉列表框中选择新样式的基准样式，这里选择“标题”。

④ 在“后续段落样式”下拉列表框中选择“正文”。

⑤ 在“格式”区域设置字符格式和段落格式，这里设置字体为宋体、字号为小二号、字形为加粗、对齐方式为居中对齐。

⑥ 单击【格式】按钮，弹出如图 3-39 所示的“格式”下拉菜单命令，单击选择“段落”命令，打开【段落】对话框。在该对话框中设置行距为最小值 28 磅，段前间距为 6 磅，段后间距为 1 行，大纲级别为 1 级。

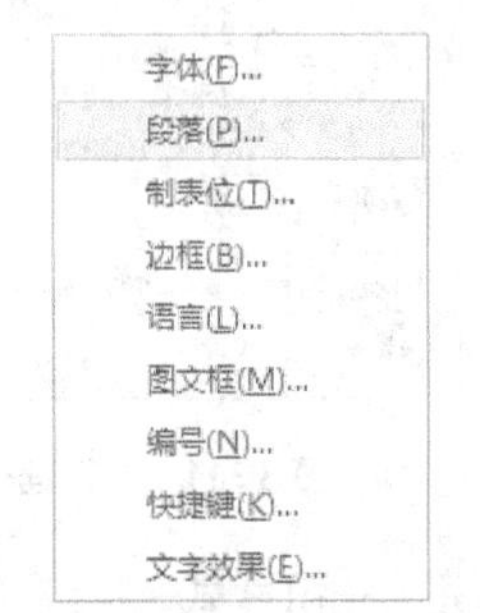

图 3-39 “格式”下拉菜单命令

⑦ 选择“添加到快速样式列表”复选框，将创建的样式添加到快速样式列表中。

⑧ 选择“自动更新”复选框，所有套用该样式的内容将在其格式修改后同步进行自动更新。

定义了新样式“通知标题”的【根据格式设置创建新样式】对话框如图 3-40 所示。

⑨ 单击【确定】按钮，完成新样式定义并关闭该对话框。新创建的样式“通知标题”便显示在“快速样式列表”中。

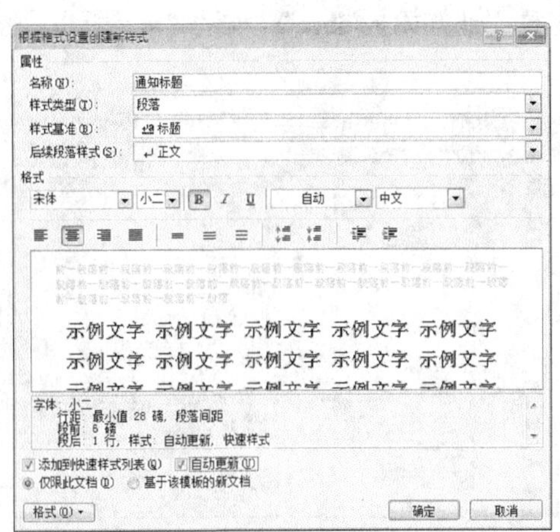

图 3-40 在【根据格式设置创建新样式】对话框中定义新样式“通知标题”

应用类似方法创建“通知小标题”、“通知称呼”、“通知正文”、“通知署名”和“通知日期”等多个自定义样式。

3．修改样式

在【样式】对话框中单击【管理样式】按钮，打开【管理样式】对话框，如图3-41所示。

在【管理样式】对话框中单击【修改】按钮，打开【修改样式】对话框，如图3-42所示。在该对话框中对样式的属性和格式等方面进行修改。修改方法与新建样式类似。

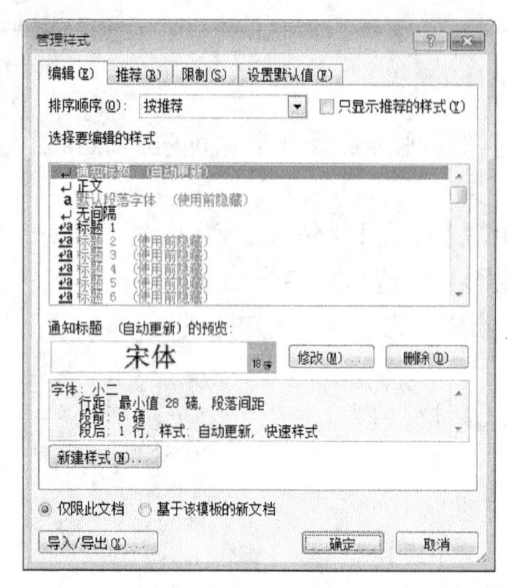

图3-41 【管理样式】对话框

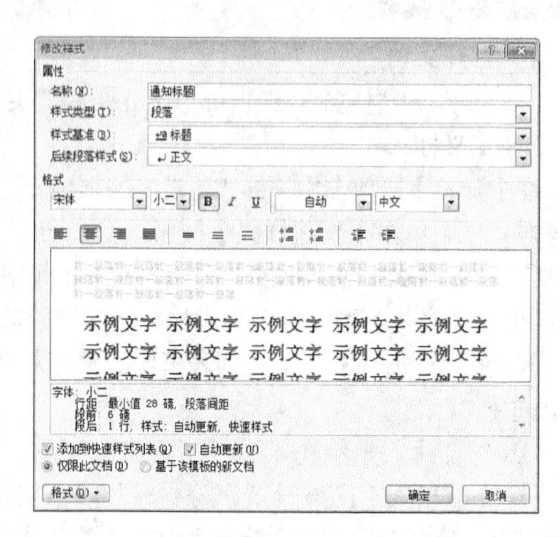

图3-42 【修改样式】对话框

4．应用样式

选中文档中需要应用样式的通知标题“关于××××年暑假放假及秋季开学时间的通知”，然后在【样式】对话框“样式”列表中选择所需要的样式“通知标题”。

应用类似方法依次选择通知称呼、通知小标题、通知正文、通知署名和通知日期，分别应用对应的自定义样式即可。

5．创建新模板

选择【文件】选项卡中的【另存为】命令，打开【另存为】对话框。在该对话框的“保存类型”下拉列表框中选择“Word模板(*.dotx)”，“保存位置”设置为“任务3-3”，在“文件名”下拉列表框中输入模板的名称“通知模板.dotx”，如图3-43所示。然后单击【保存】按钮，即创建了新的模板。

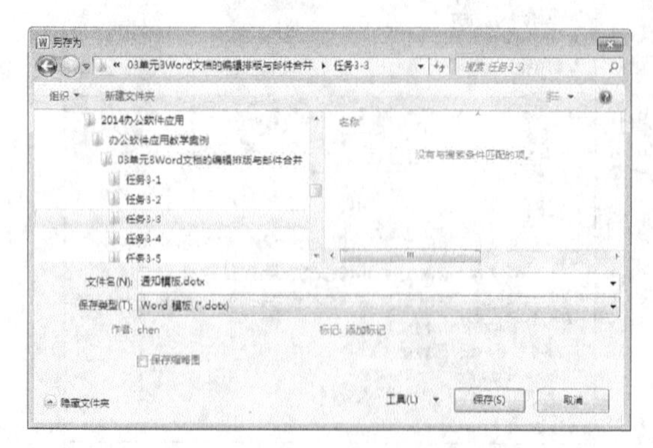

图3-43 【另存为】对话框

6．创建文档与加载自定义模板

① 在快速访问工具栏中单击【新建】按钮，创建一个空白文档。

② 在【文件】选项卡中选择【选项】命令，打开【Word 选项】对话框。在该对话框中选择“加载项”选项，然后在“管理”下拉列表框中选择“模板”选项。单击【转到…】按钮，打开【模板和加载项】对话框。

③ 在【模板和加载项】对话框“文档模板”区域中单击【选用】按钮，打开【选用模板】对话框。在该对话框中选择文件夹“任务 3-3”中的模板“通知模板.dotx”，如图 3-44 所示。

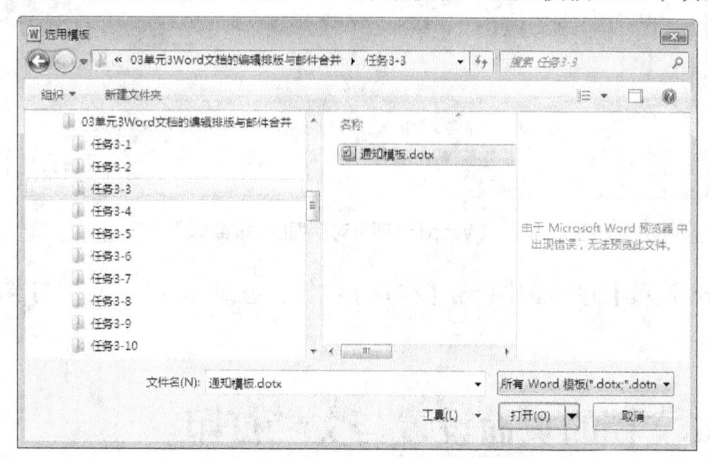

图 3-44 【选用模板】对话框

④ 在【模板和加载项】对话框“共用模板及加载项”中区域单击【添加】按钮，打开【添加模板】对话框。在该对话框中选择文件夹“任务 3-3”中的模板“通知模板.dotx”，然后单击【确定】按钮，返回【模板和加载项】对话框，且将所选的模板添加到模板列表中，如图 3-45 所示。

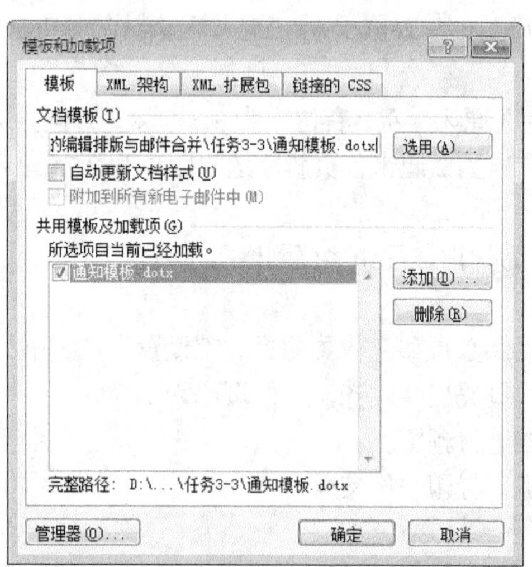

图 3-45 【模板和加载项】对话框

⑤ 在【模板和加载项】对话框中，选中“自动更新文档样式”复选框，则每次打开文档时将自动更新活动文档的样式以匹配模板样式。然后单击【确定】按钮，返回【Word 选项】对话框，如图 3-46 所示。

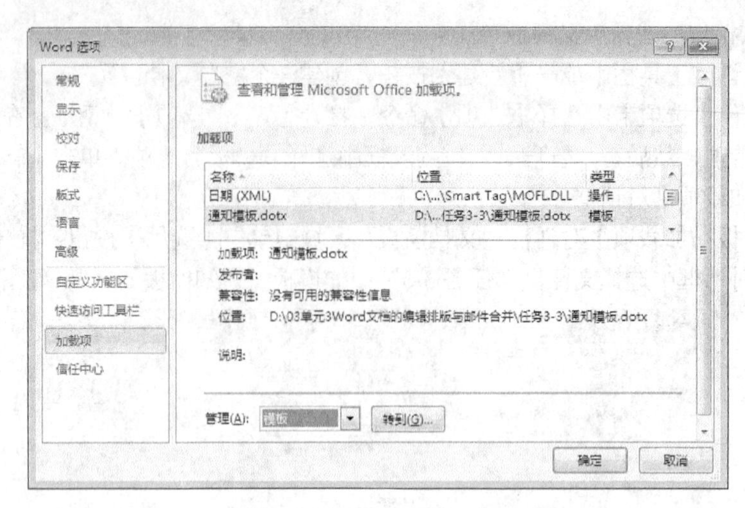

图 3-46 【Word 选项】对话框的“加载项”选项

⑥ 在【Word 选项】对话框中单击【确定】按钮，返回 Word 文档，则当前文档将会应用所选用的模板。

3.3 Word 文档的页面设置与文档打印

【任务 3-4】“捐书活动倡议书”文档的页面设置与打印

【任务描述】

打开文件夹“任务 3-4”中的 Word 文档“捐书活动倡议书.docx”，按照以下要求完成相应的操作。

（1）设置上、下边距为 3 厘米，左、右边距为 3.5 厘米，方向为纵向。纸张大小设置为 A4。

（2）设置页眉距边界距离为 2 厘米，页脚距边界距离为 2.75 厘米，设置页眉和页脚“奇偶页不同”、“首页不同”。

（3）“网格”类型设置为“指定行和字符网格”，每行字符为 39 个字符，跨度为 10.5 磅，每页 43 行，跨度为 15.6 磅。

（4）首页不显示页眉，偶数页和奇数页的页眉都设置为“捐书活动倡议书”。

（5）在页脚插入页码，页码居中对齐，起始页码为 1。

（6）在打印之前对文档进行预览。

（7）如果已连接打印机，打印一份文稿。

【方法集锦】

1．页面设置

页面设置主要包括页边距、纸张、版式、文档网格等方面的版面设置。页边距是指页面中文本四周距纸张边缘的距离，包括左、右边距和上、下边距。页边距可以通过【页面设置】对话框或标尺进行调整。

（1）设置页边距

① 打开【页面设置】对话框。选择【页面布局】选项卡中的【页面设置】按钮，打开【页面设置】对话框，切换到【页边距】选项卡，如图 3-47 所示。

双击垂直标尺或水平标尺的任意位置都可以打开图 3-47 所示的【页面设置】对话框。

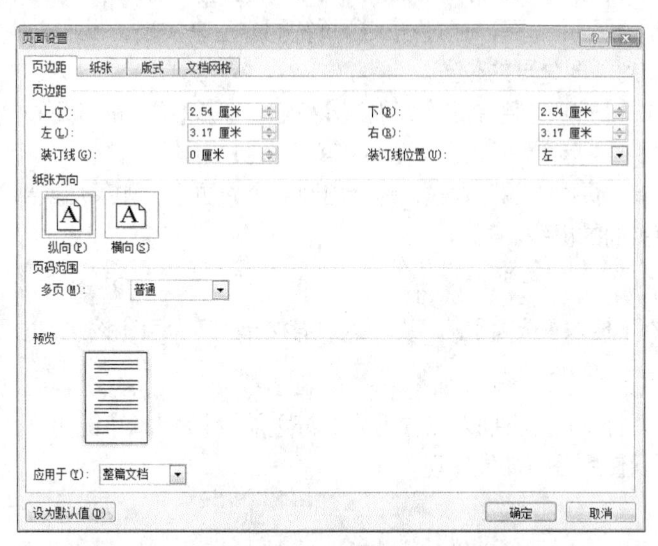

图 3-47 【页面设置】对话框的【页边距】选项卡

② 设置页边距。在【页面设置】对话框【页边距】选项卡中的“上”、“下” 2 个数值框中输入边距值，在“左”、“右” 2 个数值框中利用微调按钮调整边距值。这里还可以设置装订线和装订线位置。

③ 设置页面方向。在“纸张方向”区域选择“纵向”或“横向”，“预览”区域内会显示文档的外观。

④ 设置应用范围。在“应用于”列表框选择应用范围。

当需要修改文档中一部分页边距时，在“应用于”下拉列表框中选择“插入点之后”选项，Word 将自动在设置了新页边距的文本前后插入分节符。

在【页边距】选项卡中设置好新的页边距后，单击【设为默认值】按钮，将新的页面设置保存到文档所用模板中。

（2）设置纸张

在【页面设置】对话框中切换到【纸张】选项卡。该选项卡中可以设置纸张大小、纸张来源等选项。在“纸张大小”下拉列表框中，还可以选择打印机支持的纸张类型，也可以根据实际纸张尺寸自定义纸张大小，在“宽度”和“高度”数字框中输入相应数值即可。

（3）设置版式

在【页面设置】对话框中切换到【版式】选项卡。该选项卡

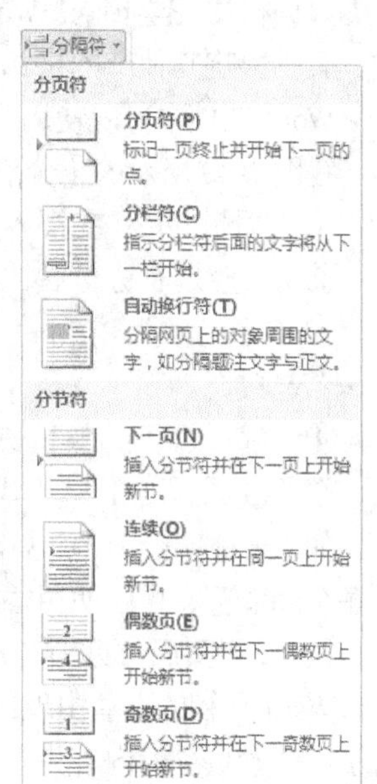

图 3-48 【分隔符】下拉列表

中可以设置节的起始位置、页眉和页脚、页面垂直对齐方式、行号、页面边框等选项。

（4）设置文档网格

在【页面设置】对话框中切换到【文档网格】选项卡。该选项卡中可以设置文字排列方向和栏数、网格类型、每行的字符及跨度、每页的行数及跨度。

2．分节与分页

（1）分页

当文档内容满一页时，Word 将自动插入 1 个分页符并且生成新页。如果需要将同一页的文档内容分别放置在不同页中，可以通过插入分页符的方法来实现，操作方法如下。

① 将光标移动到需要分页的位置。

② 在【页面布局】选项卡中单击【分隔符】按钮，打开【分隔符】下拉列表，单击选择“分页符”选项，如图 3-48 所示，插入一个分页符实现分页操作。

此时如果切换到“页面视图”方式，则会出现一个新页面，如果切换到“草稿”视图方式，则会出现一条贯穿页面的虚线。

提 示

在【插入】选项卡的“页”区域直接单击【分页】按钮，也可以插入分页符。

如果要删除分页符，只需将插入点置于分页符之前按【Delete】键即可。如果需要删除文档中多个分页符，可以使用替换功能实现。

提 示

按【Ctrl+Enter】组合键，也可以插入分页符。

（2）分节

节是文档格式设置的基本单位。Word 文档系统默认整个文档为一节。在同一节内，文档各页的页面格式完全相同。Word 中一个文档可以分为多个节。根据需要可以为每节设置各自的格式，且不影响其他节的格式设置。

Word 文档中可以使用“分节符”将文档进行分节，然后以节为单位设置不同的页眉或页脚。

在图 3-48 所示的【分隔符】列表中，选择一种合适的分节符类型进行分节操作。

① “下一页”：在插入分节符位置进行分页，下一节从下一页开始。

② “连续”：分节后，同一页中下一节的内容紧接上一节的节尾。

③ “偶数页”：在下一个偶数页开始新的一节，如果分节符在偶数页上，则 Word 会空出下一个奇数页。

④ “奇数页”：在下一个奇数页开始新的一节，如果分节符在奇数页上，则 Word 会空出下一个偶数页。

如果要删除分节符，只需将插入点置于分节符之前按【Delete】键即可。如果需要删除文档中多个分节符，可以使用替换功能实现。

3．设置页眉与页脚

Word 文档的页眉出现在每一页的顶端，如图 3-49 所示，页脚出现在每页的底端，如图 3-50 所示。一般页眉的内容为章标题、文档标题、页码等内容，页脚的内容为页码等内容。页眉和页脚分别在主文档上、下页边距线之外，不能与主文档同时编辑，需要单独进行编辑。

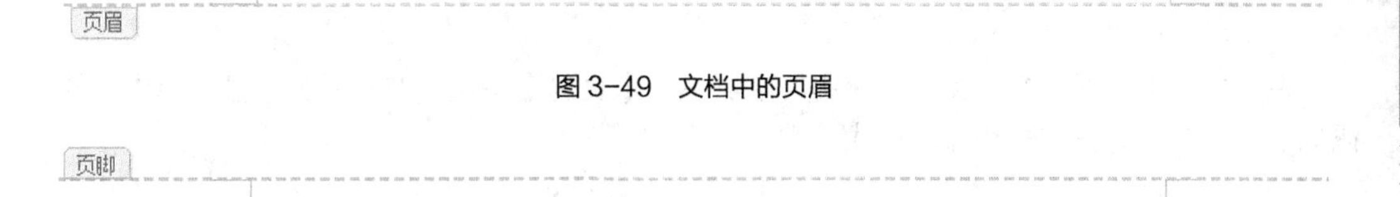

图 3-49　文档中的页眉

图 3-50　文档中的页脚

（1）插入页眉和页脚

在【插入】选项卡的“页眉和页脚”区域单击【页眉】按钮，在其下拉列表中单击【编辑页眉】命令，如图 3-51 所示，进入页眉的编辑状态，显示如图 3-52 所示的【页眉和页脚工具】选项卡，同时光标自动置于页眉位置，在页眉区域输入页眉内容即可。

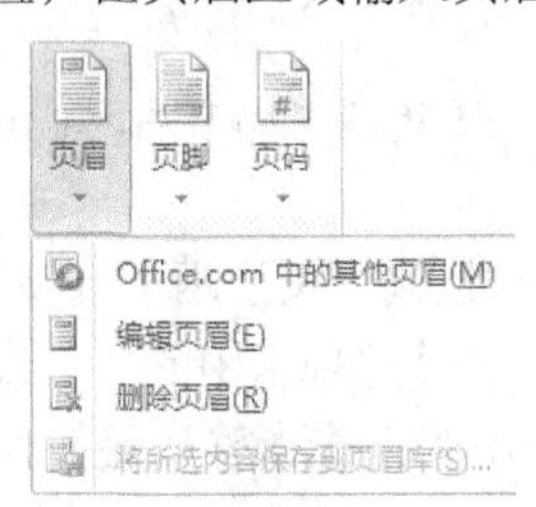

图 3-51　“页眉”部分列表项

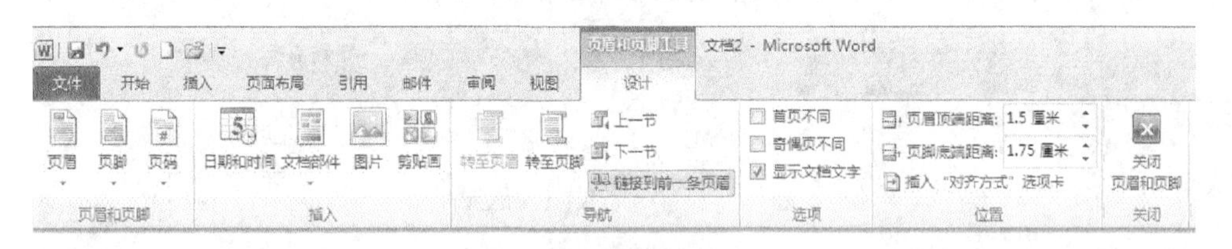

图 3-52　【页眉和页脚工具】选项卡

利用【页眉和页脚工具】选项卡中的工具可以在页眉或页脚中插入页码、日期和时间、文档部件、图片等内容。

在【页眉和页脚工具】选项卡中，单击【转至页眉】或【转至页脚】按钮，可以很方便地在页眉和页脚之间进行切换。光标切换到页脚位置，在页脚区域内可以输入页脚内容，例如页码等。

提　示

【页眉和页脚工具】选项卡中的【显示文档文字】复选框用于显示或隐藏文档中的文字，【链接到前一条页眉】按钮用于在不同节中设置相同或不同的页眉或页脚，【上一节】按钮用于切换到前一节的页眉或页脚，【下一节】按钮用于切换到后一节的页眉或页脚。

（2）设置页眉和页脚的格式

页眉和页脚内容也可以进行编辑、修改和格式设置，例如设置对齐方式等。其编辑方法和格式设置方法与 Word 文档页面编辑区中内容格式设置的方法相同。

页眉和页脚设置完成后，在【页眉和页脚工具】选项卡中单击【关闭页眉和页脚】按钮，即可返回文档页面。

4．插入页码

Word 文档中通常都需要插入页码，插入页码的方法如下。

（1）插入页码

在【插入】选项卡的“页眉和页脚”区域单击【页码】按钮，在打开的下拉菜单中选择页码的页面位置、对齐方式和强调形式。

（2）设置页码格式

在【页码】下拉菜单中选择【设置页码格式】命令，打开【页码格式】对话框。在“编号格式”下拉菜单中选择一种合适的编号格式，在“页码编号”区域选择“续前节”或“起始页码”单选按钮。然后单击【确定】按钮，关闭该对话框，完成页码格式设置。

【任务实现】

1．打开文档

打开文件夹“任务 3-4”中的 Word 文档“捐书活动倡议书.docx”。

2．设置页边距

① 打开【页面设置】对话框，切换到【页边距】选项卡。

② 在【页面设置】对话框【页边距】选项卡中的“上”、“下”2 个数值框中输入“3 厘米”，在“左”、“右”2 个数值框中利用微调按钮调整边距值为“3.5 厘米”。

③ 在“纸张方向”区域选择“纵向”。

④ 在“应用于”列表框中选择“整篇文档”，如图 3-53 所示。

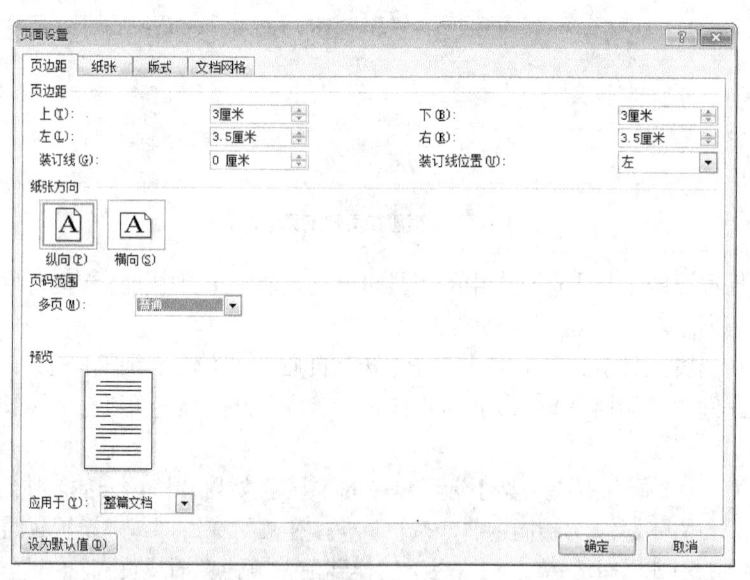

图 3-53 【页面设置】对话框【页边距】选项卡

3．设置纸张

在【页面设置】对话框中切换到【纸张】选项卡，设置纸张大小为 A4。

4．设置版式

在【页面设置】对话框中切换到【版式】选项卡，“节的起始位置”选择“新建页”，在“页眉和页脚”区域中选中“奇偶页不同”和“首页不同”复选框，“距边界”区域的“页眉”数值框中输入“2 厘米”，“页脚”数值框中输入“2.75 厘米”。“垂直对齐方式”选择“顶端对齐”，如图 3-54 所示。

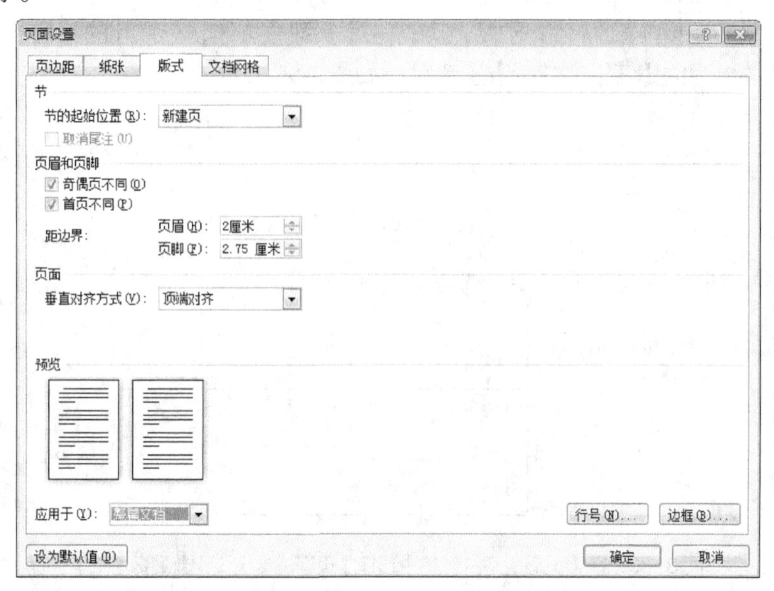

图 3-54 【页面设置】对话框【版式】选项卡

5. 设置文档网格

在【页面设置】对话框中切换到【文档网格】选项卡，“文字排列方向”选择“水平”单选按钮，“栏数”设置为“1”，“网络类型”选择“指定行和字符网格”，“每行字符数”设置为“39”，“字符跨度”设置为“10.5 磅”，“每页行数”设置为“43”，“行跨度”设置为“15.6 磅”，如图 3-55 所示。

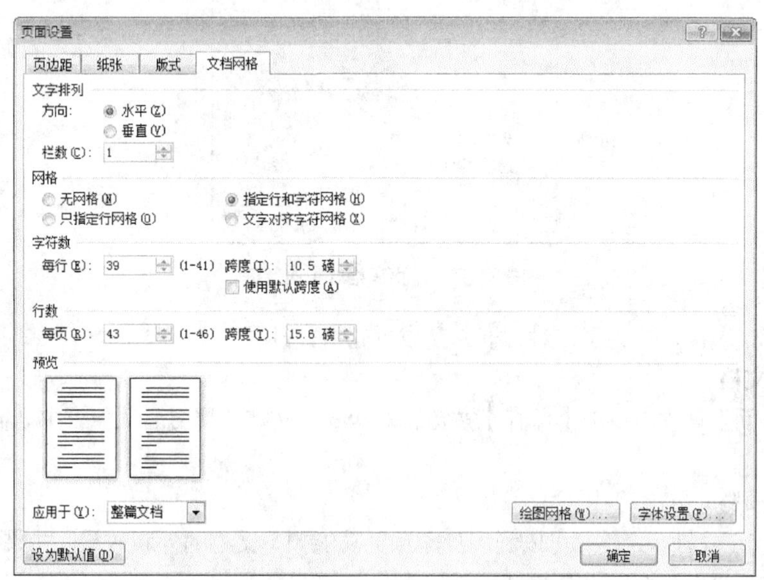

图 3-55 【页面设置】对话框【文档网格】选项卡

6. 插入页眉

在【插入】选项卡的“页眉和页脚”区域单击【页眉】按钮，在其下拉列表中单击【编辑页眉】命令，进入页眉的编辑状态。在页眉区域输入页眉内容“捐书活动倡议书”，然后对页眉的格式进行设置即可。

7．在页脚插入页码

在【插入】选项卡的“页眉和页脚”区域单击【页码】按钮，在打开的下拉菜单中选择【页面底端】级联菜单中的【普通数字 2】子菜单，如图 3-56 所示。

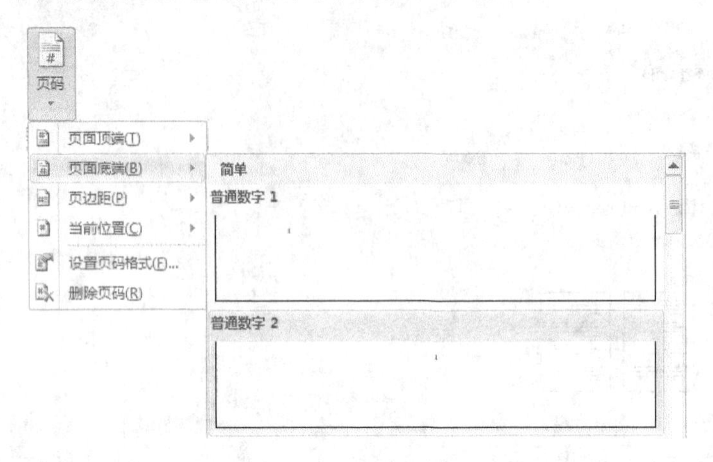

图 3-56　在【页码】下拉菜单中选择【页面底端】→【普通数字 2】

在如图 3-56 所示的【页码】下拉菜单中选择【设置页码格式】命令，打开【页码格式】对话框。在【编号格式】下拉菜单中选择阿拉伯数字“1，2，3，…”，在“页码编号”区域选择“起始页码”单选按钮，然后指定起始页码为“1”，如图 3-57 所示。

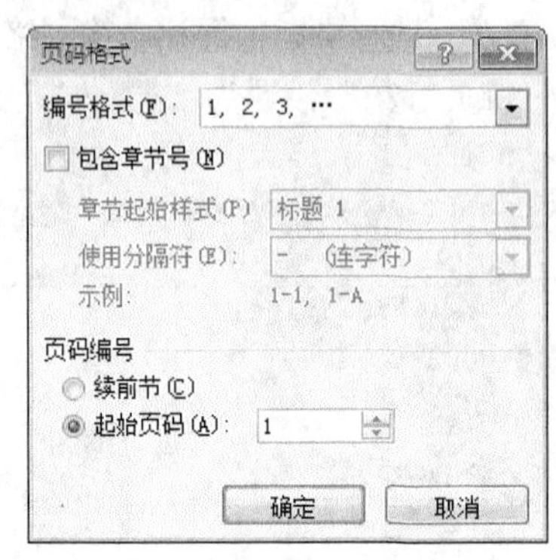

图 3-57　【页码格式】对话框

单击【确定】按钮，关闭该对话框，完成页码格式设置。

8．保存文档

在快速访问工具栏中单击【保存】按钮，对 Word 文档“捐书活动倡议书.docx”进行保存操作。

9．打印预览

Word 文档正式打印之前，可以利用打印预览功能预览文档的外观效果。如果不满意，可以重新编辑修改，直到满意后再进行打印。

在【文件】下拉菜单中选择【打印】命令，打开如图 3-58 所示的“打印预览”窗口。

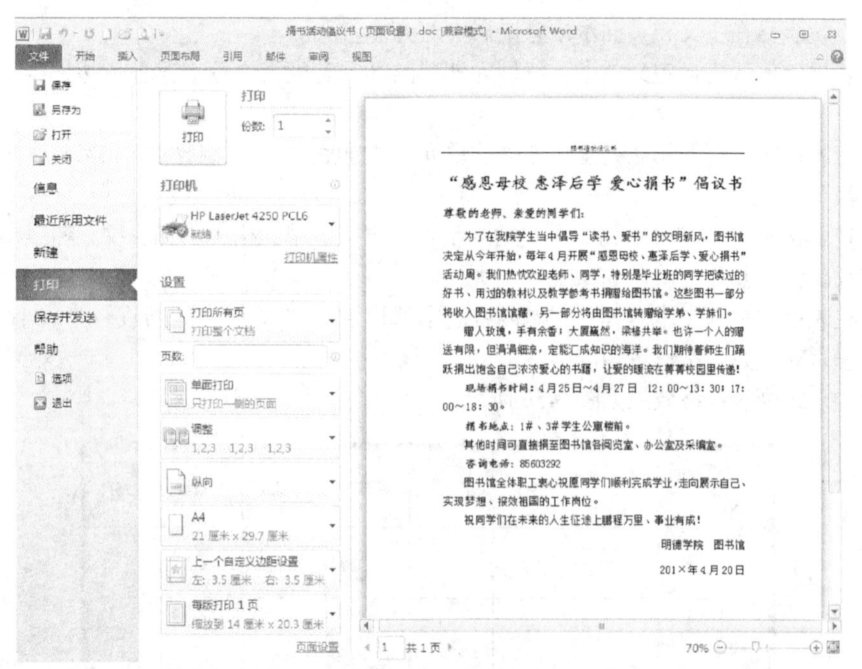

图 3-58 文档的“打印预览”窗口

10. 打印文档

Word 文档设置完成后，可以在打印纸上打印输出为纸质文稿。在“打印预览”窗口对打印机、打印范围、打印份数、打印内容等方面进行设置，然后单击【打印】按钮，开始打印文档。

3.4 Word 的表格操作

Word 中使用表格可以将文档某些内容加以分类，使内容表达更加准确、清晰和有条理。表格由多行和多列组成，水平的称为行，垂直的称为列，行与列的交叉形成表格单元格，在表格单元格中可以输入文字和插入图片。

【任务 3-5】创建班级课表

【任务描述】

创建一个名称为“班级课表.docx”的 Word 文档，保存位置为文件夹“任务 3-5”。在该文档中插入一个 9 列 6 行的班级课表，该表格的具体要求如下。

（1）表格第 1 行高度的最小值为 1.61 厘米，第 2 行至第 4 行高度的固定值均为 1.5 厘米，第 5 行高度的固定值为 1 厘米，第 6 行高度的固定值为 1.2 厘米。

（2）表格第 1、2 两列总宽度为 2.52 厘米，第 3 列至第 8 列的宽度均为 1.78 厘米，第 9 列的宽度为 1.65 厘米。

（3）将第 1 行的第 1、2 列的 2 个单元格合并，将第 1 列的第 2、3 行的 2 个单元格合并，将第 1 列的第 4、5 行的 2 个单元格合并。

（4）在表格左上角的单元格中绘制斜线表头。

（5）设置表格在主文档页面水平方向居中对齐。

（6）表格外框线为自定义类型，线型为外粗内细，宽度为 3 磅，其他内边框线为 0.5 磅单细实线。

（7）在表格第 1 行的第 2 列至第 8 列的单元格添加底纹。图案样式为 15%灰度，底纹颜色为橙色（淡色 40%）。

（8）在表格第 1 列和第 2 列（不包括绘制斜线表头的单元格）添加底纹。图案样式为浅色棚架，底纹颜色为蓝色（淡色 60%）。

（9）在表格中输入文本内容。文本内容的字体设置为“宋体”，字号设置为“小五”，单元格水平和垂直对齐方式都设置为居中。

创建的班级课表最终效果如图 3-59 所示。

星期 节次		星期一	星期二	星期三	星期四	星期五	星期六	星期日
上午	1-2							
	3-4							
下午	5-6							
	7-8							
晚上	9-10							

图 3-59　班级课表

【方法集锦】

1．创建表格

（1）使用【插入】选项卡中的【表格】按钮快速插入表格

① 将插入点定位到文档中需要插入表格的位置。

② 单击【插入】选项卡中的【表格】按钮，打开下拉菜单。

③ 在【表格】下拉菜单的“插入表格”网格中，向右下方移动鼠标指针，网格的左上区域将高亮显示，同时在文档中预显示出表格插入效果，在表格网格上方的提示栏中显示相应的行数和列数。当表格的行数和列数达到所需要的行、列数时，这里为 6 行 9 列，即 9×6 表格，如图 3-60 所示，单击鼠标左键，在文档中光标所在位置便插入一个如图 3-61 所示的标准表格。表格的行高和列宽及其格式均采用 Word 2010 的默认值。

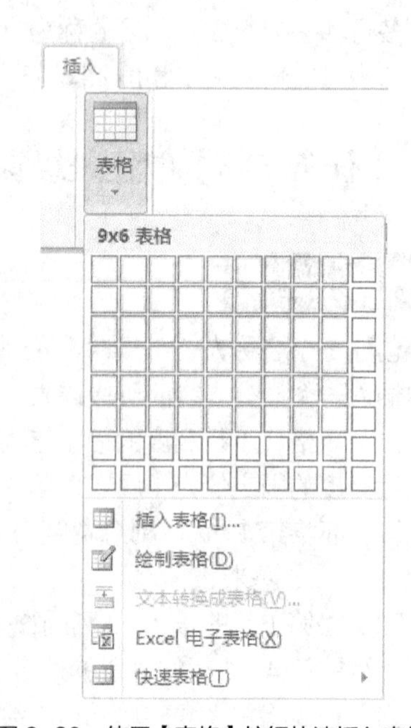

图 3-60　使用【表格】按钮快速插入表格

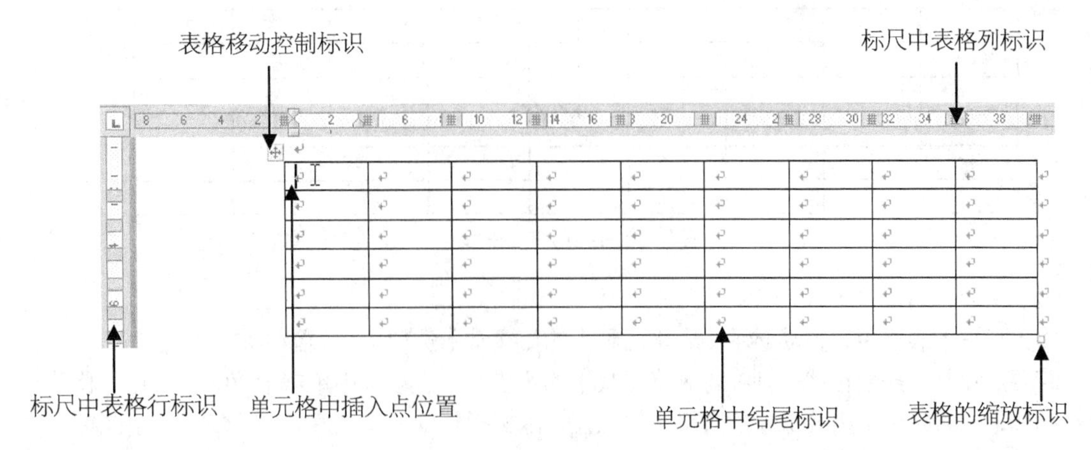

图3-61 在文档中插入的6行9列表格及其外观

（2）使用【插入表格】对话框插入表格

① 将插入点定位到需要插入表格的位置。

② 在【插入】选项卡如图3-60所示的【表格】下拉菜单中，选择【插入表格】命令，打开【插入表格】对话框。

③ 在【插入表格】对话框“表格尺寸”区域的“列数”数值框中，输入所需的列数数值，在“行数”数值框中输入所需的行数数值，也可以单击数值框右侧的调节按钮改变列数或行数，对话框中的其他选项保持不变，然后单击【确定】按钮。在文档中插入点位置将会插入一个指定行数和列数的标准表格。

在【插入表格】对话框中还可以进行以下设置。

a. 在“固定列宽”数值框中可以设置各列的宽度，系统默认模式为“自动”，即表格占满整行，各列平分文档版心宽度。

b. 若选择“根据内容调整表格”单选按钮，可以根据单元格中内容自动调整列宽。

c. 若选择“根据窗口调整表格”单选按钮，可以根据文档窗口的宽度调整表格各列的列宽度。

d. 若选择“为新表格记忆此尺寸”复选框，可以在下次使用【插入表格】命令时使用已设定的行数、列数和列宽等参数。

也可以手工绘制表格，但绘制表格操作比较烦琐。通常先插入一个标准表格，然后根据需要，绘制少量的表格线或删除不必要的表格线。

2．编辑表格

（1）绘制表格线

在图3-60所示【插入】选项卡的【表格】下拉菜单中选择【绘制表格】命令，移动鼠标指针，将其定位于需要绘制表格线的位置，例如第5列，鼠标指针变为铅笔的形状。按下鼠标左键并拖动鼠标，在表格内绘制表格线，如图3-62所示。拖动鼠标指针至合适位置，松开鼠标左键，表格线便绘制完成了。然后再次单击【绘制表格】命令，返回文档编辑状态。

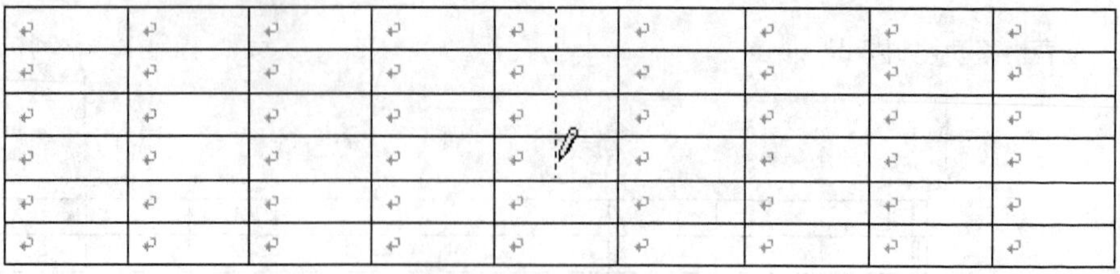

图 3-62　绘制纵向表格线

（2）擦除表格线

将光标置于表格中，自动显示【表格工具】的【设计】选项卡，如图 3-63 所示。

若要擦除某一条表格线，则在【表格工具】的【设计】选项卡中单击【擦除】按钮，移动鼠标指针，将其定位于需要擦除的表格线的位置，鼠标指针变为橡皮擦的形状。按下鼠标左键并拖动鼠标，如图 3-64 所示，拖动鼠标指针至合适位置，然后松开鼠标左键，对应的表格线将被清除。再次单击【设计】选项卡中的【擦除】按钮，返回文档编辑状态。

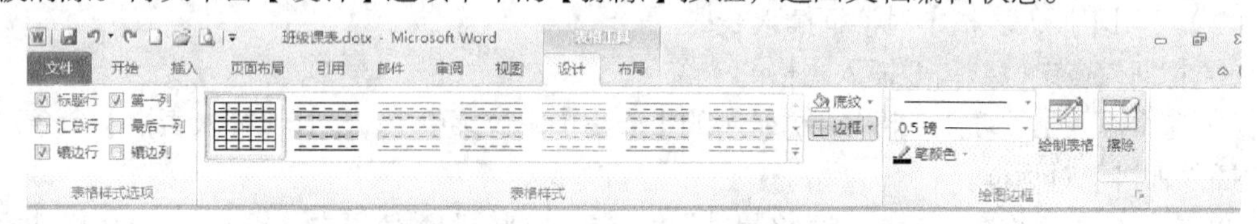

图 3-63　【表格工具】的【设计】选项卡

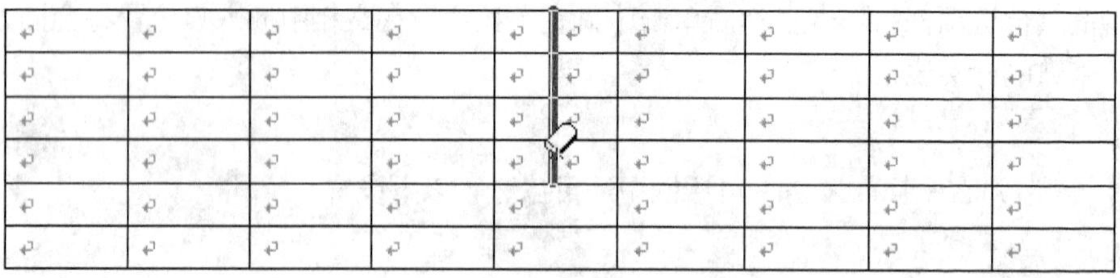

图 3-64　擦除纵向表格线

（3）表格与行、列的移动与缩放

① 移动表格。移动鼠标指针到表格内，表格的左上角将会出现一个带双箭头的“表格移动控制”图标⊞。将鼠标指针移到“表格移动控制”图标处，当鼠标指针变为✥时，按住鼠标左键并拖动鼠标便可以移动表格。

② 缩放表格。当鼠标移过表格时，表格的右下角会出现一个小正方形。将鼠标指针移到该小正方形，当其变为向左上方倾斜的箭头↘时，按住鼠标左键并且拖动鼠标，可以改变列宽或行高，实现表格的缩放。

③ 移动行或列。先选定需要移动的行或列，然后按住鼠标左键拖动行或列到指定位置松开鼠标即可。

（4）单元格、行、列和整个表格的选定操作

① 使用鼠标选定。使用鼠标选定单元格、行、列和整个表格的操作方法如表 3-6 所示。

表 3-6　使用鼠标选定单元格、行、列和整个表格

选定表格对象	操作方法
选定一个或多个单元格	移动鼠标指针到单元格左边框内侧处，当鼠标指针变为向右上方倾斜的黑色箭头↗时，单击鼠标左键，选中当前一个单元格。按住鼠标左键拖动鼠标，所经过的单元格都会被选中
选定一行或多行	方法 1：移动鼠标指针到待选定行的左边框外侧，当鼠标指针变为向右上方的空心箭头↗时，单击鼠标左键可选定一行；上下拖动鼠标可选定连续的多行；先单击选定一行，然后按住【Ctrl】键单击，可选择不连续的多行 方法 2：选中 1 个单元格时，双击鼠标左键则可选定当前行
选定一列或多列	移动鼠标到待选定列的上边框，当鼠标指针变为向下方的黑色箭头⬇时，单击鼠标左键可选定该列；水平拖动鼠标可选定连续的多列；按住【Ctrl】键单击，可选择不连续的多列
选定整个表格	方法 1：移动鼠标指针到表格内，表格的左上角将会出现一个带双箭头的“表格移动控制”图标⊞。将鼠标指针移到“表格移动控制”图标处，当鼠标指针变为✥时，单击鼠标左键，可以选定整个表格 方法 2：在表格左边框外侧由下至上或者由上至下拖动鼠标，通过选定所有行而选定整个表格 方法 3：在表格上边框由左至右或者由右至左拖动鼠标，通过选定所有列而选定整个表格

② 使用功能区的工具按钮选定。将光标置于表格中，自动显示【表格工具】，切换到【布局】选项卡，在“表”区域，单击【选择】按钮，打开其下拉菜单，如图 3-65 所示。

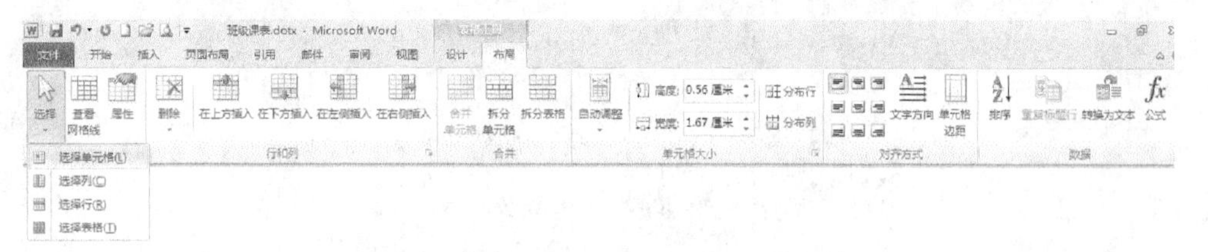

图 3-65　【表格工具】的【选择】下拉菜单

使用菜单命令选定单元格、行、列和整个表格的操作方法如表 3-7 所示。

表 3-7　使用菜单命令选定单元格、行、列和整个表格

选定表格对象	操作方法
选定一个单元格	将光标移到选定的单元格中，在【表格工具】的【布局】选项卡【选择】下拉菜单中，选择【选择单元格】命令，如图 3-65 所示
选定一列	将光标移到待选定列的单元格中，在【表格工具】的【布局】选项卡【选择】下拉菜单中，选择【选择列】命令
选定一行	将光标移到待选定行的单元格中，在【表格工具】的【布局】选项卡【选择】下拉菜单中，选择【选择行】命令
选定整个表格	将光标移到待选定表格的一个单元格中，在【表格工具】的【布局】选项卡【选择】下拉菜单中，选择【选择表格】命令

③ 在表格中移动光标。在表格中输入和编辑文本时，首先要在表格中移动光标定位。最简

便的方法是将鼠标指针置于选定位置，单击鼠标左键即可。也可使用键盘来移动光标，如表 3-8 所示。

表 3-8　表格中移动光标的常用按键

按键	功能	按键	功能
→	至同一行的后一个单元格内	←	至同一行的前一个单元格内
↑	至同一列的上一个单元格内	↓	至同一列的下一个单元格内
Tab	至同一行的后一个单元格内	Shift+Tab	至同一行的前一个单元格内
Alt+Home	至同一行的第 1 个单元格内	Alt+End	至同一行的最后一个单元格内
Alt+Page Up	至同一列的第 1 个单元格内	Alt+Page Down	至同一列的最后一个单元格内

（5）行、列、单元格的插入操作

① 插入行。

方法 1：先将光标定位到需要插入行的位置，选中一行后单击鼠标右键，在弹出的快捷菜单中选择【插入】级联菜单的【在上方插入行】命令，如图 3-66 所示，即可在选中行的上面插入一行。

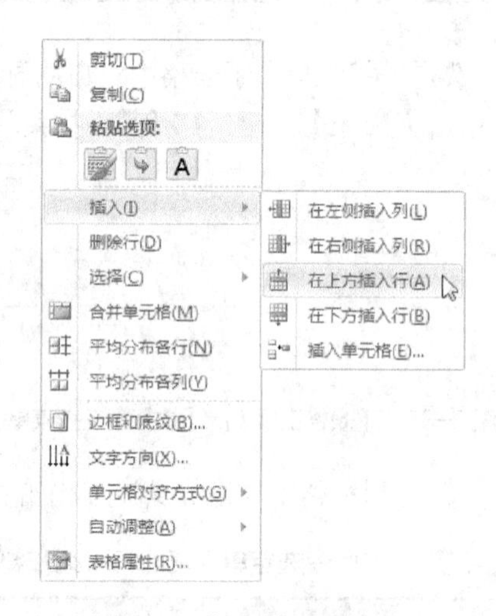

图 3-66　【插入】的菜单命令

方法 2：先将光标定位到需要插入行的位置，然后在【表格工具】的【布局】选项卡的“行和列”区域中，选择【在上方插入】或者【在下方插入】命令，如图 3-67 所示，即可插入一行。

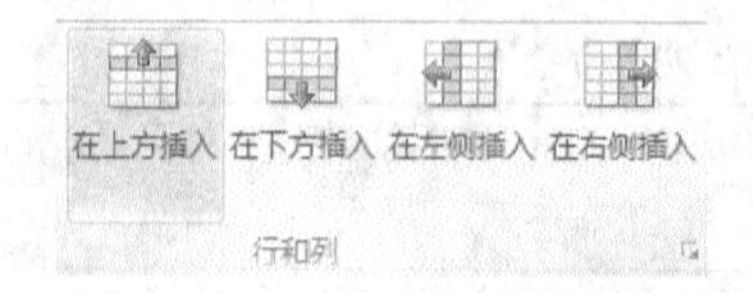

图 3-67　【表格工具】中插入行和列的工具按钮

方法 3：将插入点定位到表格右下角的最后一个单元内，按【Tab】键即可在表尾插入一空行。

方法 4：将插入点定位到表格外某一行右侧的换行符位置，按回车键（Enter）即可在对应行下面插入一个空行。

② 插入列。

方法 1：先将光标定位到需要插入列的位置，选中一列后单击鼠标右键，在弹出的快捷菜单中选择【插入】级联菜单的【在左侧插入列】命令，如图 3-66 所示，即可在选中列的左边插入一列。

方法 2：先将光标定位到需要插入列的位置，然后在【表格工具】的【布局】选项卡的“行和列”区域中，选择【在左侧插入】或者【在右侧插入】命令，如图 3-67 所示，即可插入一列。

③ 插入单元格。先将光标定位到选定的单元格中，单击鼠标右键，在弹出的快捷菜单中选择【插入】级联菜单的【插入单元格】命令，如图 3-66 所示。弹出如图 3-68 所示的【插入单元格】对话框。选择“活动单元格右移”或“活动单元格下移”，然后单击【确定】按钮，即可插入一个单元格。

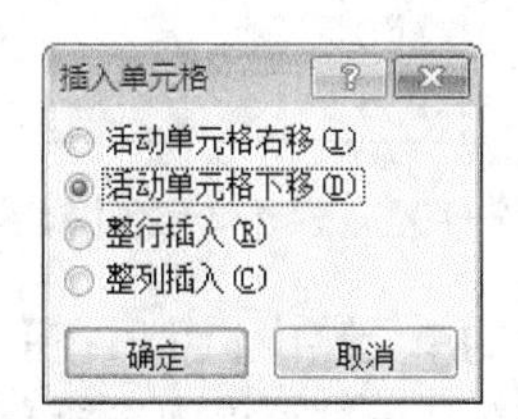

图 3-68 【插入单元格】对话框

在图 3-68 所示的【插入单元格】对话框中，选择“整行插入”可以插入行，选择“整列插入”可以插入列。

④ 插入表格。在表格的单元格中还可以插入嵌套表格。其插入方法与在文档中插入表格的方法相同。

（6）单元格、行、列和表格的删除操作

① 删除一行。

方法 1：选定待删除的行后单击鼠标右键，在弹出的快捷菜单中选择【删除行】命令，即可删除选定的行。

方法 2：先将光标定位到待删除行的任一单元格中，然后在【表格工具】的【布局】选项卡的“行和列”区域中单击【删除】按钮，在其下拉菜单中选择【删除行】命令，如图 3-69 所示，即可删除该行。

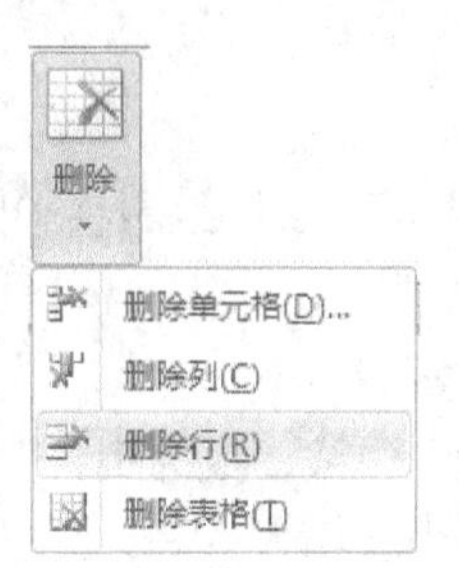

图 3-69 【删除】下拉菜单

② 删除一列。

方法 1：选定待删除的列后单击鼠标右键，在弹出的快捷菜单中选择【删除列】命令，即可删除选定的列。

方法 2：先将光标定位到待删除列的任一单元格中，然后在【表格工具】的【布局】选项卡的“行和列”区域中，单击【删除】按钮，在其下拉菜单中选择【删除列】命令，如图 3-69 所示，即可删除该列。

③ 删除单元格。

方法 1：先将光标定位到待删除的单元格中，单击鼠标右键，在弹出的快捷菜单中选择【删除单元格】命令，弹出如图 3-70 所示的【删除单元格】对话框，选择“右侧单元格左移”或“下方单元格上移”，然后单击【确定】按钮，即可删除该单元格。

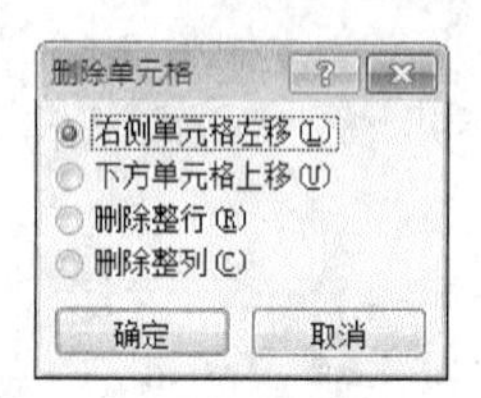

图 3-70 【删除单元格】对话框

方法 2：先将光标定位到待删除的单元格中，然后在【表格工具】的【布局】选项卡的“行和列”区域中，单击【删除】按钮，在其下拉菜单中选择【删除单元格】命令，如图 3-69 所示。后续的操作方法与“删除单元格”的方法 1 相同。

在图 3-70 所示的【删除单元格】对话框中选择“删除整行”可以删除行，选择“删除整列”可以删除列。

④ 删除表格。

方法 1：先选择整个表格，单击鼠标右键，在弹出的快捷菜单中选择【删除表格】命令，即可删除所选定的表格。

方法 2：将光标移到待删除表格的任一个单元格中，然后在【表格工具】的【布局】选项卡的“行和列”区域中，单击【删除】按钮，在其下拉菜单中选择【删除表格】命令，如图 3-69 所示，即可删除该表格。

选中行、列、单元格和表格后，利用快捷菜单中的【剪切】命令也可以实现删除表格对象的操作。

⑤ 删除表格中的内容。

选定表格的内容后，按【Delete】键，会删除表格中的内容，但不会删除表格对象。

（7）调整表格的行高和列宽

① 拖动鼠标粗略调整行高。

方法 1：当鼠标移过单元格的横向边线，鼠标指针变为带有上下箭头的双横线状÷时，按住鼠标左键并上下拖动鼠标，则会减小或增大行高，并且对相邻行的高度没有影响。

方法 2：先将鼠标指针置于表格的任一单元格中，然后将鼠标指针移到垂直标尺中表格线的位置，当鼠标指针变为上下双向箭头时，再按住鼠标左键并且上下拖动鼠标，也会减小或增大行高，同样也只会影响整个表格的高度，对相邻行的高度没有影响。

② 拖动鼠标粗略调整列宽。

方法 1：当鼠标移过单元格的纵向边线，鼠标指针变为带有水平箭头的双竖线状时，按住鼠标左键并左右拖动鼠标，则会减小或增大列宽，并且同时改变相邻列的宽度。

方法 2：先按住【Shift】键，再按住鼠标左键并左右拖动鼠标，也会减小或增大列宽，只会影响整个表格的宽度，对相邻列的宽度没有影响。

方法 3：先将鼠标指针置于表格的任一单元格中，然后将鼠标指针移到水平标尺中表格线位置，鼠标指针变为左右双向箭头时，再按住鼠标左键且左右拖动鼠标，也会减少或增加列宽，同样只会影响整个表格的宽度，对相邻列的宽度没有影响。

③ 平均分布各行。先选定表格中多行，然后单击鼠标右键，在弹出的快捷菜单中选择【平均分布各行】命令，或者在【表格工具】的【布局】选项卡的“单元格大小”区域中，单击【分布行】按钮，即可将所选中行的高度变为相同值。

④ 平均分布各列。先选定表格中多列，然后单击鼠标右键，在弹出的快捷菜单中选择【平均分布各列】命令，或者在【表格工具】的【布局】选项卡“单元格大小”区域中，单击【分布列】按钮，即可将所选中列的宽度变为相同值。

⑤ 自动调整列宽。当表格过大，超过了页面允许的范围时，可以对表格进行自动调整，方法如下。

将光标插入点定位到表格中任一单元格中，在【表格工具】的【布局】选项卡“单元格大小”区域中，单击【自动调整】按钮，打开其下拉菜单，该下拉菜单包括【根据内容自动调整表格】、【根据窗口自动调整表格】和【固定列宽】命令，如图 3-71 所示。然后根据需要选择合适的菜单命令，调整表格列宽。

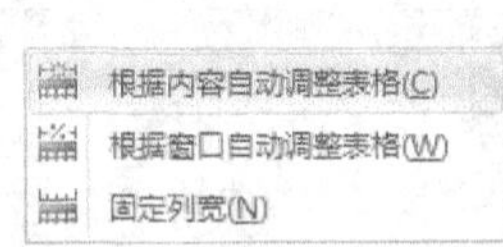

图 3-71 【自动调整】的菜单命令

将光标插入点定位到表格单元格中，然后单击鼠标右键，在弹出的快捷菜单中选择【自动调整】选项，显示其级联菜单。该级联菜单也包括【根据内容自动调整表格】、【根据窗口自动调整表格】和【固定列宽】命令。

⑥ 使用【表格工具】的【布局】选项卡“单元格大小”区域的“高度”和“宽度”数值框精确设置行高和列宽。将光标插入点定位到表格的单元格中，依次在【表格工具】的【布局】选项卡“单元格大小”区域“高度”数值框和“宽度”数值框中输入合适的数值即可精确设置行高和列宽。

⑦ 使用【表格属性】对话框精确调整表格的宽度、行高和列宽。将光标插入点定位到表格的单元格中，在【表格工具】的【布局】选项卡中的“表”区域选择【属性】命令，或者单击鼠标右键，在弹出的快捷菜单中选择【表格属性】命令，打开如图 3-72 所示的【表格属性】对话框。该对话框中有 4 个选项卡：表格、行、列和单元格。

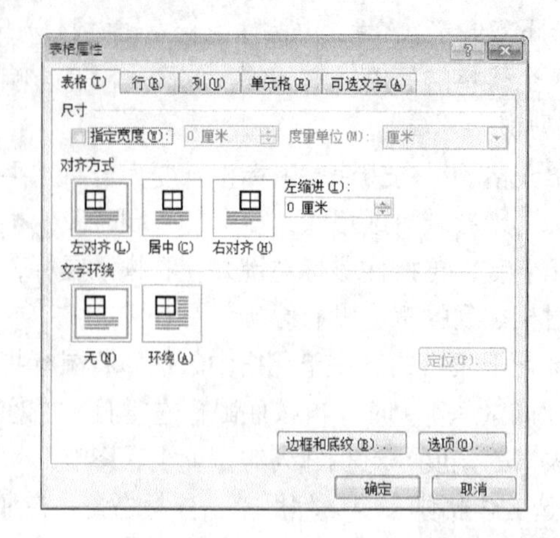

图 3-72 【表格属性】对话框中的【表格】选项卡

a. 设置表格宽度。在【表格属性】对话框的【表格】选项卡中，选中“指定宽度”复选框，然后输入或调整宽度数值，可以精确设置整个表格的宽度，度量单位可以为厘米或者百分比，如图 3-72 所示。

在【表格】选项卡中还可以设置“对齐方式”和“文字环绕”方式，如果在“对齐方式”区域内选择“左对齐”方式，“左缩进”数字框将被激活，然后输入或调整数字框中的数字可改变表格距左边界的距离。

在【表格】选项卡中单击【边框和底纹】按钮，打开【边框和底纹】对话框，对“边框”和“底纹”进行设置。单击【选项】按钮，打开【表格选项】对话框，对“默认单元格边距”和“默认单元格间距”进行设置，如图 3-73 所示。

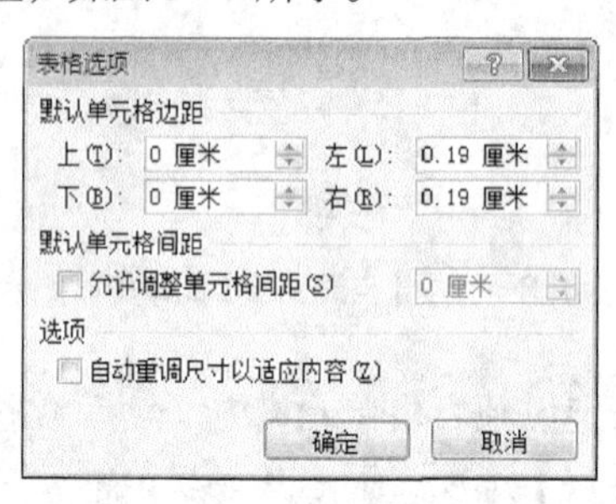

图 3-73 【表格选项】对话框

b. 设置表格行高。切换到【表格属性】对话框的【行】选项卡，“尺寸”区域内显示当前行的行高，选中“指定高度”复选框，然后输入或调整高度数值，精确设置行高。

如果需要继续设置下一行的行高，则单击【下一行】按钮，先选中“指定高度”复选框，然后输入高度数值即可。

在【表格属性】对话框【行】选项卡中，单击【上一行】或【下一行】按钮，可以查看各行的行高。

对于内容较多的大表格，可以选中“允许跨页断行”复选框，允许表格行中的文本跨页显示。

c. 设置表格列宽。切换到【表格属性】对话框的【列】选项卡，先选中“指定宽度”复选框，然后输入或调整宽度值，精确设置列宽，度量单位选择“厘米”。

如果需要继续设置下一列的列宽，则单击【后一列】按钮，先选中“指定宽度”复选框，然后输入宽度数值，度量单位选择“厘米”。

在【表格属性】对话框【列】选项卡中单击【前一列】或者【后一列】按钮，可以查看各列的列宽。

d. 切换到【表格属性】对话框的【单元格】选项卡，该选项卡可以与【列】选项卡配合进行设置，以指定单元格的宽度、文本在单元格中的垂直对齐方式，如图 3-74 所示。单击【选项】按钮，还可以打开【单元格选项】对话框，设置单元格的边距，如图 3-75 所示。

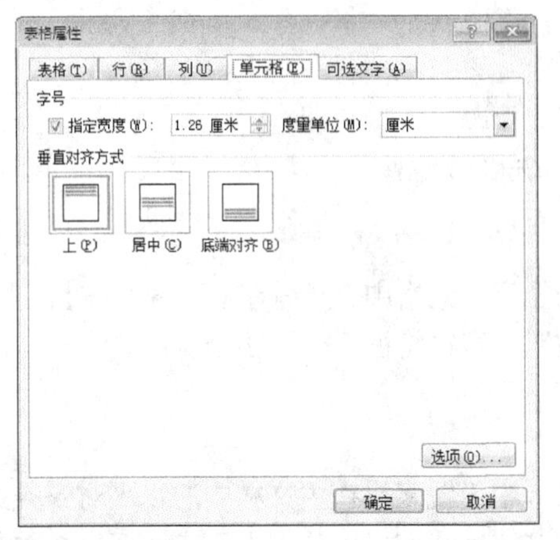

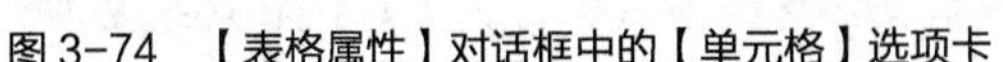
图 3-74 【表格属性】对话框中的【单元格】选项卡

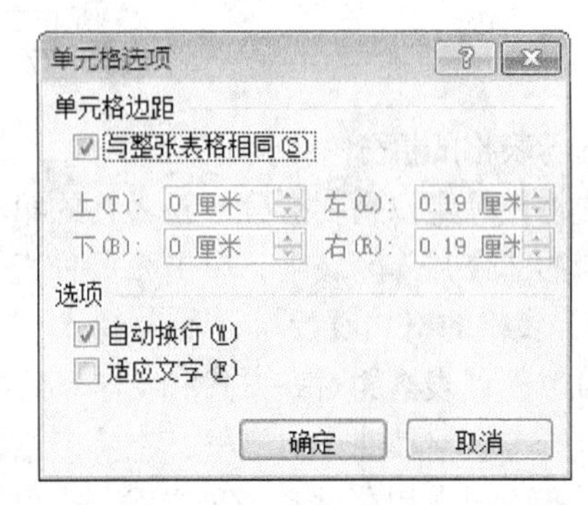

图 3-75 【单元格选项】对话框

表格设置完成后，单击【确定】按钮，使设置生效并关闭【表格属性】对话框。

（8）单元格的合并与拆分

对于较复杂的不规则表格，可以先创建规则表格，然后通过合并多个单元格或者拆分单元格得到所需的不规则表格。

① 单元格的合并。

方法 1：使用快捷菜单中的【合并单元格】命令对多个单元格进行合并。选定需要合并的 2 个或多个单元格，然后单击鼠标右键，在弹出的快捷菜单中选择【合并单元格】命令，即可将 2 个或多个单元格合并为一个单元格。

方法 2：使用【表格工具】的【布局】选项卡 “合并”区域中的【合并单元格】按钮，对多个单元格进行合并。选定需要合并的 2 个或多个单元格，然后在【表格工具】的【布局】选项卡的“合并”区域中，单击【合并单元格】按钮，即可将 2 个或多个单元格合并为一个单元格。

方法 3：使用“擦除表格线”的方法对多个单元格进行合并。在【表格工具】的【设计】选项卡中单击【擦除】按钮，如图 3-76 所示，鼠标指针变为橡皮擦的形状。按下鼠标左键并拖动鼠标可以将表格线擦除，即可将 2 个单元格予以合并。然后再次单击【设计】选项卡中的【擦除】按钮，取消擦除状态。

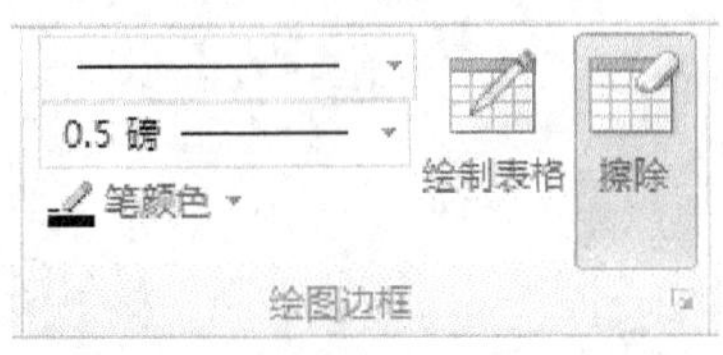

图 3-76 “绘图边框”区域的按钮

② 单元格的拆分。将光标定位于需要拆分的单元格中，单击鼠标右键，在弹出的快捷菜单中选择【拆分单元格】命令，或者在【表格工具】的【布局】选项卡的“合并”区域中，单击【拆分单元格】按钮，弹出【拆分单元格】对话框，如图 3-77 所示。然后输入或调整列数或行数数值，单击【确定】按钮，即可将一个单元格拆分为多个单元格。

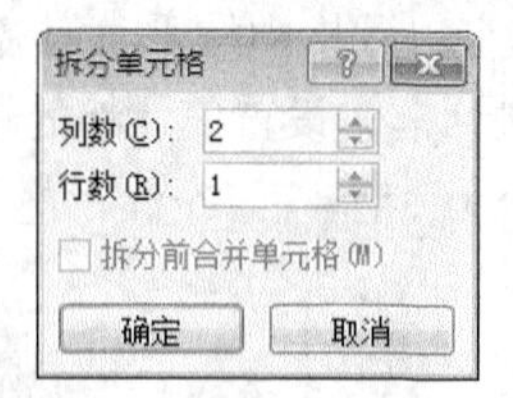

图 3-77 【拆分单元格】对话框

（9）表格的拆分

先将光标定位到要拆分成新表格的第 1 行的任意单元格中，然后在【表格工具】的【布局】选项卡的“合并”区域中，单击【拆分表格】按钮，表格将被拆分为 2 个表格。

3．表格的格式设置

（1）设置表格的对齐方式和文字环绕方式

打开【表格属性】对话框，在【表格】选项卡中设置表格在主文档中的水平对齐方式，包括左对齐、居中和右对齐 3 种方式，也可以设置文字环绕方式，分为无环绕和环绕 2 种方式，设置完成后单击【确定】按钮即可。

（2）设置表格的边框和底纹

Word 文档中的表格，其边框线默认为 0.5 磅的单实线。可以对表格的边框和底纹进行设置，表现出不同的风络。

将光标置于表格中，单击鼠标右键，在弹出的快捷菜单中选择【边框和底纹】命令，打开【边框和底纹】对话框。切换到【边框】选项卡，在该选项卡中可以对表格的边框进行相应的设置操作。

在【边框和底纹】对话框中切换到【底纹】选项卡。在该选项卡中可以对表格的底纹进行相应的设置操作。

（3）设置单元格的边距

通常，表格的单元格中，文字与单元格边框线需要保持一定距离，这样，可读性较强，具有美感。单元格中文字与边框线的距离也称为单元格边距。可以调整表格中所有单元格或者部分单元格的边距，操作方法如下。

① 设置表格默认单元格边距。将光标定位于表格的任一单元格中，在【表格工具】的【布局】选项卡的“对齐方式”区域中，单击【单元格边距】按钮，弹出如图 3-78 所示的【表格选项】对话框。在该对话框中可以设置单元格的上、下、左、右边距，还可以设置单元格之间的间距。设置完成后，单击【确定】按钮即可。

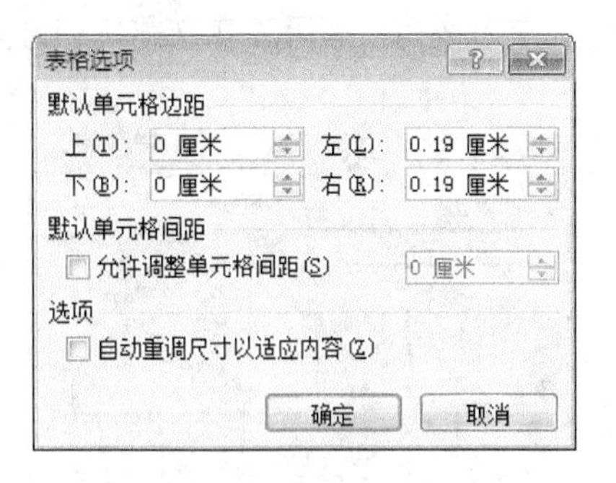

图 3-78 【表格选项】对话框

② 设置选定单元格的边距。先将光标定位于单元格中或者选定多个单元格，然后打开【表格属性】对话框，切换到【单元格】选项卡。单击【选项】按钮，弹出【单元格选项】对话框。取消复选框“与整张表格相同”的选中状态，然后设置单元格的上、下、左、右边距，还可以设置“自动换行”和“适应文字”选项，如图 3-79 所示。设置完成后，单击【确定】按钮，返回【表格属性】对话框。

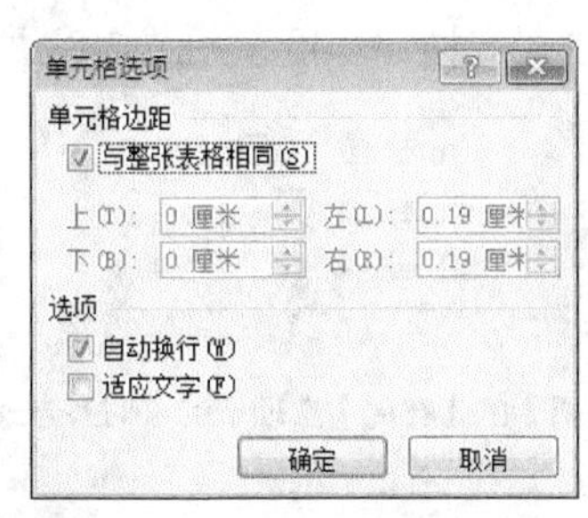

图 3-79 【单元格选项】对话框

4．表格内容的输入与编辑

表格中的每个单元格都可以输入文本或者插入图片，也可以插入嵌套表格。单击需要输入内容的单元格，然后输入文本或插入图片即可。其方法与文档中相同。

若需要修改某个单元格中的内容，只需单击该单元格，将插入点置于该单元格内，在该单元格中选中文本，然后进行修改或删除即可，也可以进行复制或剪切，其方法与文档中相同。

5．表格内容的格式设置

（1）设置表格中文字的格式

表格中的文本可以像文档段落中的文本一样，进行各种格式的设置。其操作方法与文档中基本相同，即先选中内容，后进行相应的设置。

设置表格中文字格式与设置表格外主文档中文字格式的方法相同，可以使用【字体】对话框或者字体工具按钮进行相关格式设置。

在表格中输入文字时，有时需要改变文字的排列方向，例如由横向排列变为纵向排列。将文字变成纵向排列最简单的方法是将单元格的宽度调整至仅有一个汉字的宽度。这时因宽度限制，强制文字自动换行，这样文字就变为纵向排列了。

还可以根据实际需要对表格中的文字方向进行设置，其方法如下。

将光标定位到需要改变文字方向的单元格中，在【表格工具】的【布局】选项卡的“对齐方式”区域，单击【文字方向】按钮；也可以单击鼠标右键，在弹出的快捷菜单中选择【文字方向】命令，打开如图 3-80 所示的【文字方向 - 表格单元格】对话框。在该对话框中选择合适的文字排列方向，然后单击【确定】按钮，即可改变文字排列方向。其中，汉字标点符号也会改成竖写的标点符号。

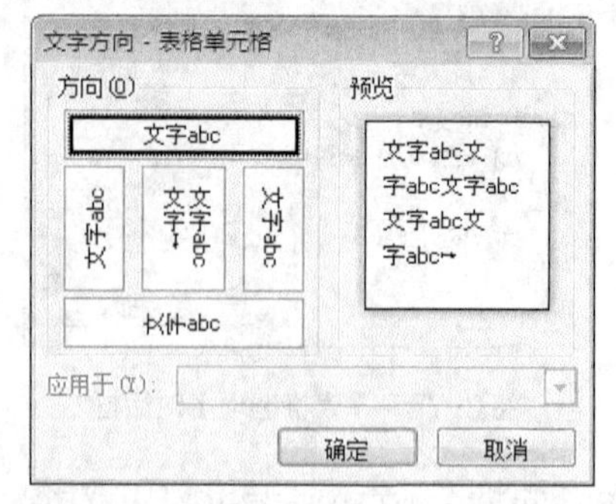

图 3-80 【文字方向－表格单元格】对话框

（2）设置表格中文字对齐方式

表格中文字对齐方式有水平对齐和垂直对齐 2 种。表格中文本内容对齐的设置方法如下。

选择需要设置对齐方式的单元格区域、行、列或者整个表格，在【表格工具】的【布局】选项卡的“对齐方式”区域，单击对齐按钮即可，如图 3-81 所示。

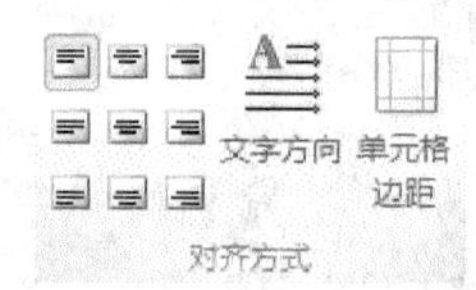

图 3-81 【表格工具】的【布局】选项卡的“对齐方式”区域的工具按钮

【任务实现】

1．创建 Word 文档

创建一个 Word 文档，在该文档中输入标题“班级课表”，然后将该文档以名称“班级课表.docx”进行保存，保存位置为文件夹“任务 3-5”。

2．在 Word 文档中插入表格

① 将插入点定位到需要插入表格的位置。

② 打开【插入表格】对话框。

③ 在【插入表格】对话框“表格尺寸”区域的“列数”数值框中输入“9”，在“行数”数值框中输入“6”，对话框中的其他选项保持不变，然后单击【确定】按钮，在文档中插入点位置将会插入一个 6 行 9 列的表格。

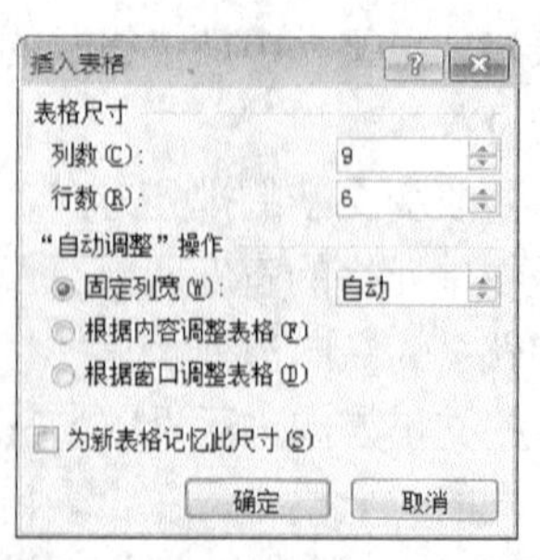

图 3-82 【插入表格】对话框

3．调整表格的行高和列宽

将光标插入点定位到表格的第1行第1列的单元格中，在【表格工具】的【布局】选项卡"单元格大小"区域"高度"数值框中输入"1.61厘米"，在"宽度"数值框中输入"1.26厘米"，如图3-83所示。

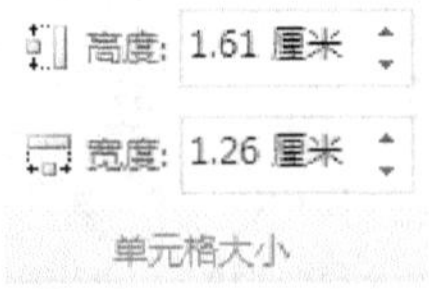

高度: 1.61 厘米
宽度: 1.26 厘米
单元格大小

图3-83 利用"高度"数值框和"宽度"数值框设置行高和列宽

将光标插入点定位到表格第1行的单元格中，在【表格工具】的【布局】选项卡中的"表"区域，选择【属性】命令，或者单击鼠标右键，在弹出的快捷菜单中选择【表格属性】命令，打开【表格属性】对话框。

切换到【表格属性】对话框的【行】选项卡，"尺寸"区域内显示当前行（这里为第1行）的行高。先选中"指定高度"复选框，然后输入或调整高度为"1.61厘米"，行高值类型选择"最小值"，则可以精确设置行高，如图3-84所示。

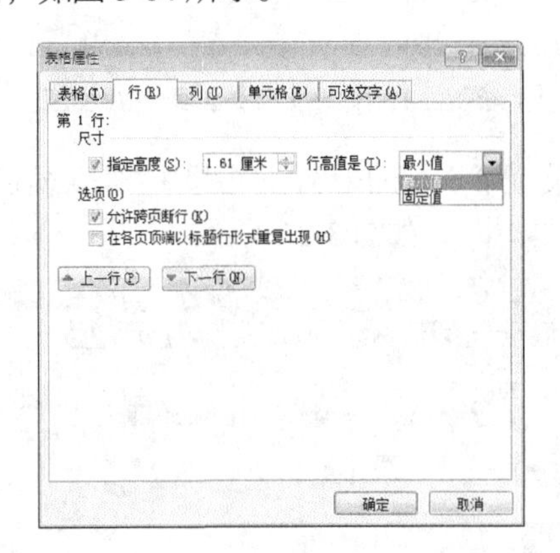

图3-84 在【表格属性】对话框【行】选项卡中设置第1行的行高

在【行】选项卡中单击【下一行】按钮，设置第2行的行高。先选中"指定高度"复选框，然后输入高度为"1.5厘米"，行高值类型选择"固定值"，如图3-85所示。

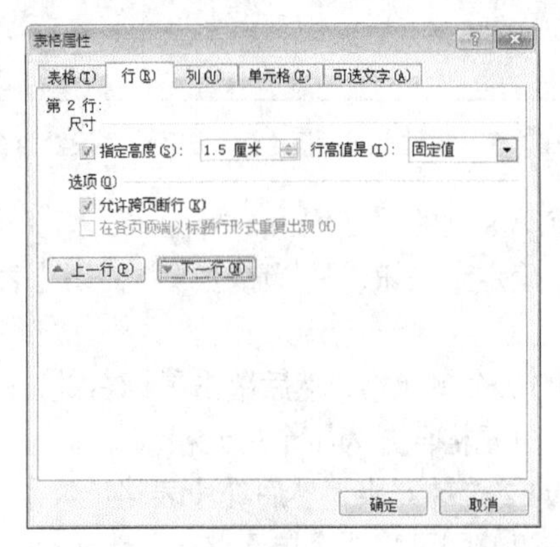

图3-85 在【表格属性】对话框【行】选项卡中设置第2行的行高

以类似方法设置第 3 行、第 4 行高度的固定值分别为 1.5 厘米，第 5 行高度的固定值为 1 厘米，第 6 行高度的固定值为 1.2 厘米。

接下来设置第 1 列和第 2 列的列宽。首先选择表格的第 1、2 两列，然后打开【表格属性】对话框。切换到【表格属性】对话框【列】选项卡。先选中“指定宽度”复选框，然后输入或调整宽度数值为“1.26”（第 1、2 列的总宽度值即为 2.52），度量单位选择“厘米”，即可精确设置列宽，如图 3-86 所示。

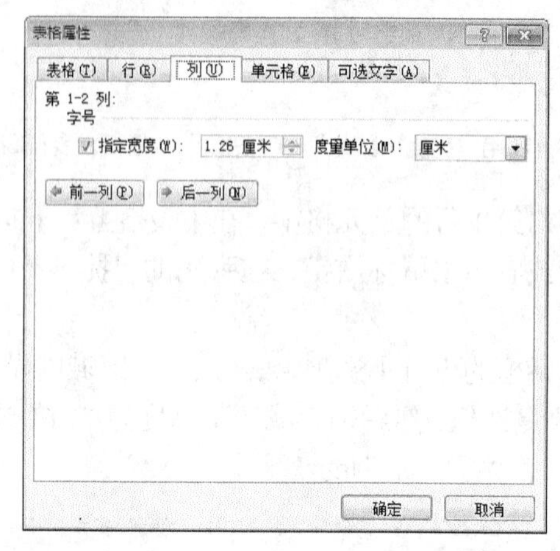

图 3-86　在【表格属性】对话框【列】选项卡中设置第 1、2 列的列宽

单击【后一列】按钮，设置第 3 列的列宽。先选中“指定宽度”复选框，然后输入宽度为“1.78 厘米”，度量单位选择“厘米”，如图 3-87 所示。

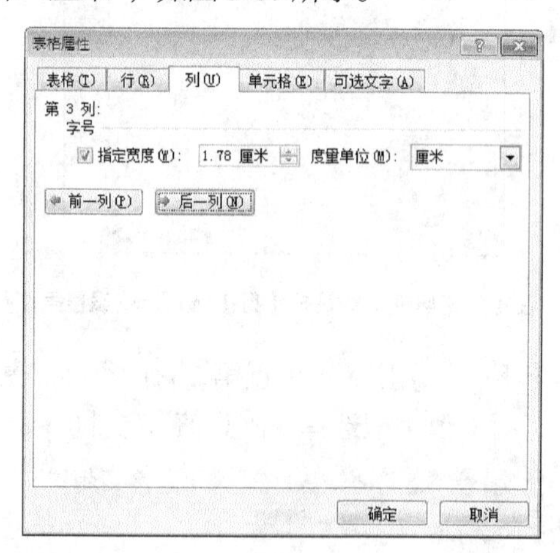

图 3-87　在【表格属性】对话框【列】选项卡中设置第 3 列的列宽

以类似方法设置第 4 列至第 8 列的宽度均为 1.78 厘米，第 9 列的宽度为 1.65 厘米。

表格设置完成后，单击【确定】按钮，使设置生效并关闭【表格属性】对话框。

4．合并与拆分单元格

选定第 1 行的第 1、2 列的 2 个单元格，然后单击鼠标右键，在弹出的快捷菜单中选择【合并单元格】命令，即可将 2 个单元格合并为 1 个单元格。

选定第 1 列的第 2、3 行的 2 个单元格，然后在【表格工具】的【布局】选项卡的“合并”区域，单击【合并单元格】按钮，即可将 2 个单元格合并为 1 个单元格。

在【表格工具】的【设计】选项卡中单击【擦除】按钮，鼠标指针变为橡皮擦的形状，按下鼠标左键并拖动鼠标，将第1列的第4行与第5行之间的横线擦除，即将2个单元格予以合并。然后再次单击【设计】选项卡中的【擦除】按钮，取消擦除状态。

5．绘制斜线表头

在【表格工具】的【设计】选项卡的“绘图边框”区域，单击【绘制表格】按钮，在表格左上角的单元格中自左上角向右下角拖动鼠标绘制斜线表头，如图3-88所示。然后再次单击【绘制表格】按钮，返回文档编辑状态。

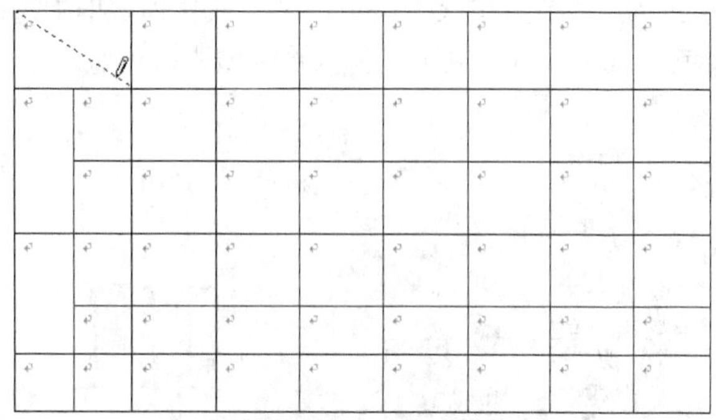

图3-88　在表格单元格中绘制斜线

6．设置表格的对齐方式和文字环绕方式

打开【表格属性】对话框，在【表格】选项卡中“对齐方式”区域选择“居中”，然后单击【确定】按钮。

7．设置表格外框线

① 将光标置于表格中，单击鼠标右键，在弹出的快捷菜单中选择【边框和底纹】命令，打开【边框和底纹】对话框，切换到【边框】选项卡。

② 在【边框和底纹】对话框【边框】选项卡的“设置”区域，选择【自定义】按钮，在“样式”区域选择“外粗内细”边框类型，在“宽度”区域选择“3.0磅”。

③ 在“预览”区域2次单击【上框线】按钮，第1次单击取消上框线，第2次单击按自定义样式重新设置上框线。

分别2次单击【下框线】按钮、【左框线】按钮、【右框线】按钮，设置对应的框线。

④ 设置的边框可以应用于表格、单元格以及文字和段落。在“应用于”列表框中选择“表格”。

对表格外框线进行设置后，【边框和底纹】对话框的【边框】选项卡如图3-89所示。

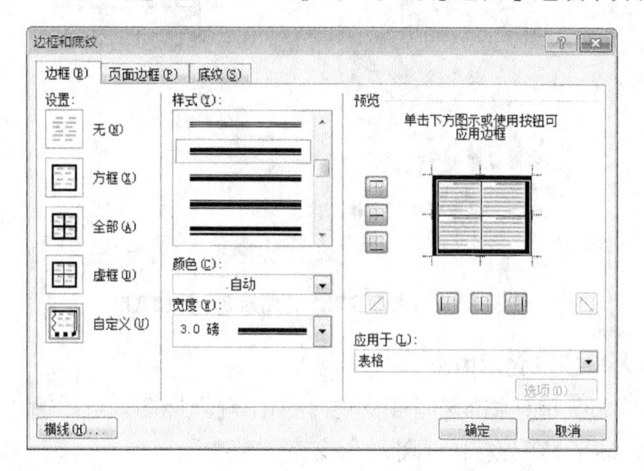

图3-89　在【边框和底纹】对话框的【边框】选项卡对表格外框线进行设置

这里仅对表格外框线进行了设置，其他内边框保持 0.5 磅单细实线不变。

⑤ 边框线设置完成后，单击【确定】按钮，使设置生效并关闭该对话框。

8．**设置表格底纹**

① 在表格中选定需要设置底纹的区域，这里选择表格第 1 行的第 2 列至第 8 列的单元格。

② 单击鼠标右键，在弹出的快捷菜单中选择【边框和底纹】命令，打开【边框和底纹】对话框。

③ 切换到【底纹】选项卡，在“图案”区域的“样式”列表框中选择“50%”，“颜色”列表框中选择“橙色（淡色 40%）”。其效果可以在预览区域进行预览。

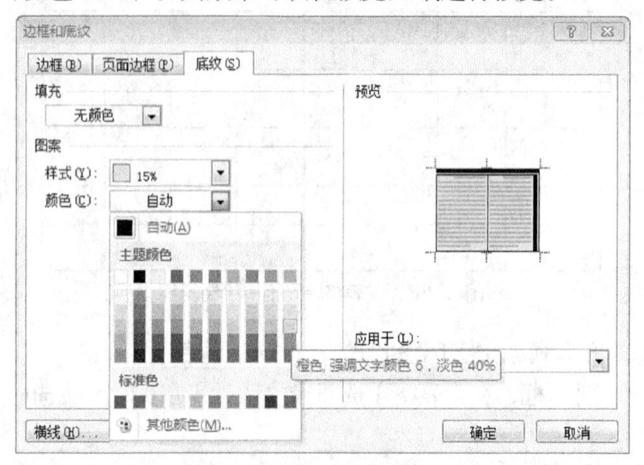

图 3-90　为表格第 1 行的第 2 列至第 8 列的单元格设置底纹

④ 底纹设置完成后，单击【确定】按钮，使设置生效并关闭该对话框。

以类似方法为表格的第 1 列和第 2 列（不包括绘制斜线表头的单元格）添加底纹。设置的效果如图 3-91 所示。

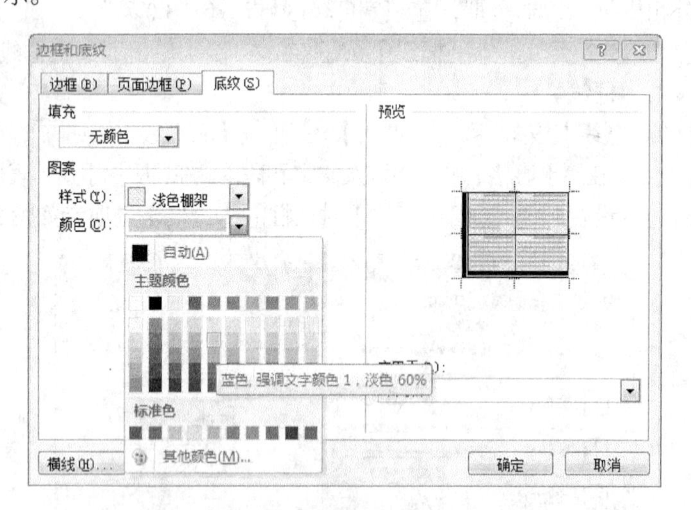

图 3-91　为表格的第 1 列和第 2 列添加底纹

9．**在表格内输入与编辑文本内容**

① 在绘制了斜线表头单元格的右上角双击，当出现光标插入点后输入文字“星期”，然后在该单元格的左下角双击，在光标闪烁处输入文字“节次”。

② 在其他单元格中输入图 3-59 所示的文本内容。

10．表格内容的格式设置

（1）设置表格内容的字体和字号

选中表格内容，在【开始】选项卡的“字体”区域的“字体”列表框中选择“宋体”，“字号”列表框中选择“小五”。

（2）设置单元格对齐方式

选中表格中所有的单元格，在【表格工具】的【布局】选项卡“对齐方式”区域，单击【水平居中】按钮，即可将单元格的水平和垂直对齐方式都设置为居中。

11．保存文档

在快速访问工具栏中单击【保存】按钮，对Word文档“班级课表.docx”进行保存操作。

【任务3-6】计算商品销售表中的金额和总计

【任务描述】

打开文件夹“任务3-6”中的Word文档“商品销售数据.docx”，商品销售表如表3-9所示。对该表格中的数据进行如下计算。

（1）计算各类商品的金额，且将计算结果填入对应的单元格中。

（2）计算所有商品的数量总计和金额总计，且将计算结果填入对应的单元格中。

表3-9　商品销售表

	A	B	C	D
1	商品名称	价格	数量	金额
2	台式计算机	4860	2	
3	笔记本计算机	8620	5	
4	移动硬盘	780	8	
5	总计			

【方法集锦】

Word提供了简单的表格计算功能，即使用公式来计算表格单元格中的数值。

1．表格行、列的编号

Word表格中的每个单元格都对应着一个唯一的编号，编号的方法是以字母A、B、C、D、E……表示列，以1、2、3、4、5、6……表示行，如表3-9所示。

单元格地址由单元格所有的列号和行号组成，例如B3、C4等。有了单元格编号，就可以方便地引用单元中的数字用于计算。例如，表3-9中，B3表示第2列第3行对应的单元格，其内容为“8620”，C4表示第3列第4行对应的单元格，其内容为“8”。

2．表格中单元格的引用

引用表格中的单元格时，对于不连续的多个单元格，各个单元格地址之间使用半角逗号(,)分隔，例如B3,C4。对于连续的单元格区域，使用区域左上角单元格为起始单元格地址，使用区域右下角单元格为终止单元格地址，两者之间使用半角冒号（:）分隔，例如B2:D2。对于行内的单元格区域，使用“行内第1个单元格地址:行内最后1个单元格地址”的形式引用。对于列内的单元格区域，使用“列内第1个单元格地址:列内最后1个单元格地址”的形式引用。

3．表格中应用公式计算

表格中常用的计算公式有算术公式和函数公式 2 种。公式的第 1 个字符必须是半角等号(=)，各种运算符和标点符号必须是半角字符。

（1）应用算术公式计算

算术公式的表示方法为“=<单元格地址 1><运算符><单元格地址 2>…”。

例如，表 3-9 中，计算台式计算机的金额的公式为“=B2*C2”，计算商品总数量的公式为“=C2+C3+C4”。

（2）应用函数公式计算

函数公式的表示方法为：“=函数名称(单元格区域)”。常用的函数有 SUM（求和）、AVERAGE（求平均值）、COUNT（求个数）、MAX（求最大值）和 MIN（求最小值），表示单元格区域的参数有 ABOVE（插入点上方各数值单元格）、LEFT（插入点左侧各数值单元格）、RIGHT（插入点右侧各数值的单元格）。例如，计算商品总数量的公式也可以改为 SUM(ABOVE)，即表示计算插入点上方各数值之和。

4．表格中数据排序

排序是指将一组无序的数据按升序或降序的顺序排列。字母的升序按照从 A 到 Z 排列，反之是降序排列；数字的升序按照从小到大排列，反之是降序排列；日期的升序按照从最早的日期到最晚的日期排列，反之是降序排列。

将光标移动到表格中任意一个单元格中，在【表格工具】的【布局】选项卡“数据”区域，单击【排序】按钮，打开【排序】对话框。在该对话框的“主要关键字”下拉列表框中选择排序关键字，例如“金额”。“类型”下拉列表框中选择“数字”类型，排序方式选择“降序”，如图 3-92 所示，最后单击【确定】按钮实现降序排列。

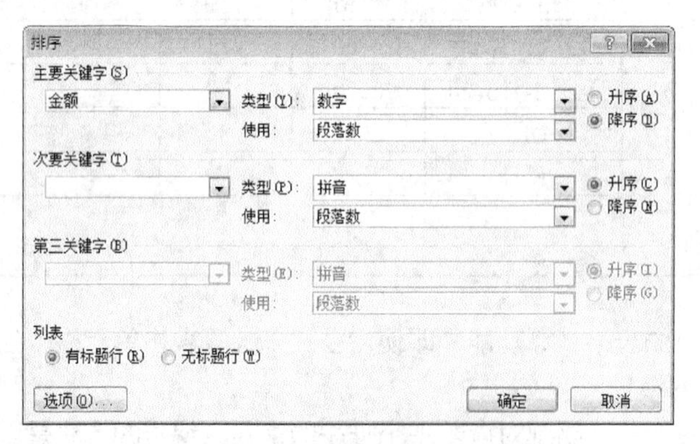

图 3-92　【排序】对话框

【任务实现】

1．打开文档

打开文件夹“任务 3-6”中的 Word 文档“商品销售表.docx”。

2．应用算术公式计算各类商品的金额

将光标定位到“商品销售表”的 D2 单元格，在【表格工具】的【布局】选项卡“数据”区域，单击【公式】按钮，在打开的【公式】对话框中清除原有公式，然后在“公式”文本框中输入新的计算公式，即“=B2*C2”，并选择数字格式，这里选择“0”，即取整数。最后单击

【确定】按钮，计算结果显示在 D2 中，为 9720。

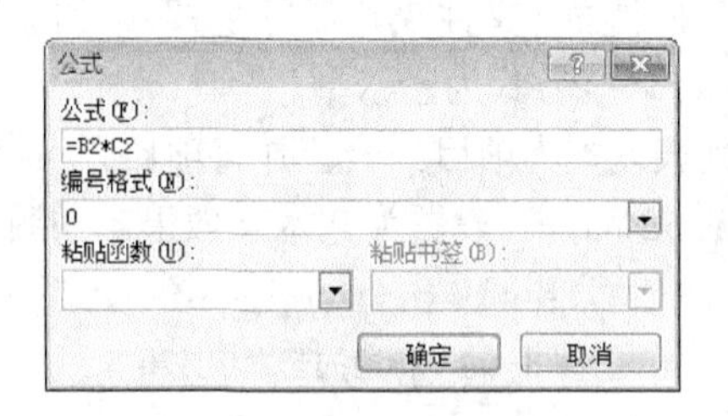

图 3-93 【公式】对话框

使用类似方法计算“笔记本电脑”的金额和“移动硬盘”的金额。

3．应用算术公式计算所有商品的数量总计

将光标定位到“商品销售表”C5 中，打开【公式】对话框，在公式文本框中输入计算公式“=C2+C3+C4”，单击【确定】按钮。计算结果显示在 C5 中，为 15。

4．应用函数公式计算所有商品的金额总计

将光标定位到“商品销售表”D5 中，打开【公式】对话框，在公式文本框中输入计算公式“=SUM(ABOVE)”，单击【确定】按钮。计算结果显示在 D5 中，为 59060。

商品销售表的计算结果如表 3-10 所示。

表 3-10 商品销售表的计算结果

商品名称	价格	数量	金额
台式电脑	4860	2	9720
笔记本电脑	8620	5	43100
移动硬盘	780	8	6240
总计		15	59060

5．保存文档

在快速访问工具栏中单击【保存】按钮，对 Word 文档“商品销售表.docx”进行保存操作。

3.5 Word 的图文混排

在 Word 文档中插入必要的图片、剪贴画、艺术字、自制图形和文本框，实现图文混排，达到图文并茂的效果。

【任务 3-7】编辑“苹果 iPhone5S 简介”，实现图文混排效果

【任务描述】

打开文件夹“任务 3-7”中的 Word 文档“苹果 iPhone5S 简介.docx”，在该文档中完成以下操作。

（1）在正文的第 1 个段落与小标题“主要参数”之间插入文件夹“任务 3-7”中的图片“01iPhone5S 正面图.jpg”和“02iPhone5S 背面图.jpg”。

（2）在正文“主要参数”右侧插入文件夹“任务 3-7”中的图片“03iPhone5S 正面图.jpg”，

设置该图片的宽度为 4 厘米，环绕方式为四周型。

（3）在正文“主要参数”右侧插入文件夹“任务 3-7”中的图片“04iPhone5S 背面图.jpg”，设置该图片的高度为 3.2 厘米，环绕方式为紧密型。

（4）将正文中主要参数列表设置为项目列表，并将项目列表符号设置为图片⊕。

（5）将标题“苹果 iPhone 5S 简介”设置为艺术字效果，如图 3-94 所示。

苹果 iPhone 5S 简介

图 3-94 标题的艺术字效果

（6）在正文小标题“2. 优缺点”下面插入 2 个文本框，文本框的高度设置为 3 厘米，宽度设置为 6 厘米，2 个文本框顶端对齐，并在文本框内输入图 3-95 所示的内容。

（1）优点	（2）缺点
➢ 拍照效果有明显提升 ➢ A7 处理器相当强大 ➢ 支持指纹识别功能	➢ 价格偏高，性价比一般 ➢ 屏幕尺寸没有提升 ➢ 电池容量稍小

图 3-95 文本框及其内容

（7）将文本框的外框设置为 0.5 磅的方点蓝色虚线。

（8）将“优点”列表和“缺点”列表都设置为项目列表，项目符号设置为➢。

【方法集锦】

1. 图片的插入与编辑

（1）插入剪贴画

Word 提供了一个剪辑库，内含大量的图片，称为剪贴画。可以在文档中直接插入这些剪贴画，操作方法如下。

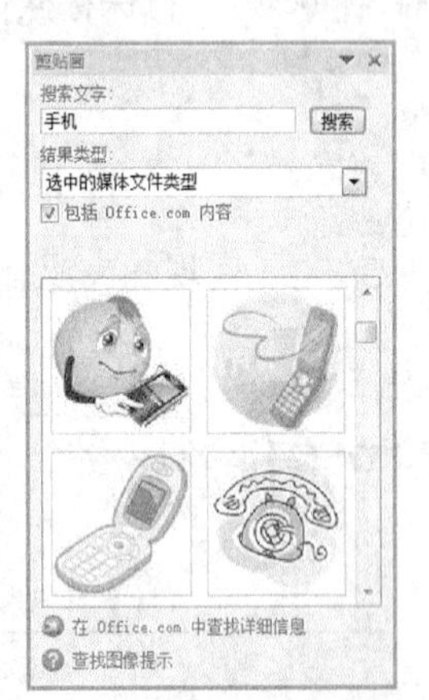

图 3-96 【剪贴画】任务窗格

① 将光标移动到要插入剪贴画的位置。

② 在【插入】选项卡的“插图”区域单击【剪贴画】按钮，打开【剪贴画】任务窗格。

③ 在“结果类型”下拉列表框中有 4 个选项，分别是插图、照片、视频和音频，例如，选择“插图”，在“结果类型”中将显示为“选中的媒体文件类型”，也可以直接选择“所有媒体类型”；在“搜索文字”中输入想要查找的剪贴画的关键字，例如，输入“手机”。

④ 单击【搜索】按钮，则在下方列表框中显示搜索到的所有图片，如图 3-96 所示。从中可以选择需要的图片，单击该图片即可将其插入到文档中。

（2）插入图片

Word 文档中除了可以插入剪贴画，还可以插入各种格式的图片，例如 jpg、bmp、gif 等格式的图片。在【插入】选项卡的“插图”区域，单击【图片】按钮，打开【插入图片】对话框，在该对话框中选取要插入的图片文件，然后单击【插入】按钮即可。

（3）编辑图片

① 移动、复制图片。利用功能区中的【复制】、【剪切】和【粘贴】命令，可以实现图片的复制与移动。另外，单击选中图片并将光标置于图片中，当光标指针变为形状时，按住鼠标左键，且拖曳鼠标即可移动图片到文档中的其他位置。

② 改变图片大小。单击选中图片，在图片四边会出现 8 个黑色实心小正方形。这些小正方形是图片的尺寸控制点。当鼠标指针指向不同的控制点时，鼠标指针会变成不同形状，如图 3-97 所示。按住鼠标左键且拖动鼠标，则会改变图片的大小。纵向双箭头可以调整图片高度，横向双箭头可以调整图片宽度，斜向双箭头则可以同时调整图片高度和宽度。

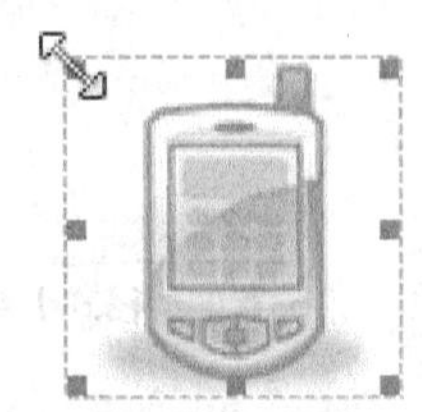

图 3-97　图片的选中状态

③ 删除图片。选中图片，按【Delete】键，或者选择功能区中的【剪切】命令，都可以删除图片。

（4）设置图片格式

在 Word 文档中双击图片，将在“功能区”显示【图片工具】-【格式】选项卡，如图 3-98 所示。【图片工具】-【格式】选项卡分为“调整”、“图片样式”、“排列”和“大小”4 个区域。

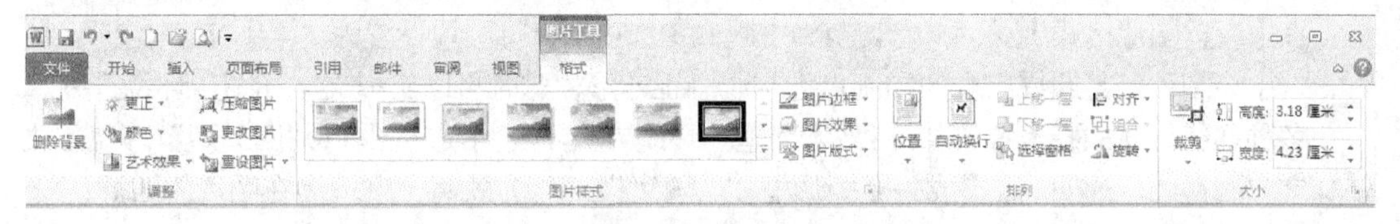

图 3-98　【图片工具】-【格式】选项卡

在 Word 文档中右键单击图片，在弹出的快捷菜单中选择【设置图片格式】命令，如图 3-99 所示。

图 3-99　图片的快捷菜单

打开【设置图片格式】对话框，且自动切换到【图片更正】选项卡，如图 3-100 所示。在该对话框中可以对图片进行相关设置。

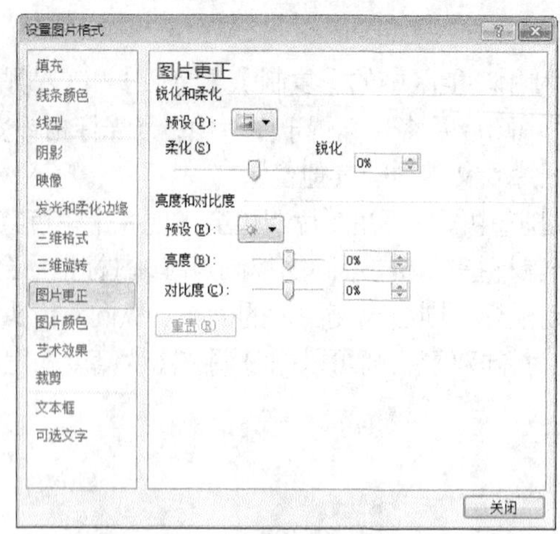

图 3-100 【设置图片格式】对话框

（5）设置图片的版式

Word 文档中的文本以及图片、文本框等对象的叠放次序分为文本层、浮于文字上、衬于文字下 3 种。在文本层的文字或对象具有排他性，即同一位置只能有一个对象。但利用浮于文字上和衬于文字下的功能可以实现图片和文本的层叠。

在 Word 文档中插入图片后，默认情况下该图片为嵌入型，即处于文本层，相当于普通字符出现在文档中。选中该图片，其四周出现的控制点为实心小正方形，可以像处理文档中的普通文字一样处理该图片。

在【设置图片格式】对话框，切换到【版式】选项卡，将图片设置为“浮于文字上方”。此时，选中该图片，其四周出现的控制点为空心小正方形，这时可以实现文字和图片环绕排列。

各种环绕方式的特点说明如下：“嵌入型”环绕方式不支持旋转图片；“四周型”环绕方式使文字包围在图片的四周，围成一个矩形框；“紧密型”环绕方式将文字填满在图片的四周；“上下型”环绕方式使文字位于图片的上方和下方，图片左右没有文字；“穿越型”环绕方式将文字填满在图片周围。

2．艺术字的插入与编辑

在 Word 文档中，艺术字是具有特定形式的图形文字，可以实现许多特殊的文字效果，例如带阴影、三维效果、旋转等。艺术字属于图片。对图片的所有操作都适用于艺术字，同时艺术字还有自身的特点。

（1）插入艺术字

① 将光标插入点移至需要插入艺术字的位置。

② 在【插入】选项卡“文本”区域，单击【艺术字】按钮，打开“艺术字”样式列表。

③ 选择一种合适的样式，将在文档中插入艺术字，如图 3-101 所示。

请在此放置您的文字

图 3-101 文档中插入的艺术字

④ 艺术字位于一个无边框的文本框中。在该文本框中输入所需的文字即可。

（2）设置艺术字的样式与文字效果

选择文档中的艺术字，激活“绘图工具”，显示【绘图工具】-【格式】选项卡，如图 3-102 所示。

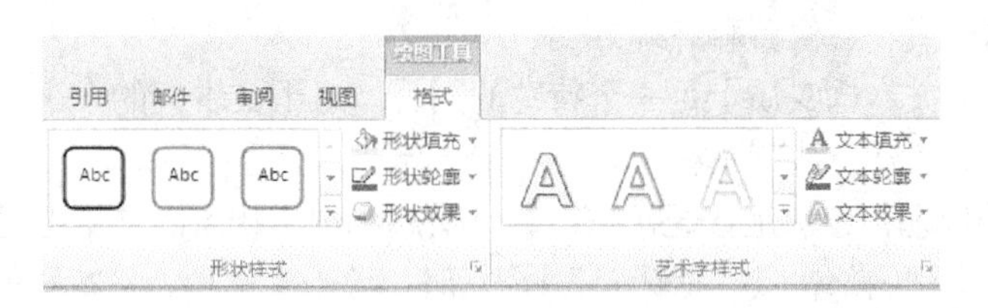

图 3-102 编辑艺术字的主要命令

① 选中文档中的艺术字。

② 在【绘图工具】-【格式】选项卡的“艺术字样式”区域，单击相应的艺术字样式按钮，即可快速地改变艺术字样式。

③ 在“艺术字样式”区域单击【文本填充】按钮，在其下拉列表中选择合适的文本填充颜色和填充效果即可。

④ 在“艺术字样式”区域单击【文本轮廓】按钮，在其下拉列表中选择合适的文本轮廓颜色、线型和粗细即可。

⑤ 在“艺术字样式”区域单击【文本效果】按钮，在其下拉列表中选择合适的文本效果即可。这里的文本效果包括阴影、映像、发光、棱台、三维旋转和艺术字排列等多种效果。

（3）设置艺术字的外框

① 选中文档中的艺术字。

② 在【绘图工具】-【格式】选项卡的“形状样式”区域，单击相应的形状样式按钮，即可快速地改变艺术字外框形状。

③ 在“形状样式”区域单击【形状填充】按钮，在其下拉列表中选择合适的外框填充颜色和填充效果即可。

④ 在“形状样式”区域单击【形状轮廓】按钮，在其下拉列表中选择合适的外框轮廓颜色、线型和粗细即可。

⑤ 在“形状样式”区域单击【形状效果】按钮，在其下拉列表中选择合适的外框效果即可。这里的文本效果包括阴影、映像、发光、柔化边缘、棱台和三维旋转等多种效果。

3．文本框的插入与编辑

在 Word 文档中插入文本框，然后在文本框中输入文字或插入图片，可以方便地实现图文混排效果。

（1）插入文本框

① 将光标插入点定位到文档需要插入文本框的位置。

② 在【插入】选项卡“文本”区域单击【文本框】按钮，打开“内置”文本框类型列表。在“文本框”下拉列表中选择【绘制文本框】命令。

也可以在“内置”文本框类型列表中选中一种合适的文本框类型。

③ 将鼠标指针移到文档中，鼠标指针变成十字形状十时，按住鼠标左键，拖动十字形指针画出矩形框。当矩形框大小合适后松开鼠标左键。

④ 选择文本框，文本框转换为编辑状态，光标定位在文本框内。此时可以输入文本或插入图片，还可以选择文本框内的文本或图片进行格式设置。

（2）调整文本框大小、位置和环绕方式

插入到文档中的文本框实质上是一个特殊的图片。对于文本框的大小、位置和环绕方式等方面的设置与图片的操作方法基本相同。

文本框有 3 种状态，分别是普通状态、编辑状态和选中状态。文本框通常处于普通状态；当鼠标指针移到文本框内部，鼠标指针变为I形状时，单击文本框，文本框进入编辑状态，此时可以在其内部输入文本或插入图片；当鼠标指针移到文本框四周的边线位置，鼠标指变为✥形状时，单击边框线，文本框进入选中状态。

文本框处于选中状态时，在【绘图工具】-【格式】选项卡“大小”区域单击“大小设置”按钮，此时会打开如图 3-103 所示的【布局】对话框。在该对话框中设置文本框的大小、环绕方式和位置等属性。

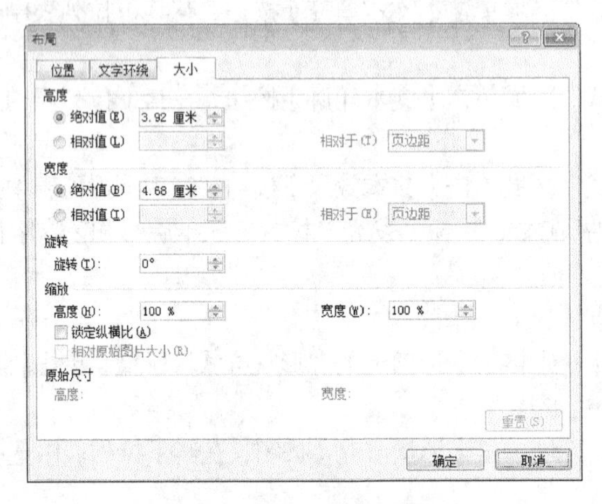

图 3-103 【布局】对话框

4．设置项目符号与编号

Word 文档中，为了突出某些重点内容或者并列表示某些内容，会使用一些诸如“●”、“■”、“◆”、“✓”、“➢”、“✧”、“☑”的特殊符号，这样会使得对应的内容更加醒目，便于阅读者浏览。Word 中使用编号和项目符号实现这一功能。

在 Word 文档中设置项目符号与编号，可以先插入项目符号或编号，后输入对应的文本内容；也可先输入文本内容，后添加相应的项目符号或编号。

（1）在 Word 文档中设置项目符号

这里只介绍先输入文本内容，后设置项目符号的方法，操作步骤如下。

① 输入所需的文本内容。

② 将光标置于需要添加项目符号的段落中。

③ 在【开始】选项卡“段落”区域单击【项目符号】按钮☰，此时光标所在段落首行的第 1 个字符左侧会插入项目符号。如果没有更改系统默认的项目符号，则插入的项目符号为“●”。

如果需要使用其他的项目符号，可以继续按以下操作步骤进行。

④ 在“段落”区域单击【项目符号】按钮旁边的三角形按钮 ▾，打开【项目符号库】下拉菜单。

⑤ 从【项目符号库】中单击选择一种项目符号，文档中对应位置会自动插入所选中的项目符号。

⑥ 如果需要使用【项目符号库】以外的项目符号，可以在【项目符号库】下拉菜单中选择

【定义新项目符号】命令，打开【定义新项目符号列表】对话框。在该对话框可以单击【符号】按钮，在弹出的【符号】对话框中选择所需要的项目符号；也可以单击【图片】按钮，在弹出的【图片项目符号】对话框中选择图片作为项目符号。然后依次单击【确定】按钮即可。

如果需要取消文档某一段落的项目符号，可以将插入点移至该段前面，然后在【开始】选项卡“段落”区域，单击【项目符号】按钮☰即可，则该段落对应的项目符号消失。

（2）在 Word 文档中设置编号

这里只介绍先设置编号，后输入文本内容的方法，操作步骤如下。

① 将光标置于空白行，在【开始】选项卡“段落”区域单击【编号】按钮☰，此时光标所在段落首行的第 1 个字符左侧会插入编号。如果没有更改系统默认的编号，则插入的编号为“1.→”。

如果需要使用其他的编号，可以继续按以下操作步骤进行。

② 在【开始】选项卡“段落”区域单击【编号】按钮旁边的三角形按钮 ▾ ，打开【编号库】下拉菜单，如图 3-104 所示。

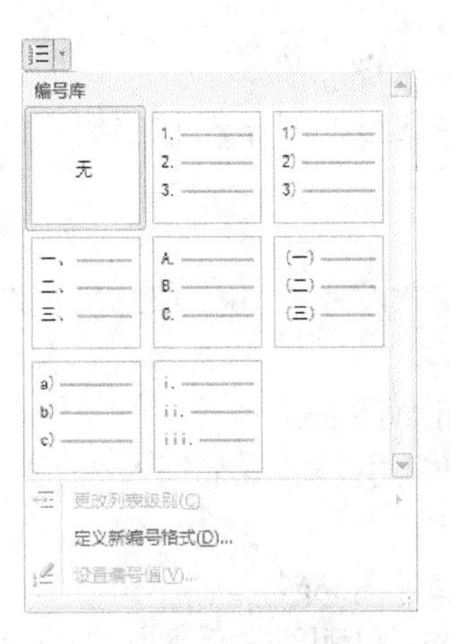

图 3-104　编号库

③ 在【编号库】中选择一种合适的编号格式，文档中对应位置会自动插入所选中的编号。

④ 如果需要使用【编号库】以外的编号，可以在【编号库】下拉菜单选择【定义新编号格式】命令，打开如图 3-105 所示的【定义新编号格式】对话框。在该对话框可以设置编号样式、编号格式和对齐方式等选项。设置完成后，单击【确定】按钮即可。

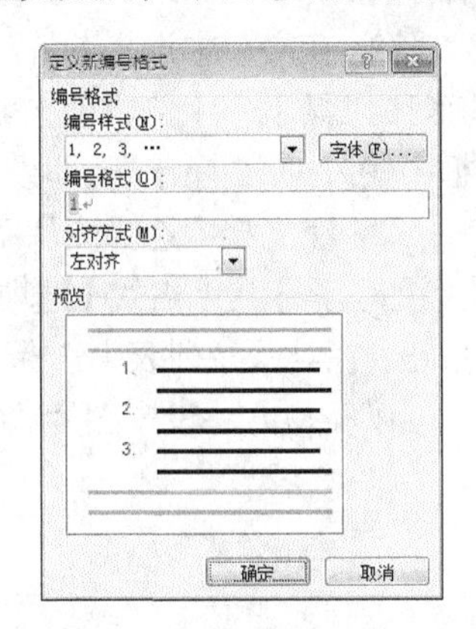

图 3-105　【定义新编号格式】对话框

在 Word 文档中插入了所需的编号之后，在编号右侧输入所需内容后按回车键另起一段，在新的一行将会自动插入所选定的编号，用户可以输入下一个内容。

如果需要取消文档某一段落的编号，可以将插入点移至该段前面，然后在【开始】选项卡“段落”区域单击【编号】按钮☰即可，则该段落对应的编号消失，同时该段落之后的各个段落的编号自动减 1。

【任务实现】

1．打开文档

打开文件夹“任务 3-7”中的 Word 文档“苹果 iPhone5S 简介.docx”。

2．插入图片

（1）插入图片“01iPhone5S 正面图.jpg”

将插入点置于正文的第 1 个段落与小标题“主要参数”之间，然后插入文件夹“任务 3-7”中的图片“01iPhone5S 正面图.jpg”。

（2）插入图片“02iPhone5S 背面图.jpg”

将插入点置于图片“01iPhone5S 正面图.jpg”的右侧，然后插入文件夹“任务 3-7”中的图片“02iPhone5S 背面图.jpg”。

（3）调整已插入图片的位置

使用输入空格的方法调整已插入图片“01iPhone5S 正面图.jpg”和“02iPhone5S 背面图.jpg”在文档的位置。

（4）插入图片“03iPhone5S 正面图.jpg”

将插入点置于正文“主要参数”的右侧，然后插入文件夹“任务 3-7”中的图片“03iPhone5S 正面图.jpg”。

（5）插入图片“04iPhone5S 背面图.jpg”

将插入点置于图片“04iPhone5S 背面图.jpg”下方的合适位置，然后插入文件夹“任务 3-7”中的图片“04iPhone5S 背面图.jpg”。

3．设置图片格式

① 在文档中选择图片“03iPhone5S 正面图.jpg”，然后在【绘图工具】-【格式】选项卡“大小”区域的“宽度”数值框中输入“4 厘米”，即设置图片宽度为 4 厘米。

② 在文档中选择图片“04iPhone5S 背面图.jpg”，然后在【绘图工具】-【格式】选项卡“大小”区域的“高度”数值框中输入“3.2 厘米”，即设置图片高度为 3.2 厘米。

③ 在文档中选择图片“03iPhone5S 正面图.jpg”，然后在【绘图工具】-【格式】选项卡“排列”区域单击【自动换行】按钮，在其下拉列表中选择“四周型环绕”，如图 3-106 所示。

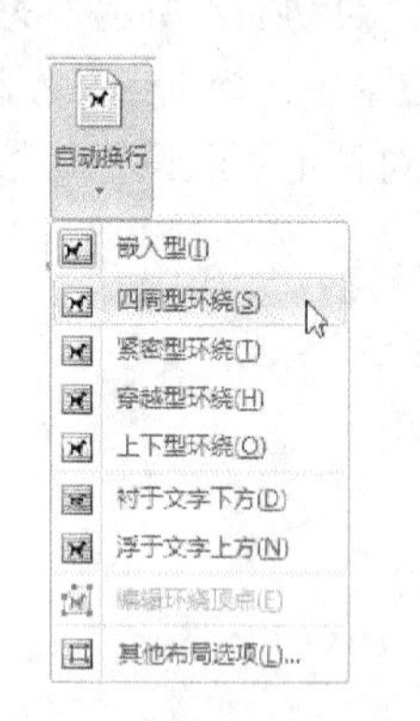

图 3-106　“自动换行”下拉列表

以类似方法设置图片“04iPhone5S 背面图.jpg”的环绕方式为“紧密型”。

4．设置项目列表和项目符号

（1）定义新项目符号

在【开始】选项卡“段落”区域单击【项目符号】按钮旁边的三角形按钮▾，打开【项目符号库】下拉菜单。在【项目符号库】下拉菜单中选择【定义新项目符号】命令，打开【定义新项目符号列表】对话框。在该对话框单击【图片】按钮，在弹出的【图片项目符号】对话框中选择所需的图片作为项目符号⊕，如图 3-107 所示。

然后单击【确定】按钮，关闭该对话框并返回【定义新项目符号】对话框，如图 3-108 所示。

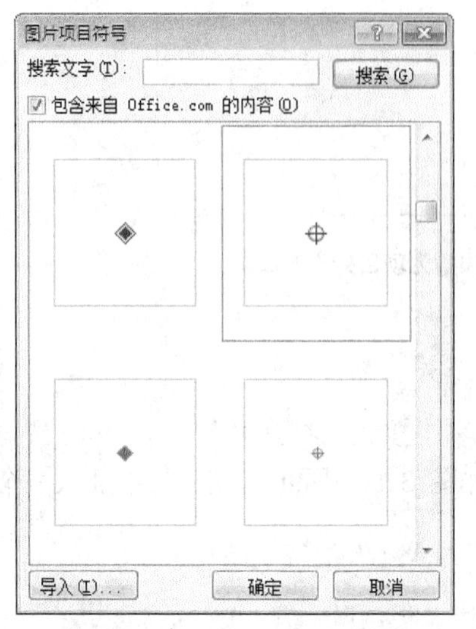

图 3-107　在【图片项目符号】对话框中选择所需的图片

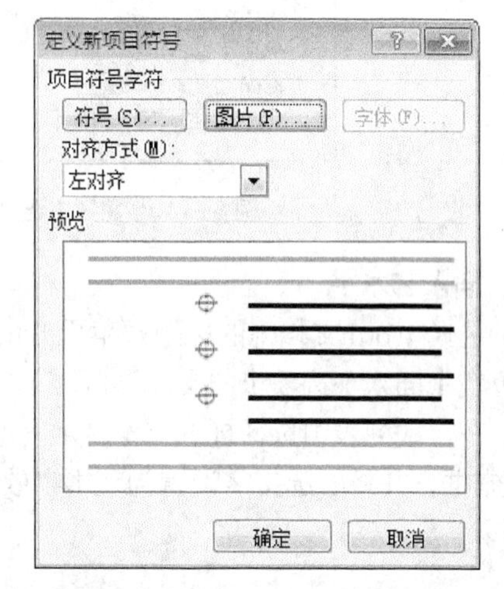

图 3-108　【定义新项目符号】对话框

在【定义新项目符号】对话框中，单击【确定】按钮，关闭该对话框并将新的项目符号⊕添加到"项目符号库"中。

（2）设置项目列表

选中正文中"主要参数"列表，在【开始】选项卡"段落"区域单击【项目符号】按钮旁边的三角形按钮▾，打开【项目符号库】下拉菜单，在【项目符号库】中选择所需的项目符号⊕，如图 3-109 所示。

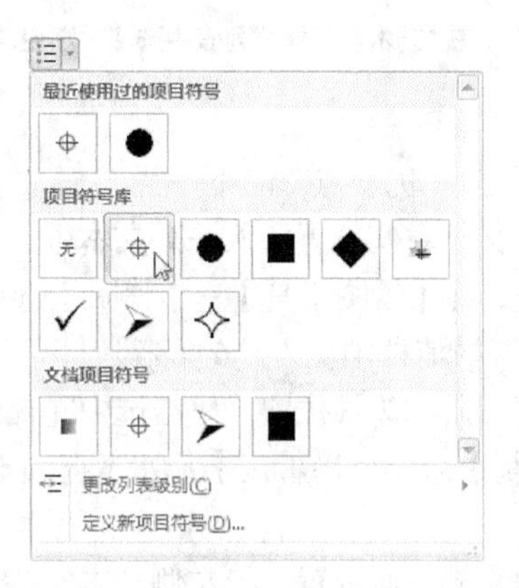

图 3-109　在【项目符号库】中选择项目符号

将"主要参数"列表设置为项目列表的效果如图 3-110 所示。

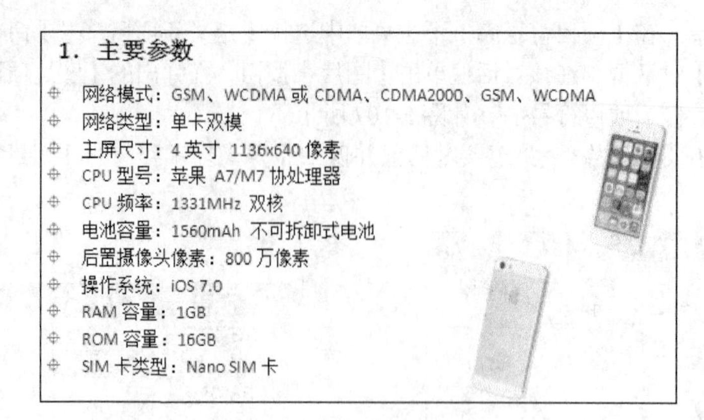

1．主要参数

- 网络模式：GSM、WCDMA 或 CDMA、CDMA2000、GSM、WCDMA
- 网络类型：单卡双模
- 主屏尺寸：4 英寸 1136x640 像素
- CPU 型号：苹果 A7/M7 协处理器
- CPU 频率：1331MHz 双核
- 电池容量：1560mAh 不可拆卸式电池
- 后置摄像头像素：800 万像素
- 操作系统：iOS 7.0
- RAM 容量：1GB
- ROM 容量：16GB
- SIM 卡类型：Nano SIM 卡

图 3-110　将“主要参数”列表设置为项目列表的效果

5．插入艺术字

① 选择 Word 文档中的标题“苹果 iPhone 5S 简介”。

② 在【插入】选项卡“文本”区域单击【艺术字】按钮，打开“艺术字”样式列表。

③ 在样式列表中选择样式“渐变填充蓝色”，如图 3-111 所示。在文档中插入一个“艺术字”文本框，并将所选文字设置为艺术字效果。

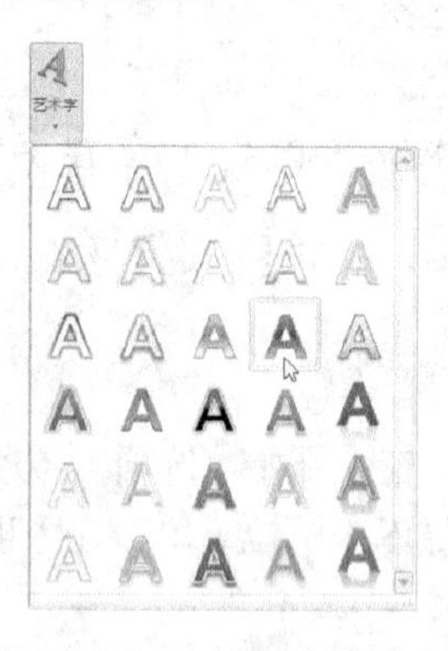

图 3-111　在“艺术字”样式列表中选择“渐变填充蓝色”

6．插入文本框

① 将光标置于正文小标题“2. 优缺点”的下一行。

② 使用“绘制”的方法在文档左侧位置插入一个文本框。

③ 单击选中插入的文本框，在【绘图工具】-【格式】选项卡“大小”区域“高度”数值框中输入“3 厘米”，在“宽度”数值框中输入“6 厘米”。

④ 将鼠标指针移到文本框四周的边线位置，单击选中左侧的文本框，然后单击鼠标右键，在弹出的快捷菜单中选择【复制】命令。接着在【开始】选项卡中单击【粘贴】命令，完成文本框的复制操作。

⑤ 将复制的文本框拖动到文档右侧位置，与左侧文本保持合适的间距。

⑥ 按住【Shift】键，依次单击 2 个文本框，然后在【绘图工具】-【格式】选项卡“排列”区域单击【对齐】按钮，在其弹出的下拉菜单中选择【顶端对齐】命令，如图 3-112 所示。

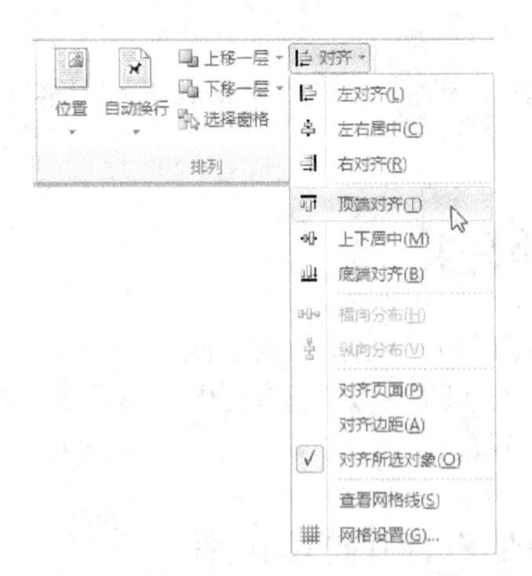

图 3-112　文本框的【对齐】下拉菜单

⑦ 将鼠标指针移到文本框内部并单击，光标置于文本框内，然后输入所需的文本内容。

7．设置文本框外框的样式

（1）选中文本框。

（2）在【绘图工具】-【格式】选项卡“形状样式”区域单击【形状轮廓】按钮，在其下拉菜单“主题颜色”区域单击“蓝色”，在【粗细】级联菜单中选择“0.5 磅”，在【虚线】级联菜单中选择“方点”，如图 3-113 所示。

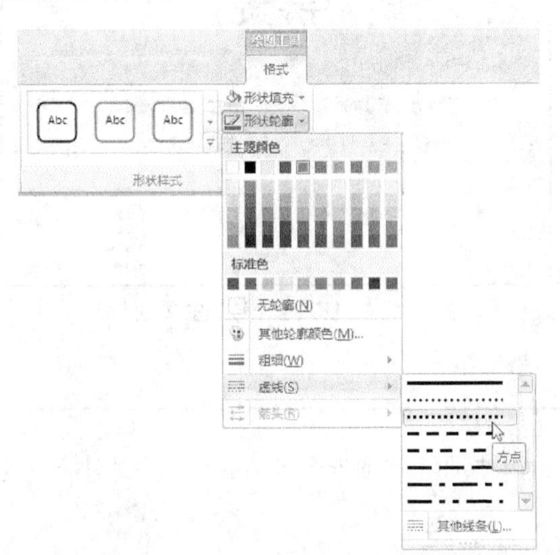

图 3-113　“形状轮廓”下拉菜单

以同样的方法将右侧文本框的外框也设置为 0.5 磅的方点蓝色虚线。

8．设置文本框内容为项目列表

① 在文本框内部选中需要设置为项目列表的“优点”列表。

② 在【开始】选项卡“段落”区域单击【项目符号】按钮旁边的三角形按钮 ▾，打开【项目符号库】下拉菜单。

③ 从【项目符号库】中单击选择项目符号➢，文档中对应位置会自动插入所选中的项目符号。

以同样的方法将右侧文本框中的“缺点”列表设置为项目列表。

9．保存文档

在快速访问工具栏中单击【保存】按钮，对 Word 文档“苹果 iPhone5S 简介.docx”进行保存操作。

3.6 Word 的邮件合并

实际工作中经常需要打印通知、请柬、信件、函件、准考证、成绩单等文档。这些文档中主要文本内容和格式基本相同，只是具体数据有变化。为了减少重复劳动，Word 提供了邮件合并功能，有效地解决了这一问题。

【任务 3-8】利用邮件合并打印请柬

【任务描述】

以文件夹“任务 3-9”中的 Word 文档“请柬.docx”作为主文档，以同一文件夹中的 Excel 文档“邀请单位名单.xlsx”作为数据源，使用 Word 的邮件合并功能制作请柬，其中“联系人姓名”和“称呼”利用邮件合并功能动态获取。要求插入 2 个域的主文档外观如图 3-114 所示，然后打印请柬。

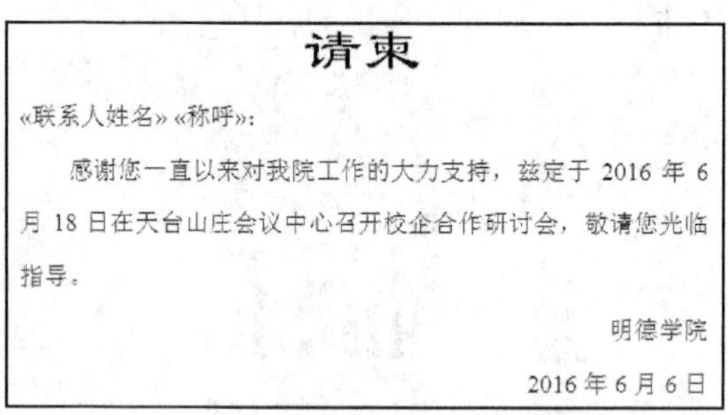

请柬

«联系人姓名» «称呼»：

感谢您一直以来对我院工作的大力支持，兹定于 2016 年 6 月 18 日在天台山庄会议中心召开校企合作研讨会，敬请您光临指导。

明德学院

2016 年 6 月 6 日

图 3-114　插入 2 个域的主文档外观

【方法集锦】

利用如图 3-115 所示的【邮件】选项卡中各项命令完成邮件合并的相关操作。

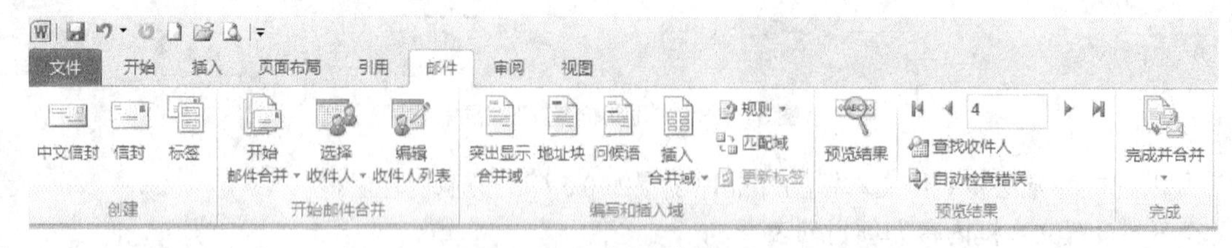

图 3-115　【邮件】选项卡

【任务实现】

1．创建主文档

在 Word 2010 中创建并保存“请柬.docx”作为邮件合并的主文档。

2. 建立数据源

在 Excel 中建立数据源，输入序号、单位名称、联系人姓名、称呼等数据，保存备用。

3. 实现邮件合并

① 在【邮件】选项卡“开始邮件合并”区域单击【开始邮件合并】按钮，在弹出的下拉菜单中选择【邮件合并分步向导】命令，如图 3-116 所示。弹出【邮件合并】任务窗格，如图 3-117 所示。

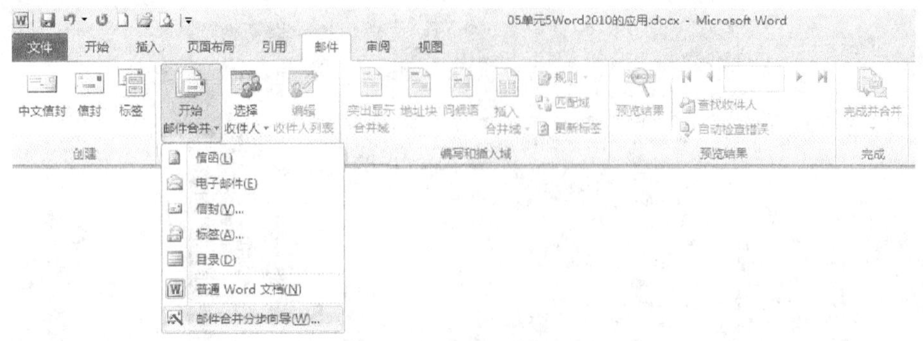

图 3-116 选择【邮件合并分步向导】

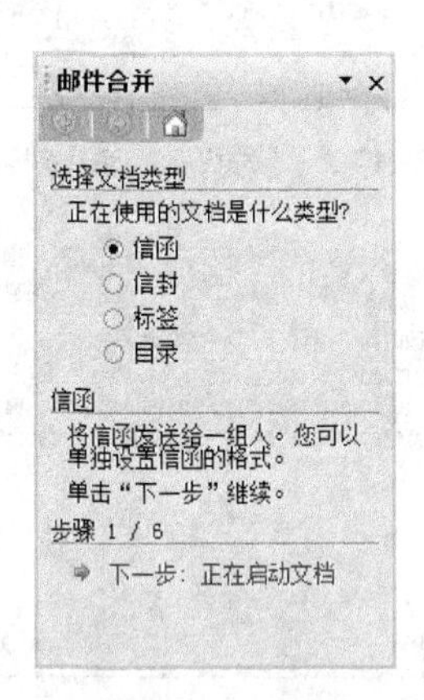

图 3-117 在【邮件合并】任务窗格选择文档类型

② 在“选择文档类型”任务中，选择“信函”单选按钮，然后单击“下一步：正在启动文档”超链接，进入“选择开始文档”任务。由于事先准备好了所需的 Word 文档，这里直接选择默认项“使用当前文档”，如图 3-118 所示。

单击“下一步：选取收件人”超链接，进入“选择收件人”任务窗格，如图 3-119 所示。

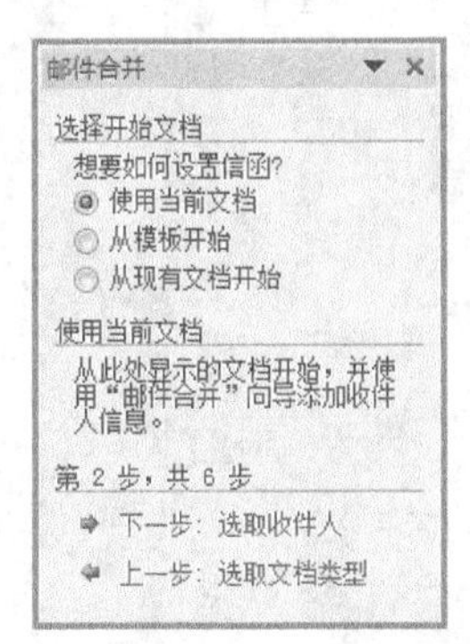

图 3-118 在【邮件合并】任务窗格选择开始文档

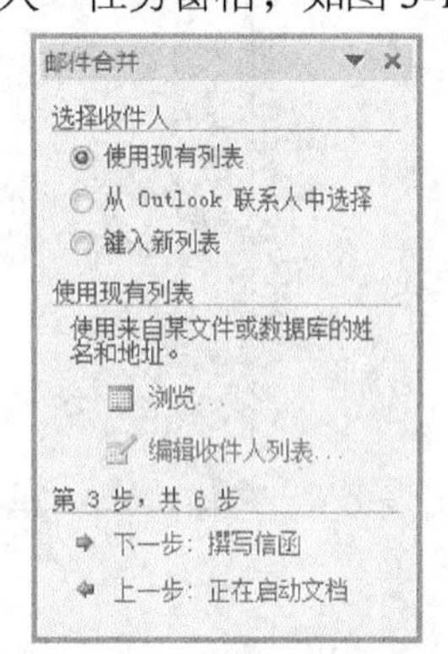

图 3-119 在【邮件合并】任务窗格选择收件人

③ 由于事先准备好了所需的 Excel 文件，即数据源电子表格，所以“选择收件人”任务选择“使用现有列表”即可；也可以在此新建列表。单击“使用现有列表”下方的“浏览”超链接，打开【选择数据源】对话框。在该对话框中选择现有的 Excel 文件“邀请单位名单.xlsx”，如图 3-120 所示。然后单击【打开】按钮，打开【选择表格】对话框，选择“Sheet1$”表格，如图 3-121 所示。然后单击【确定】按钮，打开【邮件合并收件人】对话框。在该对话框中选择所需的“收件人”，如图 3-122 所示。单击【确定】按钮，返回 Word 窗口。

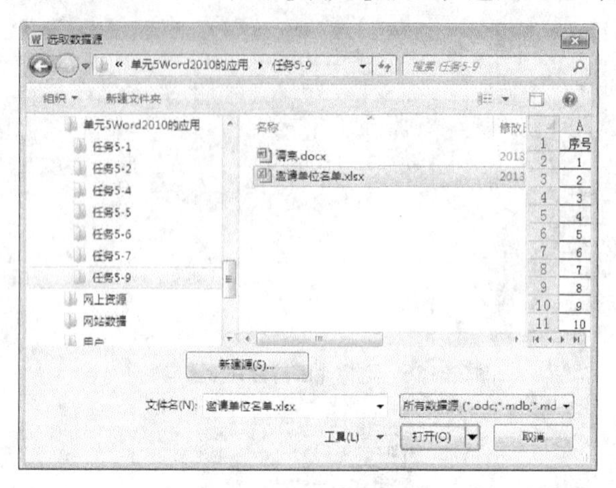

图 3-120 【选择数据源】对话框

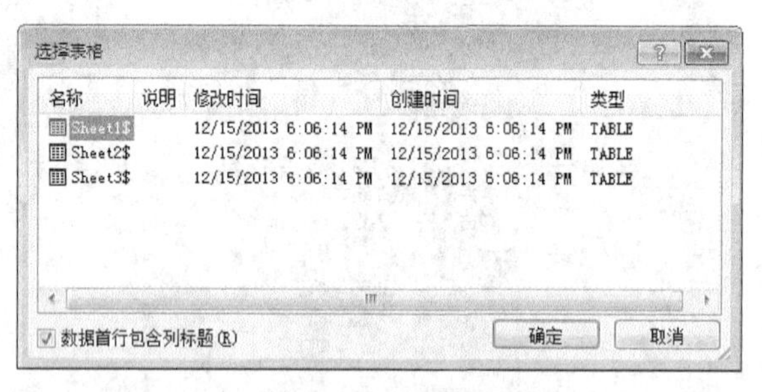

图 3-121 【选择表格】对话框

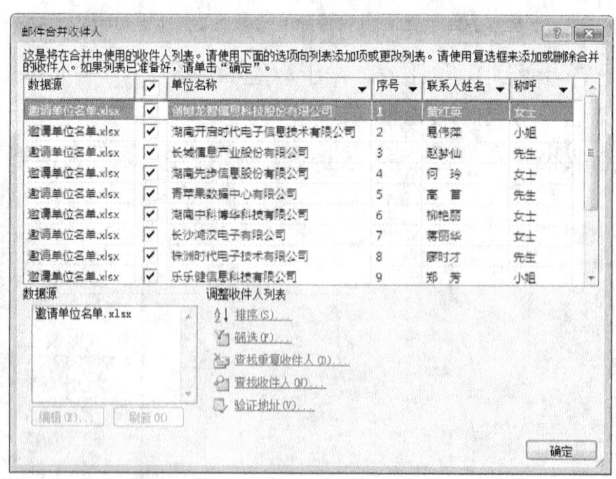

图 3-122 【邮件合并收件人】对话框

④ 在【邮件合并】任务窗格中单击“下一步：撰写信函”，进入图 3-123 所示的进入“撰写信函”任务窗格。

⑤ 将光标插入点定位于主文档中插入域的位置，在【邮件合并】任务窗格单击“其他项目”超链接，弹出【插入合并域】对话框。在“域”列表框中选择 1 个域“联系人姓名”，如图 3-124 所示，然后单击【插入】按钮，接着单击【关闭】按钮。

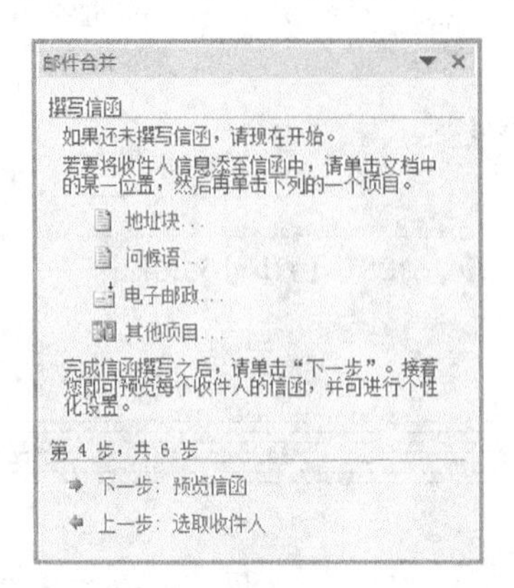

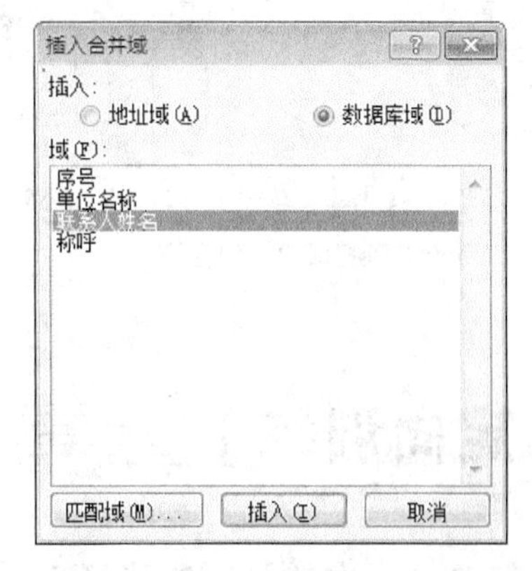

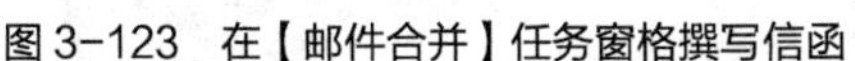

图 3-123 在【邮件合并】任务窗格撰写信函　　图 3-124 【插入合并域】对话框

使用类似方法在主文档中“联系人姓名”后面插入第 2 个域“称呼”。

⑥ 单击“下一步：预览信函”超链接，进入“预览信函”任务窗格，如图 3-125 所示。

在该窗格中单击【下一个】按钮 » 可以在主文档中查看下一个收件人信息，单击【上一个】按钮 « 可以在主文档中查看上一个收件人信息。

在该窗格中也可以单击“查找收件人”超链接，打开【查找条目】对话框，并在该对话框中选择域预览信函，还可以编辑收件人列表等。

⑦ 单击“下一步：完成合并”超链接，进入“完成合并”任务窗格，如图 3-126 所示。至此完成了邮件合并操作，接下来便可以打印文档。

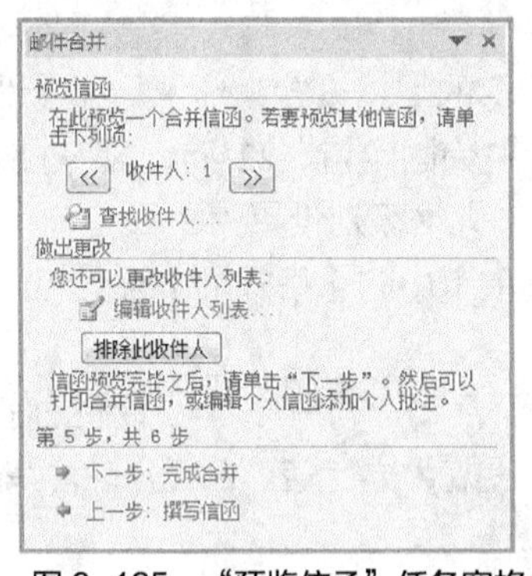

图 3-125 “预览信函”任务窗格

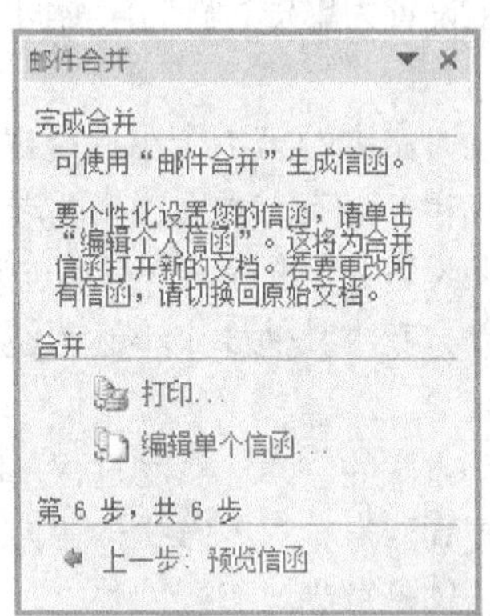

图 3-126 “完成合并”窗格

4．打印文档

在“完成合并”窗格中，单击“打印”超链接，打开【合并到打印机】对话框，如图 3-127 所示。在该对话框可以选择“全部”记录、“当前记录”或部分记录进行打印。

在【合并到打印机】对话框中选择需要打印的记录后，单击【确定】按钮，打开【打印】对话框，如图 3-128 所示。在该对话框进行必要的设置后，单击【确定】按钮，开始打印请柬。

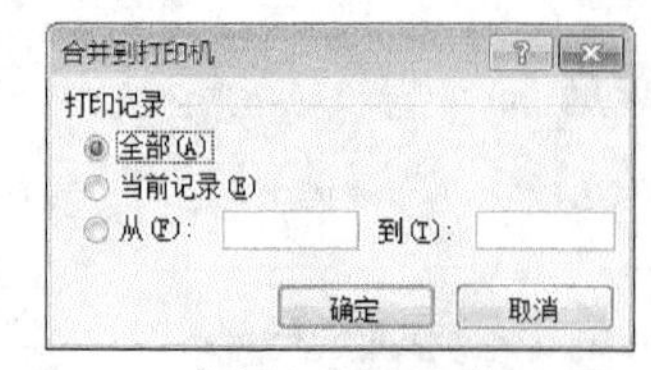

图 3-127 【合并到打印机】对话框

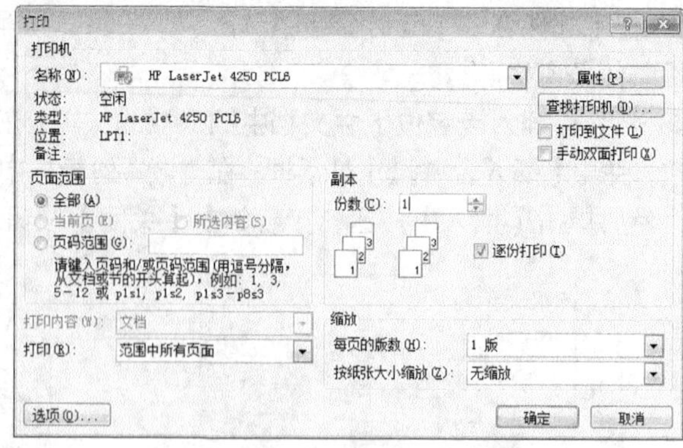

图 3-128 【打印】对话框

【定向训练】

【任务 3-9】编辑感恩节活动方案

【任务描述】

打开文件夹“任务 3-9”中的 Word 文档“感恩节活动方案.docx”，按照以下要求完成相应的操作。

（1）在封面页上方插入艺术字“感恩节活动方案”，中部插入图片“感恩节图片.gif”，下方插入艺术字“心存感恩，永不言弃”。艺术字和图片的环绕方式都设置为“嵌入型”，居中对齐。

（2）活动方案标题的字体设置为隶书，字号设置为一号，字形设置为加粗，对齐方式设置为居中，行距设置为单倍行距，段前间距设置为 6 磅，段后间距设置为 12 磅，大纲级别设置为 2 级。

（3）活动方案中的第 1 个小标题“一、活动目的”的字体设置为仿宋，字号设置为小三，字形设置为加粗，对齐方式设置为两端对齐，行距设置为固定值、22 磅，段前间距设置为 0.5 行，段后间距设置为 0.5 行，首行缩进设置为 2 字符，大纲级别设置为 3 级。

（4）活动方案中其他 5 个小标题使用【开始】选项卡中的【格式刷】设置与第 1 个小标题相同的格式。

（5）活动方案的“六、活动过程”中“5 个‘一’活动”对应 5 个小标题的字体设置为黑体，字号设置为四号，对齐方式设置为左对齐，行距设置为固定值、24 磅，首行缩进设置为 2 字符，大纲级别设置为 4 级。

（6）活动方案中正文的字体设置为楷体，字号设置为四号，对齐方式设置为两端对齐，行距设置为固定值、22 磅，首行缩进设置为 2 字符，大纲级别设置为正文文本。

（7）活动方案中“署名”和“日期”的字体设置为宋体、字号设置为四号、对齐方式设置为右对齐，行距设置为 1.5 倍行距，段前间距和段后间距都设置为 0，大纲级别设置为正文文本。

（8）上、下页边距设置为 2.4 厘米，左、右页边距设置为 3 厘米，页眉和页脚选中“奇偶页不同”复选框和“首页不同”复选框。每页设置 45 行，跨度为 13.6 磅。

（9）插入页码，页码位置为“页面底端 - 普通数字 2”，首页不显示页码。

【操作提示】

（1）“感恩节活动方案”封面页的效果如图 3-129 所示。

（2）选择【视图】选项卡“显示”区域中的“导航”窗格复选框，在 Word 2010 窗口的左侧将可以查看该文档的文档结构图。“感恩节活动方案”正文的文档结构如图 3-130 所示。

图 3-129 “感恩节活动方案”封面页的效果图

导航
搜索文档
201×年感恩节活动方案
一、活动目的
二、活动时间
三、活动地点
四、活动参加对象
五、活动前期准备
六、活动过程
（1）浏览一次感恩节网站和举办一次主题班会
（2）读一篇《感恩的心》故事
（3）唱一首《感恩的心》歌曲
（4）寄一张感恩的明信片
（5）写一段祝福，将感激铭记心中

图 3-130 “感恩节活动方案”正文的文档结构图

【任务 3-10】制作网站备案表

【任务描述】

打开文件夹“任务 3-10”中的 Word 文档“网站备案表.docx”，按照以下要求完成相应的操作。

（1）在标题“非经营性网站备案表”下面插入 1 个 14 行 2 列的表格，表格宽度设置为 15 厘米，第 1 列宽度设置为 3 厘米，各行的高度最小值为 0.8 厘米。表格的对齐方式设置为左对齐，单元格的垂直对齐方式设置为居中，文字环绕设置为无。

（2）将表格的第 6 行第 2 列拆分为 6 列 2 行，适当调整各列的宽度。

（3）在表格中输入必要的文字。

“网站备案表”的外观效果如图 3-131 所示。

<table>
<tr><td>主办单位名称</td><td colspan="5"></td></tr>
<tr><td>主办单位性质</td><td colspan="5"></td></tr>
<tr><td>主办单位
有效证件号码</td><td colspan="5"></td></tr>
<tr><td>投资者或
上级主管单位</td><td colspan="5"></td></tr>
<tr><td>网站名称</td><td colspan="5"></td></tr>
<tr><td rowspan="2">网站负责人
基本情况</td><td>姓名</td><td>有效证件号码</td><td>办公电话</td><td>手机号码</td><td>电子邮箱</td></tr>
<tr><td></td><td></td><td></td><td></td><td></td></tr>
<tr><td>主办单位通信地址</td><td colspan="5"></td></tr>
<tr><td>网站接入方式</td><td colspan="5"></td></tr>
<tr><td>服务器放置地</td><td colspan="5"></td></tr>
<tr><td>网站首页网址</td><td colspan="5"></td></tr>
<tr><td>网站域名列表</td><td colspan="5"></td></tr>
<tr><td>IP 地址列表</td><td colspan="5"></td></tr>
<tr><td>网站接入服务
提供单位名称</td><td colspan="5"></td></tr>
<tr><td>需前置审批或
专项审批的内容</td><td colspan="5"></td></tr>
</table>

图 3-131 “网站备案表”的外观效果

【任务 3-11】制作毕业证书

【任务描述】

打开文件夹"任务 3-11"中的 Word 文档"毕业证书.docx"，按照以下要求完成相应的操作。

（1）纸张大小设置为 16 开（18.4 厘米×26 厘米），上、下、左、右边距都设置为 2 厘米，纸张方向设置为横向。

（2）将文档页面平分为 2 栏，宽度都为 28 字符，两栏之间的间距为 3.4 字符。

（3）证书编号、姓名、性别、专业名称、学制、学习起止日期对应内容的字形都设置为加粗，将校名的字体设置为华文行楷，字号设置为小二，字形设置为加粗。

（4）页脚位置的左端插入文字"中华人民共和国教育部学历证书查询网址：http://www.chsi.com.cn"，右端插入文字"明德学院监制"，中间按【Tab】键进行分隔。

（5）在页面左栏顶端插入校训的艺术字"博学笃行　明德求真"，艺术字的字体为宋体，字号为 40，字形为加粗。

（6）在页面左栏中部插入竖排文本框，文本框输入文字"照片"，文字纵向居中对齐。该文本框的高度为 6 厘米，宽度为 4 厘米，环绕方式为上下型，水平对齐方式为相对于栏居中，垂直对齐方式为相对于页面居中；左、右、上、下内部边距都设置为 0。

（7）在页面右栏顶端文字"普通高等学校"的下一行插入艺术字"毕业证书"，艺术字的字体为华文中宋，字号为 48，字形为加粗。

（8）在校名"明德学院"位置插入印章图形。该印章的环绕方式设置为"浮于文字上方"，大小缩放的高度和宽度都设置为 20%。

（9）以本文档为主文档，以同一文件夹中的的 Excel 文档"毕业生名单.xlsx"作为数据源。在本文档的证书编号、姓名、性别、专业名称、出生日期对应位置插入 8 个域，实现邮件合并功能。

（10）预览毕业证书的外观效果。

【操作提示】

（1）分栏的操作方法如下：将光标置于待分栏的页面，在【页面布局】选项卡"页面设置"区域单击【分栏】按钮，弹出如图 3-132 所示的【分栏】下拉菜单。在该下拉菜单中选择【更多分栏】命令，打开【分栏】对话框，在"栏数"数字框中输入"2"。选中"栏宽相等"复选框，在"宽度"数字框中输入"28 字符"，在"间距"数字框中输入"3.4 字符"，如图 3-133 所示。

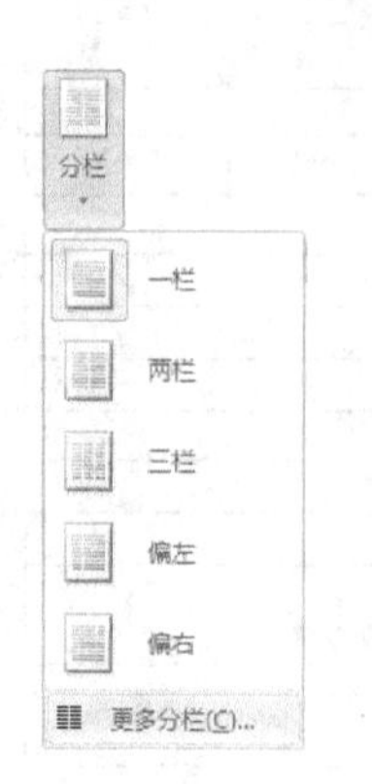

图 3-132　"分栏"下拉菜单

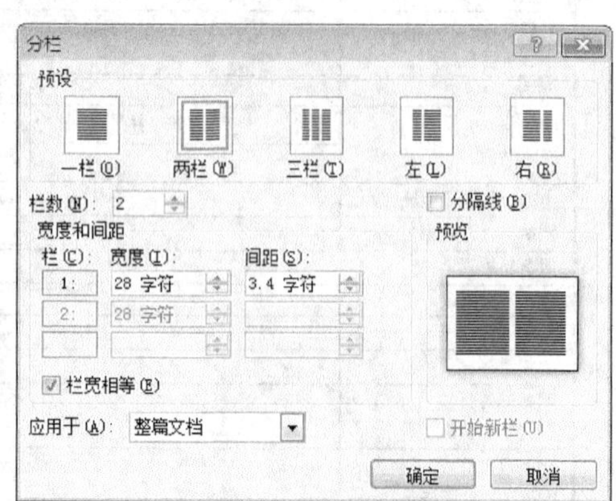

图 3-133　【分栏】对话框

（2）毕业证书的预览效果如图 3-134 所示。

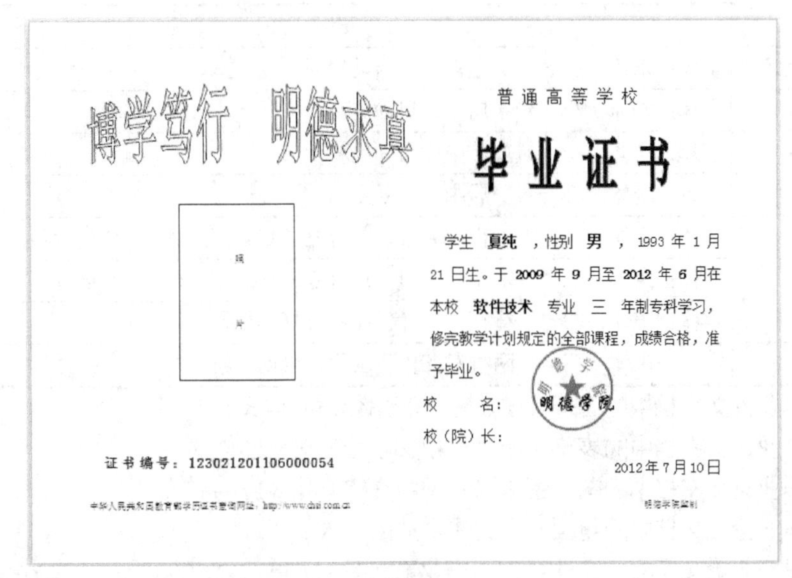

图 3-134　毕业证书的预览效果

【任务 3-12】编辑毕业论文

【任务描述】

打开文件夹“任务 3-12”中的 Word 文档“毕业论文－基于 Web 服务的网上书城系统的分析与设计.docx”，按照以下要求完成相应的操作。

（1）创建如表 3-11 所示的各个样式。

表 3-11　文档“毕业论文－基于 Web 服务的网上书城系统的分析与设计.docx”中的样式

样式名称	格式定义
一级标题	字体：黑体，三号，居中。段落间距：段前 30 磅，段后 30 磅。1 级，自动更新
二级标题	字体：小二，加粗，居中，首行缩进：0.74 厘米。段落间距：段前 15 磅，段后 15 磅。2 级，自动更新
三级标题	字体：黑体，四号，左对齐。首行缩进：2 字符。段落间距：段前 6 磅，段后 6 磅。3 级，自动更新
四级标题	字体：宋体，小四号，加粗。左对齐，首行缩进 2 字符。段落间距：段前 6 磅，段后 6 磅。4 级，自动更新
小标题	字体：宋体，小四号，加粗。两端对齐，首行缩进 2 字符。5 级，自动更新
正文中的步骤	字体：宋体，小四号。左对齐，首行缩进 2 字符。6 级，自动更新
正文	字体：宋体，小四号。两端对齐，首行缩进 2 字符。行距：固定值 23 磅，自动更新
表格标题	字体：宋体，五号。居中。行距：固定值 23 磅。自动更新
表格居中文字	字体：宋体，小五号。居中。自动更新

续表

样式名称	格式定义
表格左对齐文字	字体：宋体，小五号。左对齐，自动更新
图格式	字体：宋体，小四号。居中，自动更新
图中文字	字体：宋体，小五号。居中，自动更新
图标题	字体：宋体，小五号。居中，自动更新
封面标题 1	字体：宋体，三号，加粗。居中，首行缩进 0 字符。行距：2 倍行距，自动更新
封面标题 2	字体：隶书，二号，加粗。居中，首行缩进 0 字符。行距：2 倍行距，自动更新
封面标题 3	字体：宋体，四号。行距：1.5 倍行距，自动更新
封面标题 4	字体：宋体，四号。两端对齐，下画线，自动更新

（2）对毕业论文文档中的各级标题、正文套用合适的样式。

（3）对毕业论文文档中的表格标题、表中文字套用对应的样式。

（4）对毕业论文文档中的图、图题以及图中文字套用对应的样式。

（5）对毕业论文文档中的封面文字套用合适的样式。

（6）创建毕业论文模板。文件名为“毕业论文模板.dotx”，保存在同一个文件夹。

（7）在文档中“封面”、“摘要”、“目录”、“致谢”等内容的结束位置以及各章的结束位置插入“下一页”分节符。

（8）在文档偶数页中的页眉位置插入毕业论文题目“基于 Web 服务的网上书城系统的分析与设计”，在文档奇数页中的页眉位置插入各章的标题，首页不插入页眉。

（9）在文档的摘要、目录页中插入罗马数字的页码，在文档正文的各章中插入阿拉伯数字的页码，且要求连续编写页码，首页不插入页码。

（10）自动生成目录内容，插入在目录页中，但目录内容不包括目录页之前的各节中的标题，也不包括“目录”标题。

【操作提示】

（1）在文档偶数页中的页眉位置插入毕业论文题目“基于 Web 服务的网上书城系统的分析与设计”，在文档奇数页中的页眉位置插入各章标题，其实现方法如下。

首先在【页面设置】对话框【版式】选项卡“页眉与页脚”区域选中“奇偶页不同”复选框。其次在每一章结束位置插入“下一页”分节符。在第 1 章偶数页中的页眉位置插入毕业论文题目“基于 Web 服务的网上书城系统的分析与设计”，在第 1 章奇数页中的页眉位置插入第 1 章的标题。

将光标插入点定位到第 2 章奇数页的页眉位置，在【页眉和页脚工具】的【设计】选项卡“导航”区域，单击【链接到前一条页眉】按钮 链接到前一条页眉。取消该按钮的选中状态，即当前节的页眉内容与前一节不同。然后在第 2 章奇数页的页眉位置重新输入第 2 章的标题，以后各章的操作方法与此类似，使每一节奇数页中页眉内容与前一节不同。

在文档中实现首页不插入页眉的方法是：在【页面设置】对话框【版式】选项卡“页眉与页脚”区域，选中“首页不同”复选框即可。

（2）在文档正文的各章中插入阿拉伯数字的页码，实现连续页码且首页不插入页码，其方法如下：首先在【页眉和页脚工具】的【设计】选项卡选中复选框“首页不同”，然后在【页码格式】对话框的数字格式下拉列表框中选择“1，2，3，…”，在第 1 章插入页码时选中“起始页码”单选按钮，且在其右侧的数字框中输入“1”，在第 2 章及以后各章插入页码时，选中“续前节”单选按钮，如图 3-135 所示。

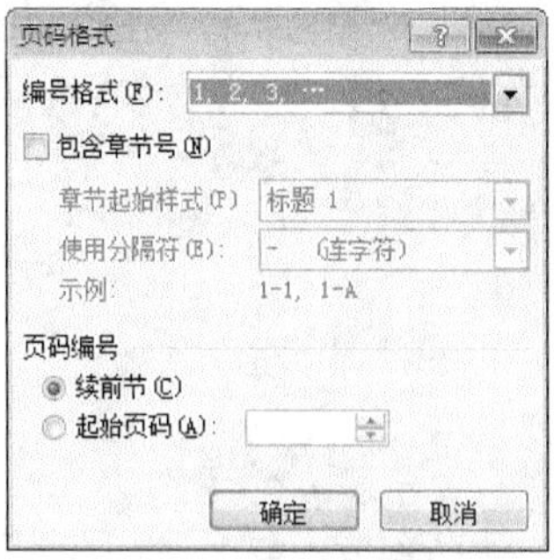

图 3-135 在【页码格式】对话框中编排页码

（3）插入目录的方法如下：将光标插入点定位到插入目录的位置。在【引用】选项卡“目录”区域，单击【目录】按钮，在弹出的下拉列表中选择【插入目录】命令，如图 3-136 所示。打开【目录】对话框，切换到【目录】选项卡。在该对话框中进行目录格式设置，如图 3-137 所示。单击【确定】按钮，即可以自动生成目录。

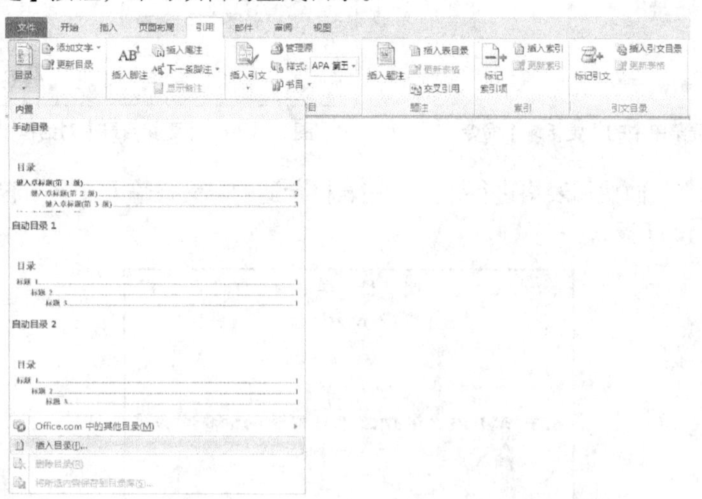

图 3-136 在【目录】下拉列表中选择【插入目录】命令

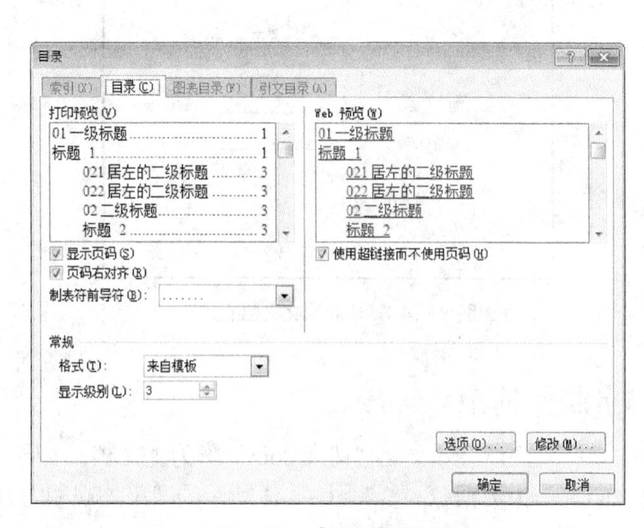

图 3-137 【目录】对话框

如果需要更新目录的文字内容或页码，将光标移动到目录区域，单击鼠标右键，在弹出的快捷菜单中选择【更新域】命令，如图 3-138 所示。在弹出的【更新目录】对话框中，根据需要选择“只更新页码”单选按钮，如图 3-139 所示，或者选择“更新整个目录”，然后单击【确定】按钮。

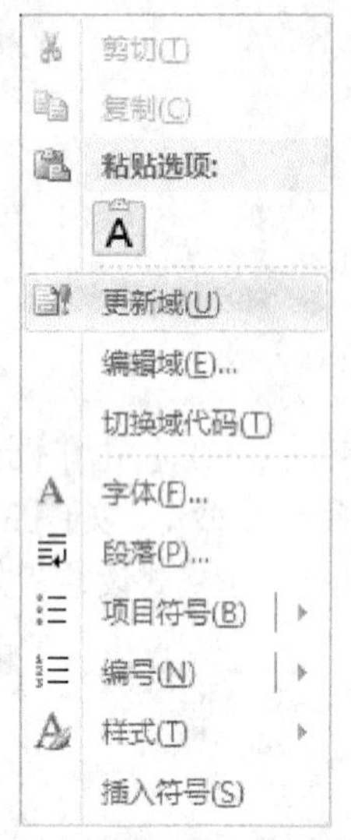

图 3-138　快捷菜单中的【更新域】命令

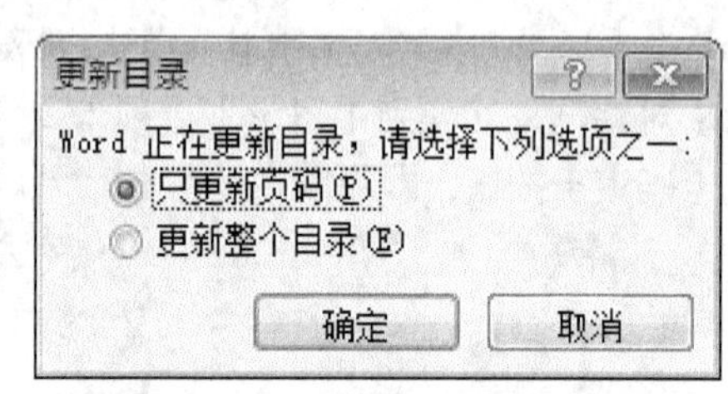

图 3-139　【更新目录】对话框

（4）毕业论文封面使用表格进行布局，在表格合适的单元格输入文字内容，且设置其合适的格式，如图 3-140 所示。

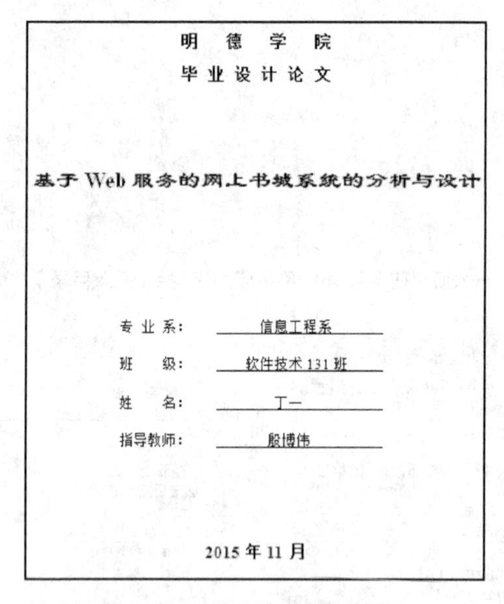

图 3-140　毕业论文文档的封面

【任务 3-13】制作请柬

以文件夹“任务 3-13”中的 Word 文档“请柬.docx”作为主文档，以同一文件夹中的 Excel 文档“邀请单位名单.xlsx”作为数据源，参考图 3-141 所示的请柬外观和内容使用 Word 的邮件合并功能制作请柬。

兹定于2014年12月28日，在湖南宾馆召开产品推介会，并于12月8日上午10时28分举行开幕典礼，敬备酒宴恭候，敬请光临指导。

湖南蓝天电脑有限责任公司

2014年12月5日

Welcome

诚挚的邀请

诚 意 邀 请

SINCERE INVITATION

TO 致：创博志智信息科技股份有限公司

黄红英 女士

ATTEND 参加：产品推介会

DATE 日期：2014 年 12 月 8 日

TIME 时间：上午 10:28

ADDRESS 地点：湖南宾馆

INVITER 邀请人：湖南蓝天电脑有限责任公司

图3-141 请柬的外观效果

【创意训练】

【任务3-14】编辑实习总结

打开文件夹“任务3-14”中的Word文档“网页制作实习总结.docx”，参考图3-142所示的外观效果自行设置该文档的字符格式、段落格式和页面格式，且进行保存。

网页制作实习总结

时间一晃而过，转眼间网页制作实习已接近尾声。在这次实习中可以说是有喜也有忧，喜的是和同事们工作相处中，自己慢慢转变为一个社会人，自身实践经验和工作能力得到提高，忧的是自己还有许多方面有待于提高。

记得初到公司时，我对公司的了解仅仅局限于公司网站的简单介绍。但是，在同事们帮助下，我不仅加深了对公司的了解，而且很快就掌握和熟悉了本岗位的工作要求，严格做到按时按量完成网页制作，保证制作的页面与效果图的一致性和页面在各个浏览器中的兼容性。同时，注意用户体验问题，站在用户的角度浏览网页，以提高网站的浏览量。

短短三个月的时间，我学到了很多专业知识，能够得心应手开展工作。能够在一个和谐的环境中，开心地工作，可以说都是受益于各位领导的栽培和各位同事的赐教。

虽然能胜任本职工作，但是社会在不断地进步，技术在不断地发展，我需要进一步增强开拓创新精神，以更好的质量、更高的效率、更扎实的作风做好本职工作。

总结人：丁一

201×年6月6日

图3-142 “网页制作实习总结”的外观效果

【任务 3-15】制作培训推荐表

打开文件夹“任务 3-15”中的 Word 文档“教师培训推荐表.docx”，参考图 3-143 所示的表格外观效果插入一个表格，且设置表格及内容的格式。

教师培训推荐表

教师姓名		性别		出生年月		
技术及行政职务			职业资格证书			
E-Mail			联系电话			
工作单位及部门			通信地址			
			邮政编码			
主要授课情况	课程名称①		学时数		讲授次数	
	课程性质（画√）	□学校重点建设课程　□专业主干课程　□其他				
	课程名称②		学时数		讲授次数	
	课程性质（画√）	□学校重点建设课程　□专业主干课程　□其他				
	教学研究成　果					
学习经历						
职业技能水平，技术服务（培训）简况						
参加培训项目			承办单位			
			培训时间			
院（系）推荐意见（盖章）	签章　年　月　日					
教务处推荐意见（盖章）	签章　年　月　日					
培训期间参加职业技能鉴定情况						

图 3-143　教师培训推荐表

【任务 3-16】制作试卷

打开文件夹“任务 3-16”中的 Word 文档“《应用数学》考试试卷.docx”，按照以下要求完成相应的操作。

（1）纸张大小设置为自定义大小，宽度设置为 37 厘米，高度设置为 26 厘米。

（2）页边距上为 1.5 厘米，下为 2.25 厘米，左为 3.17 厘米，右为 2.5 厘米，装订线位置为左，装订线为 1 厘米，方向为横向。

（3）整篇文档分为 2 栏，每 1 栏的宽度为 40 字符，间距为 1.89 字符。

（4）在试卷左侧装订线位置插入 1 个文本框。该文本框的高度为 20.64 厘米，宽度为 1.67 厘米，文字方向为从下向上，文本框中包括 2 行文字。第 1 行内容如下：班级姓名学号任课教师出卷教师审核人。第 2 行的内容如下：装订线。

（5）根据试题内容插入多个公式。

（6）插入闸门的形状和尺寸示意图。

（7）设置试卷中标题和内容的格式。

（8）预览试卷的外观效果，并根据需要进行适当的调整。

【任务 3-17】制作自荐书

打开文件夹“任务 3-17”中的 Word 文档“自荐书.docx”，完成以下任务。

任务 1：参考图 3-144 所示的“自荐书”封面的外观效果制作好“自荐书”的封面。

图 3-144 “自荐书”的封面

任务 2：参考图 3-145 所示的"自荐信"的外观效果和文字内容编辑加工好"自荐信"。

自荐信

尊敬的王先生：

您好！

在网站上获知贵公司招聘 Web 程序员的信息，我激动地带上我在明德学院优秀的学习经历以及对诺克斯公司的热情，向贵公司投递简历，申请 Web 程序员一职。

我是明德学院软件技术专业××届毕业的应届专科毕业生，除了 3 年软件技术专业学习的经历以外，我还在多个网站开发项目、顶岗实习等实践活动和课外活动中体现出我的专业能力和综合素质。在校期间，我勤奋学习专业知识，努力把理论知识运用到实践中去，曾参与精工广告公司、思创电器公司的网站开发，曾在长沙创智软件开发有限公司实习，这些实践活动不仅锻炼了我的网站开发能力，也积累了与人沟通、团队协作的经历，培养了自己的合作精神。我曾参加湖南省应用程序设计技能大赛，荣获一等奖。所有这一切都为我应聘贵公司的 Web 程序员做好了充分的准备。

非常感谢您能在百忙之中抽出时间来阅读我的求职信。同时我也万分期待能够在您方便的时候与您见上一面，给我一个机会来向您展示自信的我。

顺祝贵公司事业欣欣向荣！也祝您工作顺利！

自荐人：丁一

201×年 6 月 18 日

图 3-145 自荐信

任务 3：参考图 3-146 所示的"个人简历"的外观效果和文字内容编辑、加工好"个人简历"。

<table>
<tr><th colspan="6">个 人 简 历</th></tr>
<tr><td>应聘职位</td><td colspan="5">程序员、Web 程序员、ASP.NET 程序员、Java 程序员</td></tr>
<tr><td rowspan="6">个人基本信息</td><td>姓　　名</td><td>丁一</td><td>性　　别</td><td>男</td><td rowspan="4">照片</td></tr>
<tr><td>出生日期</td><td>1995 年 6 月 18 日</td><td>学　　历</td><td>大专</td></tr>
<tr><td>毕业学校</td><td>明德学院</td><td>专　　业</td><td>软件技术</td></tr>
<tr><td>籍　　贯</td><td>湖南湘潭</td><td>政治面貌</td><td>中共党员</td></tr>
<tr><td>身份证号</td><td>430181199206184217</td><td>通信地址</td><td colspan="2">长沙时代大道×××号（410007）</td></tr>
<tr><td>E-mail</td><td>dingyi@163.com</td><td>联系电话</td><td colspan="2">1520733****（手机）
0731-2244****（宅电）</td></tr>
<tr><td>自我评价</td><td colspan="5">（1）熟练使用 SSH 框架和常用设计模式进行软件开发
（2）熟练掌握常用程序设计语言、网页设计工具和网页布局方法
（3）积累了 1 年多的 B/S 架构开发经验，具备了动态网站的开发能力
（4）熟悉数据库设计技术和数据库访问技术，会进行用例分析及数据库建模
（5）有良好的开发习惯和设计思路，有较好的学习能力及团队精神
（6）有良好的英语文档阅读能力，有较强的听、说能力</td></tr>
<tr><td>教育经历</td><td colspan="5">2012.9－2015.7：明德学院　软件技术专业　专科</td></tr>
<tr><td>获奖与证书</td><td colspan="5">2012：获取英语四级证书
2013：通过信息产业部的软件设计师水平考试
2014：参加湖南省应用程序设计技能大赛，荣获一等奖</td></tr>
<tr><td>实践经历</td><td colspan="5">2013/07－2013/10：参与精工广告公司和思创电器公司的网站开发，主要从事 JSP、Struts、ASP.NET 等代码编写与网站测试，完成了用户注册、用户登录、商品展示、购物车、订单处理等模块的设计与测试
2014/02至今：长沙创智软件开发有限公司实习，参与了湘江机电有限公司生产管理信息系统开发和实施全过程，主要完成了设备管理、客户管理等模块的编码，还完成了多个模块的报表设计和文档编制等工作</td></tr>
<tr><td>专业技能</td><td colspan="5">（1）掌握 Java，JSP、C#、ASP.NET
（2）掌握 HTML 和 CSS，熟悉 Dreamweaver 等网页设计工具
（3）熟悉 JavaScript、XML 等常用 Web 开发技术
（4）熟悉 Struts，Hibernate，Spring 等框架
（5）熟悉 SQL Server、Oracle 数据库的设计
（6）熟悉常用的设计模式、数据库建模方法及 UML 软件建模方法
（7）了解 Web Service、DOM、Ajax、RUP、CVS、VSS 等
（8）了解 Flash、Photoshop、PHP、MySQL 等
（9）了解 LoadRunner、TestDirector、JTest 等测试工具的使用</td></tr>
</table>

图 3-146　个人简历

【任务 3-18】制作准考证

以文件夹“任务 3-18”中的 Word 文档“大学英语四级考试准考证.docx”作为主文档，利用同一文件夹中的 Excel 文档“大学英语四级考试学生名单.xlsx”作为数据源，使用 Word 的邮件合并功能制作准考证。插入了多个域的主文档外观如图 3-147 所示，准考证的预览效果如图 3-148 所示。

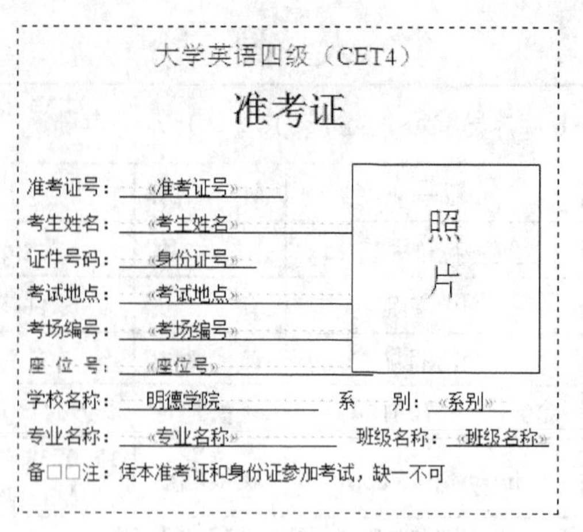

大学英语四级（CET4）

准考证

准考证号：«准考证号»
考生姓名：«考生姓名»
证件号码：«身份证号»
考试地点：«考试地点»
考场编号：«考场编号»
座 位 号：«座位号»
学校名称：明德学院　系　别：«系别»
专业名称：«专业名称»　班级名称：«班级名称»
备□□注：凭本准考证和身份证参加考试，缺一不可

照片

图 3-147　插入多个域的主文档外观

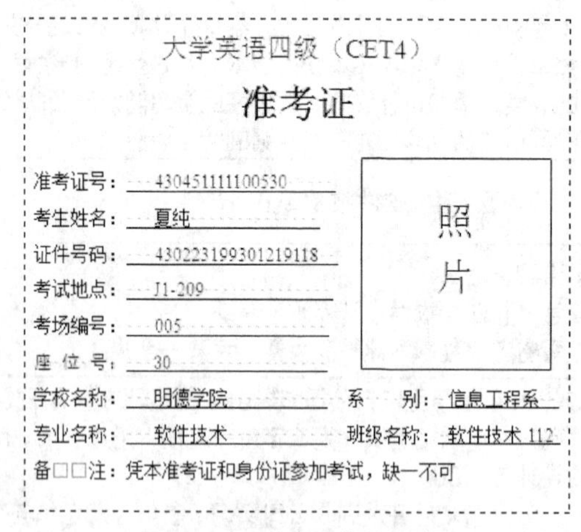

大学英语四级（CET4）

准考证

准考证号：430451111100530
考生姓名：夏纯
证件号码：430223199301219118
考试地点：J1-209
考场编号：005
座 位 号：30
学校名称：明德学院　系　别：信息工程系
专业名称：软件技术　班级名称：软件技术 112
备□□注：凭本准考证和身份证参加考试，缺一不可

照片

图 3-148　准考证的预览效果

【单元小结】

本单元首先对党政机关公文的格式规范、正式出版物的格式规范和教学资源库文本资源的格式规范进行了详细介绍。

然后对启动 Word 2010、退出 Word 2010、Word 窗口的基本组成及其主要功能、创建新文档、保存文档、关闭文档和打开文档等基础知识和操作方法进行了说明。

其次以任务驱动方式，使用实例对 Word 2010 的基本操作、Word 文档的格式设置、Word 文档的页面设置与文档打印、Word 的表格操作、Word 的图文混排、Word 的邮件合并等方面的基本知识和操作方法进行了详细阐述。

同时，对编辑感恩节活动方案、制作网站备案表、制作毕业证书、编辑毕业论文、制作请柬、编辑实习总结、制作培训推荐表、制作自荐书、制作试卷、制作准考证等方面的技能进行了专门训练，使学习者熟练地掌握了 Word 2010 的基本功能及其使用，并能在学习和工作中进行有效运用。

【单元习题】

（1）正确进入 Word 2010 的方法是（　　）。

A. 利用 Windows 7 的【开始】菜单启动

B. 利用 Windows 7 的桌面快捷图标启动

C. 利用最近打开过的文档启动

D. 以上方法都行

（2）正确退出 Word 2010 的键盘操作应按（　　）组合键。

A.【Shift + F4】　B.【Alt+ F4】　C.【Ctrl + F4】　D.【Ctrl + Esc】

（3）Word 2010 文档的扩展名为（　　）。

A. dotx　B. txt　C. docx　D. bmp

（4）在 Word 2010 中查找、替换和（　　）3 项功能被合并到一个对话框中。

A. 全选　B. 定位　C. 复制　D. 粘贴

（5）在 Word 2010 中，使用标尺可以直接设置缩进，标尺的顶部三角形标记代表（　　）。

A. 左端缩进　B. 右端缩进　C. 首行缩进　D. 悬挂式缩进

（6）在 Word 2010 中，【边框和底纹】对话框共有 3 个标签页，分别是边框、底纹和（　　）。

A. 页面底纹　B. 页面边框　C. 表格底纹　D. 表格边框

PART 4

单元 4 Excel 电子表格的数据处理与统计分析

Excel 2010 具有计算功能强大、使用方便、有较强的智能性等优点，不仅可以制作各种精美的电子表格和图表，还可以对表格中的数据进行分析和处理，是提高办公效率的得力工具，被广泛应于财务、金融、统计、人事、行政管理等领域。

【规范探究】

养成良好的数据处理习惯，即可将表格数据中的错误率降到最低限度，同时为数据的使用与分析提供便利，不但可以大大提高表格数据的使用效率，而且可以保证数据分析的质量。

1．数据管理的基本规则

数据管理有其自身规律，只有按其规律处理数据，才可获得有效的分析信息。只有遵循数据管理的基本规则，才可以保证表格结构的合理性和表格数据的准确性，为后续表格数据的管理和分析提供保障。

（1）合理搭建表格的结构，为数据的使用和分析奠定基础

首先应当明确管理目标，在明确管理目标的基础上拆分管理内容，并从中抽取每一个待管理的具体项目，以此作为表格结构的组成。例如对于需要管理的项目独立成列，并以表头字段名形式横向罗列，数据序列尽量纵向延伸。

（2）控制表格数据的准确性和有效性，以保证分析结果的精度

表格数据的准确和有效，直接关系到后期数据分析的结果，为此，尽量减少手工输入过程，以保证数据准确、有效，具体原则如下。

①凡是已经存在或可以通过加工获得的数据，尽量利用等于号（“=”）获得数据，避免数据的二次输入，以保证数据的可跟踪性。利用等于号可以控制已经存在数据的跟踪关系，包括存在于其他电子表格中的数据，以及可以用公式建立关系的数据。

②利用导入功能处理批量数据的输入和更新，避免复制粘贴。

③利用填充功能建立有规律的序列表头内容，避免表间关联问题。

2．表格结构与表格数据的基本要求

① 表格结构明确、合理，表头结构与管理目标的逻辑关系正确。

② 表格数据有效、准确，表格数据的格式统一、规范，图表含意明确、易读、美观，统计灵活可靠且结果准确。

③ 能够灵活运用数据分析方法从表中提取有用信息，直观显示与决策相关的信息。

3．科学规划与设计电子表格的结构

表格结构将直接影响到数据的使用和分析的结果，要想用数据说明管理问题，就必须按管理目标搭建合理的表格结构、避免产生垃圾数据，才能获得精准的管理信息。

表格创建过程实质上是针对某一管理目标，使用数学方法搭建管理模型的过程，因此需要考虑4个方面的内容。

（1）明确管理目标

用语言准确地描述管理目标，重点是在目标描述中应包含与管理目标密切相关的关键词，以便确定待管理的项目。

（2）确定管理项目

通过管理目标描述中的一些关键词，分析并确定待管理的项目内容，并为不同的项目设置名称。如果项目名称所辖的一组数据在表格中以纵向排列，则该项目名称则为“字段名”；如果项目名称所辖的一组数据在表格中以横向排列，则称为“记录名”。

（3）合理搭建表格结构

搭建表格结构的过程，就是将离散的数据组织在一个二维的数据组中，并使两组数据发生联系。所以，在确定表格结构时，通常将管理项目中的“字段名”罗列于表格框架的顶部第1行，形成“上表头”行；将管理项目中的“记录名”罗列于表格框架的左侧第1列，形成“左表头”列。

实际制表过程中经常会遇到两类数据：文本型表头数据、数据型的数据。文本型表头数据用于标识表格待管理项目的名称，如上表头行和左表头列中的名称。数据型的数据包括原始数据和使用公式得到的加工数据，原始数据是表格录入的基础数据，必须手工输入，它是数据管理或跟踪检查时需要重点监控的内容。凡需要通过计算获得的数据称为加工数据，此类数据应避免手工输入，以保证在数据管理过程中可以运用跟踪方法监控其准确性。

（4）确定表格数据与图表的对应关系

在数据分析过程中，常常运用图表夸张地显示表格信息。默认情况下用表格数据生成图表时，表格结构的“字段名”将作为图表X轴选项卡，显示于X轴下方；“记录名”将作为图表的图例，显示于图表框右侧。

例如，对于一个销售管理表格，其管理目标是比较本单位各部门之间的各项销售指标，该目标中包括3个关键词“比较”、“各部门”、“销售指标”，其中“销售指标”是指销售额、成本、利润和利润率等待比较数据，“各部门”的数据可用于计算合计值、平均值等统计数据。“销售指标”和“各部门”两组数据就构成了表格结构的主体框架，即上表头各列的字段名为“销售指标”，左表头各行记录的名称为“部门”。管理目标中的“比较”确定了数据管理性质，如果使用图表显示分析结果，则决定了图表的类型，可以选择“直方图”类型中的“柱形图”。

4．整理数据的基本原则

（1）分类原则

凡需要分类汇总的项目，必须在建立表格时独立设置为一列，并赋予相应的名称，避免将两类信息组织在同一列中。

（2）数据原则

凡是需要汇总的“列”，其数据区内应避免存在空白单元格，否则将在分类过程中被遗漏。

（3）格式原则

表格数据区中的每一列的数据格式应该统一，避免同一列数据中既含有文本值，又有数字值，否则影响排序结果和汇总统计值。

（4）顺序原则

分类汇总应遵循先“排序”后“汇总”的顺序。

5．表格的修饰

修饰表格可以增强表格数据的可读性和美观性，突出显示数据间的关系，方便对表格信息的解读。

（1）修饰数字格式

对数字进行格式修饰，可以有效地显示数据的类型，如整型、小数、百分数、货币值、日期、时间格式等。在需要控制数据精度时，一般以小数点精确值（按四舍五入规律）方式处理，百分比格式通常用于突出显示比率关系的一类信息。

（2）修饰对齐方式

为保证表格结构的可视性，尤其是表头内容的清晰显示，最常用的方法是用对齐方式加以突出。对齐方式包括水平对齐、垂直对齐和文字排列，另外，还有一些特殊设置，例如合并居中、文字环绕等。

单元格内容在水平方向的排列存在一些相对固定的规则，例如表格标题内容，应横跨内容各列居中；上表头（字段名）针对单元格居中；文字居左、数字居右；小数点要对齐等。

针对表格的标题，一般要求其文字跨越表格结构各列居中显示，Excel 提供了两种方法，即“跨列居中”和“合并后居中”，凡需要设置跨列居中的标题，建议标题文字输入于左侧第 1 个单元格中。

针对一些表头信息需要多行显示的需求，可以使用快捷键或者“自动换行”功能使工作表的一个单元格内输入多行文字。

（3）修饰格式和背景

由于工作表中默认显示的灰色格线，只用于结构编辑，不能被打印出来，通过对表格格线和背景的修饰，可以有效地将表头、原始数据和加工数据分区显示，以方便阅读。Excel 2010 在表格整体修饰方面提供了一套新的方案，以增强表格数据的易读性。

【知识梳理】

1．启动 Excel 2010

启动 Excel 2010 常用的方法如下。

方法 1：利用 Windows 7 的【开始】菜单启动

单击 Windows 7 的【开始】按钮，打开【开始】菜单，单击【所有程序】打开其列表，然后单击“Microsoft Office”打开其列表，再选择菜单项【Microsoft Excel 2010】，即可启动 Excel 2010。启动成功后，会自动创建 1 个名称为“工作簿 1”的空白文档。

图 4-1　Microsoft Excel 2010 的桌面快捷图标

方法 2：利用 Windows 7 的桌面快捷图标启动

如果在桌面设置了如图 4-1 所示的快捷图标，则双击该快捷图标也可启动 Excel 2010。

方法 3：利用已经创建的工作簿启动

在 Windows 7 的【计算机】窗口中找到已保存的 Excel 文件或其快捷方式，然后双击该 Excel

文件即可启动 Excel，并打开 Excel 窗口。

方法 4：利用最近打开过的工作簿启动

在 Windows 7 的【开始】菜单中，选择【最近使用的项目】命令，在其级联菜单中选择要打开的 Excel 文件，即可启动 Excel。

方法 5：使用【运行】对话框启动

选择【开始】菜单中的【运行】命令，在弹出的【运行】对话框中输入“Excel”，然后单击【确定】按钮，即可启动 Excel 2010。

2．退出 Excel 2010

退出 Excel 2010 常用的方法如下。

方法 1：单击 Excel 窗口标题栏右上角的【关闭】按钮 ✕ 退出

如果在退出 Excel 之前，当前正在编辑的 Excel 文件还没有存盘，则退出时 Excel 会提示是否保存对 Excel 文件的更改。

方法 2：双击 Excel 2010 标题栏左上角的控制菜单按钮 退出

方法 3：选择 Excel 2010 窗口【文件】选项卡中的【退出】命令退出

注 意

【文件】菜单中的【退出】命令是关闭所有打开的 Excel 工作簿，而【关闭】只是关闭当前的活动窗口，不会影响到其他打开的非活动 Excel 工作簿窗口。

方法 4：按【Alt+F4】组合键退出

3．Excel 窗口的基本组成及其主要功能

（1）Excel 窗口的基本组成

Excel 2010 启动成功后，屏幕上出现 Excel 2010 窗口，该窗口主要由标题栏、快速访问工具栏、功能区、编辑栏、工作表、行号、列标、滚动条、状态栏等元素组成，如图 4-2 所示。

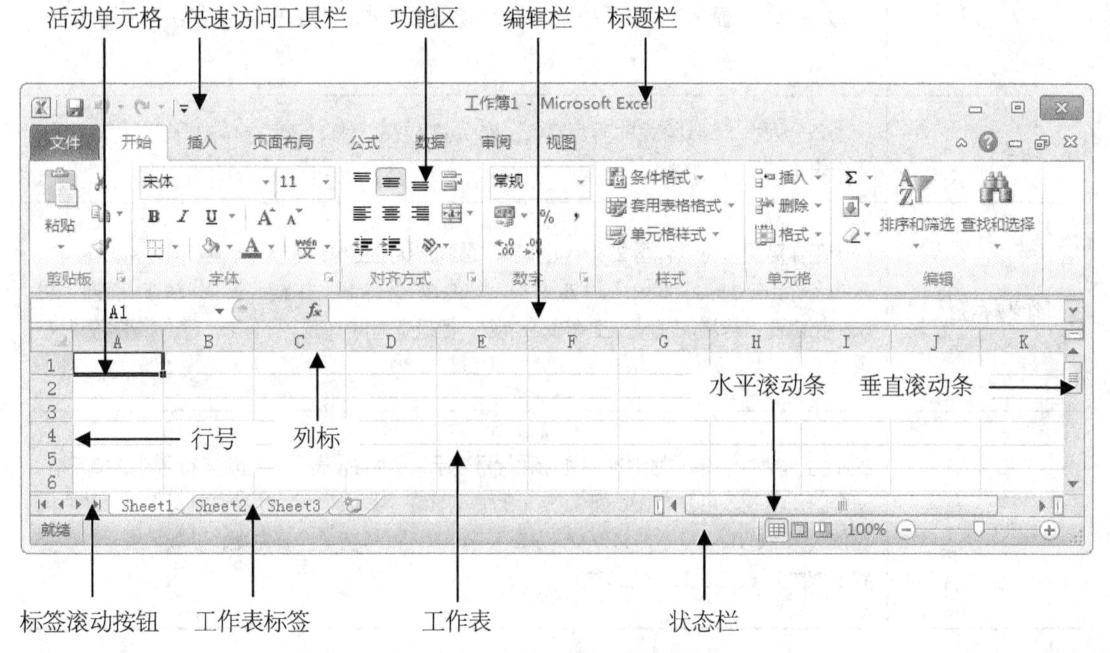

图 4-2　Excel 2010 窗口的基本组成

（2）Excel 窗口组成元素的主要功能

Excel 窗口的各个组成元素的主要功能如表 4-1 所示。

表 4-1　Excel 2010 窗口元素的功能说明

窗口元素名称	功能
标题栏	标题栏位于 Excel 窗口的最上方，用于显示应用程序名称和当前工作簿的文件名，最左侧为“控制菜单”按钮，最右侧依次为【最小化按钮】、【最大化按钮】或【还原按钮】和【关闭按钮】
控制按钮	单击控制按钮，可以打开控制菜单，控制 Excel 窗口的移动、大小及关闭
功能区	Excel 窗口的功能区位于标题栏的下方，由 8 个选项卡（【文件】、【开始】、【插入】、【页面布局】、【公式】、【数据】、【审阅】、【视图】）组成，这些选项卡包含了若干个按钮。使用鼠标单击菜单项可以打开对应的命令菜单，也可以按【Alt】键加菜单后面带下画线的字母打开菜单，例如，按【Alt+E】组合键可以打开【编辑】菜单
数据编辑区	数据编辑栏简称为编辑栏，利用它可以显示和编辑当前单元格中的数据或公式，它由 3 部分组成，自左向右依次为：名称框、工具按钮和编辑框，如图 4-3 所示。各个部分的功能如下。 （1）名称框：显示活动单元格的地址，包括 2 个部分，第 1 个大写字母表示该单元格的列标，第 2 个数字表示该单元格的行号 （2）工具按钮：单击其中 ✕ 按钮可取消单元格中的编辑，单击其中的 ✓ 按钮可确定单元格中的编辑，单击其中的 fx 按钮可以打开【插入函数】对话框选择要输入的函数 （3）编辑框：显示和编辑活动单元格中的数据或公式，并可在其中直接输入和编辑内容
滚动条	滚动条分为水平滚动条和垂直滚动条，拖动水平或垂直移动滚动条中的滑块，可以看到工作表不同位置的内容
工作表标签	一个工作簿最多可以包含 255 个工作表，系统默认的工作只有 3 个，工作表标签即工作表的名称，分别以“Sheet1”、“Sheet2”、“Sheet3”来命名，并显示在工作簿窗口底部。可以根据需要自行增加或减少工作表的个数，但最少需保留 1 个工作表，工作表标签可以重命名
行号和列标	Excel 工作表中，单元格地址由列标和行号表示，例如 E4 表示 E 列第 4 行所在的单元格。一个工作表最多可以有 256 列、65536 行。列标在工作表顶端，用英文字母编号，从左向右依次为 A、B、C、…、Z、AA、AB、…、IV；行号在工作表左端，以数字编号，从上到下依次为 1、2、3、…、65536

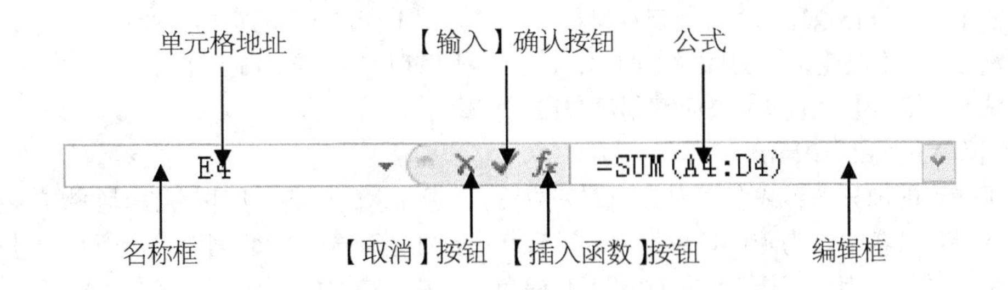

图4-3 【编辑栏】的组成及内容

4. Excel的基本工作对象

（1）工作簿

Excel的文件形式是工作簿，一个工作簿即为一个Excel文件，平时所说的Excel文件实际上是指Excel工作簿。创建新的工作簿时，系统默认的名称为"工作簿1"，这也是Excel的文件名，工作簿的扩展名为".xlsx"，工作簿模板文件扩展名是".xltx"。

工作簿窗口是用户的工作区，以工作表的形式提供给用户一个工作界面。

一本会计账簿有很多页，每一页都是记账表格，表格包括多行或多列。工作簿与会计账簿一样，一个工作簿可以包含多个工作表，用于存储表格和图表，每个工作表包含多行和多列，行或列包含多个单元格。

（2）工作表

工作表是工作簿文件的组成部分，由行和列组成，又称为电子表格，是存储和处理数据的区域，是用户主要操作对象。

单击工作表标签左侧的滚动按钮，可以查看第1个、前1个、后1个和最后1个工作表。

（3）单元格

工作表中行、列交叉处的长方形称为单元格，它是工作表中用于存储数据的基本单元。每个单元格有一个固定的地址，地址编号由"列标"和"行号"组成，例如A1、B2、C3等。单元格区域是指多个单元格组成的矩形区域，其表示方法是由左上角单元格和右下角单元格加":"组成，例如A1:C5表示从A1单元格到C5单元格之间的矩形区域。

（4）行

由行号相同，列标不同的多个单元格组成行。

（5）列

由列标相同，行号不同的多个单元格组成列。

（6）当前工作表（活动工作表）

正在操作的工作表称为当前工作表，也可以称为活动工作表。当前工作表的名称下有一下画线，用以区别于其他工作表，创建新工作簿时系统默认名为"Sheet1"的工作表为当前工作表。单击工作表标签可以切换当前工作表。

（7）活动单元格

活动单元格是指当前正在操作的单元格，与其他非活动单元格的区别是活动单元格呈现为粗线边框▭，它是工作表中数据编辑的基本单元。活动单元格的右下角处有一个小黑方块称为填充柄。

5. 创建Excel工作簿

Excel 2010创建新工作簿的常用方法如下。

方法 1：启动 Excel 2010 时，自动创建一个名为“工作簿 1”的空白工作簿。

方法 2：在【快速访问工具栏】中单击【新建】按钮创建空白工作簿。

方法 3：使用【Ctrl+N】快捷键创建空白工作簿。

6．保存 Excel 工作簿

当工作表的部分内容或全部内容输入完成后，已经输入的内容一般保存在计算机的内存中，并没有保存在硬盘中。为防止各种意外故障或断电造成工作表中的数据丢失，应及时进行保存操作。保存操作分为新创建工作簿的第 1 次保存、保存已命名的工作簿与另存为新工作簿 3 种情况，其操作方法有所区别。

（1）保存未命名的新工作簿的常用方法

方法 1：在【文件】菜单中选择【保存】命令，弹出【另存为】对话框。在该对话框定位至合适的保存位置，在“文件名”编辑框中输入文件名称，保存类型默认为“.xlsx”，因为 Excel 2010 工作簿的扩展名为“.xlsx”，然后单击【保存】按钮进行保存。

方法 2：在【快速访问工具栏】中单击【保存】按钮，也会弹出【另存为】对话框，后续操作方法如前所述。

方法 3：按钮【Ctrl+S】快捷键，也会弹出【另存为】对话框，后续操作方法如前所述。

（2）保存已命名 Excel 工作簿的方法

保存已命名 Excel 工作簿的方法与第 1 次保存新工作簿的方法相似，由于保存已命名 Excel 工作簿时保存位置和文件名已确定，不会弹出【另存为】对话框，直接在原工作簿中进行保存操作。

（3）将已有 Excel 工作簿另存为新工作簿的方法

在【文件】选项卡中选择【另存为】命令，弹出【另存为】对话框。在该对话框中更改保存位置或者文件名，然后单击【保存】按钮即可。如果保存位置和文件名都没有改变，则会覆盖同名 Excel 工作簿。

Excel 提供了自动保存功能，只要到达指定的时间间隔，系统便会自动进行保存工作，可有效避免因断电或其他意外情况造成数据丢失。

7．关闭 Excel 工作簿

关闭文档常用的方法如下。

方法 1：选择【文件】选项卡中的【关闭】命令。

方法 2：从“控制菜单”中选择【关闭】命令。

方法 3：单击标题栏中右上角的【关闭】按钮。

方法 4：按【Alt+F4】组合键。

8．打开 Excel 工作簿

打开 Excel 工作簿的常用方法如下。

方法 1：利用 Windows 7 的【计算机】窗口浏览文件夹和文件后，在需要打开的 Excel 工作簿文件名上双击鼠标左键，便可以启动 Excel 并打开该工作簿。

方法 2：选择【文件】选项卡中的【打开】命令，或者在快速访问工具栏中单击【打开】按钮，弹出【打开】对话框，在该对话框选择待打开工作簿所在的驱动器名称、文件夹名称，然后选中待打开的 Excel 工作簿，接着单击【打开】按钮即可打开工作簿。也可以在文件名列表框中双击文件名打开选择的工作簿。

方法 3：如果要打开的工作簿是最近使用过的 Excel 工作簿，并且【文件】选项卡“最近所用文件”列表中列出了文件名，单击需要打开的文件名即可打开工作簿。

4.1 Excel 2010的基本操作

【任务4-1】"应聘企业通信录.xlsx"的基本操作

【任务描述】

① 打开文件夹"任务4-1"中的Excel文件"应聘企业通信录.xlsx"，然后另存为"应聘企业通信录2.xlsx"。

② 在工作表"Sheet1"之前插入1个新工作表"Sheet4"，将工作表"Sheet4"移到"Sheet3"的右侧。

③ 将工作表"Sheet1"重命名为"应聘企业通信录"。

④ 将工作表"Sheet4"删除。

⑤ 在序号为4的行下面插入1行。

⑥ 在标题为"联系人"的左侧插入1列。

⑦ 删除新插入的行和列。

⑧ 打开文件夹"任务4-1"中的Excel工作簿"应聘企业通信录2.xlsx"，在应聘职位为"网站开发"的单元格上方插入1个单元格，然后删除新插入的单元格。

⑨ 将应聘职位为"网站开发"的单元格复制到单元格"C12"的位置。

【方法集锦】

1. Excel工作表的基本操作

Excel 2010中，默认情况下一个工作簿包括3个工作表，可以选择其中一个工作表进行操作，也可以插入、删除工作表，还可以对工作表进行复制、移动和重命名等操作。

（1）工作表的选定

① 选定单个工作表。单击要选定的工作表标签，使其变成白色，成为当前活动工作表即可。

② 选定多个工作表。

a. 选定多个连续的工作表，在选定第1个工作表之后，按住【Shift】键，然后单击最后一个工作表标签。

b. 选定多个不连续的工作表，在选定第1个工作表之后，按住【Ctrl】键，然后逐个单击工作表标签选定其他工作表。

c. 选定多个工作表后，在Excel窗口标题栏中可以看到工作簿名称后添加了"[工作组]"字样，表示选定了多个工作表。如果想取消工作组，在工作表标签上单击鼠标右键，在弹出的快捷菜单中选择【取消组合工作表】命令即可。

③ 选定全部工作表。在任意工作表标签上单击鼠标右键，在弹出的快捷菜单中选择【选定

全部工作表】命令，如图 4-4 所示。

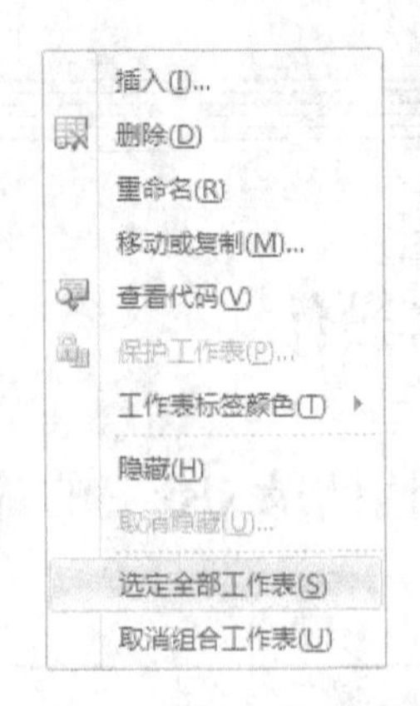

图 4-4 “工作表”的快捷菜单

（2）工作表的切换

从一个工作表切换到另一个工作表时，只需单击目标工作表的标签名称即可。

如果所需的工作表标签不可见，可以单击标签滚动按钮，显示其他标签，然后单击相应的工作表标签即可。

如果工作簿中包含多张工作表，也可以右击标签滚动按钮，在弹出的工作表标签列表中，单击选择所需工作表的标签名称即可，如图 4-5 所示。

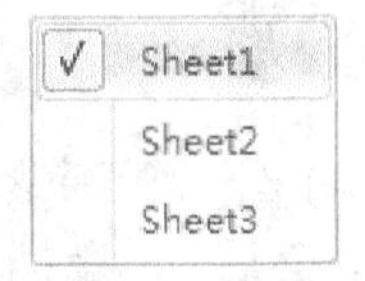

图 4-5 工作表标签列表

（3）工作表的重命名

工作表重命名的常用方法如下。

方法 1：双击要修改名称的工作表标签。当工作表标签名称变为黑底白字时，如图 4-6 所示，直接输入新的工作表标签名称，确定名称无误后按回车键，新的名称便会出现在工作表的标签上。

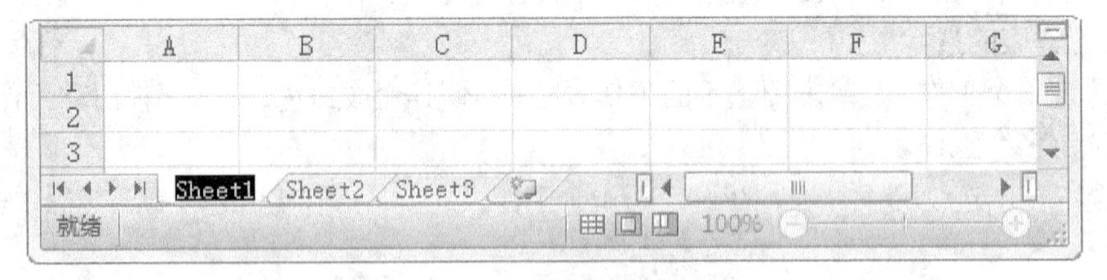

图 4-6 工作表名称呈选中状态

方法 2：在需要重命名的工作表标签名称位置单击鼠标右键，在弹出的快捷菜单中选择【重命名】命令，如图 4-4 所示，当工作表标签名称变为黑底白字时输入新的名称，确定无误后按回车键即可。

（4）工作表的插入

插入工作表的常用方法如下。

方法 1：选定一个工作表，然后在【开始】选项卡“单元格”区域单击【插入】按钮，在弹出的快捷菜单中选择【插入工作表】命令，如图 4-7 所示，即可插入一个新的工作表。

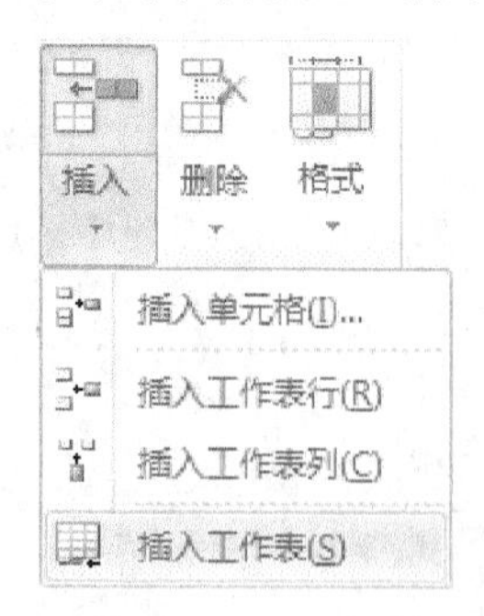

图 4-7 在【插入】下拉菜单中选择【插入工作表】命令

方法 2：选中一个工作表后，按快捷键【Shift+F11】，也可以插入一个新的工作表。

方法 3：选定一个工作表后，在其标签名称位置单击鼠标右键，在弹出的快捷菜单中选择【插入】命令，弹出【插入】对话框，在该对话框选中“工作表”选项，如图 4-8 所示。然后单击【确定】按钮，即可插入一个新的工作表，并且新工作表将位于原选定的工作表的左边，成为新的活动工作表。

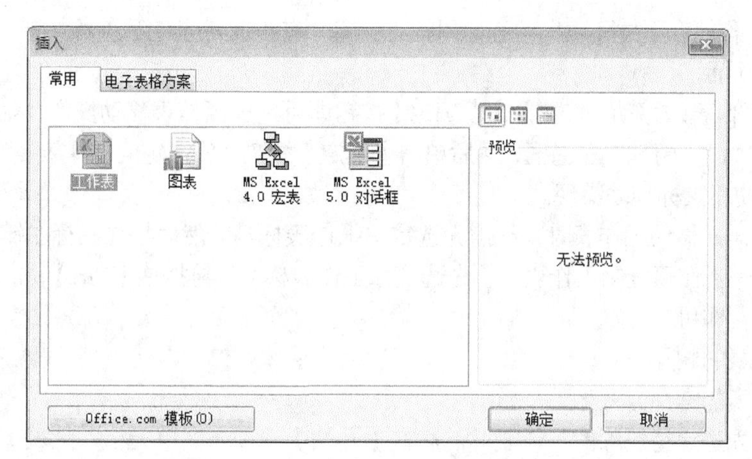

图 4-8 【插入】对话框

（5）工作表的复制和移动

复制和移动工作表的常用方法如下。

方法 1：使用菜单命令实现。

① 选定要复制或移动的工作表。

② 在【开始】选项卡“单元格”区域单击【格式】按钮，在弹出的快捷菜单中选择【移动或复制工作表】命令，如图 4-9 所示，或者在工作表标签名称位置单击鼠标右键，在弹出的快捷菜单中选择【移动或复制】命令，如图 4-4 所示，打开【移动或复制工作表】对话框，如图 4-10 所示。

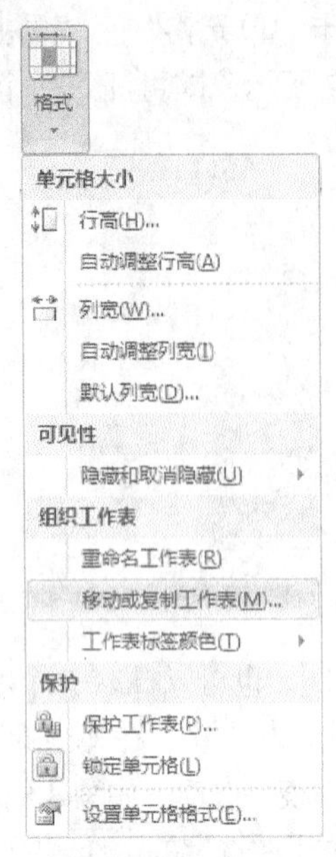

图 4-9　在【格式】下拉菜单中选择【移动或复制工作表】命令

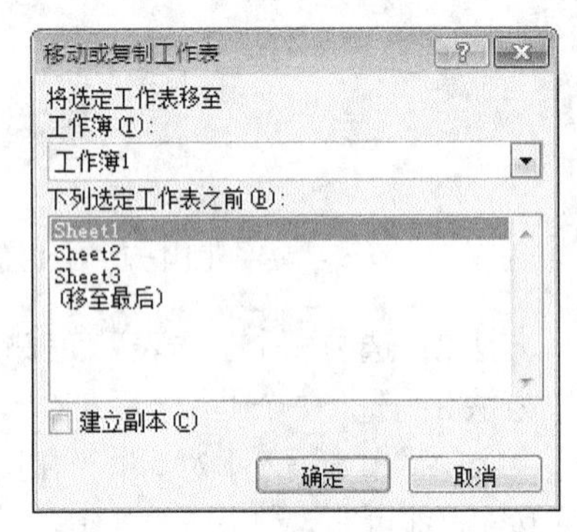

图 4-10　【移动或复制工作表】对话框

③ 在“工作簿”下拉列表框中选择目标工作簿，在“下列选定工作表之前”列表框中选择插入工作表的位置。

④ 对于工作表的移动，直接单击【确定】按钮即可完成工作表移动操作；对于工作表的复制，要先选中“建立副本”复选框，然后单击【确定】按钮，将选定的工作表复制到指定位置。

方法 2：使用鼠标拖动实现。

在同一工作簿移动工作表时，只需先选定源工作表标签，然后按住鼠标左键拖动到指定位置即可。在同一工作簿复制工作表时，先选定源工作表标签，再按住【Ctrl】键，按住鼠标左键拖动到指定位置即可。

（6）工作表的删除

删除工作表的常用方法如下。

方法 1：先选定待删除的工作表，然后在【开始】选项卡“单元格”区域单击【删除】按钮，在弹出的快捷菜单中选择【删除工作表】命令，如图 4-11 所示。

方法 2：在要删除的工作表标签名称位置单击鼠标右键，在弹出的快捷菜单中选择【删除】命令，即可删除当前工作表。

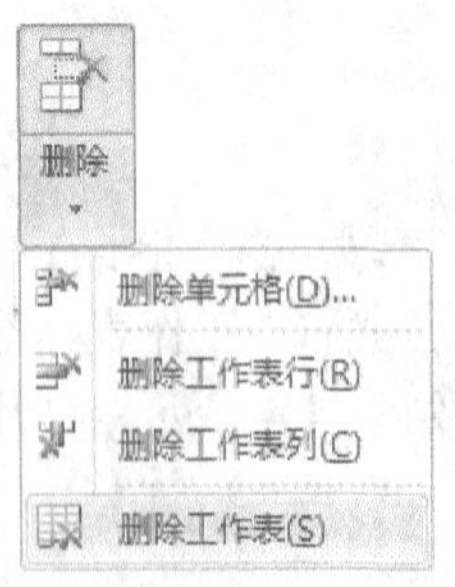

图 4-11　在【删除】下拉菜单中选择【删除工作表】命令

（7）工作表窗口的操作

① 工作表窗口的拆分。如果在滚动工作表时需要始终显示某一列或某一行的标题，Excel

允许将工作表分区，这样就可以在一个工作区域内滚动时，在另一个分割区域中显示标题。

a. 将鼠标指针移到水平拆分条上，鼠标指针变成一个上下双向箭头，或者将鼠标指针移到垂直拆分条上，鼠标指针变成一个左右双向箭头，如图 4-12 所示。

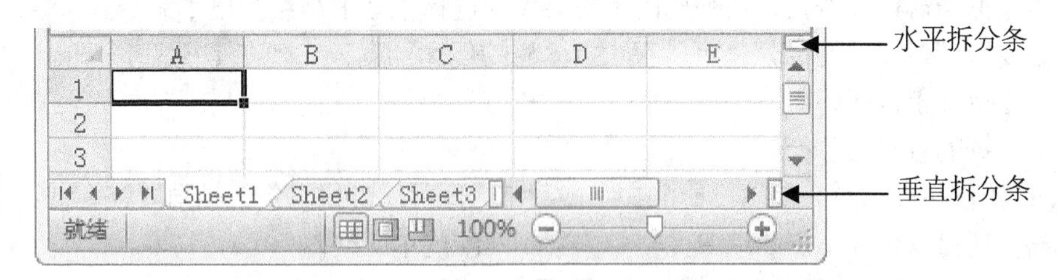

图 4-12　Excel 窗口的水平和垂直拆分条

b. 按住鼠标左键向下或向左拖动，拖动到想要的位置，松开鼠标左键。窗口即可分为 2 个垂直窗口或 2 个水平窗口。拆分的窗口拥有各自的垂直和水平滚动条。当拖动其中一个某一滚动条时，只有一个窗口中的数据滚动。将工作表拆分为 4 个窗口，如图 4-13 所示，如果需要调整已拆分的区域，拖动拆分栏即可。

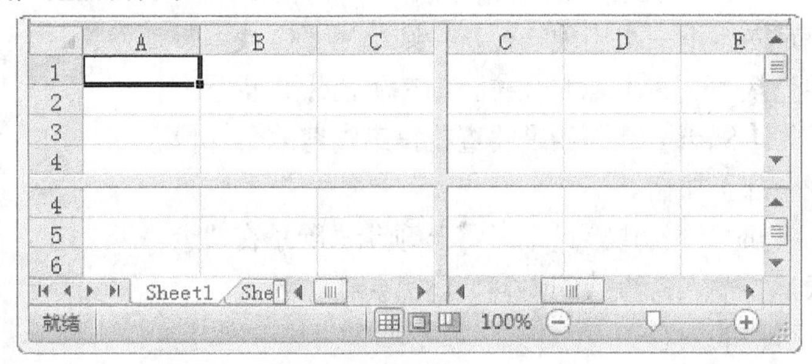

图 4-13　将工作表拆分为 4 个窗口

② 冻结窗格。如果需要让工作表中的某些部分固定不动，可以使用【冻结窗格】命令。可以先将窗口拆分成区域，也可以单步冻结工作表标题。如果在冻结窗格之前拆分窗口，窗口将冻结在拆分位置，而不是冻结在活动单元格位置。

如果要冻结水平或垂直标题，则在【视图】选项卡“窗口”区域单击【冻结窗格】按钮，在弹出的下拉菜单中选择【冻结首行】或【冻结首列】命令即可，如图 4-14 所示。冻结了某一标题之后，可以任意滚动标题下方的行或标题右边的列，而标题固定不动，这对操作一个有很多行或列的工作表很方便。

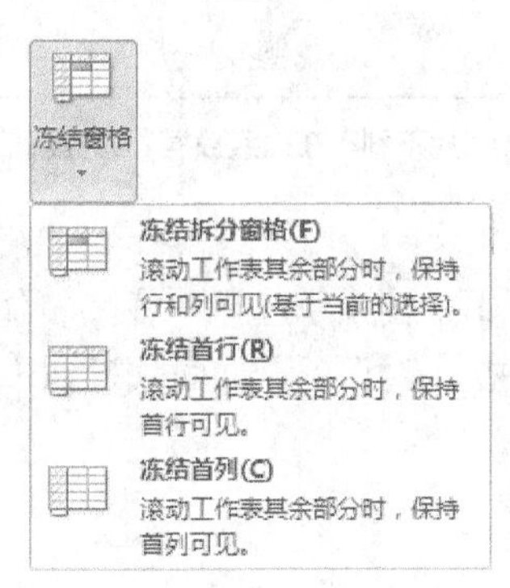

图 4-14　【冻结窗格】下拉菜单

如果将水平和垂直标题都冻结，那么选定一个单元格，然后在【冻结窗格】的下拉菜单中选择【冻结拆分窗格】命令，则单元格上方所有的行和左侧所有的列都被冻结。

③ 取消冻结和拆分。如果要取消标题或拆分区域的冻结，则可以在【视图】选项卡“窗口”区域单击【冻结窗格】按钮，在弹出的下拉菜单中选择【取消冻结窗格】命令。

如果要取消对窗口的拆分，可以双击拆分栏的任意位置，或者在【视图】选项卡“窗口”区域单击【拆分】按钮即可。

（8）数据的查找与替换

Excel 不仅可以查看并编辑指定的文字或数字，也可以查找出包含相同内容（如公式）的所有单元格，还可以查找出与活动单元格中内容不匹配的单元格。

① 选定需要搜索的单元格区域，包括单元格区域或整个工作表等。

② 在【开始】选项卡“编辑”区域单击【查找和选择】按钮，在弹出的下拉菜单中选择【查找】命令，如图 4-15 所示，或者按快捷键【Ctrl+F】，打开【查找和替换】对话框。

③ 执行查找操作时，只需在【查找和替换】对话框的“查找内容”下拉列表框中输入待查找的内容。也可以单击【选项】按钮，展开该对话框，在其中进行详细的设置。

如果要查找指定内容下一次出现的位置，则单击【查找下一个】按钮；如果要查找上一次出现的位置，则在单击【查找下一个】按钮的同时按住【Shift】键；如果要查找指定内容的全部位置，则单击【查找全部】按钮。

④ 执行替换操作时，先切换到【替换】选项卡，除了在“查找内容”下拉列表框中输入待查找的内容，还需要在“替换为”下拉列表框中输入替换的内容。

单击【查找下一个】按钮，查找符合条件的内容，然后再单击【替换】按钮进行替换。单击【全部替换】按钮，将所有符合条件的内容一次性全部进行替换。

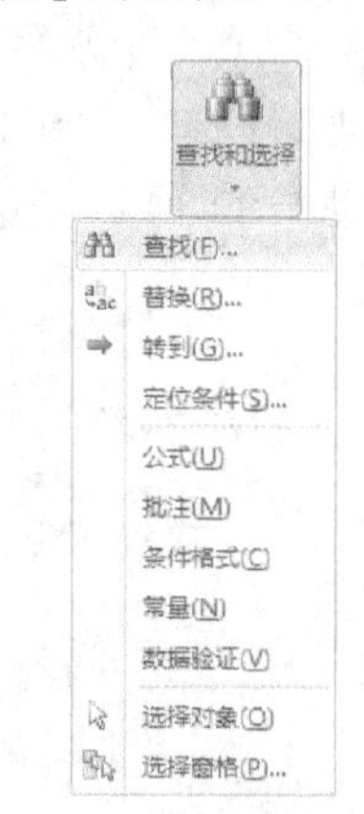

图 4-15　在【查找和选择】下拉菜单选择【查找】命令

⑤ 查找或者替换操作完成后，单击【关闭】按钮返回工作表。

在工作表中查找指定内容，找到后将其所在的单元格设置为活动单元格，如果没有找到，则出现如图 4-16 所示的提示信息对话框，并且活动单元格不变。

图 4-16　“找不到正在搜索数据”的提示信息对话框

提　示

在【查找和选择】下拉菜单选择【替换】命令，或者按快捷键【Ctrl+H】，也会打开【查找和替换】对话框，同时切换到【替换】选项卡。

2．Excel 行与列的基本操作

（1）行的选定

① 选定 1 行。单击待选定行的行号，所在行就以高亮度显示。

② 选定相邻多行。先单击第1个要选定行的行号，再按住【Shift】键，单击最后一个要选定行的行号即可。

③ 选定不相邻的多行。先单击第1个要选定行的行号，再按住【Ctrl】键，单击其他待选定行的行号即可。

（2）列的选定

① 选定1列。单击待选定列的列标，所在列就以高亮度显示。

② 选定相邻多列。先单击第1个要选定列的列标，再按住【Shift】键，单击最后一个要选定列的列标即可。

③ 选定不相邻的多列。先单击第1个要选定列的列标，再按住【Ctrl】键，单击其他待选定列的列标即可。

（3）行或列的插入

插入行或列的常用方法如下。

方法1：

① 在需要插入行或列的位置选定一个单元格；

② 在如图4-7所示的【插入】下拉菜单中的选择【插入工作表行】或者【插入工作表列】命令，在选中的单元格的上边或左边插入新的一行或一列。

方法2：

① 在需要插入行或列的位置选定一个单元格；

② 右键单击，在弹出的快捷菜单中选择【插入】命令，打开【插入】对话框，在该对话框中选择“整行”或者“整列”选项，如图4-17所示；

③ 单击【确定】按钮，则在选中单元格的上边插入新的一行或左边插入新的一列。

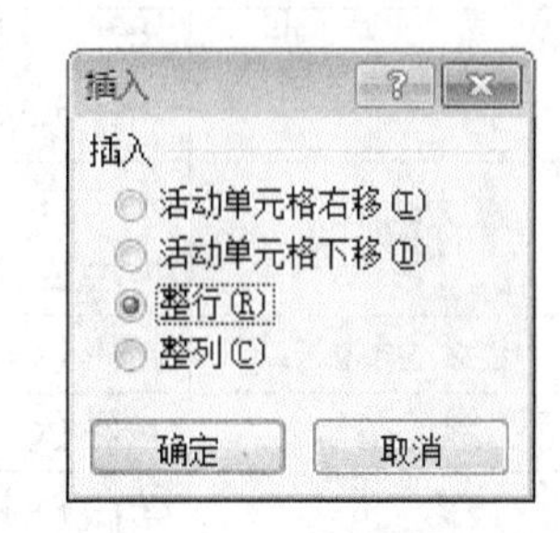

图4-17 【插入】对话框

（4）行或列的删除

① 删除行。先单击要删除行的行号，选中一整行，然后在如图4-11所示的【删除】下拉菜单选择【删除工作行】命令，选定的行将被删除，其下方的行自动上移一行。

② 删除列。先单击要删除列的列标，选中一整列，然后在如图4-11所示的【删除】下拉菜单选择【删除工作列】命令，选定的列将被删除，其右侧的列自动左移一列。

3．Excel单元格的基本操作

（1）单元格的选定

① 使用鼠标选定单个单元格。移动鼠标，当鼠标指针在待选定的单元格上变为✜形状时，单击即可选定该单元格。被选定的单元格四周会出现粗线边框。

② 使用键盘移动单元格指针选定单元格。先单击选定一个单元格，然后按方向键（【←】、【→】、【↑】、【↓】）移动到要选定的单元格也可以选定单元格。按【Tab】键右移一个单元格，按【Shift+Tab】组合键左移一个单元格，按【Enter】键下移一个单元格，按【Shift+Enter】上移一个单元格，按【Ctrl+Home】组合键移到A1单元格。

③ 使用菜单命令选定单元格。在图4-15所示的【查看和选择】下拉菜单中选择【转到】命令，打开【定位】对话框，在该对话框中的“引用位置”文本框中输入单元格引用“B3:B8,E2:E5,H1:H3”，如图4-18所示。单击【确定】按钮即可选定多个单元格。

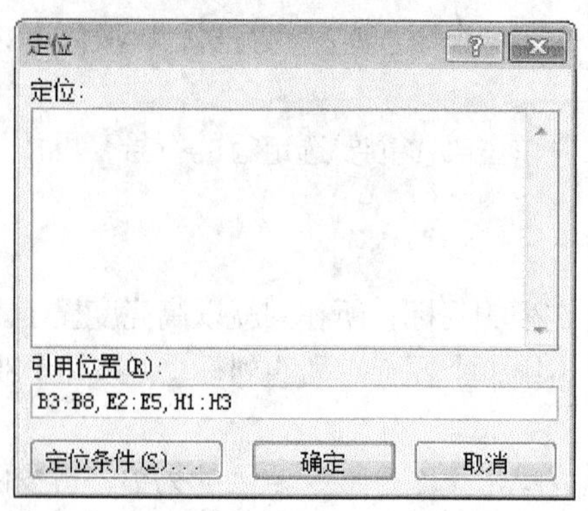

图 4-18 【定位】对话框

④ 使用“名称框”选定单元格。在“名称框”中输入单元格地址，按回车键（Enter）即可。

（2）单元格区域的选定

单元格区域由若干个单元格组成，可用“左上角单元格地址:右下角单元格地址”的形式表示，例如“B2:E8”。选定单元格区域的方法如表 4-2 所示。

表 4-2 选定单元格区域的方法

区域	选定方法
整行	单击行号
整列	单击列标
连续的多行	方法 1：在行号上拖动鼠标。 方法 2：先单击起始行号，再按住【Shift】键单击终止行号
连续的多列	方法 1：在列标上拖动鼠标。 方法 2：先单击起始列标，再按住【Shift】键单击终止列标
不连续的多行	按住【Ctrl】键逐个单击行号
不连续的多列	按住【Ctrl】键逐个单击列标
矩形单元格区域	方法 1：将鼠标指针指向单元格区域中第 1 个单元格，再按住鼠标左键拖动到最后一个单元格，便可以选定连续区域的多个单元格。 方法 2：先单击选定单元格区域中的第 1 个单元格，然后按住【Shift】键，单击区域中最后 1 个单元格
不连续的多个单元格区域	方法 1：先选定第 1 个单元格或单元格区域，然后按住【Ctrl】键单击其他的单元格或者单元格区域。 方法 2：在如图 4-15 所示【查看和选择】下拉菜单中选择【转到】命令，打开【定位】对话框，在该对话框中的“引用位置”文本框中输入单元格引用，单元【确定】按钮即可选定指定的多个单元格区域
整个工作表	方法 1：单击工作表中左上角“全选”按钮。 方法 2：按【Ctrl+A】组合键
全部有数据的区域	先单击数据区中左上角单元格，再按【Ctrl+Shift+End】组合键

（3）单元格的移动

① 选定要移动的单元格。

② 使用以下方法之一执行剪切操作。

方法1：在【开始】选项卡“剪贴板”区域单击【剪切】按钮。

方法2：在选定的单元格区域内单击鼠标右键，在弹出的快捷菜单中选择【剪切】命令。

方法3：按【Ctrl+X】快捷键。

执行剪切操作后，选定区域的边框上出现一个闪烁的线框。

③ 选定粘贴区域左上角的单元格或者整个粘贴区域（剪切区域可以与粘贴区域重叠）。如果要将选定的区域移到另一个工作表或工作簿中，则要切换到该工作表或工作簿中。

④ 使用以下方法之一执行粘贴操作，将选定区域移到目标区域。

方法1：在【开始】选项卡“剪贴板”区域单击【粘贴】按钮。

方法2：在选定的单元格区域内单击鼠标右键，在弹出的快捷菜单中选择【粘贴】命令。

方法3：按【Ctrl+V】快捷键。

（4）单元格的复制

① 选定要复制的单元格。

② 使用以下方法之一执行复制操作。

方法1：在【开始】选项卡“剪贴板”区域单击【复制】按钮。

方法2：在选定的单元格区域内单击鼠标右键，在弹出的快捷菜单中选择【复制】命令。

方法3：按【Ctrl+C】快捷键。

执行复制操作后，选定区域的边框上出现一个闪烁的线框。

③ 选定粘贴区域左上角的单元格或者整个粘贴区域（复制区域可以与粘贴区域重叠）。如果要将选定的区域移到另一个工作表或工作簿中，则要切换到该工作表或工作簿中。

④ 使用以下方法之一执行粘贴操作，将选定区域复制到目标区域。

方法1：采用与移动单元格相同的3种粘贴方法之一进行粘贴。采用这些方法，Excel将以选定区域数据替换粘贴区域中的任何现有数据，将复制整个单元格，包括其中的公式及数据、格式和批注。

方法2：有选择性地复制单元格的内容，在选定粘贴区域的左上角单元格单击鼠标右键，在弹出的快捷菜单中选择【选择性粘贴】命令，打开【选择性粘贴】对话框，如图4-19所示。

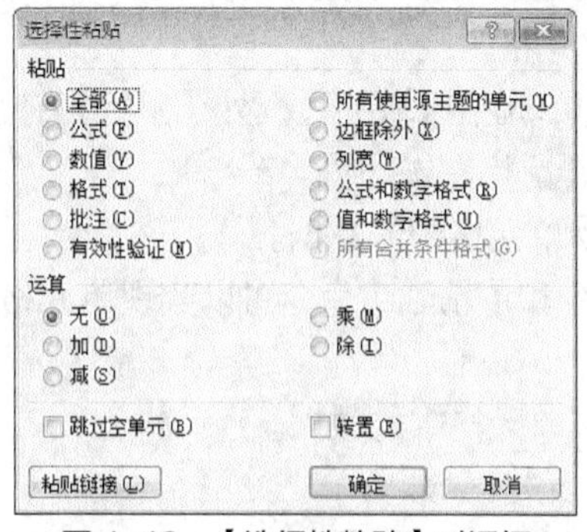

图4-19 【选择性粘贴】对话框

在【选择性粘贴】对话框中选择“粘贴方式”和“运算方式”，然后单击【确定】按钮即可。

提 示

使用鼠标拖动的方法也可以实现单元格移动，使用鼠标拖动单元格的过程中按住【Ctrl】键还可以实现复制单元格。

（5）单元格的插入

① 在需要插入单元格的位置选定一个单元格。

② 单击鼠标右键，在弹出的快捷菜单中选择【插入】命令，打开【插入】对话框。

③ 在【插入】对话框中选择“活动单元格右移”或者“活动单元格下移”选项。

④ 单击【确定】按钮，则在选中单元格的左边或上边插入新的单元格。此时只有选定的单元格向右或向下移动了，其他单元格的位置没有移动。

（6）单元格的删除

先选中单元格，再单击鼠标右键，在弹出的快捷菜单中选择【删除】命令，弹出【删除】对话框，如图 4-20 所示。该对话框中有 4 个选项供选择，分别是：右侧单元格左移、下方单元格上移、整行和整列。选择相应的选项后单击【确定】按钮，即可完成单元格的删除操作。

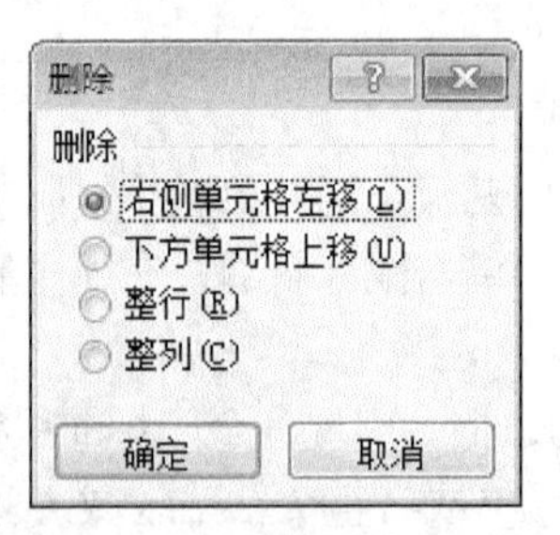

图 4-20 【删除】对话框

注 意

如果公式引用的单元格被删除，该公式将显示错误值“#REF!”。

（7）单元格数据的移动

方法 1：使用鼠标拖动移动单元格中的数据。

① 先选定欲移动数据的单元格区域。

② 移动鼠标指针到选定的单元格区域的边框处（鼠标指针呈空心箭头），按住鼠标左键拖动鼠标到目标区域位置，松开鼠标左键即可。

方法 2：使用菜单命令移动单元格中的数据。

使用菜单中的【剪切】命令和【粘贴】命令可以实现单元格中数据的移动。

（8）单元格数据的复制

方法 1：使用鼠标拖动复制单元格中的数据。

① 先选定欲复制数据的单元格区域。

② 移动鼠标指针到选定的单元格区域的边框处，鼠标指针呈空心箭头，按住【Ctrl】键的同时按住鼠标左键，拖动鼠标到目标区域位置，松开鼠标左键即可。

方法 2：使用菜单命令复制单元格中的数据。

使用【复制】命令和【粘贴】命令也可以实现单元格中数据的复制。

【任务实现】

1．打开 Excel 文件“应聘企业通信录. xlsx”

① 启动 Excel 2010。

② 选择【文件】选项卡中的【打开】命令，弹出【打开】对话框，在该对话框定位到文件夹“任务 4-1”，然后选中待打开的 Excel 文件“应聘企业通信录.xlsx”。接着单击【打开】按钮，即可打开 Excel 文件。

2．将 Excel 文件“应聘企业通信录. xlsx”另存为“应聘企业通信录 2. xlsx”

① 打开 Excel 文件“应聘企业通信录.xlsx”。

② 在【文件】选项卡中选择【另存为】命令，弹出【另存为】对话框，在该对话框中保存位置定位到“任务 4-1”，在“文件名”列表框中输入“应聘企业通信录 2.xlsx”，然后单击【保存】按钮即可。

3．插入与移动工作表

① 选定工作表“Sheet1”，然后在【开始】选项卡“单元格”区域单击【插入】按钮，在弹出的快捷菜单中选择【插入工作表】命令，即可在工作表“Sheet1”之前插入 1 个新的工作表“Sheet4”。

② 选定工作表标签“Sheet4”，然后按住鼠标左键拖动到工作表“Sheet3”的右侧即可。

4．工作表的重命名

双击工作表标签“Sheet1”，“Sheet1”变为黑底白字时，直接输入新的工作表标签名称“应聘企业通信录”，确定名称无误后按回车键即可。

5．删除工作表

在工作表“Sheet4”标签位置单击鼠标右键，在弹出的快捷菜单中选择【删除】命令即可删除该工作表。

6．插入与删除行

① 在序号为 5 的行中选定一个单元格。

② 在【开始】选项卡“单元格”区域的【插入】下拉菜单中选择【插入工作表行】命令，在选中的单元格的上边插入新的一行。

③ 单击选中新插入的行，然后在【删除】下拉菜单中选择【删除工作行】命令，选定的行将被删除，其下方的行自动上移一行。

7．插入与删除列

① 在标题为“联系人”列中选定一个单元格。

② 在【插入】下拉菜单中选择【插入工作表列】命令，在选中单元格的左边插入新的一列。

③ 先选中新插入的列，然后在【删除】下拉菜单中选择【删除工作列】命令，选定的列将被删除，其右侧的列自动左移一列。

8．插入与删除单元格

① 选择应聘职位为“网站开发”的单元格。

② 单击鼠标右键，在弹出的快捷菜单中选择【插入】命令，打开【插入】对话框。

③ 在【插入】对话框中选择“活动单元格下移”选项。

④ 单击【确定】按钮，则在选中单元格上方插入新的单元格。

⑤ 先选中新插入的单元格，再单击鼠标右键，在弹出的快捷菜单中选择【删除】命令，弹出【删除】对话框，在该对话框中选择“下方单元格上移”单选按钮，单击【确定】按钮，即

可完成单元格的删除操作。

9．复制单元格数据

① 先选定应聘职位为“网站开发”的单元格。

② 移动鼠标指针到选定单元格的边框处，鼠标指针呈空心箭头时，按住【Ctrl】键的同时按住鼠标左键，拖动鼠标到单元格 C12，松开鼠标左键即可。

4.2 Excel 数据的输入与编辑

在工作表中输入与编辑数据是 Excel 工作表最基本的操作。选定要输入数据的单元格后即可开始输入数字或文字，按回车键（Enter）确认所输入的内容，活动单元格自动下移 1 行。也可以按【Tab】键确认所输入的内容，活动单元格自动右移 1 列。如果在按下回车键之前按【Esc】键，则可以取消输入的内容，如果已经按回车键确认了，则可以选择【撤销】命令。

在单元格中输入数据时，其输入的内容同时也显示在编辑栏的“编辑框”中，因此也可以在编辑框中向活动单元格输入数据。当在编辑框中输入数据时，编辑栏左侧显示出✓和×按钮。单击✓按钮，将编辑栏中数据输入到当前单元格中，单击×按钮，取消输入的数据。

【任务 4-2】“客户通信录.xlsx”的数据输入与编辑

【任务描述】

在文件夹“任务 4-2”中创建 Excel 工作簿“客户通信录.xlsx”，在该工作表“Sheet1”中输入图 4-21 所示的“客户通信录”数据。要求“序号”列数据“1～8”使用鼠标拖动填充方法输入，“称呼”列第 2 行到第 9 行的数据先使用命令方式复制填充，内容为“先生”，然后修改部分称呼不是“先生”的数据，2 个单元格中的“女士”文字使用鼠标拖动方式复制填充。

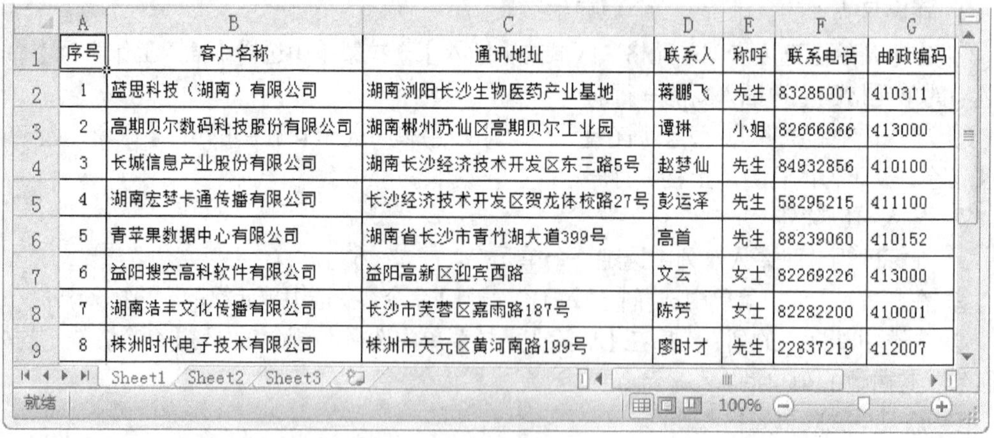

	A	B	C	D	E	F	G
1	序号	客户名称	通讯地址	联系人	称呼	联系电话	邮政编码
2	1	蓝思科技（湖南）有限公司	湖南浏阳长沙生物医药产业基地	蒋鹏飞	先生	83285001	410311
3	2	高期贝尔数码科技股份有限公司	湖南郴州苏仙区高期贝尔工业园	谭琳	小姐	82666666	413000
4	3	长城信息产业股份有限公司	湖南长沙经济技术开发区东三路5号	赵梦仙	先生	84932856	410100
5	4	湖南宏梦卡通传播有限公司	长沙经济技术开发区贺龙体校路27号	彭运泽	先生	58295215	411100
6	5	青苹果数据中心有限公司	湖南省长沙市青竹湖大道399号	高首	先生	88239060	410152
7	6	益阳搜空高科软件有限公司	益阳高新区迎宾西路	文云	女士	82269226	413000
8	7	湖南浩丰文化传播有限公司	长沙市芙蓉区嘉雨路187号	陈芳	女士	82282200	410001
9	8	株洲时代电子技术有限公司	株洲市天元区黄河南路199号	廖时才	先生	22837219	412007

Sheet1 Sheet2 Sheet3

就绪 100%

图 4-21 客户通信录的数据

【方法集锦】

1．输入文本数据

在中文 Excel 中，文本是指当作字符串处理的数据，包括汉字、字母、数字字符、空格以及各种符号。对于邮政编码、身份证号码、电话号码、存折编号、学号、职工编号之类的纯数字形式的数据，也视为文本数据。

对于一般的文本数字直接选定单元格输入即可，对于纯文本形式的数字数据，应先输入半角单引号“'”，然后输入对应的数字，表示所输入的数字作为文本处理，不可以参与求和之类的数学计算。

默认状态下，单元格中输入的文本数据左对齐显示。当数据宽度超过单元格的宽度时，如果其右侧单元格内没有数据，则单元格的内容会扩展到右侧的单元格内显示。如果其右侧单元格内有数据，则输入结束后，单元格内的文本数据被截断显示，但内容并没有丢失，选定单元格后，完整的内容即显示在编辑框中。

当单元格内的文本内容比较长时，可以按【Alt+Enter】组合键实现单元格内换行，单元格的高度自动增加，以容纳多行文本。通过设置单元格的格式也可以实现单元格的“自动换行”。

2．输入数值数据

（1）输入数字字符

在单元格中可以直接输入整数、小数和分数。

（2）输入数字符号

单元格中除了可以输入 0～9 的数字字符，也可以输入以下数字符号。

① 正负号：“+”、“-”。

② 货币符号：“¥”、“$”、“ ”。

③ 左右括号：“(”、“)”。

④ 分数线：“/”、千位符“,”、小数点“.”、百分号“%”。

⑤ 指数标识：“E”和“e”。

（3）输入特殊形式的数值数据

① 输入负数。输入负数可以直接输入负号“-”和数字，也可以带括号输入数字，例如输入“(100)”，在单元格中显示的是“-100”。

② 输入分数。输入分数时，应在分数前加“0”和 1 个空格，例如输入“1/2”时，应在单元格输入“0 1/2”，在单元格中显示的是“1/2”。

注 意

如果输入分数时，在分数前不加限制或只加“0”则输出的结果为日期，即“1/2”变成“1 月 2 日”的形式。如果在分数前只加 1 个空格则输出的分数为文本形式的数字。

③ 输入多位的长数据。输入多位的长数据时，一般带千位分隔符“,”输入，但在编辑栏中显示的数据没有千位分隔符“,”。

输入数据时的位数较多，一般情况下单元格中数据自动显示成科学计数法的形式。

无论在单元格输入数值时显示的位数是多少，Excel 只保留 15 位的精度，如果数值长度超出了 15 位，Excel 将多余的数字显示为“0”。

3．输入日期和时间

输入日期时，按照年、月、日的顺序输入，并且使用斜杠（/）或连字符（-）分隔表示年、月、日的数字。输入时间时按照时、分、秒的顺序输入，并且使用半角冒号（:）分隔表示时、分、秒的数字。在同一单元格同时输入日期和时间时，必须使用空格分隔。

输入当前系统日期时可以按快捷键【Ctrl+;】，输入当前系统时间时可以按快捷键【Ctrl+Shift+;】。

单元格中日期或时间的显示形式取决于所在单元格的数字格式，如果输入了 Excel 可以识别的日期或时间数据后，单元格格式会从“常规”数字格式自动转换为内置的日期或时间格式，对齐方式默认为右对齐。如果输入了 Excel 不能识别的日期或时间，输入的内容将视为文本数据，在单元格中左对齐。

4．自动填充数据

在 Excel 工作表中，如果输入的数据是一组有规律的数值，可以使用系统提供的“自动填充”功能进行填充。使用鼠标拖动单元格右下角的填充柄■，可在连续多个单元格中填充数据。

（1）复制填充

① 使用命令方式复制填充。选定序列首单元格，输入起始数据，选定序列单元格区域（包含已输入数据的首单元格），然后根据单元格区域的特征（在首单元格下方、上方、右侧和左侧），在【开始】选项卡“编辑”区域单击【填充】按钮，在弹出的下拉菜单中选择合适的命令（【向下】、【向右】、【向上】、【向左】），如图 4-22 所示，系统自动将序列首单元格中的数据复制填充到选中的各个单元格中。

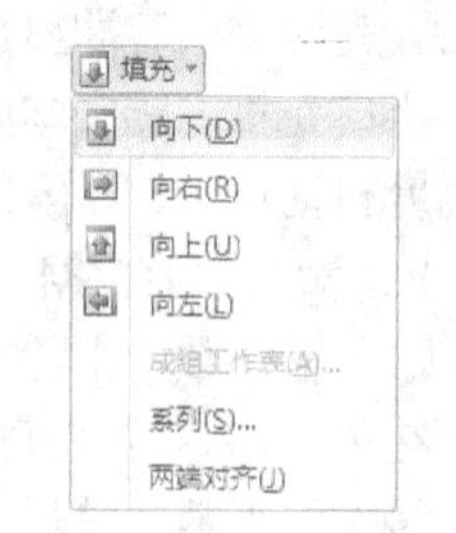

图 4-22　【填充】下拉菜单

② 按住鼠标左键直接拖动填充柄填充。在数据序列的首单元格中输入数据并确认，选定数据序列的首单元格，移动鼠标指针到填充柄处，鼠标呈黑十字形状＋，按住鼠标左健拖动填充柄到序列的末单元格，松开鼠标左键。对于数值型数据、尾部不含数字串的文本字符串、非系统定义的序列都是复制填充，即序列首单元格的数据被复制填充到鼠标拖动经过的各个单元格中。

在序列单元格区域前两个单元格中输入相同的数据，然后选中前两个单元格，用鼠标拖动填充柄进行填充也会复制填充。

③ 按住【Ctrl】键的同时按住鼠标左键，拖动填充柄填充。对于尾部包含数字串的文本字符串、数字型文本字符串、日期型数据或时间型数据、系统定义的序列（例如星期一～星期日），按住【Ctrl】键的同时按住鼠标左键，拖动填充柄填充时，首单元格的数据被复制填充。

④ 选择自动填充选项。按住鼠标左键拖动填充柄填充数据结束时，会出现“自动填充选项”图标，单击该图标在选项列表中选择“复制单元格”单选按钮，如图 4-23 所示，即可实现数据复制。

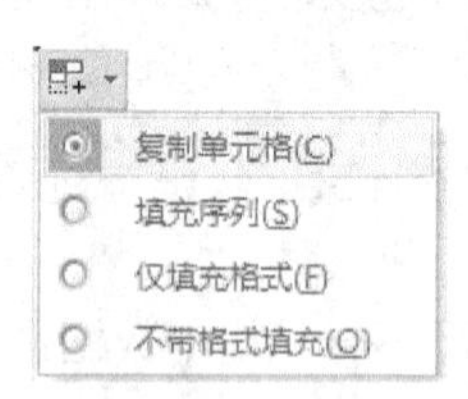

图 4-23　在【自动填充选项】的下拉菜单中选择“复制单元格”选项

⑤ 按住鼠标右键拖动填充柄填充。在数据序列的首单元格中输入数据并确认，按住鼠标右键拖动填充柄填充数据，结束时，会弹出如图 4-24 所示的快捷菜单，选择【复制单元格】命令，即可实现数据复制。

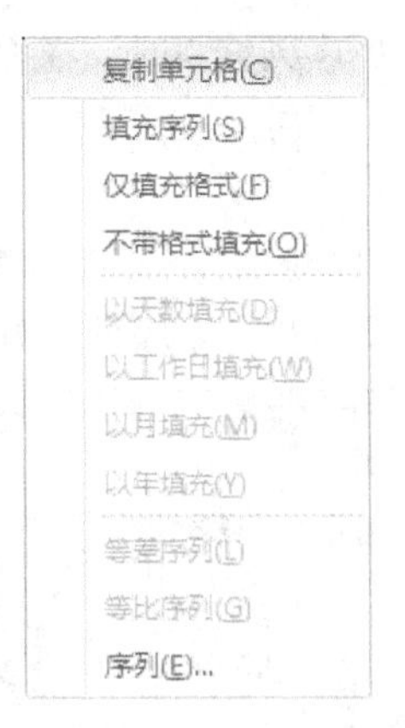

图 4-24　按住鼠标右键拖动填充柄填充数据时的快捷菜单

（2）鼠标拖动填充

① 数值型数据的填充。

a. 当填充的序列数据步长为“+1”或“-1”时，在数据序列的首单元格中输入数值并确认，选中数据序列的首单元格，按住【Ctrl】键的同时按住鼠标左键拖动填充柄到末单元格，生成系统默认的步长为 1 的等差序列。向右、向下填充时，数据递增，向左、向上填充时，数据递减。

b. 当填充的步长不等于“+1”或“-1”时，先在前 2 个单元格输入合适的数据，第 1 个单元格中的数据为初值，2 个单元格的数值差为步长值，选中前 2 个单元格，用鼠标拖动填充柄进行填充即可。

② 文本型数据的填充。对于尾部包含数字串的文本字符串和数字型文本字符串，按住鼠标左键拖动填充柄填充时，单元格中的数字呈等差数列变化。

③ 日期型数据的填充。对于系统可识别的日期型数据按住鼠标左键直接拖动填充柄填充，按“日”生成等差数列。

④ 时间型数据的填充。对于系统可识别的时间型数据按住鼠标左键直接拖动填充柄填充，按“小时”生成等差数列。

⑤ 系统定义序列的填充。对星期一～星期日、一月～十二月、第一季～第四季、甲～癸、子～亥、Jan～Dec、Mon～Sun 等系统定义的序列，按住鼠标左键直接拖动填充柄填充时，按系统序列定义的内容填充。

按住鼠标左键拖动填充柄填充数据序列结束时，会出现“自动填充选项”图标。单击该图标，在选项列表中选择“填充序列”单选按钮，如图 4-25 所示，即可填充数据。

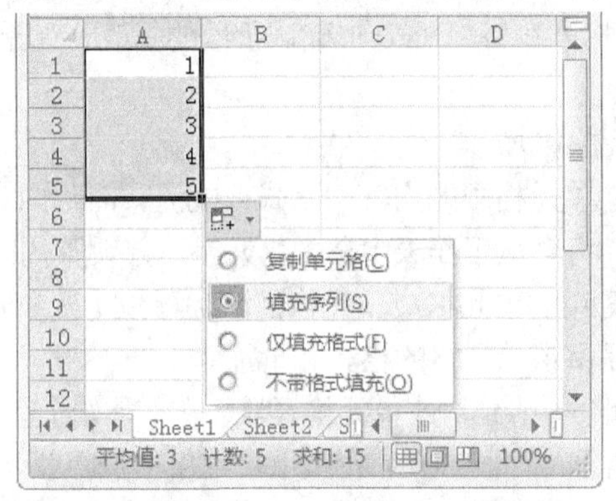

图 4-25　在【自动填充选项】的下拉菜单中选择“填充序列”选项

按住鼠标右键拖动填充柄填充数据序列结束时，在弹出的快捷菜单中，根据需要选择【填充序列】、【等差序列】或【等比序列】即可。

（3）自动填充序列

① 在数据序列的首单元格中输入数据并确认，按住鼠标右键拖动填充柄填充数据结束时，在弹出的快捷菜单中选择【序列】命令，打开【序列】对话框，如图 4-26 所示。

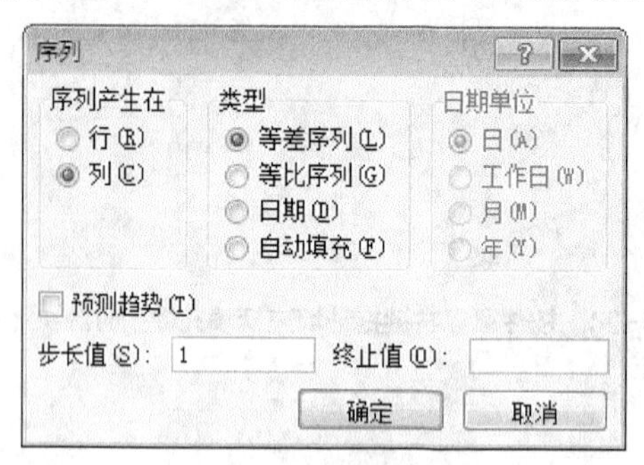

图 4-26 【序列】对话框

② 在【序列】对话框中进行必要的参数设置。

“序列产生在”：选择序列是按“行”还是按“列”填充。

“类型”：选择填充数据的类型，包括“等差序列”、“等比序列”、“日期”、“自动填充”4个选项，如果选择“日期”单选按钮，还要选择“日期单位”，如果选择“自动填充”，其填充效果相于拖动填充柄进行填充。

“预测趋势”：只对等差数列和等比数列起作用，可以预测数列的填充趋势。

“步长值”：输入数列的步长。

“终止值”：输入数列中最后一项数值。

在【序列】对话框中设置好参数后，单击【确定】按钮即可按要求自动填充序列。

5．编辑工作表中的内容

（1）编辑单元格中的内容

① 将光标插入点定位到单元格或编辑栏中。

方法 1：将鼠标指针✚移至待编辑内容的单元格上，双击该单元格或者按【F2】键即可进入编辑状态，在单元格内鼠标指针变为I形状。

方法 2：将鼠标指针移到编辑栏中单击。

② 对单元格或编辑栏中的内容进行修改。

③ 确认修改的内容。按回车键（Enter）确认所做的修改，如果按【Esc】键则取消所做的修改。

（2）清除单元格或单元格区域

清除单元格，只是删除单元格中的内容、格式或批注，清除内容后的单元格仍然保留在工作表中。而删除单元格时，将会从工作表中移去单元格，并调整周围单元格填补删除的空缺。

方法 1：先选定需要清除的单元格或单元格区域，再按【Delete】键或【Backspace】键，只清除单元格的内容，而保留该单元格的格式和批注。

方法 2：先选定需要清除的单元格或单元格区域，在【开始】选项卡“编辑”区域单击【清除】按钮，弹出如图 4-27 所示的下拉菜单。在该下拉菜单中选择【全部清除】、【清除格式】、【清除内容】、【清除批注】或【清除超链接】命令，即可清除单元格或单元格区域中的全部（包括内容、格式和批注)、格式、内容、批注或超链接。

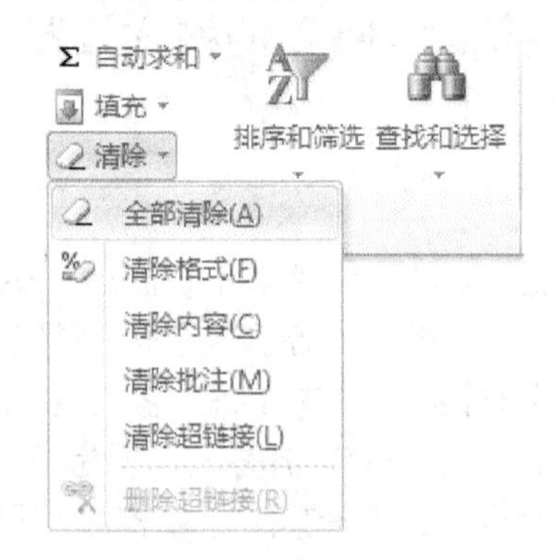

图 4-27 【清除】下拉菜单

【任务实现】

1. 创建 Excel 工作簿"客户通信录.xlsx"

① 启动 Excel 2010,自动创建一个名为"工作簿 1"的空白工作簿。

② 在【快速访问工具栏】中单击【保存】按钮,弹出【另存为】对话框,在该对话框中选择保存位置为文件夹"任务 4-2",在"文件名"编辑框中输入文件名称"客户通信录",保存类型默认为".xlsx",然后单击【保存】按钮进行保存。

2. 输入数据

在工作表"Sheet1"中输入图 4-21 所示的"客户通信录"数据,这里暂不输入"序号"和"称呼"2 列的数据。

3. 自动填充数据

(1)自动填充"序号"列数据

在"序号"列的首单元格 A2 中输入数据"1"并确认,选中数据序列的首单元格,按住【Ctrl】键的同时按住鼠标左键拖动填充柄到末单元格,自动生成步长为 1 的等差序列。

(2)自动填充"称呼"列数据

选定"称呼"列的首单元格 E2,输入起始数据"先生",选定序列单元格区域 E2:E9,然后在【开始】选项卡"编辑"区域单击【填充】按钮,在弹出的下拉菜单中选择【向下】命令,系统自动将首单元格中的数据"先生"复制填充到选中的各个单元格中。

4. 编辑单元格中的内容

将单元格 E3 中的"先生"修改为"小姐",将单元格 E7 中的"先生"修改为"女士",然后使用鼠标拖动的方式将 E7 单元格的"女士"复制填充至 E8 单元格。

5. 保存 Excel 工作簿

在快速访问工具栏中单击【保存】按钮,对工作表输入的数据进行保存。

4.3 Excel 工作表的格式设置与页面设置

Excel 2010 中,可以自动套用系统提供的格式,也可以自行定义格式。单元格的格式决定了数据在工作表中的显示方式和输出方式。

【任务 4-3】“客户通信录.xlsx”的格式设置与效果预览

【任务描述】

打开文件夹“任务 4-3”中的 Excel 工作簿“客户通信录.xlsx”，按照以下要求进行操作。

① 在第 1 行之前插入 1 个新行，输入内容“客户通信录”。

② 使用【设置单元格格式】对话框设置第 1 行“客户通信录”的字体为宋体、字号为 20、加粗，水平对齐方式设置为跨列居中，垂直对齐方式设置为居中。

③ 使用【开始】选项卡中命令按钮设置其他行文字的字体为仿宋、字号为 10，垂直对齐方式设置为居中。

④ 使用【开始】选项卡中的命令按钮，将“序号”所在标题行数据的水平对齐方式设置为“居中”。

⑤ 使用【开始】选项卡中的命令按钮，将“序号”、“称呼”、“联系电话”和“邮政编码”4 列数据的水平对齐方式设置为“居中”。

⑥ 使用【开始】选项卡中“数字格式”下拉菜单，将“联系电话”和“邮政编码”2 列数据设置为“文本”类型。

⑦ 使用【行高】对话框，将第 1 行（标题行）的行高设置为 35，其他数据行（第 2 行至第 10 行）的行高设置为 20。

⑧ 使用菜单命令将各数据列的宽度自动调整为至少能容纳单元格中的内容。

⑨ 使用【设置单元格格式】对话框的【边框】选项卡，将包含数据的单元格区域设置边框线。

⑩ 设置纸张方向为横向，然后预览页面的整体效果。

【方法集锦】

1．设置单元格格式

单元格的格式包括数字格式、对齐方式、字体、边框、底纹等方面。单元格的格式可以使用【开始】选项卡的命令按钮进行常见的格式设置，也可以使用【设置单元格格式】对话框进行单元格的格式设置。

（1）设置数字格式

① 使用【货币格式】下拉菜单中的命令设置单元格中数字的货币格式。先选中设置数字格式的单元格，然后在【开始】选项卡“数字”区域单击【货币格式】按钮，弹出【货币格式】下拉菜单，如图 4-28 所示。在该下拉菜单中选择一种货币格式，例如“¥”即可。

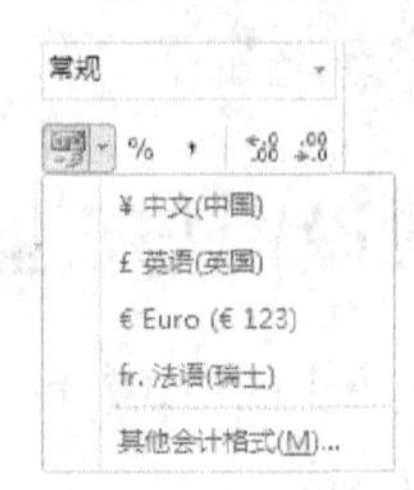

图 4-28　【货币格式】下拉菜单

② 使用【开始】选项卡“数字”区域的按钮设置单元格中数字的其他格式。先选中设置数字格式的单元格，然后在【开始】选项卡“数字”区域单击【百分比样式】按钮、【千位分隔样式】按钮、【增加小数位数】按钮、【减少小数位数】按钮，可分别设置单元格中数据的百分比样式、千位分隔样式、增加小数位数和减少小数位数。

③ 使用【设置单元格格式】对话框的【数字】选项卡设置数字的格式。单元格中的数据包括数值、货币、日期、时间、百分比、分数、科学记数、文本等多种类型，这些数据的格式可以在【设置单元格格式】对话框的【数字】选项卡中进行设置。

对于文本形式的数字数据，例如邮政编码、身份证号、电话号码等，可以设置为“文本”类型，即以文本方式进行处理，这样设置后就允许以“0”开头。

右击待设置数字格式的单元格，在弹出的快捷菜单中选择【设置单元格格式】命令，打开【设置单元格格式】对话框，切换到【数字】选项卡，如图 4-29 所示。在【数字】选项卡左侧选择【分类】，然后在右侧设置数字格式即可。

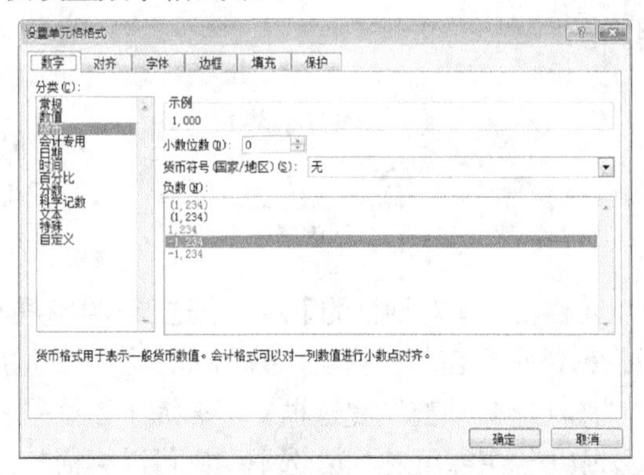

图 4-29 在【设置单元格格式】对话框中设置数字的格式

（2）设置对齐方式

① 使用【开始】选项卡“对齐方式”区域的按钮设置单元格文本的对齐方式。默认状态下，所有数值数据在单元格中均为右对齐，如果需要改变其对齐方式。先选中单元格，然后在【开始】选项卡“对齐方式”区域单击【左对齐】按钮、【居中】按钮、【右对齐】按钮，可分别设置单元格中数据的对齐方式为左对齐、居中和右对齐。

② 使用【设置单元格格式】对话框的“对齐”选项卡设置单元格文本的对齐方式。在【设置单元格格式】对话框切换到【对齐】选项卡中，设置文本对齐方式和文字方向等，如图 4-30 所示。单元格中的文本对齐方式分为水平对齐和垂直对齐 2 种方式。

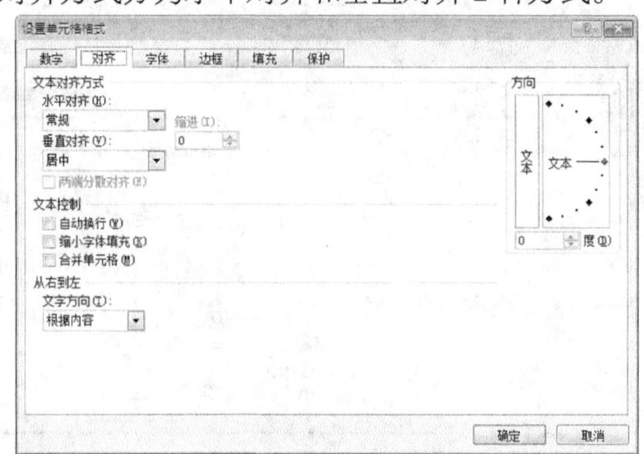

图 4-30 【设置单元格格式】对话框的【对齐】选项卡

a. 设置水平对齐。水平对齐方式包括常规、靠左（缩进）、居中、靠右（缩进）、填充、两端对齐、跨列居中和分散对齐（缩进），如图 4-31 所示。

“跨列居中”水平对齐方式是指文本在一行中多个选定的单元格居中显示，但这些单元格仍然各自独立存在，并没有合并。

b. 设置垂直对齐。垂直对齐包括靠上、居中、靠下、两端对齐和分散对齐，如图 4-32 所示。

c. 设置文字方向。Excel 工作表中的文字默认为从左到右的水平方向，也可以根据需要改变文字方向，“文字方向”下拉列表框中包括“根据内容”、“总是从左到右”和“总是从右到左”3 个选项，如图 4-33 所示。还可以在【对齐】选项卡的“方向”区域对文字旋转一定角度，达到特殊的效果。

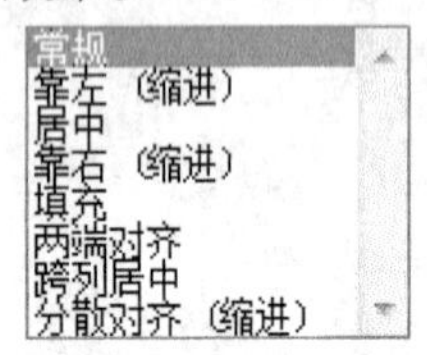

图 4-31 “水平对齐”列表项

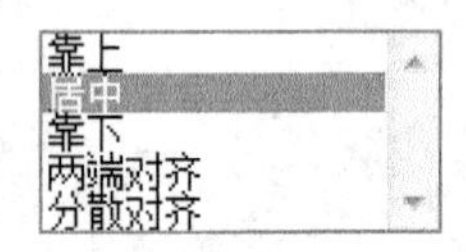

图 4-32 “垂直对齐”列表项

图 4-33 “文字方向”列表项

d. 文本控制。【设置单元格格式】对话框的【对齐】选项卡中还提供了 3 项文本控制功能。如果选中“自动换行”复选框，那么在单元格输入数据时，当数据超出单元格长度时，将自动换行至下一行；如果选中“缩小字体填充”复选框，那么缩小数据的字体后填充到单元格中，但单元格大小不变；如果选中“合并单元格”复选框，则可以将横向或纵向相邻的数个单元格合并为 1 个单元格，合并后单元格的引用取左上角第 1 个单元格的引用。

在【对齐】选项卡中同时设置“合并单元格”和“水平居中对齐”，相当于【开始】选项卡“对齐方式”区域【合并后居中】按钮的设置效果。

（3）设置字体格式

可以直接使用【开始】选项卡“字体”区域的“字体”列表框、“字号”列表框、【加粗】按钮、【倾斜】按钮、【下画线】按钮、【字体颜色】铵钮设置字体格式，也可以利用【设置单元格格式】对话框的【字体】选项卡进行字体设置，如图 4-34 所示。

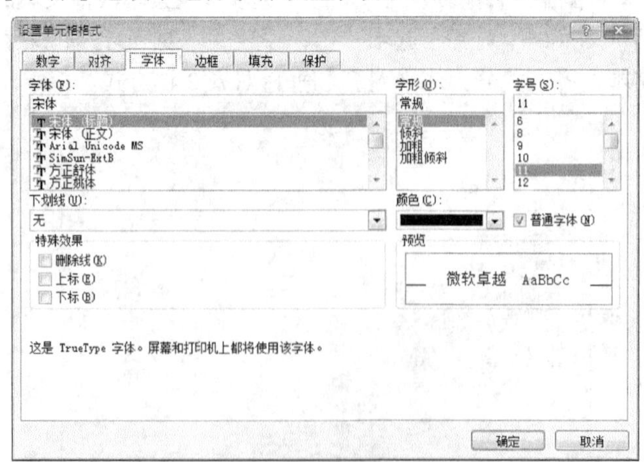

图 4-34 【设置单元格格式】对话框的【字体】选项卡

（4）设置单元框边框

在【设置单元格格式】对话框切换到【边框】选项卡中，可以为所选定的单元格添加或去除边框，可以对选定单元格的全部边框线进行设置，也可以选定单元格的部分边框线（上、下、左、右边框线，外框线，内框线和斜线）进行独立设置。在该选项卡的“线条”区域可以设置边框的形状、粗细和颜色，如图 4-35 所示。

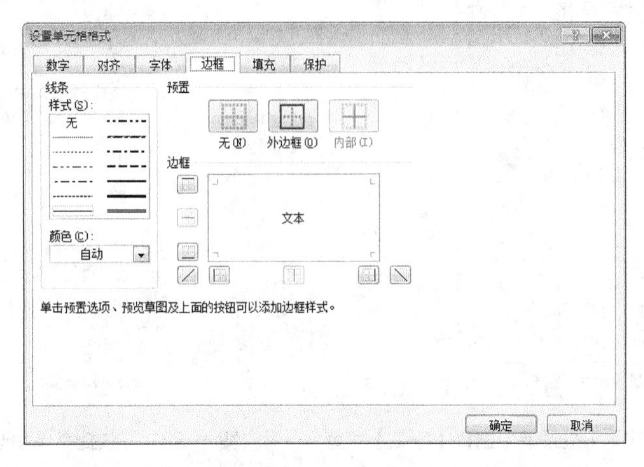

图 4-35 【设置单元格格式】对话框的【边框】选项卡

（5）设置单元格的填充颜色和图案

在【设置单元格格式】对话框切换到【填充】选项卡中，可以从“背景色”列表中选择所需的颜色，从“图案颜色”下拉列表框中选择所需的图案颜色，从“图案样式”下拉列表框中选择所需的图案样式，如图 4-36 所示。

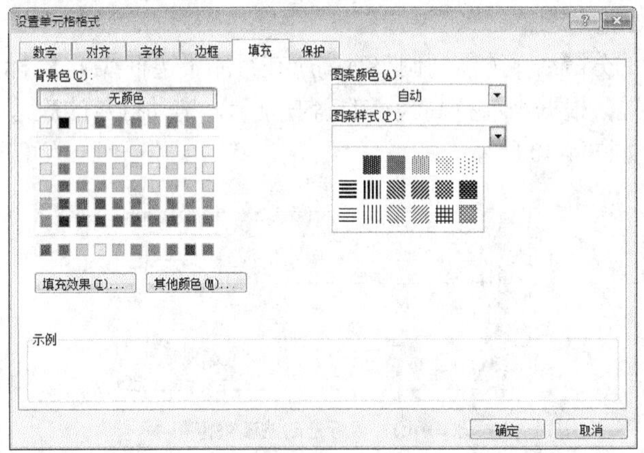

图 4-36 【设置单元格格式】对话框的【填充】选项卡

单元格的格式设置完成后，单击【确定】按钮即可。

2．调整行高

当单元格中的数据内容超出预设的单元格高度时，可以调整行高以便显示完整内容。

方法 1：使用菜单命令调整。

先选定要调整行高的一行或多行，然后在【开始】选项卡“单元格”区域单击【格式】按钮，在弹出的下拉菜单中选择【行高】命令，如图 4-37 所示。或者在“行号”上单击鼠标右键，在弹出的快捷菜单中选择【行高】命令，如图 4-38 所示。打开【行高】对话框，在“行高”编辑框中输入行高的数值（单位为磅），如图 4-39 所示。然后单击【确定】按钮即可。

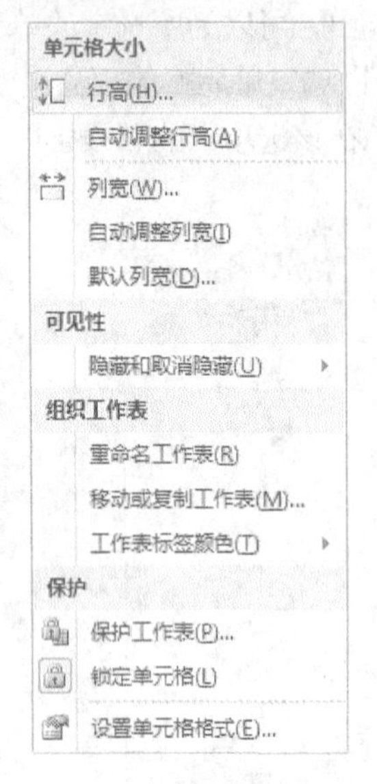

图 4-37　在【格式】下拉菜单中选择【行高】命令

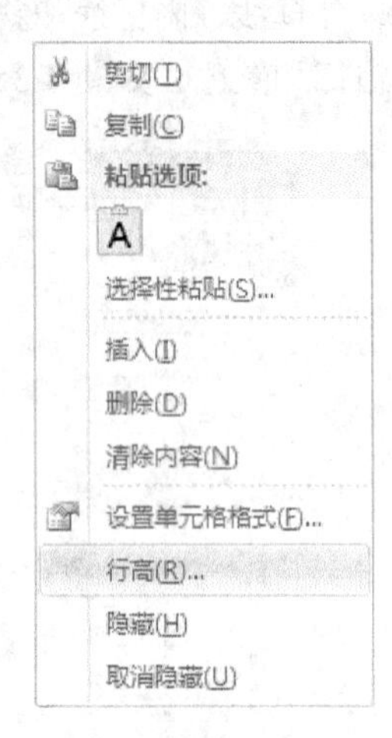

图 4-38　在快捷菜单中选择【行高】命令

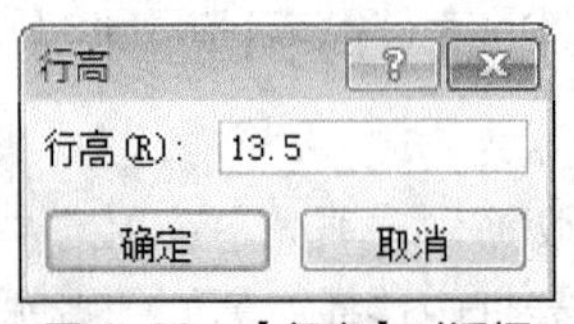

图 4-39　【行高】对话框

方法 2：使用鼠标拖动调整。

将鼠标移到两行的分隔线上（需要调整行高所在行的下边框线），鼠标指针变为上下双向箭头‡时，按住鼠标左键，根据当前行高大小的磅值显示，拖动行号的底边框线至合适的位置，松开鼠标左键即可，如图 4-40 所示。

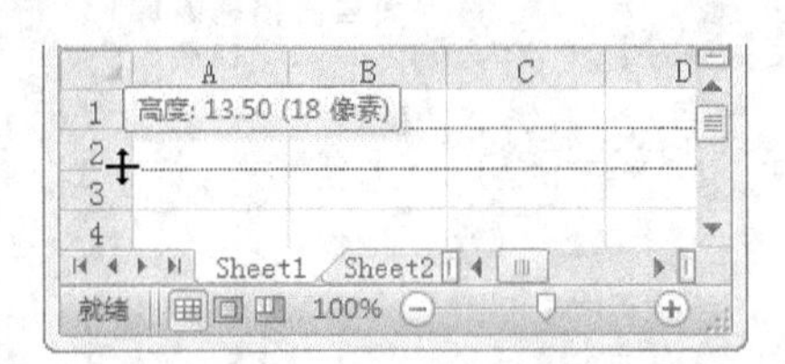

图 4-40　鼠标拖动法调整行高

如果要调整工作表中所有的行高，单击“全选”按钮（行号与列标相交处的矩形），然后拖动行号的底边框线即可。

3．调整列宽

当单元格中的数据内容超出预设的单元格宽度时，可以调整列宽以便显示完整内容。

（1）使用菜单命令调整

先选定要调整列宽的一列或多列，然后在【开始】选项卡“单元格”区域单击【格式】按钮，在弹出的下拉菜单中选择【列宽】命令，打开【列宽】对话框，在“列宽”编辑框中输入列宽的数值（单位为磅），如图4-41所示，然后单击【确定】按钮即可。

（2）使用鼠标拖动调整

将鼠标移到两列的分隔线上（需要调整列宽所在列的右边框线），当鼠标变为左右双向箭头✥时，根据当前列宽的大小，按住左键拖动列标的边框线即可调整列宽，如图4-42所示，松开鼠标左键后，列宽即被调整了。

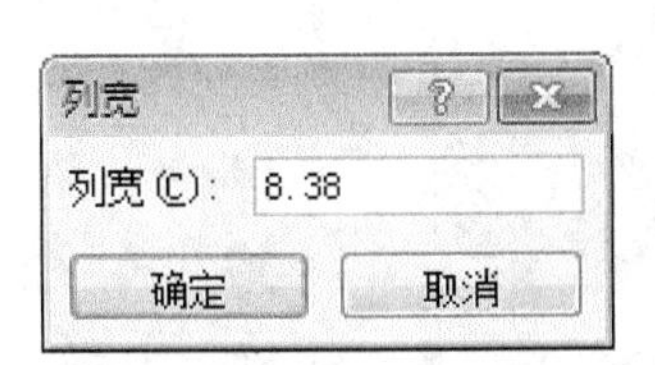

图4-41 【列宽】对话框

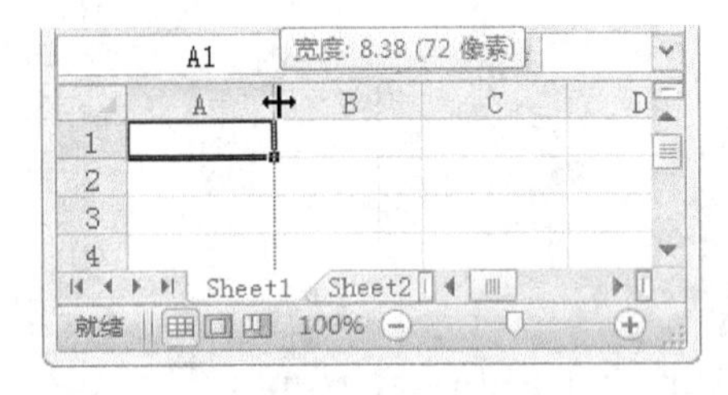

图4-42 鼠标拖动法调整列宽

提 示

如果要调整工作表中的所有列宽，单击“全选”按钮，然后拖动某一列标的边框线即可。

4．工作表的页面设置

Excel工作表打印之前，可以对页面格式进行设置，包括页面、页边距、页眉/页脚、工作表等方面，这些设置都可以通过【页面设置】对话框完成。

在【页面布局】选项卡“页面设置”区域单击【页面设置】按钮，则可打开【页面设置】对话框。

（1）设置页面的方向、缩放、纸张大小、打印质量和起始页码

在【页面设置】对话框的【页面】选项卡可以设置打印方向（纵向或横向打印）、缩小或放大打印的内容、选择合适的纸张类型、设置打印质量和起始页码。在“缩放”栏中选择“缩放比例”，可以设置缩小或者放大打印的比例。选择“调整为”可以按指定的页数打印工作表，“页宽”为表格横向分隔的页数，“页高”为表格纵向分隔的页数。如果要在一张纸上打印大于一张的内容时，应设置1页宽和1页高，如图4-43所示。“打印质量”是指打印时所用的分辨率，分辨率以每英寸打印的点数为单位，点数越大，表示打印质量越好。

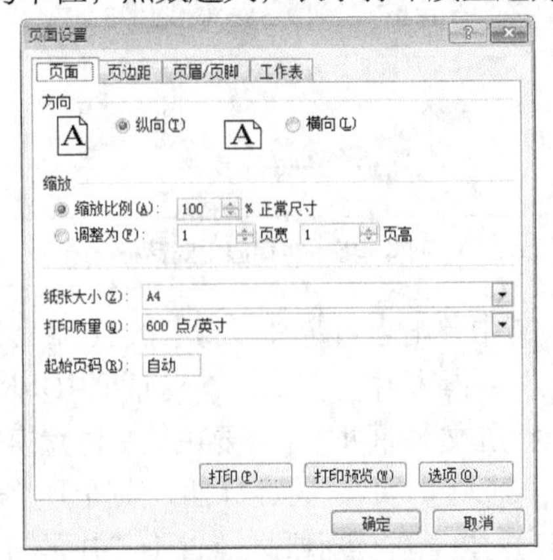

图4-43 【页面设置】对话框中的【页面】选项卡

(2) 设置页边距

在【页面设置】对话框中切换到【页边距】选项卡，然后设置上、下、左、右边距以及页眉和页脚边距，还可以设置居中方式，如图 4-44 所示。

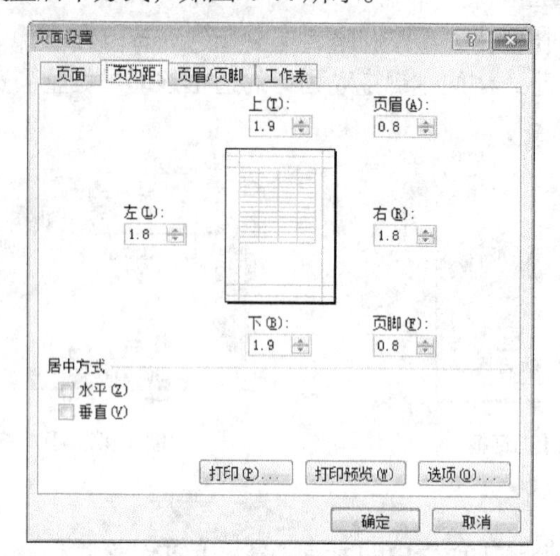

图 4-44 【页面设置】对话框中的【页边距】选项卡

(3) 设置页眉和页脚

切换到【页眉/页脚】选项卡，在“页眉”或“页脚”下拉列表框中选择合适的页眉或页脚。也可以自行定义页眉或页脚，操作方法如下。

① 在【页眉/页脚】选项卡中单击【自定义页眉】按钮，打开【页眉】对话框，将光标插入定位在“左”、“中”或“右”编辑框中，然后单击对话框中相应的按钮，按钮包括【字体】、【页码】、【总页数】、【日期】、【时间】、【工作簿名称】、【工作表标签名称】等。如果要在页眉中添加其他文字，在编辑框中输入相应文字即可，如果要在某一位置换行，按回车键即可。如图 4-45 所示，在“中”编辑框输入了“应聘企业通信录”。设置完成后，单击【确定】按钮返回【页面设置】对话框的【页眉/页脚】选项卡。

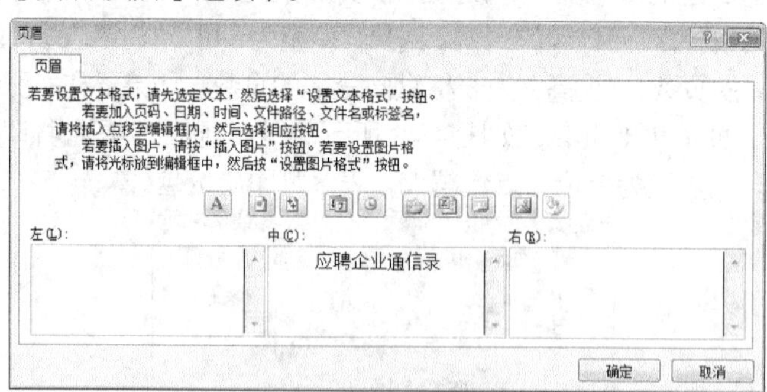

图 4-45 【页眉】对话框

② 在【页眉/页脚】选项卡中单击【自定义页脚】按钮，打开【页脚】对话框，将光标插入定位在“左”、“中”或“右”编辑框中，然后单击对话框中相应的按钮。如果要在页脚中添加其他文字，在编辑框中输入相应文字即可，如果要在某一位置换行，按回车键即可。如图 4-46 所示在“右”编辑框输入了“第页 共页”，将光标插入点置于“第”与“页”之间，然后单击按钮，插入页码（&[页码]），接着将光标插入点置于“共”与“页”之间，然后单击按钮，插入总页数（&[总页数]）。设置完成后，单击【确定】按钮，返回【页面设置】对话框的

【页眉/页脚】选项卡，如图 4-47 所示。

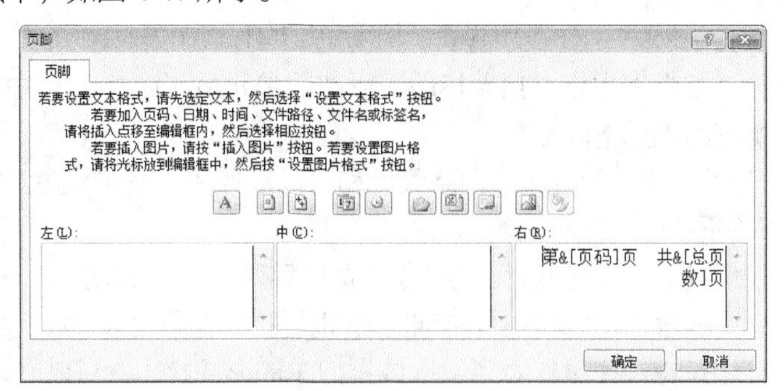

图 4-46 【页脚】对话框

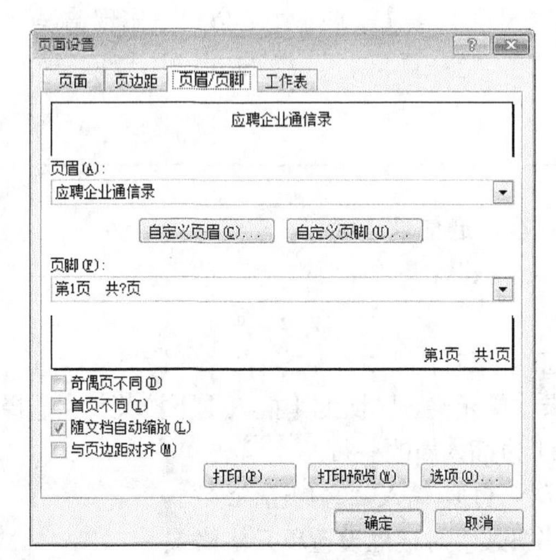

图 4-47 【页面设置】对话框中的【页眉/页脚】选项卡

（4）设置工作表

切换到【工作表】选项卡，如图 4-48 所示，在该选项卡进行以下设置。

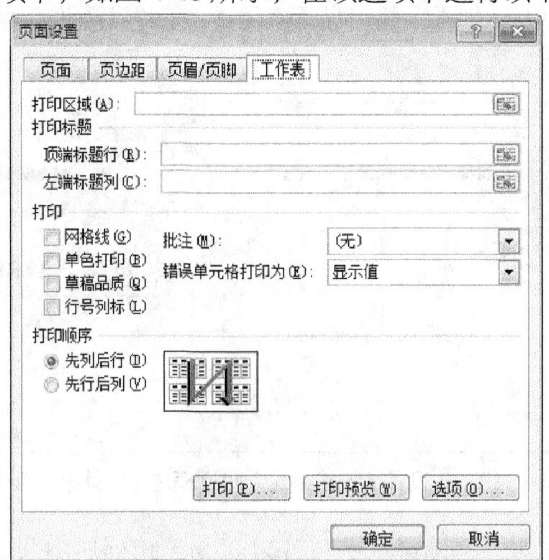

图 4-48 【页面设置】对话框中的“工作表”选项卡

① 定义打印区域。根据需要在“打印区域”编辑框中设置打印的范围，不设置时，系统默

认打印工作表中的全部数据。

② 定义打印标题。如果在工作表中包含行列标志，可以使其出现在每页打印输出的工作表中。在“顶端标题行”编辑框中指定顶端标题行所在的单元格区域，在“左端标题行”编辑框中指定左端标题行所在的单元格区域。

③ 指定打印项目。选择是否打印“网络线”和“行号列标”，是否为“单色打印”，是否为“按草稿方式”打印（不打印框线和图表）。

④ 设置打印顺序。选择“先列后行”或者“先行后列”的打印顺序。

⑤ 打印单元格批注。如果单元格中含有批注，也可将其打印出来。可以将批注按照它在工作表中插入的位置打印，也可在工作表底部以数据清单的形式打印。可以在“批注”下拉列表框中选择批注的打印的方式。

⑥ 打印错误单元格。在【工作表】选项卡中可以设置出现错误单元格的打印效果，可以在下拉列表框的选项“显示值”、“空白”、“- -”、“#N/A”中选择一种。

【任务实现】

1．打开 Excel 文件“客户通信录. xlsx”

打开文件“客户通信录.xlsx”。

2．插入新行

① 选中“序号”所在的标题行。

② 在【开始】选项卡“单元格”区域的【插入】下拉菜单中选择【插入工作表行】命令，在“序号”所在的标题行上边插入新的一行。

③ 在新插入行的单元格 A1 中输入“客户通信录”。

3．使用【设置单元格格式】对话框设置单元格格式

① 选择 A1 至 H1 的单元格区域，然后单击鼠标右键，在弹出的快捷菜单中选择【设置单元格格式】命令，打开【设置单元格格式】对话框，切换到【字体】选项卡。在【字体】选项卡依次设置字体为“宋体”，字形为“加粗”，字号为“20”，如图 4-49 所示。

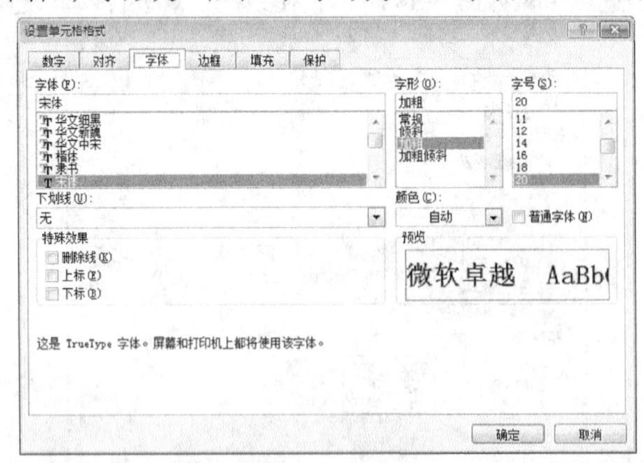

图 4-49 【设置单元格格式】对话框之【字体】选项卡

② 切换到【对齐】选项卡，设置水平对齐方式为“跨列居中”，垂直对齐方式为“居中”，如图 4-50 所示。

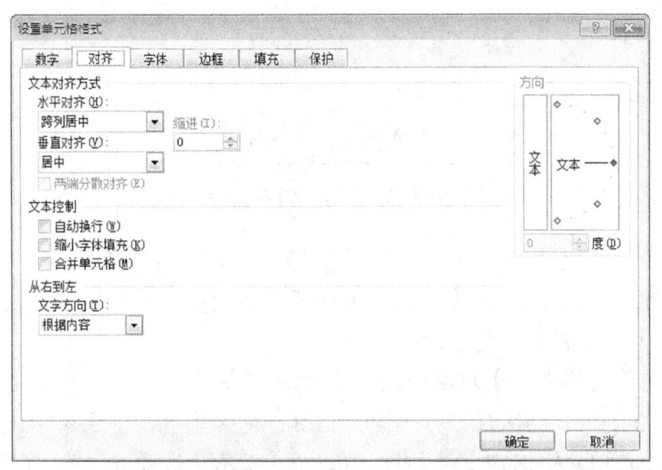

图4-50　【设置单元格格式】对话框之【对齐】选项卡

4．使用【开始】选项卡中的命令按钮设置单元格格式

① 选中A2至H10的单元格区域，然后在【开始】选项卡“字体”区域设置字体为“仿宋”，字号为“10”，在“对齐方式”区域单击【垂直居中】按钮，设置该单元格区域的垂直对齐方式为居中。

② 选中A2至H2的单元格区域，即“序号”所在标题行数据，然后在“对齐方式”区域单击【居中】按钮，设置该单元格区域的水平对齐方式为居中。

③ 选中A3至A10、E3至G10两个不连续的单元格区域，即“序号”、“称呼”、“联系电话”和“邮政编码”4列数据，然后在“对齐方式”区域单击【居中】按钮，设置两个单元格区域的水平对齐方式为居中。

④ 选中F3至G10的单元格区域，即“联系电话”和“邮政编码”2列数据，在【开始】选项卡“数字”区域单击【数字格式】列表框中按钮，在弹出的下拉菜单中选择【文本】命令，如图4-51所示。

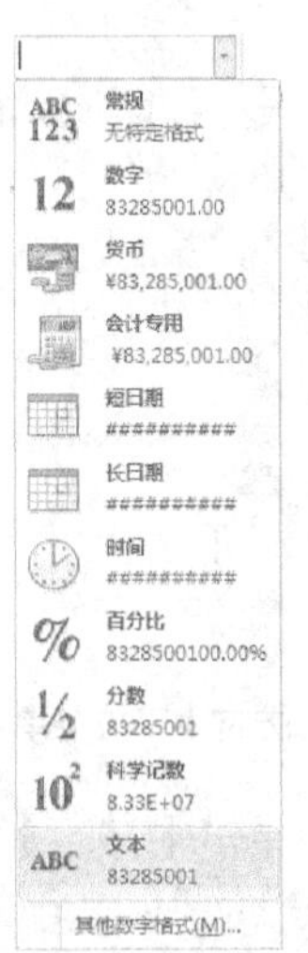

图4-51　【数字格式】下拉菜单

5．使用【行高】对话框设置行高

① 选中第1行（标题行），单击鼠标右键，在弹出的快捷菜单中选择【行高】命令，打开【行高】对话框，在“行高”文本框中输入“35”，如图4-52所示，然后单击【确定】按钮即可。

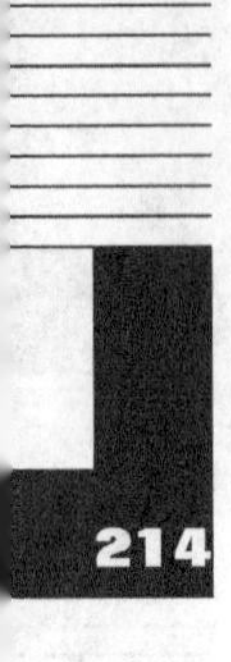

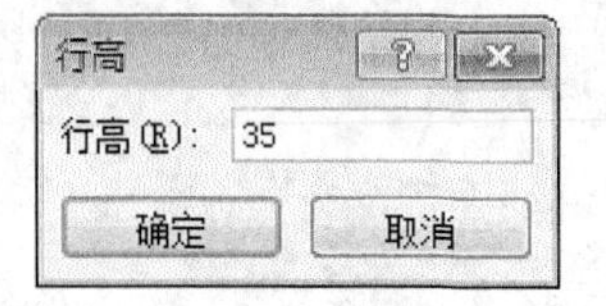

图 4-52 【行高】对话框

以同样的方法设置其他数据行（第 2 行至第 10 行）的行高为 20。

② 选中 A 列至 H 列，然后在【开始】选项卡“单元格”区域单击【格式】按钮，在弹出的下拉菜单中选择【自动调整列宽】命令即可。

6．使用【设置单元格格式】对话框设置边框线

选中 A2 至 H10 的单元格区域，单击鼠标右键，在弹出的快捷菜单中选择【设置单元格格式】命令，打开【设置单元格格式】对话框，切换到【边框】选项卡，然后在该选项卡的“预置”区域中单击【外边框】和【内部】按钮，为包含数据的单元格区域设置边框线，如图 4-53 所示。

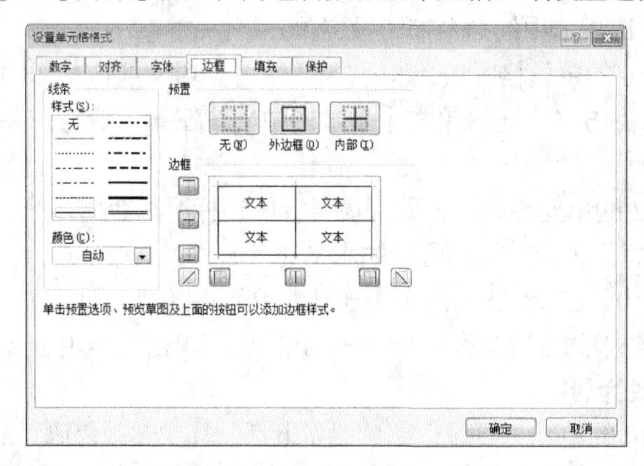

图 4-53 【设置单元格格式】对话框之【边框】选项卡

7．页面设置与页面的整体效果预览

① 在【页面布局】选项卡的“页面设置”区域单击【纸张方向】按钮，在下拉菜单中选择【横向】命令，如图 4-54 所示。

图 4-54 在【纸张方向】下拉菜单中选择【横向】命令

② 在【文件】选项卡的下拉菜单中单击【打印】按钮，即可预览页面的整体效果。

4.4 Excel 的数据计算与统计

数据计算与统计是 Excel 的重要功能，能根据各种不同要求，通过公式和函数完成各类计算和统计。

【任务 4-4】产品销售数据的计算与统计

【任务描述】

打开文件夹“任务 4-4”中的 Excel 工作簿“产品销售情况表.xlsx”，按照以下要求进行计算与统计。

① 使用【开始】选项卡“编辑”区域的【自动求和】按钮，计算产品销售总数量，将计算结果存放在单元格 E31 中。

② 在“编辑栏”常用函数列表中选择所需的函数，计算产品销售总额，将计算结果存放在单元格 F31 中。

③ 使用【插入函数】对话框和【函数参数】对话框计算产品的最高价格和最低价格，计算结果分别存放在单元格 D33 和 D34 中。

④ 手工输入计算公式，计算产品平均销售额，计算结果存放在单元格 F35 中。

【方法集锦】

1．单元格引用

Excel 2010 可以方便、快速地进行数据计算与统计，数据计算与统计时一般需要引用单元格中的数据，单元格的引用是指在计算公式中使用单元格地址作为运算项，单元格地址代表了单元格的数据。

（1）单元格地址

单元格地址由“列标”和“行号”组成，列标在前、行号在后，例如 A1、B4、D8 等。

（2）单元格区域地址

① 连续的矩形单元格区域。连续的矩形单元格区域的地址引用为：“单元格区域左上角的单元格地址:单元格区域右下角的单元格地址”，中间使用半角冒号（:）分隔，例如 B3:E12，其中 B3 表示单元格区域左上角的单元格地址，E12 表示单元格区域右下角的单元格地址。

② 不连续的多个单元格或单元格区域。多个不连续的单元格或单元格区域的地址引用为使用半角逗号（,）分隔多个单元格或单元格区域的地址。例如“A2,B3:D12,E5,F6:H10”，其中 A2、E5 表示 2 个单元格的地址，B3:D12 和 F6:H10 表示 2 个单元格区域的地址。

（3）单元格的引用类型

① 相对引用。相对引用是指单元格地址直接使用“列标”和“行号”表示，例如 A1、B2、C3 等。含有单元格相对地址的公式移动或复制到一个新位置时，公式中的单元格地址会随之发生变化。例如单元格 F3 应用的公式中包含了单元格 D3 的相对引用，将 F3 中的公式复制到单元格 F4 时，公式所包含的单元格相对引用会自动变为 D4。

② 绝对引用。绝对引用是指单元格地址中的“列标”和“行号”前各加一个“$”符号，例如$A$1、$B$2、$C$3 等。含有单元格绝对地址的公式移动或复制到一个新的位置时，公式中的单元格地址不会发生变化。例如单元格 F32 应用的公式中包含了单元格 F31 的绝对引用$F$31，将 F32 中的公式复制到单元格 F33 时，公式所包含的单元格绝对引用不变，为同一个单元格 F31 中的数据。

③ 混合引用。混合引用是指单元格地址中，“列标”和“行号”中有一个使用绝对地址，

而另一个却使用相对地址，例如$A1、B$2 等。对于混合引用的地址，在公式移动或复制时，绝对引用部分不会发生变化，而相对引用部分会随之变化。

如果列标为绝对引用，行号为相对引用，例如$A1，那么在公式移动或复制时，列标不会发生变化（例如 A），但行号会发生变化（例如 1、2、3、…等），即为同一列不同行对应单元格的数据（例如 A1、A2、A3、…）。

如果行号为绝对引用，列标为相对引用，例如 A$1，那么在公式移动或复制时，行号不会发生变化（例如 1），但列标会发生变化（例如 A、B、C、…等），即为同一行不同列对应单元格的数据（例如 A1、B1、C1、…）。

④ 跨工作表的单元格引用。公式中引用同一工作簿中其他工作表中单元格的形式为：<工作表名称>!<单元格地址>。“工作表名称”与“单元格地址”之间使用半角感叹号（!）分隔。

⑤ 跨工作簿的单元格引用。公式中引用不同工作簿中单元格的形式为<[工作簿文件名]><工作表名称>!<单元格地址>。

“工作簿文件名”加半角中括号（[ ]），要使用绝对路径且带扩展名。工作表名称与单元格地址之间使用半角感叹号（!）分隔，<[工作簿文件名]><工作表名称>还需要半角单引号，例如'E:\[个人所得税税率表.xlsx]sheet1'!A6。

2．使用公式计算

（1）公式的组成

Excel 中的公式由常量数据、单元格引用、函数、运算符组成。运算符主要包括 3 种类型：算术运算符、字符运算符、比较运算符。算术运算符包括“+”（加号）、“-”（减号）、“*”（乘号）、“/”（除号）、“%”（百分号）、“^”（乘幂）；字符连接运算符“&”可以将多个字符串连接起来；比较运算符包括“=”（等号）、“<”（小于）、“<=”（小于等于）、“>”（大于）、“>=”（大于等于）、“<>”（不等于）。

如果公式中同时用到了多个运算符，其运算优先顺序是：

①-（负号）②%（百分号）③^（乘幂）④*、/（乘和除）⑤+、-（加和减）⑥&（连接符）⑦=（等号）、<（小于）、<=（小于等于）、>（大于）、>=（大于等于）、<>（不等于）

公式中同一级别的运算，按从左到右的顺序进行，使用括号优先，注意括号应使用半角的括号“()”，不能使用全角的括号。

（2）公式的输入与计算

先选定输入公式的单元格，输入“=”号，再输入公式（例如 D3*E3，A1+A2 等），确认输入并输出计算结果。系统默认状态下，单元格内显示公式的计算结果，编辑框中显示计算公式。

如图 4-55 所示，光标插入点定位在单元格 F3 中，然后输入“=D3*E3”，然后按回车键（Enter）或【Tab】键确认，也可以在【编辑栏】单击✓按钮确认，将在单元格内显示计算结果，在编辑框中显示计算公式。

F3 　fx =D3*E3

	A	B	C	D	E	F
1	湖南蓝天电脑有限责任公司产品销售情况表					
2	产品名称	规格型号	单位	价格	数量	销售额
3	CPU	Intel 酷睿i5 2300（盒）	块	¥1,180.0	84	¥99,120.0
4	CPU	AMD 速龙II X4 640（盒）	块	¥620.0	36	¥22,320.0

图 4-55　公式的输入与计算示例

将鼠标指针移到单元格 F3 右下角的填充柄处，按住鼠标左键拖动填充柄到单元格 F4，将公式复制到 F4 的单元格中，单元格 F4 中的计算公式也变为“=D4*E4”。

如果要计算 CPU 的销售额之和，可以使用公式“=F3+F4”。如果要计算 CPU 的平均价格，可以使用公式“=(F3+F4)/2”。

（3）公式的移动与复制

公式的移动是指把一个公式从一个单元格中移动到另一个单元格中。其操作方法与单元格中数据的移动方法相同。

公式的复制可以使用填充柄、功能区命令和快捷菜单命令等多种方法实现，与单元格中数据的复制方法基本相同。

3．使用函数计算

函数是 Excel 中事先已定义好的具有特定功能的内置公式，例如 SUM（求和）、AVERAGE（求平均值）、COUNT（计数）、MAX（求最大值）、MIN（求最小值）等。

（1）函数的组成与使用

函数一般由函数名和用括号括起来的一组参数构成，其一般格式如下：

<函数名>(参数 1,参数 2,参数 3…)

函数名确定要执行的运算类型，参数则指定参与运算的数据。有 2 个或 2 个以上的参数时，参数之间使用半角逗号（,）分隔，有时需要使用半角冒号（:）分隔。常见的参数有数值、字符串、逻辑值和单元格引用。函数还可嵌套使用，即一个函数可以作为另一个函数的参数。有些函数没有参数，例如返回系统当前日期的函数 TODAY()。

函数的返回值（运算结果）可以是数值、字符串、逻辑值、错误值等。

当工作表中某个单元格中设置的计算公式无法求解时，系统将在该单元格中以错误信息的形式显示出错信息。错误值可以让用户迅速判断产生错误的原因。表 4-3 中列出了常见错误值的提示信息及其原因。

表 4-3　Excel 中常见的错误值提示信息及其原因

错误信息	错误原因
######	计算结果太长，单元格容不下，增加单元格的列宽即可解决
#VALUE!	参数或运算对象的类型不正确
#DIV/0!	除数为 0
#NAME?	不存在的名称或拼写错误
#N/A	在函数或公式中没有可用的数值
#REF!	在公式中引用了无效的单元格
#NUM!	在函数或公式中某个参数有问题，或计算结果的数字太大或太小
#NULL!	使用了不正确的区域运算或不正确的单元格引用

（2）输入和选用函数

① 在编辑框中手工输入函数。选定计算单元格，输入半角等号“=”，然后输入函数名及函数的参数，校对无误后确认即可。

计算 CPU 的总销售数量，则可以输入公式“=SUM(E3:E4)”，计算 CPU 的平均销售额，则可以输入公式“=AVERAGE(F3:F4)”。

② 在“常用函数”列表中选择函数。先选定计算单元格，输入半角等号“=”，然后在“编

辑栏”中“名称框”位置展开常用函数列表，如图 4-56 所示。在函数列表中单击选择一个函数，例如“SUM”，打开【函数参数】对话框，在该对话框确定参数值，然后单击【确定】按钮即可完成计算。

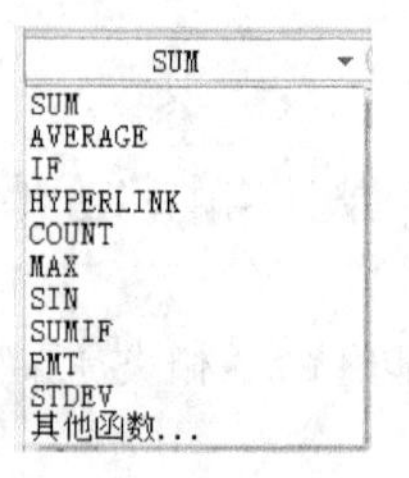

图 4-56　常用函数列表

③ 在【插入函数】对话框中选择函数。先选定单元格，然后在【公式】选项卡“函数库”区域单击【插入函数】按钮，或者直接单击“编辑栏”中的【插入函数】按钮 fx，系统自动在选定的单元格中输入“=”，同时弹出【插入函数】对话框，在该对话框中选择“函数类别”和“函数”，如图 4-57 所示，然后单击【确定】按钮。接着打开【函数参数】对话框，在该对话框中输入或设置参数后，单击【确定】按钮完成函数输入和计算。

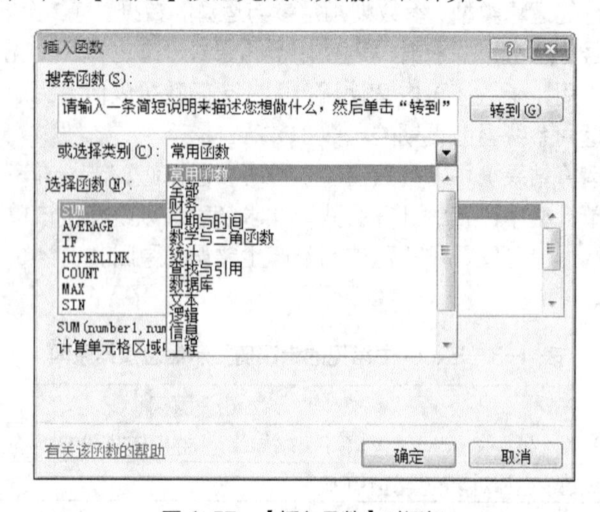

图 4-57　【插入函数】对话框

（3）常用函数的功能与格式

常用函数的功能与格式如表 4-4 所示。

表 4-4　常用函数的功能与格式

函数名称	函数格式	函数功能
求和函数	SUM(参数 1，参数 2，…)	计算其参数或者单元格区域中所有数值之和，参数可以是数值或单元格引用（例如 E3:E7）
求平均值函数	AVERAGE(参数 1，参数 2，…)	计算其参数的算术平均值，参数可以是数值或者包含的名称、数组或单元格引用（例如 F3:F7）
求最大值函数	MAX(参数 1，参数 2，…)	求一组数值中的最大值，参数可以是数值或单元格引用，忽略逻辑值和文本字符

续表

函数名称	函数格式	函数功能
求最小值函数	MIN(参数1，参数2，…)	求一组数值中的最小值，参数可以是数值或单元格引用，忽略逻辑值和文本字符
统计数值型数据个数函数	COUNT(参数1，参数2，…)	计算包含数字的单元格以及参数列表中数值型数据的个数，参数可以是各种不同类型的数据或者单元格引用，但只对数值型数据进行计数，非数值型数据不计数
统计满足条件的单元格数函数	COUNTIF(单元格区域引用,判断条件)	计算单元格区域中满足给定条件的单元格数目
取整函数	INT(参数)	求不大于指定参数的整数
圆整函数	ROUND(参数，四舍五入的位数)	参数为需要四舍五入的数值或单元格引用
判断函数	IF(判断条件,值1,值2)	判断一个条件是否成立，如果成立，即判断条件的值为TRUE，则返回“值1”，否则返回“值2”
字符串截取函数	MID（字符串，起始位置，长度）	从文本字符串中指定的起始位置返回指定长度的字符
左截取函数	LEFT(字符串，长度)	从一个文本字符串的第一个字符开始返回指定个数的字符
按列查找函数	VLOOKUP(待查找的值，查找的区域，返回数据在区域中的列数，匹配方式)	VLOOKUP函数与HLOOKUP函数属于同一类函数，VLOOKUP是按列查找的，而HLOOKUP是按行查找的
当前日期函数	TODAY()	返回日期格式的当前日期
日期时间函数	NOW()	返回日期时间格式的当前日期和时间
年函数	YEAR(日期数据)	返回日期的年份值，即1个1900~9999的整数
月函数	MONTY(日期数据)	返回月份值，即1个1~12的整数
日函数	DAY(日期数据)	返回1个月中的第几天的数值，即1个1~31的整数
时函数	HOUR(日期数据)	返回小时数值，即1个0~23的整数
分函数	MINUTE(日期数据)	返回分钟数值，即1个0~59的整数
称函数	SECOND(日期数据)	返回秒数值，即1个0~59的整数
星期函数	WEEKDAY(日期数据，类型)	返回代表一周中的第几天的数值，即1个1到7的整数

4．自动计算

在【公式】选项卡“函数库”区域单击【自动求和】按钮 Σ 自动求和 ，可以对指定或默认区域的数据进行求和运算。其运算结果值显示在选定列的下方第1个单元格中，或者选定行的右侧第1个单元格中。

单击【自动求和】按钮右侧的▾按钮，在弹出的下拉菜单中包括多个自动计算命令，如图4-58所示。

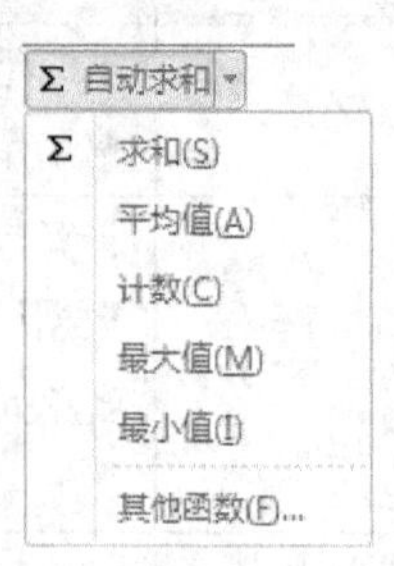

图 4-58 【自动求和】下拉菜单

【任务实现】

1. 计算产品销售总数量

方法 1：将光标插入点定位在单元格 E31 中，在【开始】选项卡"编辑"区域中单击【自动求和】按钮，此时自动选中"E3:E30"区域，且在单元格 E31 和编辑框中显示计算公式"=SUM(E3:E30)"，然后按回车键（Enter）或【Tab】键确认，也可以在【编辑栏】单击✓按钮确认，单元格 E31 中将显示计算结果为"2391"。

方法 2：先选定求和的单元格区域"E3:E30"，然后单击【自动求和】按钮，自动为单元格区域计算总和，计算结果显示在单元格 E31 中。

2. 计算产品销售总额

先选定计算单元格 F31，输入半角等号"="，然后在"编辑栏"中的"名称框"位置展开常用函数列表，在该函数列表中单击选择"SUM"函数，打开【函数参数】对话框，在该对话框的"Number1"地址框中输入"F3:F30"，如图 4-59 所示，然后单击【确定】按钮即可完成计算，单元格 F31 显示计算结果为"¥1,402,200.0"。

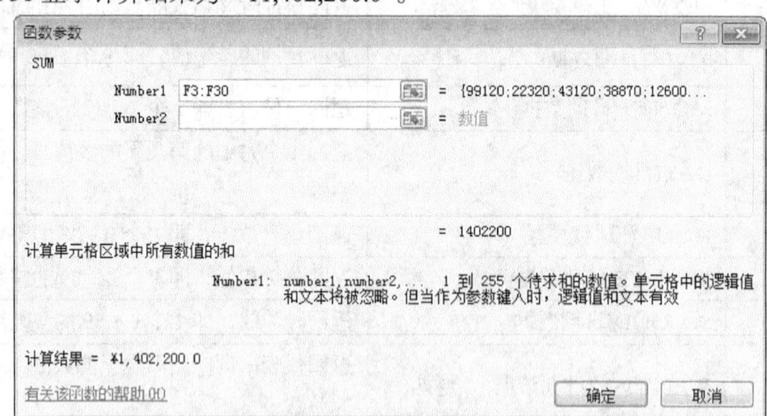

图 4-59 【函数参数】对话框

3. 计算产品的最高价格和最低价格

① 先选定单元格 D33，输入等号"="，然后在常用函数列表单击选择函数"MAX"，打开【函数参数】对话框。在该对话框中单击"Number1"地址框右侧的【折叠】按钮，折叠【函数参数】对话框，且进入工作表中，按住鼠标左键拖动鼠标选择单元格区域"D3:D30"，该计

算范围四周会出现1个框，同时【函数参数】对话框变成如图4-60所示的形状，显示工作表中选定的单元格区域。

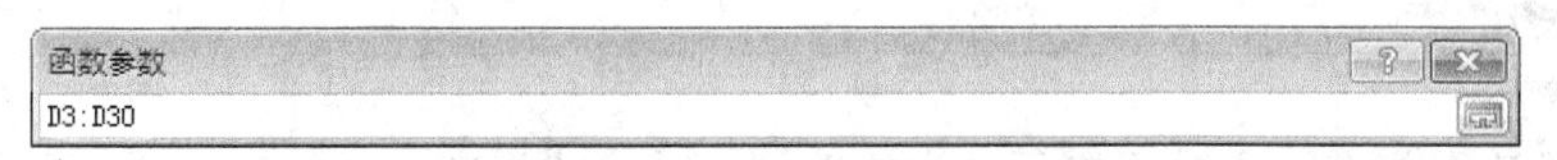

图4-60 【函数参数】对话框中显示选定单元格区域

在图4-60中再次单击折叠后的输入框右侧的【返回】按钮，返回图4-61所示的【函数参数】对话框，然后单击【确定】按钮，完成公式输入和计算。

在单元格D33中显示计算结果为“¥6,300.0”。

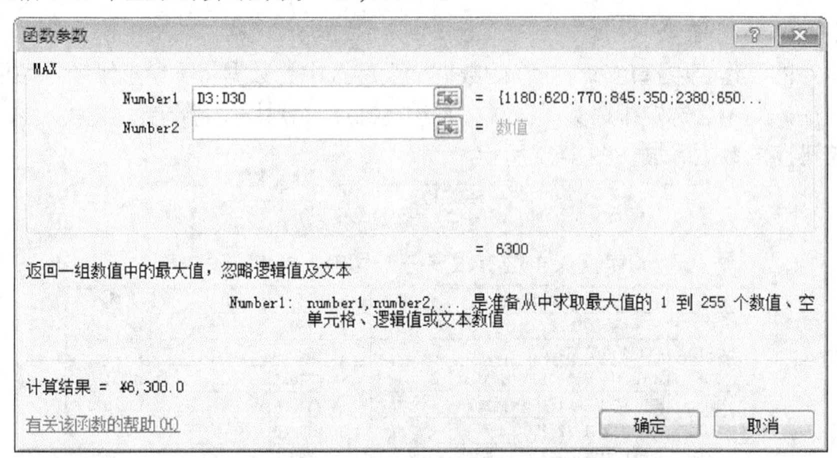

图4-61 选定了单元格区域的【函数参数】对话框

② 先选定单元格D34，然后单击“编辑栏”中的【插入函数】按钮，在打开的【插入函数】对话框中选择函数“MIN”，打开【函数参数】对话框。在该对话框的“Number1”地址框右侧的编辑框中直接输入计算范围“D3:D30”，也可以单击地址框右侧的“折叠”按钮，在工作表中拖动鼠标选择单元格区域“D3:D30”，然后再单击【返回】按钮，返回【函数参数】对话框，最后单击【确定】按钮，完成数据计算。

在单元格D34中显示计算结果为“¥100.0”。

4．计算产品平均销售额

先选定单元格F35，输入半角等号“=”，然后输入公式“AVERAGE(F3:F30)”，在编辑栏单击按钮确认即可。单元格F35显示计算结果为“¥50,078.6”。

4.5 Excel的数据分析与应用

Excel可以对数据进行查询、排序、筛选、分类汇总等应用操作。

【任务4–5】内存与硬盘销售数据的排序

【任务描述】

打开文件夹“任务4-5”中的Excel工作簿“内存与硬盘的销售情况表1.xlsx”，在工作表

Sheet1 中按“产品名称”升序和“销售额”的降序排列。

【方法集锦】

数据的排序是指对选定单元格区域中的数据以升序或降序方式重新排列，便于浏览和分析。

1．简单排序

将光标置于待排序数据区域的任意一个单元格中，在【数据】选项卡“排序与筛选”区域单击【升序】按钮 或【降序】按钮 ，即可对工作表数据进行简单排序。

2．多条件排序

（1）确定排序范围

在待排序的工作表中选定参与排序的数据，没有选中的数据将不参加排序。如果是对所有数据进行排序，则不必选定排序数据区域，系统在排序时默认选择所有的数据。

选定待排序的数据区域如图 4-62 所示。

A2 　 f_x 产品名称

	A	B	C	D	E	F
1	湖南蓝天电脑有限责任公司产品销售情况表					
2	产品名称	规格型号	单位	价格	数量	销售额
3	CPU	Intel 酷睿i5 2300（盒）	块	¥1,180.0	84	¥99,120.0
4	CPU	AMD 速龙II X4 640（盒）	块	¥620.0	36	¥22,320.0
5	CPU	Intel 酷睿i3 2100（盒）	块	¥770.0	56	¥43,120.0
6	CPU	AMD 羿龙II X4 955（黑盒）	块	¥845.0	46	¥38,870.0
7	CPU	AMD 速龙II X2 250（盒）	块	¥350.0	36	¥12,600.0
8	CPU	Intel 酷睿i7 2600K（盒）	块	¥2,380.0	38	¥90,440.0
9	CPU	Intel 酷睿i3 530（盒）	块	¥650.0	42	¥27,300.0
10	CPU	Intel 酷睿i7 2600（盒）	块	¥1,930.0	48	¥92,640.0

Sheet1 Sheet2 Sheet3

就绪 平均值: 18146.70833 计数: 54 求和: 435521 100%

图 4-62　选定待排序的数据区

（2）进行排序设置

在【数据】选项卡“排序和筛选”区域单击【排序】按钮，打开【排序】对话框。在该对话框中先选中“数据包含标题”复选框，然后选择“主要关键字”、“排序依据”及“次序”，例如“销售额”、“数值”和“升序”，如图 4-63 所示。

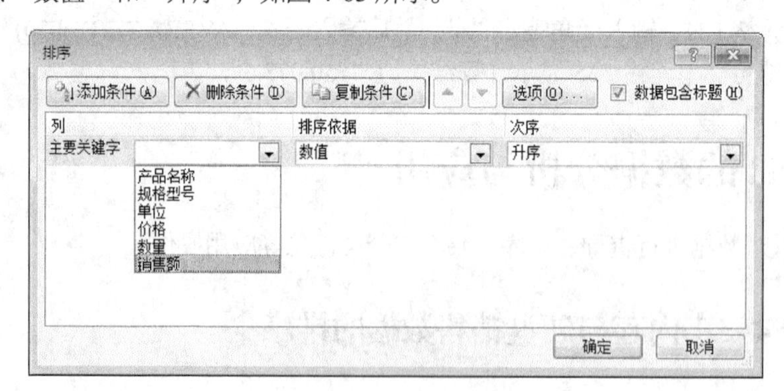

图 4-63　【排序】对话框

然后根据需要单击【添加条件】按钮，添加一个排序条件，选择“次要关键字”、“排序依据”及“次序”。

提 示

排序时，主要关键字是必需的，其他“关键字”可根据需要选用。如果同时选用了“主要关键字”和“次要关键字”，排序时，先按“主要关键字”排序，“主要关键字”数据值相同的行，再按“次要关键字”排序。如果只选用了“主要关键字”，则“主要关键字”值相同的行，按原有顺序排列。排序方式中的“升序”是指由小到大排序，“降序”是指由大到小排序。

（3）设置排序选项

排序之前还可以对一些参数进行设置，在【排序】对话框中单击【选项】按钮，打开【排序选项】对话框，如图4-64所示。在该对话框中，可以选择是否“区分大小写”、选择“按列排序”还是“按行排序”，选择“字母排序”还是“笔画排序”等选项。设置完成后，单击【确定】按钮，返回【排序】对话框。

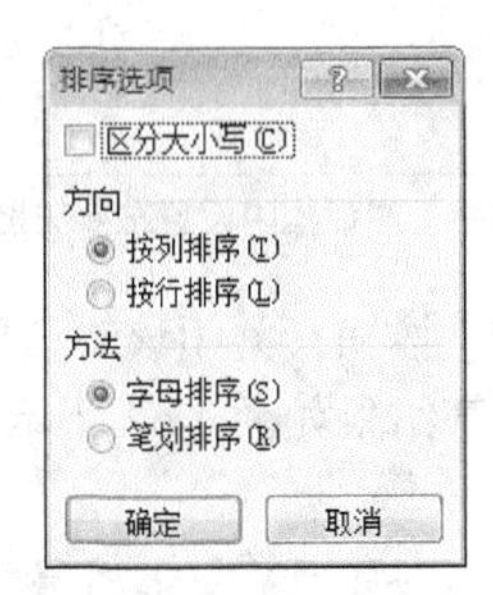

图4-64 【排序选项】对话框

（4）执行排序

所有设置确定后，在【排序】对话框中单击【确定】按钮，关闭该对话框。系统即可根据选定的排序范围按指定的关键字条件重新排列记录。

【任务实现】

① 打开文件夹“任务4-6”中的Excel工作簿“内存与硬盘的销售情况表1.xlsx”。

② 在工作表Sheet1中选中“A2:G11”单元格区域，如图4-65所示。

A2 序号

	A	B	C	D	E	F	G
1	内存与硬盘销售情况表						
2	序号	产品名称	规格型号	单位	价格	数量	销售额
3	1	内存	金士顿2GB DDR3 1333	根	¥105.0	126	¥13,230.0
4	2	内存	威刚2GB DDR3 1333	根	¥100.0	243	¥24,300.0
5	3	内存	金士顿4GB DDR3 1333	根	¥200.0	48	¥9,600.0
6	4	内存	金泰克4GB DDR3 1333	根	¥220.0	72	¥15,840.0
7	5	内存	威刚4GB DDR3 1333	根	¥210.0	187	¥39,270.0
8	6	硬盘	日立7K1000.C 1TB 7200转 32MB	块	¥350.0	263	¥92,050.0
9	7	硬盘	希捷Barracuda XT 2TB	块	¥960.0	203	¥194,880.0
10	8	硬盘	希捷1TB SATA2 32M 7200.12	块	¥375.0	144	¥54,000.0
11	9	硬盘	WD WD5000AAKX 500GB蓝盘	块	¥280.0	126	¥35,280.0

Sheet1 Sheet2 Sheet3

就绪 平均值: 13408.52778 计数: 70 求和: 482707 100%

图4-65 在工作表Sheet1中选中“A2:G11”单元格区域

③ 在【数据】选项卡“排序和筛选”区域单击【排序】按钮，打开【排序】对话框。在该对话框中先选中“数据包含标题”复选框，然后在“主要关键字”下拉列表框中选择“产品名

称”，在“排序依据”下拉列表框中选择“数值”，在“次序”下拉列表框中选择“升序”。

接着单击【添加条件】按钮，添加一个排序条件，在“次要关键字”下拉列表框中选择“销售额”，在“排序依据”下拉列表框中选择“数值”，在“次序”下拉列表框中选择“降序”，如图 4-66 所示。

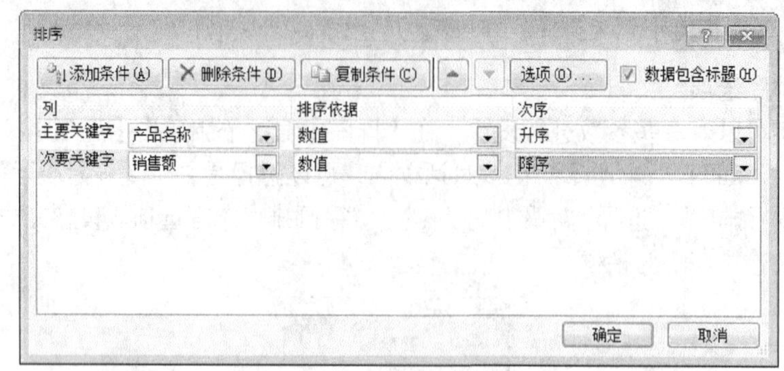

图 4-66　在【排序】对话框中设置主要关键字、次要关键字

在【排序】对话框中单击【确定】按钮，关闭该对话框。系统即可根据选定的排序范围按指定的关键字条件重新排列记录。排序结果如图 4-67 所示。

	A	B	C	D	E	F	G
1	内存与硬盘销售情况表						
2	序号	产品名称	规格型号	单位	价格	数量	销售额
3	5	内存	威刚4GB DDR3 1333	根	¥210.0	187	¥39,270.0
4	2	内存	威刚2GB DDR3 1333	根	¥100.0	243	¥24,300.0
5	4	内存	金泰克4GB DDR3 1333	根	¥220.0	72	¥15,840.0
6	1	内存	金士顿2GB DDR3 1333	根	¥105.0	126	¥13,230.0
7	3	内存	金士顿4GB DDR3 1333	根	¥200.0	48	¥9,600.0
8	7	硬盘	希捷Barracuda XT 2TB	块	¥960.0	203	¥194,880.0
9	6	硬盘	日立7K1000.C 1TB 7200转 32MB	块	¥350.0	263	¥92,050.0
10	8	硬盘	希捷1TB SATA2 32M 7200.12	块	¥375.0	144	¥54,000.0
11	9	硬盘	WD WD5000AAKX 500GB蓝盘	块	¥280.0	126	¥35,280.0

Sheet1　Sheet2　Sheet3　就绪　100%

图 4-67　内存与硬盘销售数据的排序结果

【任务 4-6】内存与硬盘销售数据的筛选

【任务描述】

（1）打开文件夹“任务 4-6”中的 Excel 工作簿“内存与硬盘的销售情况表 2.xlsx”，在工作表 Sheet1 中筛选出价格在 90 元以上（不包含 90 元），200 元以内（包含 200 元）的内存。

（2）打开文件夹“任务 4-6”中的 Excel 工作簿“内存与硬盘的销售情况表 3.xlsx”，在工作表 Sheet1 中筛选出价格大于 90 元并且小于等于 200 元，同时销售额在 10000 元以上的内存与价格低于 400 元的硬盘。

【方法集锦】

如果用户需要游览或者操作的只是数据表中的部分数据，为了方便操作，加快操作速度，往往把需要的记录筛选出来作为操作对象，而将无关的记录隐藏起来，使之不参与操作。

Excel 同时提供了自动筛选和高级筛选两种命令来筛选数据。自动筛选可以满足大部分需求，然而当需要按更复杂的条件来筛选数据时，则需要使用高级筛选。

1．自动筛选

在待筛选数据区域中选定任意一个单元格，然后在【数据】选项卡“排序和筛选”区域单击【筛选】按钮，该按钮呈现选中状态，Excel 便会在工作表中每个列的列标题右侧插入一个下拉箭头按钮▼。单击某个列标题右侧的下拉箭头按钮▼，会出现一个下拉菜单。在该下拉菜单中选择筛选项对应的复选框，将在工作表中只显示包含所选项的行。如果要再重新显示全部行，在列标题的下拉菜单选择“全选”复选框即可。

如果筛选的条件有多个，例如筛选价格在 90~200（包含 200，但不包含 90）之间的内存，那么可以在下拉菜单【数字筛选】的级联菜单中选择【自定义筛选】命令，打开【自定义自动筛选方式】对话框。

在【自定义自动筛选方式】对话框中设置必要的筛选条件，然后单击【确定】按钮即可。

如果要显示所有被隐藏的行，在【数据】选项卡“排序和筛选”区域单击【清除】按钮即可，也可以在下拉菜单中选择“全选”复选框，然后单击【确定】按钮即可。

如果要移去“自动筛选”下拉箭头▼，并全部显示所有的行，在【数据】选项卡“排序和筛选”区域再一次单击【筛选】按钮，使该按钮呈现非选中状态即可。

2．高级筛选

对于查询条件较为复杂或必须经过计算才能进行查询，可以使用高级筛选方式，这种筛选方式需要定义 3 个单元格区域：定义查询的数据区域、定义查询的条件区域和定义存放筛选结果的区域，当这些区域都定义好后便可以进行筛选。

例如在“内存与硬盘销售情况表”中筛选出价格大于 90 元并且小于等于 200 元，同时销售额在 10000 元以上的内存与价格低于 400 元的硬盘。

（1）选择条件区域与设置筛选条件

选择工作表的空白区域作为条件区域，同时设置筛选条件。设置筛选条件如下。

① 筛选条件区域的列标题和条件应放在不同的单元格中。

② 筛选条件区域的列标题应与查询的数据区域的列标题完全一致，可以使用复制与粘贴方法设置。

③“与”关系的条件必须出现在同一行，例如“价格>90”和“价格<=200”。

④“或”关系的条件不能出现在同一行，例如“价格>90”或“价格<400”。

（2）设置高级筛选

在【数据】选项卡“排序和筛选”区域单击【高级】按钮，打开【高级筛选】对话框，在该对话框中进行以下设置。

① 设置“方式”。在“方式”区域指定筛选结果存放的位置，例如选择“将筛选结果复制到其他位置”单选按钮。

② 设置“列表区域”。在“列表区域”编辑框中输入单元格区域地址或者利用“折叠”按钮在工作表中选择数据区域。

③ 设置“条件区域”。在“条件区域”编辑框中输入单元格区域地址或者利用“折叠”按钮在工作表中选择条件区域。

④ 设置“存放筛选结果的区域”。在“复制到”编辑框中输入单元格区域地址或者利用“折叠”按钮在工作表中选择存放筛选结果的区域。

如果选择“选择不重复的记录”复选框，那么筛选结果不会出现完全相同的两行数据。

（3）执行高级筛选

在【高级筛选】对话框中设置完成后，如图 4-68 所示，单击【确定】按钮，执行高级筛选。

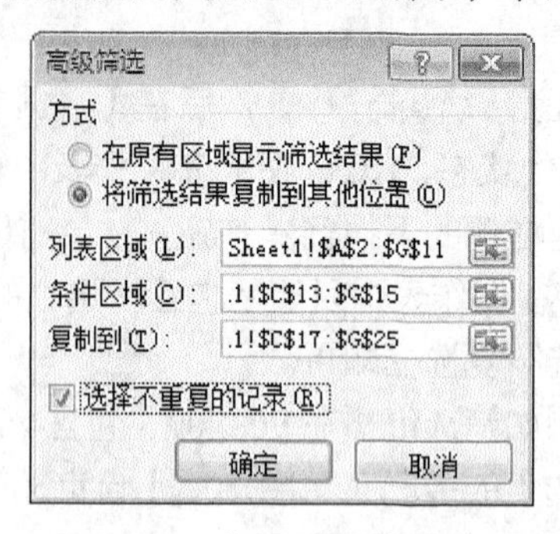

图 4-68 【高级筛选】对话框

如果在【高级筛选】对话框的“方式”区域选择了“在原有区域显示筛选结果”单选按钮，那么高级筛选的结果会覆盖原有数据。

【任务实现】

1．内存与硬盘销售数据的自动筛选

① 打开文件夹“任务 4-6”中的 Excel 工作簿“内存与硬盘的销售情况表 2.xlsx”。

② 在要筛选数据区域“A1:G11”中选定任意一个单元格。

③ 在【数据】选项卡“排序和筛选”区域单击【筛选】按钮，该按钮呈现选中状态，在工作表中每个列的列标题右侧插入一个下拉箭头按钮。

④ 单击某个列标题右侧的下拉箭头按钮，会出现一个下拉菜单。在该下拉菜单【数字筛选】的级联菜单中选择【自定义筛选】命令，如图 4-69 所示，打开【自定义自动筛选方式】对话框。

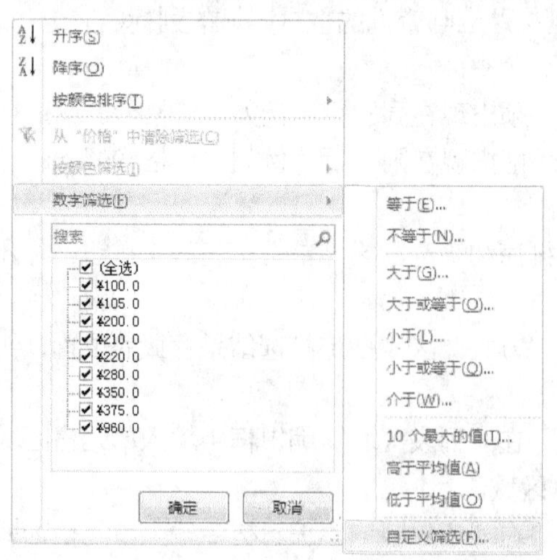

图 4-69 在【数字筛选】级联菜单中选择【自定义筛选】命令

⑤ 在【自定义自动筛选方式】对话框中，将条件 1 设置为“大于 90”，条件 2 设置为“小

于或等于200”，逻辑运算符选择“与”，如图4-70所示。然后单击【确定】按钮，筛选结果如图4-71所示。

图4-70 【自定义自动筛选方式】对话框

	A	B	C	D	E	F	G
1	内存与硬盘销售情况表						
2	序号	产品名	规格型号	单	价格	数	销售额
3	1	内存	金士顿2GB DDR3 1333	根	¥105.0	126	¥13,230.0
4	2	内存	威刚2GB DDR3 1333	根	¥100.0	243	¥24,300.0
5	3	内存	金士顿4GB DDR3 1333	根	¥200.0	48	¥9,600.0

Sheet1 Sheet2 Sheet3
就绪 在9条记录中找到3个 100%

图4-71 自定义自动筛选方式的筛选结果

2．内存与硬盘销售数据的高级筛选

① 打开文件夹“任务4-6”中的Excel工作簿“内存与硬盘的销售情况表3.xlsx”。

② 在待筛选数据区域“A1:G11”中选定任意一个单元格。

③ 在【数据】选项卡“排序和筛选”区域单击【高级】按钮，打开【高级筛选】对话框，在该对话框中进行以下设置。

a. 在“方式”区域选择“将筛选结果复制到其他位置”单选按钮。

b. 在“列表区域”编辑框中利用“折叠”按钮在工作表中选择数据区域“A2:G11”。

c. 在“条件区域”编辑框中利用“折叠”按钮在工作表中选择条件区域“C13:G15”。

d. 在“复制到”编辑框中利用“折叠”按钮在工作表中选择存放筛选结果的区域“C17:G25”。

e. 选择“选择不重复的记录”复选框。

f. 执行高级筛选。

在【高级筛选】对话框中设置完成后，如图4-72所示，单击【确定】按钮，执行高级筛选。

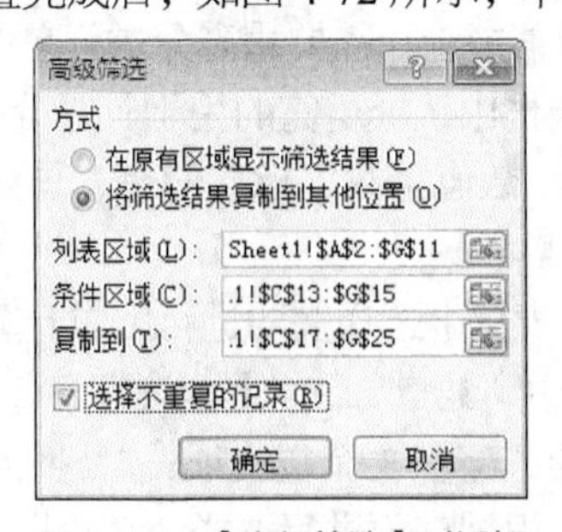

图4-72 【高级筛选】对话框

高级筛选的结果如图4-73所示。

	A	B	C	D	E	F	G
1			内存与硬盘销售情况表				
2	序号	产品名称	规格型号	单位	价格	数量	销售额
3	1	内存	金士顿2GB DDR3 1333	根	¥105.0	126	¥13,230.0
4	2	内存	威刚2GB DDR3 1333	根	¥100.0	243	¥24,300.0
5	3	内存	金士顿4GB DDR3 1333	根	¥200.0	48	¥9,600.0
6	4	内存	金泰克4GB DDR3 1333	根	¥220.0	72	¥15,840.0
7	5	内存	威刚4GB DDR3 1333	根	¥210.0	187	¥39,270.0
8	6	硬盘	日立7K1000.C 1TB 7200转 32MB	块	¥350.0	263	¥92,050.0
9	7	硬盘	希捷Barracuda XT 2TB	块	¥960.0	203	¥194,880.0
10	8	硬盘	希捷1TB SATA2 32M 7200.12	块	¥375.0	144	¥54,000.0
11	9	硬盘	WD WD5000AAKX 500GB蓝盘	块	¥280.0	126	¥35,280.0
12							
13			产品名称		价格	价格	销售额
14			内存		>90	<=200	>10000
15			硬盘		<400		
16							
17	序号	产品名称	规格型号	单位	价格	数量	销售额
18	1	内存	金士顿2GB DDR3 1333	根	¥105.0	126	¥13,230.0
19	2	内存	威刚2GB DDR3 1333	根	¥100.0	243	¥24,300.0
20	6	硬盘	日立7K1000.C 1TB 7200转 32MB	块	¥350.0	263	¥92,050.0
21	8	硬盘	希捷1TB SATA2 32M 7200.12	块	¥375.0	144	¥54,000.0
22	9	硬盘	WD WD5000AAKX 500GB蓝盘	块	¥280.0	126	¥35,280.0

Sheet1 Sheet2 Sheet3

就绪 100%

图 4-73　高级筛选的结果

【任务 4-7】内存与硬盘销售数据的分类汇总

【任务描述】

打开文件夹“任务 4-7”中的 Excel 工作簿“内存与硬盘的销售情况表 4.xlsx”，在工作表 Sheet1 中按“产品名称”分类汇总“数量”的总数和“销售额”的总额。

【方法集锦】

对工作表中的数据按列值进行分类，并按类进行汇总（包括求和、求平均值、求最大值、求最小值等），可以提供清晰且有价值的报表。

将光标置于待分类汇总数据区域的任意一个单元格中，在【数据】选项卡“分级显示”区域中单击“分类汇总”按钮，打开【分类汇总】对话框。

在【分类汇总】对话框中进行相关设置。

① 在“分类字段”下拉列表框中选择需要用来分类汇总的数据列，例如选择“产品名称”。

② 在“汇总方式”下拉列表框中选择所需的用于计算分类汇总的函数，包括求和、计数、平均值、最大值、最小值、乘积、数值计数、标准偏差、总体标准偏差、方差、总体方差等多个选项，例如选择“求和”。

③ 在“选定汇总项”下拉列表框中选择需要进行汇总计算的数值列所对应的复选框，可以选中 1 个或多个复选框，例如选中“数量”和“销售额”。

④ 在【分类汇总】对话框的底部有 3 个复选项：“替换当前分类汇总”、“每组数据分页”和“汇总结果显示在数据下方”，根据需要进行选择，也可以采用默认设置。

然后单击【确定】按钮，完成分类汇总。

分类汇总完成后，Excel 会自动对工作表中的数据进行分级显示，在工作表窗口的左侧会出现分级显示区，列出一些分级显示符号，允许对分类后的数据显示进行控制。默认情况下，数据按3级显示，可以通过单击工作表左侧的分级显示区顶端的1、2、3三个按钮进行分级显示切换。在图4-74中单击1按钮，工作表中将只显示列标题和总计结果；单击2按钮，工作表中将只显示列标题、各个分类汇总结果和总计结果；单击3按钮将会显示所有的详细数据。

分级显示区有+、-分级显示按钮。单击-按钮工作表中数据显示由低一级向高一级折叠，此时-按钮变成+按钮；单击+按钮工作表中数据的显示由高一级向低一级展开，此时+按钮变成-按钮；部分数据被折叠的工作表如图4-74所示。

	A	B	C	D	E	F	G
1	内存与硬盘销售情况表						
2	序号	产品名称	规格型号	单位	价格	数量	销售额
3	1	内存	金士顿2GB DDR3 1333	根	¥105.0	126	¥13,230.0
4	2	内存	威刚2GB DDR3 1333	根	¥100.0	243	¥24,300.0
5	3	内存	金士顿4GB DDR3 1333	根	¥200.0	48	¥9,600.0
6	4	内存	金泰克4GB DDR3 1333	根	¥220.0	72	¥15,840.0
7	5	内存	威刚4GB DDR3 1333	根	¥210.0	187	¥39,270.0
8		内存 汇总				676	¥102,240.0
13		硬盘 汇总				736	¥376,210.0
14		总计				1412	¥478,450.0

图4-74 部分数据被折叠的工作表

当需要取消分类汇总恢复工作表原状时，在打开的【分类汇总】对话框中单击【全部删除】按钮即可。

【任务实现】

① 打开文件夹“任务4-7”中的Excel工作簿“内存与硬盘的销售情况表4.xlsx”。

② 将光标置于待分类汇总数据区域“A1:G11”的任意一个单元格中。

③ 在【数据】选项卡“分级显示”区域中单击【分类汇总】按钮，打开【分类汇总】对话框。

在【分类汇总】对话框中进行以下设置。

a. 在“分类字段”下拉列表框中选择“产品名称”。

b. 在“汇总方式”下拉列表框中选择“求和”。

c. 在“选定汇总项”下拉列表框中选择“数量”和“销售额”。

d.【分类汇总】对话框的底部的3个复选项都采用默认设置。

【分类汇总】对话框的各个选项设置完成后，如图4-75所示。

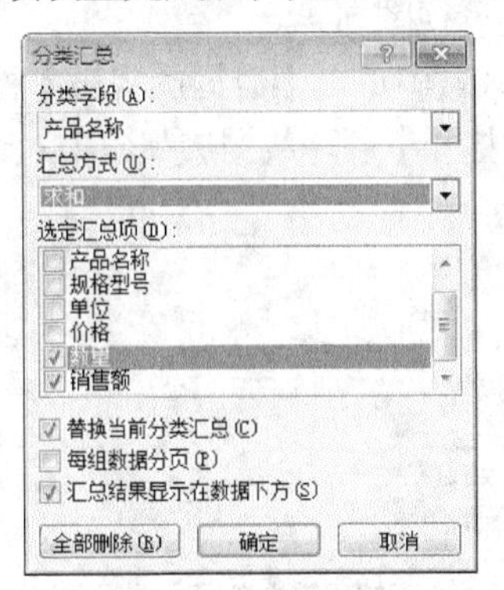

图4-75 【分类汇总】对话框

然后单击【确定】按钮，完成分类汇总，其结果如图 4-76 所示。

内存与硬盘销售情况表

序号	产品名称	规格型号	单位	价格	数量	销售额
1	内存	金士顿2GB DDR3 1333	根	¥105.0	126	¥13,230.0
2	内存	威刚2GB DDR3 1333	根	¥100.0	243	¥24,300.0
3	内存	金士顿4GB DDR3 1333	根	¥200.0	48	¥9,600.0
4	内存	金泰克4GB DDR3 1333	根	¥220.0	72	¥15,840.0
5	内存	威刚4GB DDR3 1333	根	¥210.0	187	¥39,270.0
	内存 汇总				676	¥102,240.0
6	硬盘	日立7K1000.C 1TB 7200转 32MB	块	¥350.0	263	¥92,050.0
7	硬盘	希捷Barracuda XT 2TB	块	¥960.0	203	¥194,880.0
8	硬盘	希捷1TB SATA2 32M 7200.12	块	¥375.0	144	¥54,000.0
9	硬盘	WD WD5000AAKX 500GB蓝盘	块	¥280.0	126	¥35,280.0
	硬盘 汇总				736	¥376,210.0
	总计				1412	¥478,450.0

图 4-76　分类汇总后的工作表

【任务 4-8】内存与硬盘销售数据透视表的创建

【任务描述】

打开文件夹“任务 4-8”中的 Excel 工作簿“蓝天公司内存与硬盘销售统计表.xlsx”，在工作表 Sheet1 中按“业务员”将每种“产品”的销售额汇总求和，存入新建工作表 Sheet4 中。

【方法集锦】

Excel 的数据透视表和数据透视图比普通的分类汇总功能更强，可以按多个字段进行分类，便于多方向分析数据。例如分析计算机公司的商品销售情况，可以按不同类型的商品进行分类汇总，也可以按不同的销售员进行分类汇总，还可以综合分析某一种商品不同销售员的销售业绩，或者同一位销售员销售不同类型商品的情况。前 2 种情况使用普通的分类汇总即可实现，后 2 种情况则需要使用数据透视表或数据透视图实现。

数据透视表或数据透视图的创建可以使用向导方式实现。

【任务实现】

① 打开文件夹“任务 4-8”中的 Excel 工作簿“蓝天公司内存与硬盘销售统计表.xlsx”。

② 启动数据透视图表和数据透视图向导。

在【插入】选项卡“表格”区域中单击【数据透视表】按钮，在其下拉菜单中选择【数据透视表】命令，如图 4-77 所示，打开【创建数据透视表】对话框，如图 4-78 所示。

图 4-77　在下拉菜单中选择【数据透视表】命令

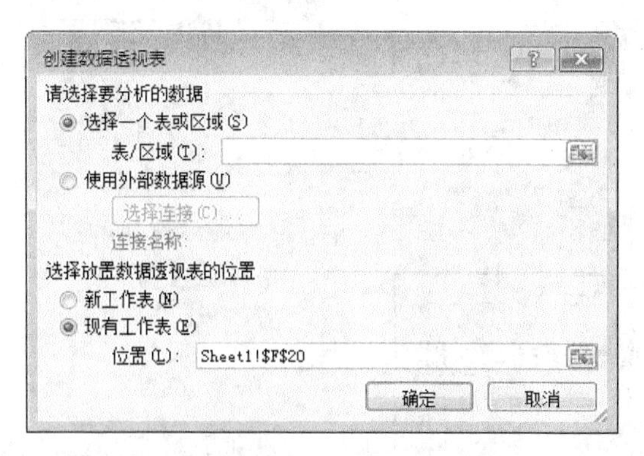

图 4-78　【创建数据透视表】对话框的初始状态

③ 在【创建数据透视表】对话框的“请选择要分析的数据”区域选择“选择一个表或区域”单选按钮，然后在“表/区域”编辑框中直接输入数据源区域的地址，或者单击“表/区域”编辑框右侧的【折叠】按钮，折叠该对话框，在工作表中拖动鼠标选择数据区域，例如“A2:C12”，所选中区域的绝对地址值在折叠对话框的编辑框中显示，如图 4-79 所示。在折叠对话框中单击【返回】按钮，返回折叠之前的对话框。

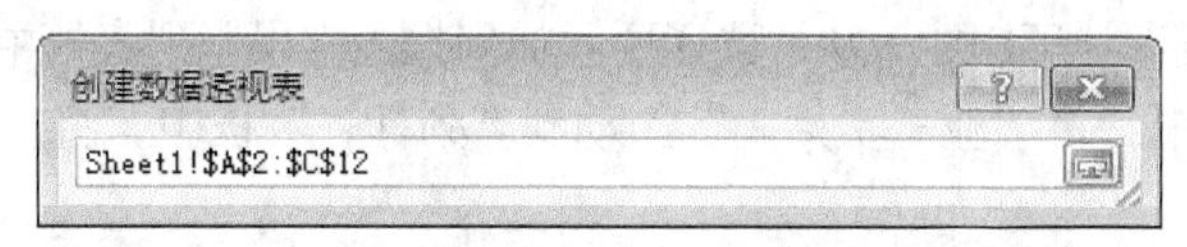

图 4-79　折叠对话框及选中区域的绝对地址

④ 在【创建数据透视表】对话框的“选择放置数据透视表的位置”区域选择“新工作表”单选按钮，如图 4-80 所示。

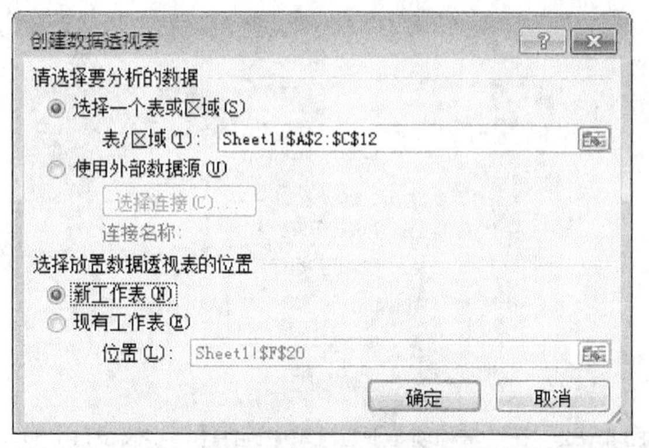

图 4-80　在【创建数据透视表】对话框中进行相应设置

当然这里也可以选择“现有工作表”单选按钮，然后在“位置”编辑框中输入放置数据透视表的区域地址。

⑤ 在【创建数据透视表】对话框中单击【确定】按钮，进入数据透视表设计环境，如图 4-81 所示。

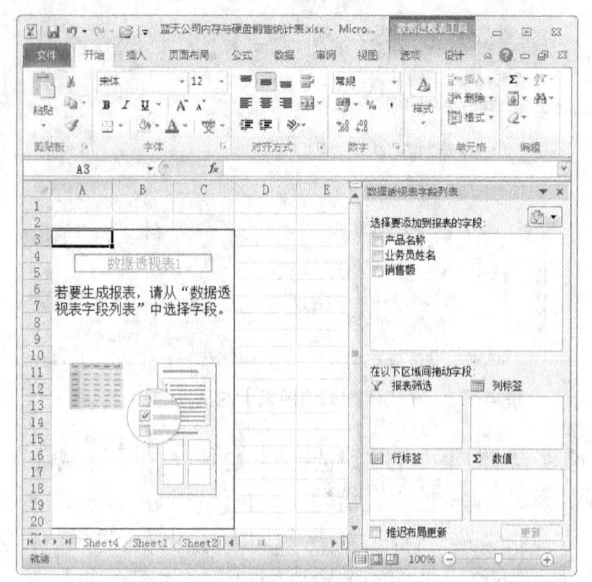

图 4-81　Excel 2010 数据透视表的设计环境

⑥ 在数据透视表设计环境中，从“选择要添加到报表字段”列表框中将“产品名称”字段拖动到“行标签”框中，将“业务员姓名”拖动到“列标签”框中，将“销售额”字段拖动到“数值”框中。

⑦ 在“数值”框中单击“求和项”按钮，在弹出的下拉菜单中选择【值字段设置】命令，如图 4-82 所示。打开【值字段设置】对话框，在该对话框中选择“值字段汇总方式”列表框中的“求和”选项，如图 4-83 所示。

图 4-82　在“求和项”下拉菜单中选择【值字段设置】命令

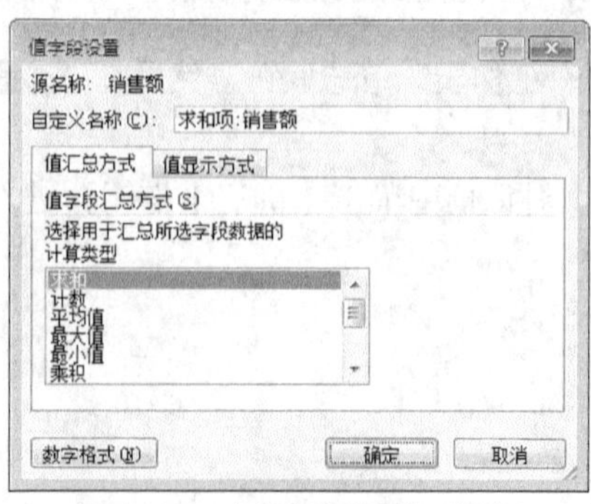

图 4-83　【值字段设置】对话框

然后单击【数字格式】按钮，打开【设置单元格格式】对话框。在该对话框左侧“分类”列表框中选择“数值”选项，“小数位数”设置为“2”，如图 4-84 所示，接着单击【确定】按钮，返回【值字段设置】对话框。

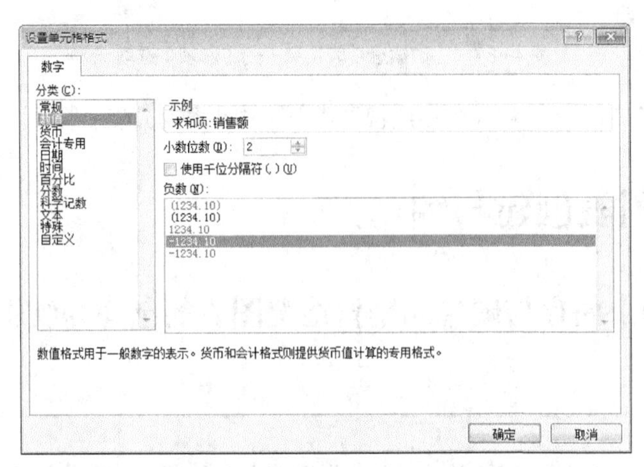

图 4-84 【设置单元格格式】对话框

在【值字段设置】对话框中单击【确定】按钮，完成数据透视表的创建。

⑧ 设置数据透视表的格式。将光标置于数据透视表区域的任意单元格，切换到【数据透视表工具】的【设计】选项卡，在“数据透视表样式”区域中单击选择一种合适的表格样式，如图 4-85 所示。

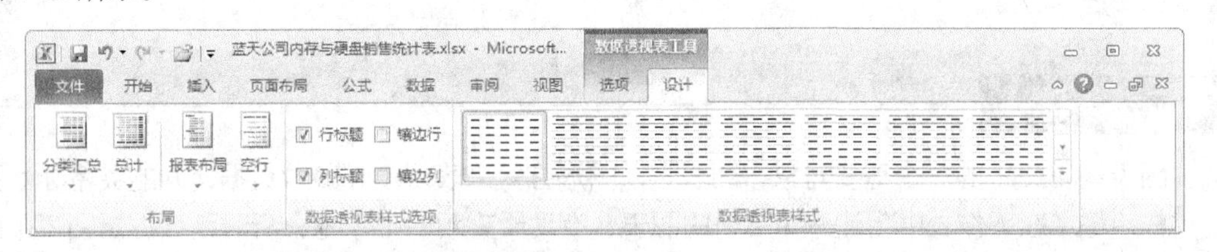

图 4-85 在【数据透视表工具】的【设计】选项卡中选择一种表格样式

创建的数据透视表的最终效果如图 4-86 所示。

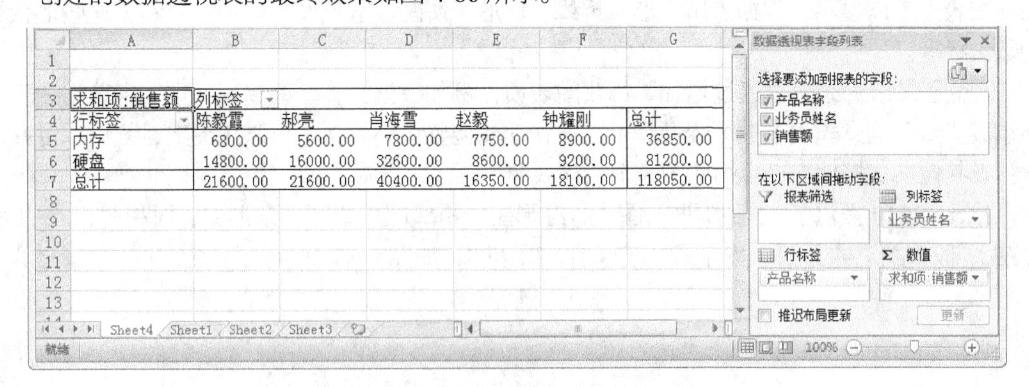

图 4-86 数据透视表的效果

切换到【数据透视表工具】的【选项】选项卡，如图 4-87 所示，利用该选项卡中的命令可以对创建的“数据透视表”进行多项设置，也可以对“数据透视表”进行编辑修改。

图 4-87 【数据透视表工具】的【选项】选项卡

创建数据透视图的方法与创建数据透视表类似，由于教材篇幅的限制，这里不再赘述。

4.6 Excel 图表创建与编辑

【任务 4-9】内存与硬盘的销售情况图表的创建与编辑

【任务描述】

① 打开文件夹“任务 4-9”中的 Excel 工作簿“内存与硬盘的销售情况表.xlsx”，在工作表“Sheet1”中创建图表，图表类型为“簇状柱形图”，图表标题为“内存与硬盘第 1、2 季度销售情况”，分类轴标题为“月份”，数值轴标题为“销售额”，且在图表中添加图例。图表创建完成对其格式进行设置。

② 将图表类型更改为“带数据标记的折线图”，并使用鼠标拖动方式调整图表大小和移动图表到合适的位置。

【方法集锦】

图表是 Excel 的一个重要对象，图表是以图形方式来表示工作表中数据之间的关系和数据变化的趋势。在工作表中创建一个合适的图表，有助于直观、形象地分析对比数据。图表中的数据源自工作表中的数据列，一般图表包含标题、数据系列、数值等元素。

建立了基于工作表选定区域的图表时，Excel 使用工作表单元格中的数据，并将其当作数据点在图表上予以显示。数据点用条形、折线、柱形、饼图、散点及其他形状表示，这些形状称为数据标签。

建立了图表后，可以通过增加、修改图表项，例如数据标签、标题、文字等来美化图表及强调某些重要信息。大多数图表项是可以被移动或调整大小的，也可以用图案、颜色、对齐、字体及其他格式属性来设置这些图表项的格式。

Excel 2010 提供了 11 种类型的图表：柱形图、折线图、饼图、条形图、面积图、XY（散点图）、股价图、曲面图、圆环图、气泡图、雷达图，如图 4-88 所示。

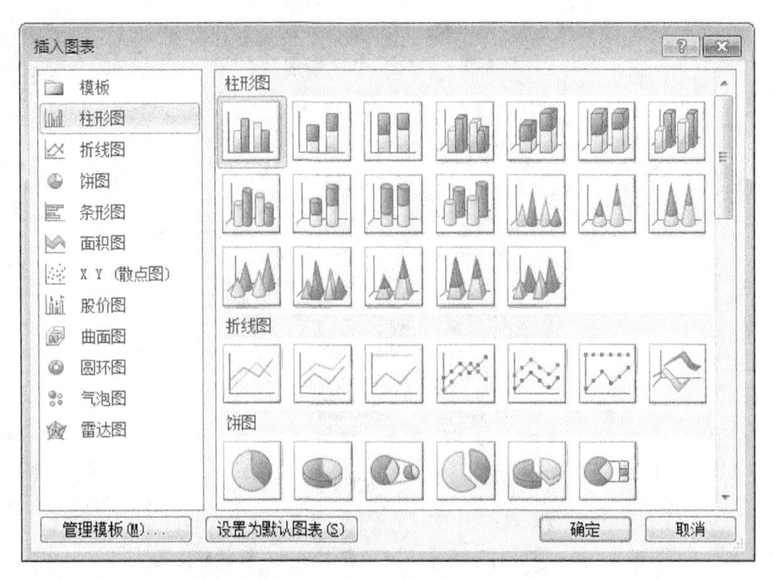

图 4-88 【插入图表】对话框中的图表类型

工作表插入的图表也可以实现复制、移动和删除操作。

（1）图表的复制

可以采用复制与粘贴的方法复制图表，还可以按住【Ctrl】键用鼠标直接拖动。

（2）图表的移动

可以采用剪切与粘贴的方法移动图表，还可以将鼠标指针移至图表区域的边缘位置，然后按住鼠标左键拖动到新的位置即可。

（3）图表的删除

选中图表按【Delete】键即可删除。

【任务实现】

1．创建图表

① 打开文件夹“任务 4-9”中的 Excel 工作簿“内存与硬盘的销售情况表.xlsx”。

② 选定需要建立图表的单元格区域“A1:G4”，如图 4-89 所示。图表的数据源自于选定的单元格区域中的数据。

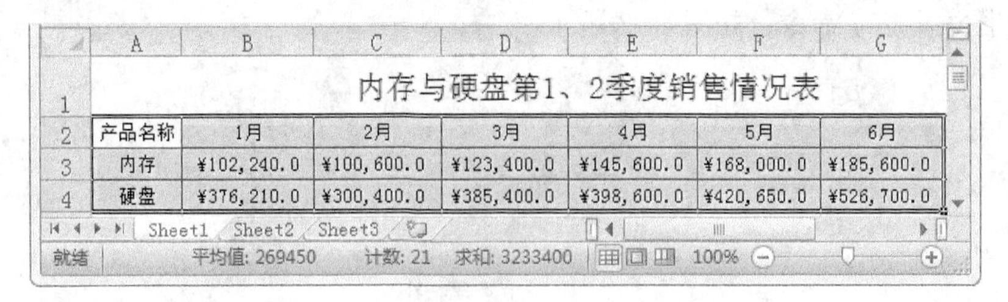

	A	B	C	D	E	F	G
1	内存与硬盘第1、2季度销售情况表						
2	产品名称	1月	2月	3月	4月	5月	6月
3	内存	¥102,240.0	¥100,600.0	¥123,400.0	¥145,600.0	¥168,000.0	¥185,600.0
4	硬盘	¥376,210.0	¥300,400.0	¥385,400.0	¥398,600.0	¥420,650.0	¥526,700.0

Sheet1 Sheet2 Sheet3

就绪 平均值: 269450 计数: 21 求和: 3233400 100%

图 4-89 选中创建图表的数据区域“A1:G4”

③ 在【插入】选项卡“图表”区域单击【柱形图】按钮，在弹出的下拉列表中选择“簇状柱形图”，如图 4-90 所示。

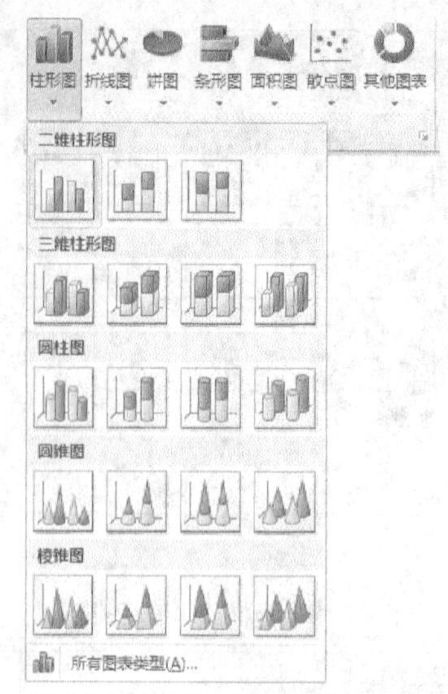

图 4-90　在【柱形图】下拉列表中选择“簇状柱形图”

创建的图表如图 4-91 所示。

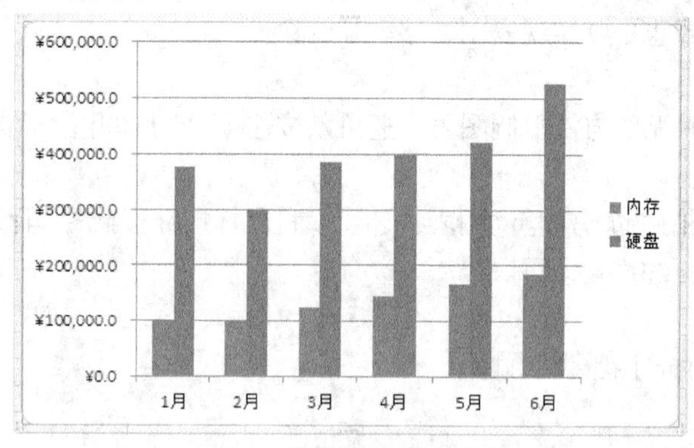

图 4-91　创建的簇状柱形图

2．添加标题

（1）添加图表标题

① 单击激活要添加标题的图表，这里选择前面创建的“簇状柱形图”。

② 在【图表工具－布局】选项卡“标签”区域，单击【图表标题】按钮，在弹出的下拉菜单中选择【图表上方】命令，如图 4-92 所示。

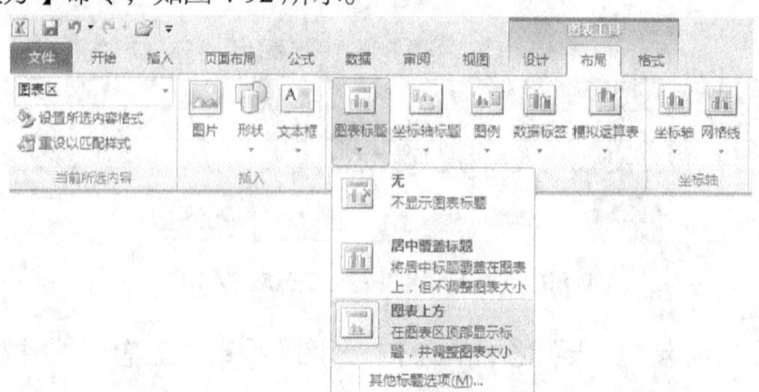

图 4-92　在【图表标题】下拉菜单中选择【图表上方】命令

③ 在“图表”区域“图表标题”文本框中输入合适的图表标题“内存与硬盘第1、2季度销售情况”。

④ 设置图表标题的字体为“宋体”，大小为“10”。

（2）添加坐标轴标题

① 单击激活要添加坐标轴标题的图表，这里选择前面创建的“簇状柱形图”。

② 在【图表工具】的【布局】选项卡“标签”区域，单击【坐标轴标题】按钮，在弹出的下拉菜单中选择【主要横坐标轴标题】→【坐标轴下方标题】命令，如图4-93所示。

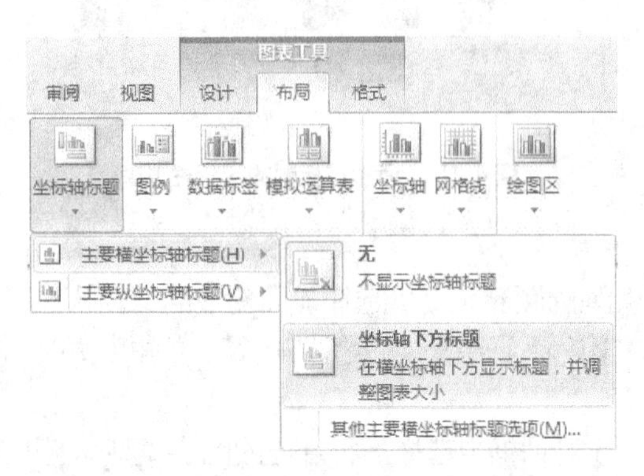

图4-93 在【坐标轴标题】下拉菜单中选择【坐标轴下方标题】命令

③ 在“坐标轴标题”文本框中输入“月份”。

④ 在【图表工具】的【布局】选项卡“标签”区域，单击【坐标轴标题】按钮，在弹出的下拉菜单中选择【主要纵坐标轴标题】→【竖排标题】命令，如图4-94所示。

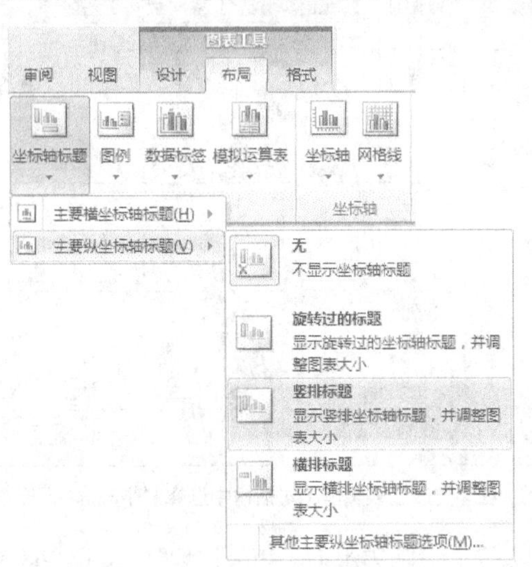

图4-94 在【坐标轴标题】下拉菜单中选择【竖排标题】

⑤ 完成添加坐标轴标题的操作，如图4-95所示。

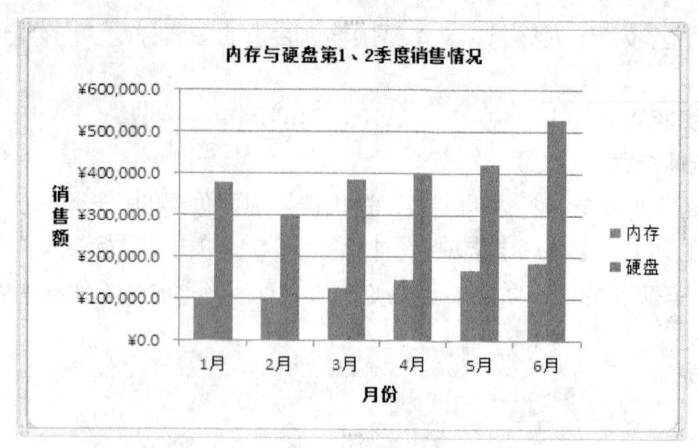

图 4-95　添加了标题的簇状柱形图

3. 更改图表类型

① 单击激活要更改类型的图表，这里选择前面创建的“簇状柱形图”。

② 在【图表工具】的【设计】选项卡“类型”区域，单击【更改图表类型】按钮，打开【更改图表类型】对话框。

③ 在【更改图表类型】对话框中选择一种合适的图表类型，这里选择“带数据标记的折线图”，如图 4-96 所示。

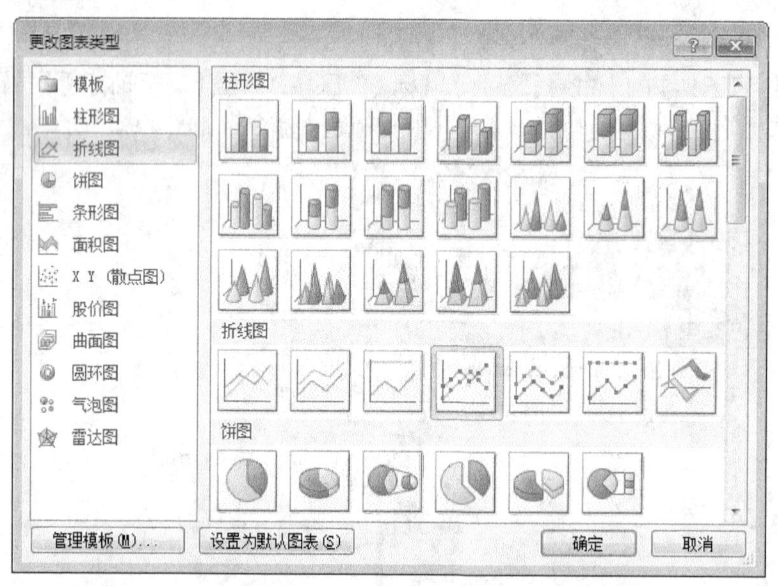

图 4-96　在【更改图表类型】对话框中选择“带数据标记的折线图”

然后单击【确定】按钮，完成图表类型的更改，“带数据标记的折线图”如图 4-97 所示。

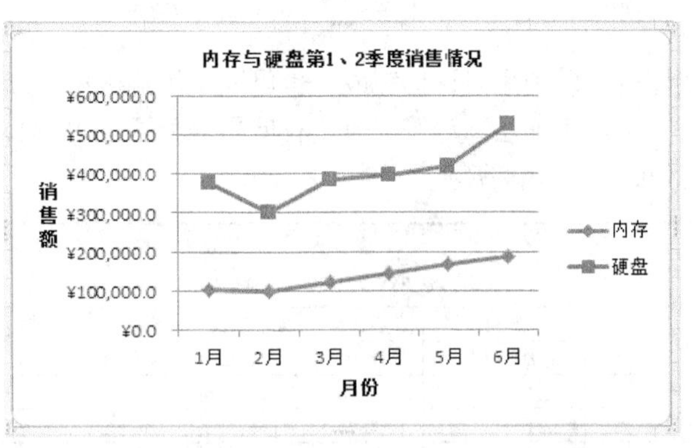

图4-97 带数据标记的折线图

4．缩放与移动图表

① 单击激活图表，这里选择前面创建的图表。

② 将鼠标指针移至右下角的控制点，当鼠标指针变成斜向双箭头时，拖动鼠标调整图表大小，直到满意为止。

③ 将鼠标指针移至图表区域的边缘位置，按鼠标左键将图表移动到合适的位置。

【定向训练】

【任务4-10】活动经费决算

【任务描述】

打开文件夹“任务4-10”中的Excel工作簿“感恩节活动经费决算表.xlsx”，按照以下要求在工作表Sheet1中完成相应的操作。

① 第1行标题“感恩节活动经费决算”字体设置为隶书，字号设置为20号，粗体，水平对齐方式设置为跨列居中，垂直对齐方式设置为居中。

② 其他各行文字的字体设置为宋体，字号设置为11号，垂直对齐方式设置为居中，第2行水平对齐方式设置为居中，第3行至第10行的水平对齐方式保持其默认设置。

③ 第1行的行高设置为“30”，第2行至第10行的行高设置为“20”。将包含数据的单元格区域设置边框线。

④ 第1列的列宽设置为“6”，第2列的列宽设置为“15”，第3列至第6列的列宽设置为“10”。

⑤ “经费预算金额”、“实际支出金额”和“余额”对应数据格式设置为“货币”，小数位数为1位，货币符号为“¥”，负数加括号且套红显示。

⑥ 利用公式“经费预算－实际支出”先计算项目1的余额，然后拖动填充柄复制公式计算其他各个项目的余额。

⑦ 利用求和运算符“+”计算经费预算、实际支出和余额的合计值。

⑧ 数据计算完成后预览该数据表。

【操作提示】

① 设置行高和列宽既可以使用对话框完成，也可以使用鼠标拖动方式实现。

② 本任务的求和直接使用加法运算符，暂没有使用求和函数 SUM，也可以改为求和函数实现。本任务的参考效果如图 4-98 所示。

	A	B	C	D	E	F
1	感恩节活动经费决算					
2	序号	项目	经费预算	实际支出	余额	备注
3	1	邀请函	¥400.0	¥368.0	¥32.0	
4	2	明信片	¥2,000.0	¥1,957.5	¥42.5	
5	3	奖品	¥600.0	¥627.0	(¥27.0)	
6	4	黄丝带	¥450.0	¥420.0	¥30.0	
7	5	饮用水	¥3,000.0	¥3,040.0	(¥40.0)	
8	6	资料印刷等费用	¥3,600.0	¥3,680.0	(¥80.0)	
9	7	其他	¥4,000.0	¥3,500.0	¥500.0	
10		合计	¥14,050.0	¥13,592.5	¥457.5	

图 4-98 “感恩节活动经费决算”数据表的参考效果图

【任务 4-11】企业部门人数统计

【任务描述】

打开文件夹“任务 4-11”中的 Excel 工作簿“职工花名册.xlsx”和“企业部门人数统计.xlsx”，按照以下要求完成相应的操作。

① 利用函数 COUNTIF 计算公司各部门的人数，计算结果分别存放在 Excel 工作簿文件“企业部门人数统计.xlsx”的“部门信息”工作表的单元格 D3 ~ D10 中。另外计算公司总人数存放在单元格 D11 中。

② 对 Excel 工作簿“职工花名册.xlsx”的工作表“职工花名册”进行页面设置，且设置合适的背景，预览其效果。

③ 对 Excel 工作簿“职工花名册.xlsx”及其工作表“职工花名册”进行保护。

【操作提示】

跨工作簿统计人数的公式为：COUNTIF(职工花名册.xlsx!$K$3:$K$40,$B3)。其中 Excel 工作簿“职工花名册.xlsx”的“职工花名册”工作表的单元格区域$K$3:$K$40 中存放各个职工所在部门，判断条件为“$B3”，相当于“"="&$B3”，其含义为等于单元格 B3 中的数值。单击地址“$B3”为混合地址，即列为绝对地址，行为相对地址。

【任务 4-12】人才需求量统计与分析

【任务描述】

打开文件夹“任务 4-12”中的 Excel 工作簿“人才需求量统计与分析.xlsx”，按照以下要求在工作表 Sheet1 中完成相应的操作。

① 在工作表“Sheet1”中计算各个城市人才需求的总计数，结果存放在单元格 C9 ~ L9 中。

② 在工作表“Sheet1”中计算各职位类别人才需求量的总计数，结果存放在单元格 M3～M8 中。

③ 在工作表“Sheet1”中利用单元格区域“C2:L2”和“C9:L9”中数据绘制图表，图表标题为“主要城市人才需求量调查统计”，图表类型为“簇状柱形图”，分类轴标题为“城市”，数据轴标题为“需求数量”。

④ 在工作表“Sheet1”中利用单元格区域“B3:B8”和“M3:M8”中数据绘制图表，图表标题为“人才需求量调查统计”，图表类型为“分离型三维饼图”，显示“百分比”数据标签，图例位于底部。

⑤ 预览数据表“Sheet1”，设置合适的页边距，设置打印区域。

⑥ 利用数据表“Sheet2”中的数据，创建人才需求量的数据透视表，且将创建的数据透视表存放在数据表“Sheet3”中。将创建人才需求量数据透视表与工作表“Sheet1”中的人才需求数据进行对比，理解数据透视表的功能和直观性。

【操作提示】

① 参考的“簇状柱形图”如图 4-99 所示。

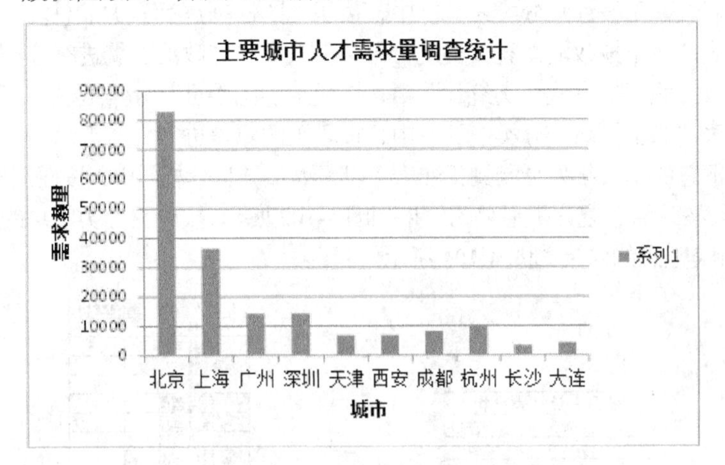

图 4-99 “主要城市人才需求量调查统计”的簇状柱形图

② 参考的“分离型三维饼图”如图 4-100 所示。

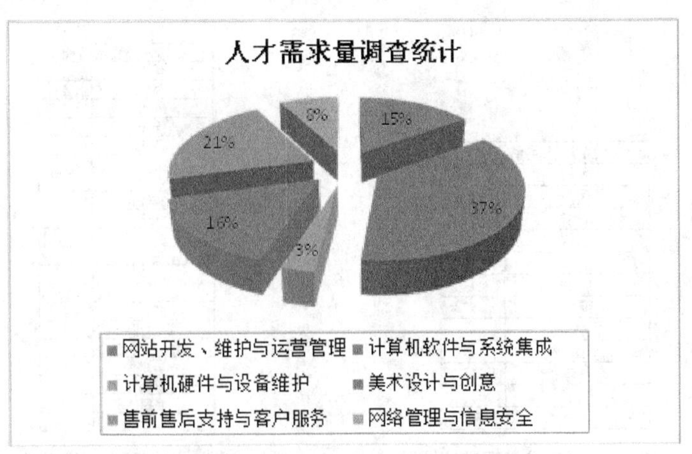

图 4-100 “人才需求量调查统计”的分离型三维饼图

【任务 4-13】公司人员结构分析

【任务描述】

打开文件夹“任务 4-13”中的 Excel 工作簿“公司人员结构分析.xlsx”，按照以下要求完成相应的操作。

① 在工作表“职工花名册”中，将标题“蓝天电脑有限责任公司职工花名册”的字体设置为“楷体”，字号设置为“16”，加粗。行高设置为“30”，水平对齐设置为“跨列居中”，垂直对齐设置为“居中”。除标题行之外的其他各行的行高设置为“最适合的行高”，垂直对齐方式设置为“居中”。各列的列宽设置为“最适合的列宽”，列标题的水平对齐设置为“居中”。

② 在工作表“人员自动筛选”中，执行自动筛选操作，筛选出“技术部”的少数民族职工。

③ 在工作表“人员高级筛选”中，执行高级筛选操作，筛选出政治面貌为“中共党员”、非湖南籍的少数民族的女职工。

④ 在工作表“职工按性别分类统计”中，按职工的性别进行分类汇总。

⑤ 在工作表“职工按政治面貌分类统计”中，按职工的政治面貌进行分类汇总。

⑥ 在工作表“职工按民族分类统计”中，按职工的民族进行分类汇总。

⑦ 在工作表“职工按籍贯分类统计”中，按职工的籍贯进行分类汇总。

⑧ 将分类汇总的统计结果复制到工作表“职工人员结构分析”中，按性别分类汇总的结果如图 4-101 所示，按政治面貌分类汇总的结果如图 4-102 所示，按民族分类汇总的结果如图 4-103 所示，按籍贯分类汇总的结果如图 4-104 所示。

公司人员性别结构	
性别	人数
男	24
女	14
合计	38

图 4-101　按性别分类汇总的结果

公司人员政治面貌结构	
中共预备党员	1
中共党员	25
无党派民主人士	1
群众	6
民盟盟员	1
民进会员	1
民建会员	1
民革会员	1
九三学社社员	1
合计	38

图 4-102　按政治面貌分类汇总的结果

公司人员民族结构	
民族	人数
藏族	1
傣族	1
侗族	1
汉族	28
回族	1
满族	2
蒙古族	1
土家族	1
维吾尔族	1
瑶族	1
合计	38

图 4-103　按民族分类汇总的结果

公司人员籍贯结构	
重庆	1
浙江	2
新疆	1
天津	1
四川	1
上海	1
山西	1
内蒙古	1
辽宁	1
江西	1
江苏	3
吉林	1
湖南	13
湖北	2
黑龙江	1
广东	3
福建	1
成都	1
北京	2
合计	38

图 4-104　按籍贯分类汇总的结果

在工作表“职工人员结构分析”中分别选用4类汇总数据，按表4-5中的要求分别绘制图表。

表4-5 绘制图表的要求

图表标题	图表类型	分类轴标题	数值轴标题	其他要求
公司人员性别结构	三维簇状柱形图	性别	人数	靠右侧显示图例，显示类别名称标签及值标签
公司人员政治面貌结构	分离型三维饼图	（无）	（无）	靠右侧显示图例，显示百分比标签
公司人员民族结构	分离型圆环图	（无）	（无）	靠右侧显示图例，显示值标签
公司人员籍贯结构	簇状柱形图	籍贯	人数	靠右侧显示图例，不显示数据标签

⑨ 在工作表“职工年龄结构分析”中，L列的列标题为“虚岁年龄”，M列的列标题为“实足年龄”，先在单元格L3和M3中分别计算“虚岁年龄”和“实足年龄”，然后使用鼠标拖动填充柄的方法分别计算单元格“L4～L40”、“M4～M40”的“虚岁年龄”和“实足年龄”。

⑩ 应用函数COUNTIF分别统计工作表“职工年龄结构分析”中35岁以下年龄段的职工人数、35～45岁年龄段的职工人数、45岁以上年龄段的职工人数。然后绘制职工年龄结构的图表，图表标题为“公司人员年龄结构图”，图表类型为“分离型三维饼图”，在底部显示图例，显示“类别名称”和“百分比”的数据标签。图表标题的字号设置为“14”，加粗，数据标志的字号设置为“10”，图例的字号设置为“10”。

【操作提示】

① 在工作表“人员自动筛选”中筛选少数民族职工应使用【自定义自动筛选方式】对话框完成，筛选条件设置为“<>汉族”。

② 工作表“人员高级筛选”中高级筛选条件区域的条件如图4-105所示。

性别	民族	政治面貌	籍贯
女	<>汉族	中共党员	<>湖南

图4-105 高级筛选的条件设置

③ 要将分类汇总的统计结果复制到Excel的工作表“职工人员结构分析”中，可以先切换对应的分类汇总的工作表中，单击工作表左侧的分级显示区顶端的 2 按钮，工作表中将只显示列标题、各个分类汇总结果和总计结果。将分类汇总结果复制到Word文档，添加必要的表格列标题，删除多余的文字，然后将汇总结果复制到Excel的工作表中即可。

④ 计算虚岁年龄的公式为：YEAR(TODAY())-YEAR(F3)，其中单元格F3中存储了出生日期数据，函数TODAY()返回当前系统日期。

⑤ 计算实足年龄的公式为：IF(MONTH(F3)<MONTH(TODAY()),L3,IF(MONTH(F3)>MONTH(TODAY()),L3-1,IF(DAY(F3)<=DAY(TODAY()),L3,L3-1)))。其中单元格F3中存储了出生日期数据，L3中存储了虚岁年龄数据。

⑥ 计算35岁以下年龄段的职工人数的公式为：COUNTIF(M3:M40,"<=35")。计算35～45岁年龄段的职工人数的公式为：COUNTIF(M3:M40,"<=45")-COUNTIF(M3:M40,"<=35")。计算45岁以上年龄段的职工人数的公式为：COUNTIF(M3:M40,">45")。

【创意训练】

【任务 4-14】课程考核成绩分析

【任务描述】

打开文件夹“任务 4-14”中的 Excel 工作簿“课程考核成绩分析.xlsx”，按照以下要求在工作表 Sheet1 中完成相应的操作。

① 设置表格标题的格式，设置列标题的格式，设置正文内容的格式，格式包括字体、字号、字形、字体颜色、对齐方式等方面。

② 设置合适的数值格式，过程考核、综合考核、成绩评定各列的数值设置为 1 位小数，不及格的成绩加删除线且套红显示。

③ 设置合适的行高和列宽。

④ 设置每次过程考核成绩的有效性条件为不大于 10 的正整数，设置综合考核成绩的有效性条件为不大于 20 的正整数，设置成绩评定的有效性条件为不大于 100 的正整数。

⑤ 计算过程考核成绩和综合考核成绩之和，将计算结果存放在单元格 O5 ~ O42 中。

⑥ 计算班级平均成绩，存放在单元格 O44 中，设置为 2 位小数。

⑦ 计算班级最高分存放在单元格 O45 中，设置为 1 位小数。

⑧ 计算班级最低分存放在单元格 O46 中，设置为 1 位小数。

⑨ 分 5 段（优秀：90 ~ 100，良好：80 ~ 90，中等：70 ~ 80，及格：60 ~ 70，不及格：0 ~ 60）计算人数和比率，且设置为百分比。

⑩ 计算及格率和优秀率，且设置为百分比。

【任务 4-15】班级人员结构分析

【任务描述】

打开文件夹“任务 4-15”中的 Excel 工作簿“班级人员结构分析.xlsx”，按照以下要求完成相应的操作。

① 在工作表“学生花名册”中设置表标题、列标题和正文内容的格式，格式包括字体、字号、字形、字体颜色、对齐方式等方面。设置合适的行距和列宽。

② 复制 6 个工作表，分别重命名为“学生自动筛选”、“学生高级筛选”、“学生按性别分类统计”、“学生按民族分类统计”、“学生按政治面貌分类统计”和“学生按籍贯分类统计”。

③ 在工作表“学生自动筛选”中，执行自动筛选操作，筛选出非湖南籍的汉族学生。

④ 在工作表“学生高级筛选”中，执行高级筛选操作，筛选出政治面貌为“共青团员”的湖南籍的少数民族学生。

⑤ 在工作表“学生按性别分类统计”中，按学生的性别进行分类汇总。

⑥ 在工作表“学生按民族分类统计”中，按学生的民族进行分类汇总。

⑦ 在工作表“学生按政治面貌分类统计”中，按学生的政治面貌进行分类汇总。

⑧ 在工作表“学生按籍贯分类统计”中，按学生的籍贯进行分类汇总。

⑨ 将工作表“Sheet2”重命名为“班级人员结构分析”，分别将按性别汇总、按民族汇总、按政治面貌汇总和按籍贯汇总的统计结果复制到工作表“班级人员结构分析”中。

⑩ 在工作表“班级人员结构分析”中分别使用对应的4类汇总数据，选用合适的图表类型绘制图表。

【任务4-16】工资计算与工资条制作

【任务描述】

打开文件夹“任务4-16”中的Excel工作簿“个人所得税税率表.xlsx”和“工资计算与工资条制作.xlsx”，按照以下要求完成相应的操作。

① 在Excel工作簿文件“个人所得税税率表.xlsx”的工作表“Sheet1”中，将单元格区域“C3:E9”命名为“金额”。

② 在Excel工作簿文件“工资计算与工资条制作.xlsx”的工作表“工资表”中，分别计算每位职工的应发工资、应缴纳个人所得税的所得额、应缴纳的个人所得税、扣款合计和实发工资，其中扣款合计保留2位小数。

③ 在Excel工作簿文件“工资计算与工资条制作.xlsx”的“工资表”工作表中分别计算实发工资总额、最高实发工资、最低实发工资和平均实发工资。

④ 在Excel工作簿文件“工资计算与工资条制作.xlsx”的“工资表”工作表中快速填写工作条中各项数据。

⑤ 进行合适的页面设置，便于打印工资表和工资条。

⑥ 对页边距进行必要的设置，预览工资表和工资条。

【操作提示】

① 单元格区域命名的方法如下。

先在工作表中选择单元格区域“C3:E9”，在Excel 2010【公式】选项卡“定义的名称”区域单击【定义名称】按钮，打开【新建名称】对话框，在“名称”文本框中输入单元格区域名称“金额”，如图4-106所示。然后单击【确定】按钮即可。

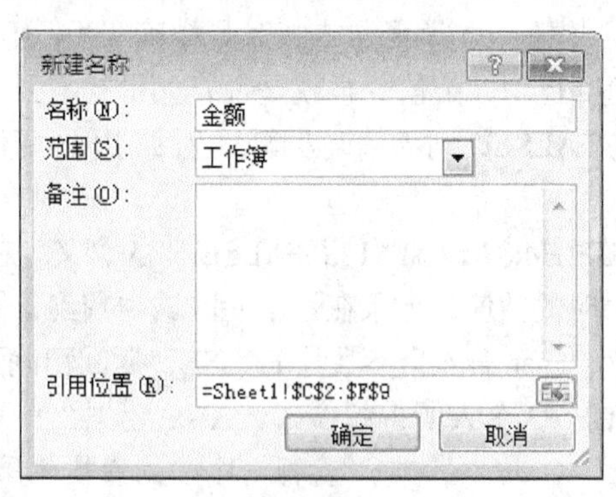

图4-106 【新建名称】对话框

在图4-106所示的【新建名称】对话框可以利用“折叠”按钮选择“引用位置”，还可以删除或添加名称。

②“工资表”工作表中“应缴纳个人所得税的所得额”的计算公式为 IF((K3-L3-M3-N3-O3)>3500,K3-L3-M3-N3-O3-3500,0)。

“工资表”工作表中“应缴纳的个人所得税”的计算公式为：P3*VLOOKUP(P3,个人所得税税率表.xlsx!金额,2,TRUE)-VLOOKUP(P3,个人所得税税率表.xlsx!金额,3,TRUE)。

“工资表”工作表中“扣款合计”的计算公式为：ROUND(L3+M3+N3+O3+Q3,2)。

③“工资条”工作表中“姓名”对应数据值的计算公式为 VLOOKUP($B$3,工资表!$B$3:$S$40,2,FALSE)。“岗位工资”对应数据值的计算公式为 VLOOKUP($B$3,工资表!$B$3:$S$40,4,FALSE)。其他项的计算公式依次类推。这里“职工编号”对应数据值的单元格引用为“$B$3”，即采用绝对地址，为了便于公式的复制和数据拖动填充，改为混合引用“$B3”更合适，即列采用绝对地址，行采用相对地址。

④ 使用 VLOOKUP 函数在工作表中按列查找数据时，如果找不到数据，函数总会传回一个错误值#N/A。可以配合使用 ISERROR 函数和 IF 函数来作相应处理，如果 VLOOKUP 函数找到数据，就传回相应的数据值，如果找不到的话，就自动设定其值为 0，可以改写成以下形式：IF(ISERROR(VLOOKUP(P3,个人所得税税率表.xlsx!金额,2,TRUE))=TRUE , 0,VLOOKUP(P3,个人所得税税率表.xlsx!金额,2,TRUE))。函数 ISERROR(VALUE)用于判断括号中的值是否为错误值，如果是错误值，就等于 0，否则就等于 VLOOKUP 函数返回的值（即找到的相应的值）。

提 示

VLOOKUP 函数包括 4 个参数，分别是“待查找的值”、“查找的区域”、“返回数据在区域中的列序号”、“匹配方式”，其含义分别说明如下。

①“待查找的值”可以为数值、引用或文本字符串，表示需要在查找区域内查找的数值。

②“查找的区域”为工作表的单元格区域，使用区域地址或区域名称的引用。

③“返回数据在区域中的列序号”为正整数，即查找区域中待返回匹配值的列序号，注意是“查找区域”范围内的第几列，不在“查找区域”范围内的列不计。如果为 1 则返回查找区域第 1 列的数值，如果为 2 则返回查找区域第 2 列的数值，以此类推，如果为负数则返回错误值“#VALUE!”，如果超出了查找区域的列数，则返回错误值“#REF!”。

④“匹配方式”为 1 个逻辑值，指明函数查找时是精确匹配，还是近似匹配。如果为 TRUE 或省略，则为近似匹配，返回近似匹配值。也就是说，如果找不到精确匹配值，则返回小于待查找值的最大数值，如果为 FALSE，则为精确匹配，返回精确匹配值，如果找不到则返回错误值“#N/A”。

例如，公式“VLOOKUP(H4,$A$2:$F$12,6,FALSE)”的含义为在单元区域“$A$2:$F$12”中按列查找单元格 H4 中对应的数值，如果在该单元区域中找到该值，则返回查找区域中对应行第 6 列对应单元格的数值，由于第 4 个参数为 FALSE，返回精确匹配值。

例如，公式“VLOOKUP(P3,个人所得税税率表.xlsx!金额,2,TRUE)”的含义为在工作簿文件“个人所得税税率表.xlsx”中，命名区域“金额”中按列查找单元格 P3 中对应的数值，如果在命名的单元格区域中找到该值，则返回命名区域中对应行第 2 列对应单元格的数值。由于第 4 个参数为 TRUE，即为近似匹配，如果找不到精确匹配值，返回小于单元格 P3 中数值的最大数值。

【单元小结】

本单元首先对数据管理的基本原则、表格结构与表格数据的基本要求、科学规划与设计电子表格的结构、整理数据的基本原则和表格的修饰进行了具体说明。

然后对启动 Excel 2010、退出 Excel 2010、Excel 窗口的基本组成及其主要功能、Excel 的基本工作对象、创建 Excel 工作簿、保存 Excel 工作簿、关闭 Excel 工作簿和打开 Excel 工作簿等基础知识和操作方法进行了说明。

其次以任务驱动方式，使用实例对 Excel 2010 的基本操作、Excel 数据的输入与编辑、Excel 工作表的格式设置与页面设置、Excel 的数据计算与统计、Excel 的数据分析与应用、Excel 的图表创建与编辑等方面的基本知识和操作方法进行详细阐述。

同时对活动经费的决算、企业部门人数统计、人才需求量的统计与分析、公司人员结构分析、课程考核成绩分析、班级人员结构分析、工资计算与工资条制作等方面的技能进行了专门训练，使学习者熟练地掌握了 Excel 2010 的基本功能及其使用，并能在学习和工作中进行灵活运用。

【单元习题】

（1）Excel 2010 文件的扩展名是（　　）。

A. .txt　　B. .xlsx　　C. .docx　　D. .wps

（2）Excel 2010 是一种（　　）软件。

A. 系统　　B. 文字处理　　C. 应用　　D. 演示文稿

（3）Excel 工作表编辑栏中的名称框显示的是（　　）。

A. 当前单元格的内容　　B. 单元格区域的地址名字

C. 单元格区域的内容　　D. 当前单元格的地址名字

（4）在当前单元格中引用 B5 单元格地址，相对地址引用是（　　）。

A. B5　　B. $B5　　C. $B5　　D. $B$5

（5）在 Excel 中，公式必须以（　　）开头。

A. 文字　　B. 字母　　C. =　　D. 数字

（6）在 Excel 中，选定若干不相邻单元格区域的方法是按下（　　）键配合鼠标操作。

A. Ctrl　　B. Shift + Ctrl　　C. Alt+ Shift　　D. Esc

PART 5 单元 5 PowerPoint 演示文稿制作与幻灯片放映

PowerPoint 2010 是一种功能完善、使用方便，并且可塑性较强的演示文稿制作工具，它提供了在计算机中制作演示文稿的各项功能，同时在演示文稿中可以嵌入视频、音频以及 Word 或 Excel 等其他应用程序对象，可以方便快捷地制作出图文并茂、有声有色、形象生动的演示文稿，使用它制作的演示文稿不仅可以通过计算机屏幕或者投影机中直接播放，还被广泛应用于公司宣传、产品推介、职业培训及教育教学等领域。

【规范探究】

演示文稿（PPT）是指利用 Microsoft PowerPoint 软件制作的，集文字、图形、图像、声音、动画以及视频等多媒体元素于一体的演示性文档。

1．PowerPoint 演示文稿制作的基本规范

① 演示文稿能够脱离制作机正常运行，可靠性高，不能无故使计算机死机或者长时间没有响应。

② 图片、视频清晰，对比度不能过小；插入的动画准确生动，音效质量高。

③ 导航与链接准确，避免错误的链接以及死链接。

④ 界面设计美观大方，布局合理，色彩协调。

⑤ 文字简明扼要，避免照搬文字教材。

⑥ 色彩搭配和谐、醒目，避免使用太多的颜色，一张幻灯片上文字颜色限定在 4 种以内，注意文字与背景色的反差。

⑦ 每张幻灯片的文字不能排得过密，每页不超过 10 行，每行不超过 24 个字。行距建议为 1.2 倍，可适当增大。

⑧ 每张幻灯片边缘留有一定空白，以免过于拥挤。

⑨ 标点符号准确，术语规范，使用法定计量单位。

2．PowerPoint 演示文稿制作的技术规范

（1）界面设计要求

① 整体效果。整体效果应风格统一，色彩协调，美观大方。

② 色彩。尽量采用与文字对比度较大的背景，如黑底白字、蓝底白字、绿底黄字等，避免使用与背景色相近的字体颜色。

③ 页边界。每页（幅）四周留白，应避免内容顶到页面边缘，左右边距均匀、适当。

④ 表格。尽量使用透明背景表格。

⑤ 图片。建议采用 BMP、JPG、GIF、PNG 等通用的文件格式，图像质量高，画面清晰（可适当提高对比度），图像不宜过大，建议进行压缩处理，图像分辨率在 200dpi 左右，尺寸不大于 640 像素×480 像素为宜。

⑥ 强调内容。页（幅）面中的关键内容、定理、定义等宜通过设置亮色、加粗、下画线等方式加以强调、刺激记忆。但同一页（幅）面上用于强调效果的方式不应超过 3 种。

⑦ 页（幅）数显示。演示文稿的总页数和当前页应在页（幅）面右下角显示。

（2）内容结构设计要求

① 内容组织。每个页（幅）面呈现一个较为单一的内容。

② 内容层级。每个页（幅）面的条目不应超过 3 个层级结构，低一级的内容向右移动至少 1 个汉字。

③ 条目。每一行呈现一项条目，对于复杂的短文，应分解，用多项条目呈现。

④ 符号使用。尽量使用各种符号简化文字描述。

⑤ 内容讲演时间。每个页（幅）面内容讲演的时间不宜过长，以 2～5 分钟为宜。

（3）文字排版要求

① 标题。标题应简洁、概括，一般不超过 10 个汉字长度，避免换行。不同级别的标题在文字大小和色彩设置上应有区别，同一级的标题要前后一致。

② 正文。文字要简练、醒目，表意明确。

③ 字符。字符尽量选取与背景颜色有较大反差的颜色，以突出讲稿的内容。

④ 字体。尽量选择黑体、宋体等常用的标准字体，避免使用草体等不易看清的字体，对于仿宋、细圆等较细的字体应加粗，一般情况下不宜使用斜体字。尽量不使用特殊字体，如有特殊字体需要应转化为图形文件。

⑤ 字号。标题字号不小于小初（36 磅），正文字号不小于小一（24 磅），注释字号不小于小二（18 磅）。

⑥ 标点符号。应使用全角汉字标点符号。

（4）导航设计要求

① 文件内链接都采用相对链接，并能够正常打开。

② 使用超级链接时，要在目标页面有“返回”按钮。

③ 鼠标移至按钮上时要求显示出该按钮的操作提示。

④ 不同位置使用的导航按钮保持风格一致或使用相同的按钮。

（5）动画设计要求

① 动画连续，节奏合适。

② 使用动画效果时，同一页（幅）面上不应使用 3 种以上。

③ 不宜出现不必要的动画效果，不使用随机效果。

④ 幻灯片中插入的动画文件一般采用.swf、.avi 等格式。

⑤ 为使动画播放流畅，建议动画速度不少于 12 帧/秒。

（6）声音设计要求

① 声音格式。插入的声音要清晰，避免杂音。建议采用 WAV、MID、MP3 等通用格式，采用质量应该大于 11.025 kHz、16 bit、Mono，小于 44 kHz、32 bit、Stereo 为宜。

② 声音节奏。重点内容尽量选择舒缓、节奏较慢的音乐，以增强感染力，过渡型内容尽量选择轻快的音乐。

③ 声音数量。音乐和音响效果不宜用得过多，同一页（幅）面上不应使用 3 种以上。

④ 背景音乐。除片头、片尾外，少用或不用背景音乐。背景音乐尽量用舒缓的音乐，不宜过于激昂，避免喧宾夺主。

⑤ 声音控制。音乐的控制应方便，尽量设定背景音乐的开关按钮或菜单。

（7）视频设计要求

插入的视频一般采用 AVI、MPEG、ASF 等通用格式，视频窗口以不大于 352×288 为宜，视频清晰，播放流畅。

【知识梳理】

1．启动 PowerPoint 2010

方法 1：利用 Windows 7 的【开始】菜单启动。

单击 Windows 7 的【开始】按钮，打开【开始】菜单，单击【所有程序】打开其列表，然后单击“Microsoft Office”打开其列表，再选择菜单项【Microsoft PowerPoint 2010】，即可启动 PowerPoint 2010。启动成功后，会自动创建 1 个名称为“演示文稿 1”的空白文档。

方法 2：利用 Windows 7 的桌面快捷图标启动。

如果在桌面上设置了如图 5-1 所示的快捷图标，则双击该快捷图标也可启动 PowerPoint 2010。

图 5-1　Microsoft PowerPoint 2010 的桌面快捷图标

方法 3：利用已经创建的演示文稿启动。

在 Windows 7 的【计算机】窗口中找到已保存的 PowerPoint 演示文稿或其快捷方式，然后双击该 PowerPoint 演示文稿即可启动 PowerPoint，并打开 PowerPoint 窗口。

方法 4：利用最近打开过的演示文稿启动。

在 Windows 7 的【开始】菜单中，选择【最近使用的项目】命令，在其级联菜单中选择要打开的 PowerPoint 演示文稿，即可启动 PowerPoint，进入其编辑环境。

2．退出 PowerPoint 2010

退出 PowerPoint 2010 常用的方法如下。

方法 1：单击 PowerPoint 窗口标题栏右上角的【关闭】按钮 ✕ 退出。

如果在退出 PowerPoint 之前，当前正在编辑的演示文稿还没有存盘，则退出时会提示是否保存对演示文稿的更改。

方法 2：双击 PowerPoint 2010 标题栏左上角的控制菜单按钮 P 退出。

方法 3：选择 PowerPoint 2010 窗口【文件】菜单中【退出】命令退出。

方法 4：按【Alt+F4】组合键退出。

3．PowerPoint 的基本概念

演示文稿是由若干张幻灯片组成，幻灯片是演示文稿的基本组成单位。我们要明确 PowerPoint 的几个基本概念。

（1）演示文稿

PowerPoint 文件一般称为演示文稿，其扩展名为“.pptx”。演示文稿由一张张既独立又相互关联的幻灯片组成。

（2）幻灯片

幻灯片是演示文稿的基本组成元素，是演示文稿的表现形式。幻灯片的内容可以是文字、图像、表格、图表、视频和声音等。

（3）幻灯片对象

幻灯片对象是构成幻灯片的基本元素，是幻灯片的组成部分，包括文字、图像、表格、图表、视频和声音等。

（4）幻灯片版式

版式是指幻灯片中对象的布局方式，它包括对象的种类以及对象和对象之间的相对位置。

（5）幻灯片模板

模板是指演示文稿整体上的外观风格，它包含预定的文字格式、颜色、背景图案等。系统提供了若干模板供用户选用，用户也可以自建模板，或者上网下载模板。

4．PowerPoint 窗口的基本组成

PowerPoint 2010 启动成功后，屏幕上出现 PowerPoint 2010 窗口。该窗口主要由标题栏、功能区、【大纲/幻灯片窗格】、【幻灯片窗格】、【备注区窗格】、【视图切换】按钮、状态栏等元素组成，如图 5-2 所示。

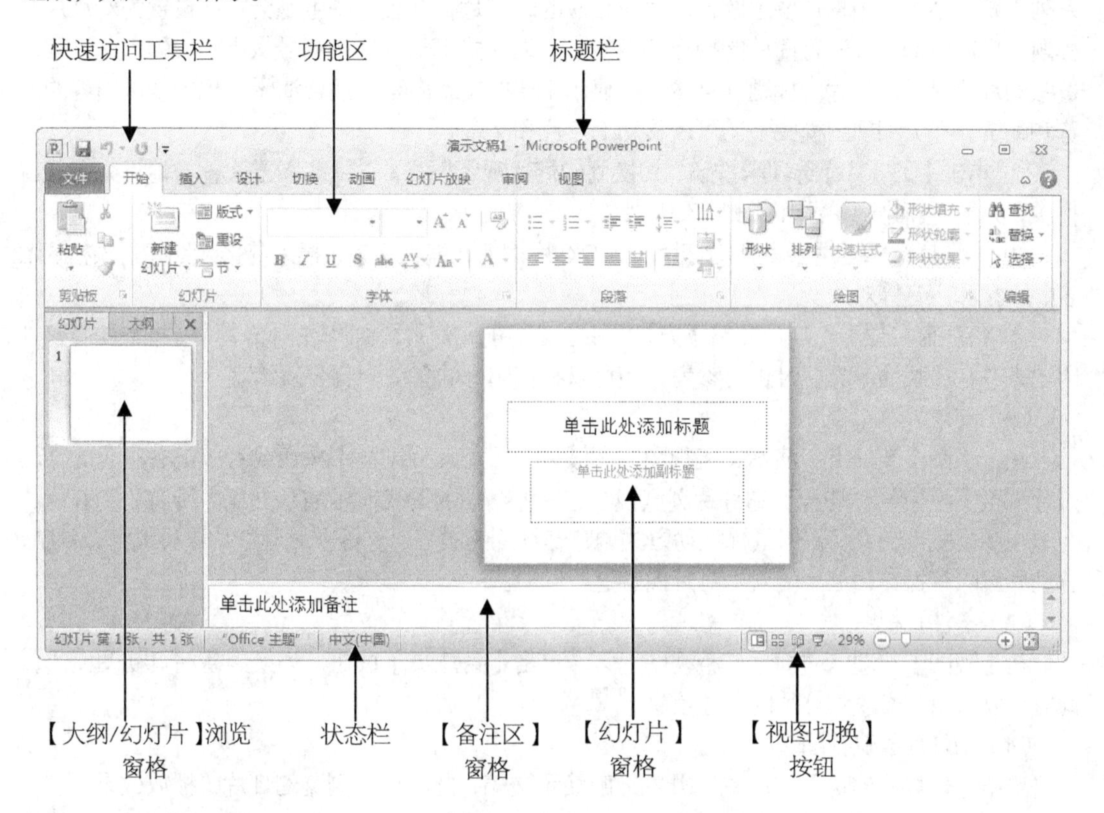

图 5-2　PowerPoint 2010 窗口的基本组成

5．PowerPoint 演示文稿的视图

视图是用户查看幻灯片的方式，在不同视图下观察幻灯片的效果有所有不同。PowerPoint 能够以不同的视图方式来显示演示文稿的内容。PowerPoint 提供了多种可用的显示演示文稿的方式，分别是：普通视图、幻灯片浏览视图、备注页视图、阅读视图和幻灯片放映视图，PowerPoint 2010 窗口右下角的【视图切换】按钮如图 5-3 所示，从左至右依次为【普通视图】切换按钮、【幻灯片浏览】切换按钮、【阅读视图】切换按钮和【幻灯片放映】切换按钮。【视图】选项卡“演示文稿视图”区域的【视图切换】命令如图 5-4 所示。

图 5-3　PowerPoint 窗口的【视图切换】按钮

图 5-4　【视图】选项卡“演示文稿视图”区域的命令

（1）普通视图

普通视图是主要的编辑视图，可用于撰写和设计演示文稿。普通视图将幻灯片、大纲和备注页视图集成到一个视图中，既可以输入、编辑和排版文本，也可以输入备注信息。

幻灯片的普通视图包含 3 个工作区域：【大纲/幻灯片】选项卡、幻灯片编辑区和备注窗格。

① 单击【大纲】选项卡按钮，切换到大纲视图模式，可以方便地输入演示文稿要介绍的一系列主题，系统将根据这些主题自动生成相应的幻灯片，并且这些主题会自动设置为幻灯片的标题，可以对幻灯片进行简单的操作和编辑。大纲模式下幻灯片按编号从小到大的顺序排列，每张幻灯片显示幻灯片的标题并且按层次显示主要的文本内容，适合演示文稿的全部内容的浏览和编辑。在大纲视图模式下还可以移动幻灯片和文本。

② 单击【幻灯片】选项卡按钮，切换到幻灯片视图模式，以缩略图方式整齐地排列在该窗格中，方便重新排列、添加或删除幻灯片。

③ 幻灯片编辑区用于设计幻灯片，在幻灯片输入和编辑文字，插入与修改图像、表格、图表、视频和声音等对象。

④ 备注窗格位于幻灯片窗格下方，可用于为当前幻灯片添加备注内容。可以将备注内容打印出来并在放映演示文稿时进行参考，还可以将打印好的备注内容分发给观众。

（2）幻灯片浏览视图

在【视图】选项卡“演示文稿视图”区域单击【幻灯片浏览】按钮或者单击右下角的【幻灯片浏览】按钮，切换到幻灯片浏览视图，以缩略图的形式显示演示文稿中所有的幻灯片。在该视图模式中，可以使用鼠标拖动方式调整幻灯片的次序，也可以对幻灯片进行插入、复制、移动和删除等操作，但不能对幻灯片内容进行编辑。

（3）备注页视图

在【视图】选项卡“演示文稿视图”区域单击【备注页】按钮，切换到备注页视图模式，此时可以编辑、修改幻灯片的备注信息。

（4）幻灯片放映视图

单击【幻灯片放映】按钮，开始放映演示文稿，此时可以浏览幻灯片的播放效果。

PowerPoint 演示文稿在普通视图模式下显示时，通过调整“显示比例”控制演示文稿编辑区在屏幕中的显示大小，但不会影响播放效果。在【视图】选项卡“显示比例”区域单击【显示比例】按钮，打开如图 5-5 所示的【显示比例】对话框，在该对话框中输入或选择显示比例。

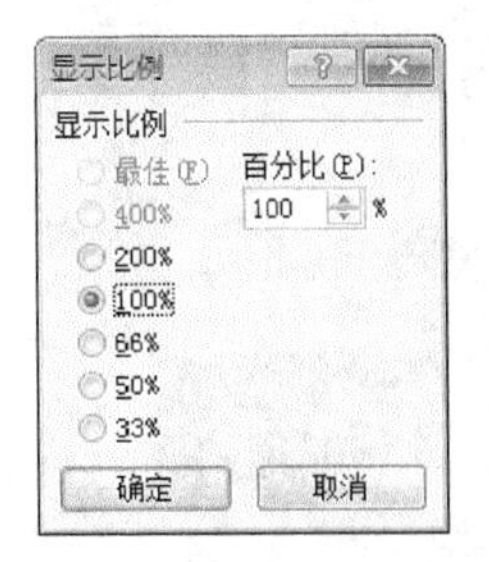

图 5-5 【显示比例】对话框

6．创建新演示文稿

（1）创建空演示文稿

可以先创建1个空演示文稿，然后添加必要的幻灯片，自行确定幻灯片的风格和结构。

PowerPoint 2010创建空演示文稿的常用方法如下。

方法1：启动PowerPoint 2010时，自动创建一个名为“演示文稿1”的空演示文稿。

方法2：在“快速访问工具栏”中单击按钮打开下拉菜单，从该下拉菜单中单击选择【新建】命令，将【新建】命令添加到“快速访问工具栏”中，然后单击【新建】按钮创建空演示文稿。

方法3：使用【Ctrl+N】快捷键创建空演示文稿。

（2）利用模板创建演示文稿

利用模板创建演示文稿可以使整个演示文稿保持一致的风格，内容结构可以由用户灵活确定。

① 从【文件】选项卡中选择【新建】选项。

② 在“可用的模板和主题”列表中单击选择“样本模板”，如图5-6所示，显示可用的“样本模板”，然后选择一种合适的“样本模板”，如图5-7所示。

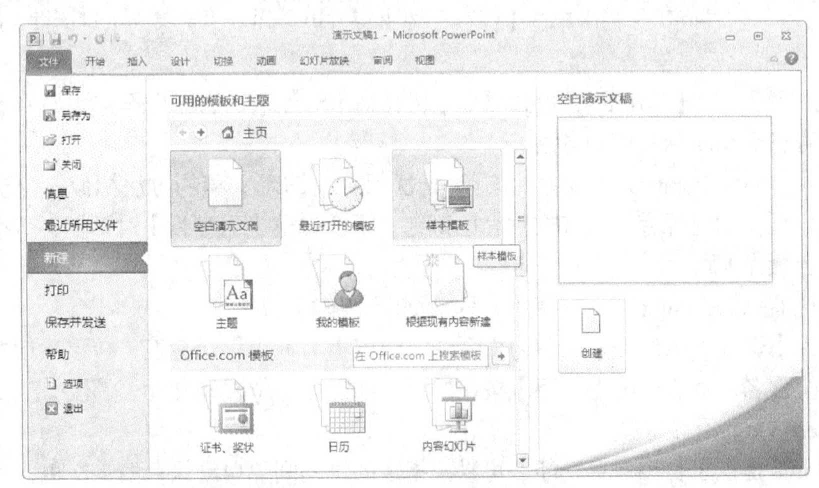

图 5-6 在“可用的模板和主题”列表中选择“样本模板”

图 5-7 选择一种合适的“样本模板”

③ 单击右侧的【创建】按钮，即可基于选择的模板创建演示文稿。

7．保存演示文稿

当演示文稿的部分内容或全部内容输入完成后，已经输入的内容一般存放在计算机的内存中，并没有保存在硬盘中。为防止各种意外故障或断电造成演示文稿丢失，应及时保存演示文稿。保存演示文稿分为新创建演示文稿的第 1 次保存、保存已有演示文稿与另存为新演示文稿三种情况，其操作方法有所区别。

（1）保存未命名的新演示文稿的常用方法

方法 1：在【文件】选项卡中选择【保存】命令，弹出【另存为】对话框，在该对话框中选择合适的保存位置，在“文件名”编辑框中输入文件名，保存类型默认为“.pptx”，因为 PowerPoint 演示文稿的扩展名为“.pptx”，然后单击【保存】按钮进行保存。

方法 2：在快速访问工具栏中单击【保存】按钮，也会弹出【另存为】对话框，后续操作方法如前所述。

方法 3：按快捷键【Ctrl+S】，也会弹出【另存为】对话框，后续操作方法如前所述。

（2）保存已命名演示文稿的方法

保存已有 PowerPoint 文档的方法与第 1 次保存新演示文稿的方法相似，由于保存已有 PowerPoint 演示文稿时保存位置和文件名已确定，不会弹出【另存为】对话框，直接在原演示文稿进行保存操作即可。

（3）将已有 PowerPoint 演示文稿另存为新演示文稿的方法

在【文件】选项卡中选择【另存为】命令，弹出【另存为】对话框，在该对话框中更改保存位置或者文件名，然后单击【保存】按钮即可。如果保存位置和文件名都没有改变，则会覆盖同名 PowerPoint 演示文稿。

PowerPoint 提供了自动保存功能，可以按指定的时间间隔自动保存演示文稿，在指定的时间间隔后，PowerPoint 将演示文稿存放在临时文件中。

8．关闭演示文稿

关闭文档常用的方法如下。

方法 1：选择【文件】选项卡中的【关闭】命令。

方法 2：从“控制菜单”中选择【关闭】命令。

方法 3：单击标题栏中右上角的的【关闭】按钮 。

方法 4：按【Alt+F4】组合键。

对于修改后没有存盘的演示文稿，关闭演示文稿时系统会自动弹出提示信息对话框。在该对话框中单击【是】按钮，保存后退出；单击【否】按钮，不存盘退出；单击【取消】按钮，返回幻灯片编辑窗口。

9．打开演示文稿

打开演示文稿是指将已存储在磁盘中的演示文稿装入计算机内存，并在 PowerPoint 窗口显示出来。

打开 PowerPoint 演示文稿的常用方法如下。

方法 1：利用 Windows 的【计算机】窗口浏览文件夹和文件后，在需要打开的 PowerPoint 演示文稿文件名上双击鼠标左键，便可以启动 PowerPoint 并打开该演示文稿。

方法 2：选择【文件】选项卡中的【打开】命令，或者在快速访问工具栏中单击【打开】按钮，弹出【打开】对话框，在该对话框选择待打开演示文稿所在的驱动器名称、文件夹名称，然后选中待打开的 PowerPoint 演示文稿，如图 5-8 所示。最后单击【打开】按钮即可打开演示文稿。也可以在文件名列表框中用鼠标双击文件名，打开选择的演示文稿。

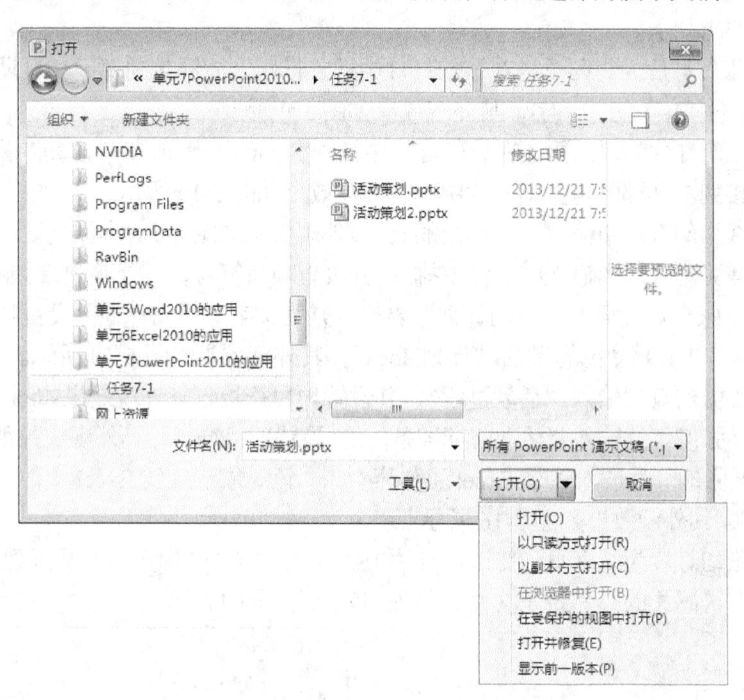

图 5–8 【打开】对话框

在图 5–8 所示的【打开】对话框中打开演示文稿时，可以直接单击【打开】按钮打开所选定的演示文稿，还可以选用“以只读方式打开”和“以副本方式打开”等多种方式。

方法 3：如果要打开的演示文稿是最近使用过的 PowerPoint 演示文稿，并且【文件】选项卡“最近所用文件”列表中列出了文件名，单击需要打开的文件名即可打开演示文稿。

【引导训练】

5.1 演示文稿的编辑与美化

【任务 5-1】制作“感恩节活动策划”演示文稿

【任务描述】

使用合适的方法创建文件名为“感恩节活动策划.pptx”的演示文稿，保存在文件夹“任务5-1”中，该演示文稿中包括9张幻灯片，为了观察多个不同主题的外观效果，第一张幻灯片的主题与其他幻灯片不同，第一张幻灯片的主题为“暗香扑面”，其他幻灯片的主题为“夏至”，文字内容来源于 Word 文档“感恩节活动方案.docx”和“感恩节活动计划.docx”。各张幻灯片中插入的对象及要求如下。

（1）第1张幻灯片为封面页，在该幻灯片中插入标题，活动策划部门和日期，另外还插入“心存感恩，永不言弃”的艺术字，其外观效果如图5-9所示。

（2）第2张幻灯片为目录页，在该幻灯片中插入 SmartArt 图形和一张宣传图片，目录中各列表项对应链接到本文档的各张幻灯片中，其外观效果如图5-10所示。

（3）在第3张幻灯片中输入“活动目的”，其外观效果如图5-11所示。

（4）在第4张幻灯片中输入“活动安排”，并设置项目符号，其外观效果如图5-12所示。

（5）在第5张幻灯片插入“活动计划”表格，并为文字“活动计划”设置超链接，链接到同文件夹中的 Word 文档“感恩节活动计划.docx”，其外观效果如图5-13所示。

（6）在第6张幻灯片输入“活动过程”，并设置项目符号，其外观效果如图5-14所示。

（7）在第7张幻灯片输入“活动前期准备”，并设置项目符号，其外观效果如图5-15所示。

（8）在第8张幻灯片插入1个 Excel 工作表对象，该对象链接到 Excel 文件“感恩节活动经费预算表.xlsx”，其外观效果如图5-16所示。

（9）第9张幻灯片为结束页，在该幻灯片中插入艺术字“请提宝贵意见或建议”、返回第1页的动作按钮和《感恩的心》音乐文件，其外观效果如图5-17所示。

图5-9　演示文稿的第1张幻灯片

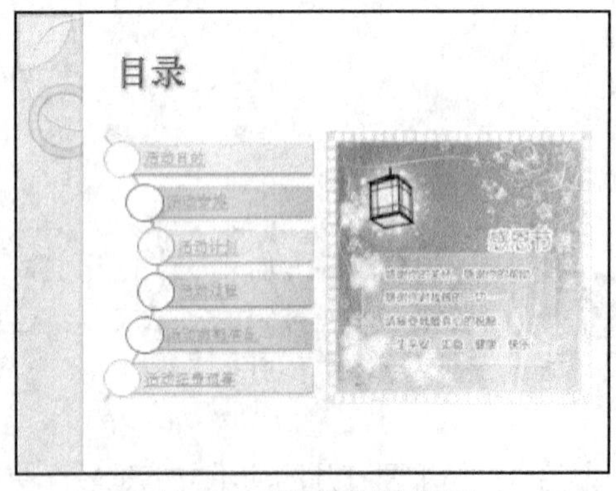

图5-10　演示文稿的目录页

活动目的

通过为期一周的活动，让同学们自己用眼睛去看，用耳朵去听，用心灵去感受，从而在自己的心中培植一种感恩的情感，无论对待父母或者老师，朋友或者对手，快乐或者悲伤，都能以一颗感恩的心去面对。那么，他们就会明白，生活是一面镜子，你哭她也哭；你笑她也笑。当你心存感恩，生活也将赐予你灿烂的阳光。

图 5-11　演示文稿的活动目的页

活动安排

- 活动时间：2014年11月
- 活动地点：明德学院的校园内
- 参加对象：全院师生

图 5-12　演示文稿的活动安排页

活动计划

序号	工作内容	预计完成日期	负责人	协作人
1	制定活动计划	10.25	[illegible]	[illegible]
2	学生会干部开会分工	10.26	[illegible]	[illegible]
3	宣传活动	11.5	[illegible]	[illegible]
4	利用网络和图书馆收集有关感恩节的背景知识、相关故事、歌曲征集等	11.6-11.10	[illegible]	[illegible]
5	校园环境布置	11.15-11.21	周一	[illegible]
6	购买磁带、DVD	11.10	[illegible]	[illegible]
7	购买“黄丝带”	11.10	[illegible]	[illegible]
8	购买明信片	11.11	[illegible]	[illegible]
9	购买奖品	11.11	[illegible]	[illegible]
10	打印宣传资料	11.15	[illegible]	[illegible]
11	打印评分表	[illegible]	[illegible]	[illegible]
12	《感恩的心》手语版演员的到位	11.20	[illegible]	[illegible]
13	[illegible]	11.22	[illegible]	[illegible]
14	“校园十佳感恩格言”评选	11.23	[illegible]	[illegible]
15	感恩节主题班会	[illegible]	[illegible]	[illegible]
16	活动总结	[illegible]	[illegible]	[illegible]

图 5-13　演示文稿的活动计划页

活动过程

- 浏览一次感恩节网站和举办一次主题班会
- 读一篇《感恩的心》故事
- 唱一首《感恩的心》歌曲
- 寄一张感恩的明信片
- 写一段祝福，将感激铭记心中

图 5-14　演示文稿的活动过程页

活动前期准备

- 利用网络和图书馆收集有关感恩节的背景知识、相关故事、歌曲征集等。
- 购买“黄丝带”，用于征集“感恩箴言”。
- 打印宣传资料，评分表等。
- 校园环境布置：黑板、海报等。
- 学生会干部开会分工，深入到各个班级，保证活动的影响力与完整性。
- 制定好活动计划，时间、地点、负责人落实到位。
- 《感恩的心》手语版演员的到位（教师和学生）。
- 购买明信片和奖品。有关该主题的详细内容
- 支持信息和示例
- 该主题与听众的联系

图 5-15　演示文稿的活动前期准备页

感恩节活动经费预算

序号	项目	经费预算	备注
1	邀请函	¥400.0	
2	明信片	¥2, 000. 0	
3	奖品	¥600. 0	
4	黄丝带	¥450. 0	
5	饮用水	¥3, 000. 0	
6	资料印刷等费用	¥3, 600. 0	
7	其他	¥4, 000. 0	
	合计	¥14, 050. 0	

图 5-16　演示文稿的经费预算页

图 5-17　演示文稿的结束页

【方法集锦】

1．幻灯片的基本操作

（1）选定幻灯片

选定幻灯片的常用方法如下。

① 选定单张幻灯片。在“普通视图”的“幻灯片”窗格或者在“幻灯片浏览视图”中，单击该幻灯片即可。

② 选定多张连续的幻灯片。在“普通视图”的“幻灯片”窗格或者在“幻灯片浏览视图”中，先单击选中第一张幻灯片的缩略图，该幻灯片周围会出现黄色的边框，然后按住【Shift】键，再单击最后一张幻灯片的缩略图即可。

③ 选定多张不连续的幻灯片。在“普通视图”的“幻灯片”窗格或者在“幻灯片浏览视图”中，先单击选中第一张幻灯片的缩略图，然后按住【Ctrl】键，分别单击要选定的幻灯片的缩略图即可。

④ 选择所有幻灯片。在“普通视图”的“幻灯片”窗格或者在“幻灯片浏览视图”中，按【Ctrl+A】组合键，或者在【开始】选项卡“编辑”区域单击【选择】按钮，在弹出的下拉菜单中选择【全选】按钮即可。

（2）复制幻灯片

方法 1：在“普通视图”的“幻灯片”窗格或者在“幻灯片浏览视图”中，选定待复制的幻灯片，然后在【开始】选项卡“剪贴板”区域单击【复制】按钮，或者单击鼠标右键，在弹出的快捷菜单中选择【复制】命令。将光标定位到目标位置，在【开始】选项卡“剪贴板”区域单击【粘贴】按钮，或者单击鼠标右键，在弹出的快捷菜单中选择【粘贴】命令即可。

方法 2：在“普通视图”的“幻灯片”窗格或者在“幻灯片浏览视图”中，选中待复制的一张或者多张幻灯片，按住【Ctrl】键的同时按住鼠标左键，拖动鼠标至目标位置。松开鼠标左键，所选中的幻灯片即被复制到目标位置。

（3）移动幻灯片

移动幻灯片是指将幻灯片从原来的位置移动到另一个位置，也就是调整幻灯片的顺序。

方法 1：在“普通视图”的“幻灯片”窗格或者在“幻灯片浏览视图”中，选中待移动的幻灯片按住鼠标左键，直接拖动至目标位置即可。

方法 2：利用【剪切】和【粘贴】命令实现幻灯片的移动，操作方法与复制类似。

（4）删除幻灯片

方法 1：选择待删除的幻灯片，然后单击鼠标右键，在弹出的快捷菜单中选择【删除幻灯片】命令，即可将选定的幻灯片删除。

方法 2：选中待删除的幻灯片，按【Delete】键删除幻灯片。

2．添加幻灯片

方法 1：在“普通视图”的“幻灯片”窗格或者在“幻灯片浏览视图”中，先选定插入幻灯片的位置，然后在【开始】选项卡“幻灯片”区域单击【新建幻灯片】按钮，在弹出的下拉列表中选择所需的幻灯片版式，如图 5-18 所示，新添加的幻灯片出现在当前幻灯片之后。

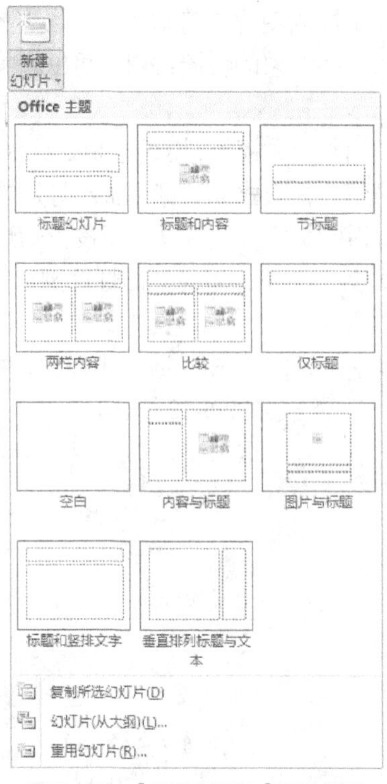

图 5-18 【新建幻灯片】下拉列表

方法 2：如果需要在当前幻灯片之前插入 1 张幻灯片，可以将鼠标指针置于两张幻灯片之间，单击鼠标左键，这样光标插入点定位在两张幻灯片之间，如图 5-19 所示。然后单击鼠标右键，在弹出的快捷菜单中选择【新建幻灯片】命令，如图 5-20 所示，即可插入一张新幻灯片。

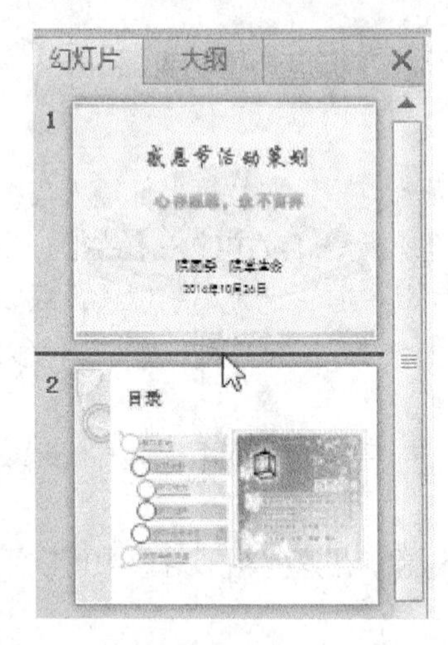

图 5-19 光标插入点置于两张幻灯片之间

图 5-20 在快捷菜单中选择【新建幻灯片】命令

3．设置幻灯片的版式

演示文稿中的每张幻灯片都有一定的版式，版式是指幻灯片中对象的布局方式和格式设置，它包括对象的种类以及对象和对象之间的相对位置。不同的版式拥有不同的占位符，构成了幻灯片的不同布局。PowerPoint 2010 预设多种文字版式、内容版式和其他版式。选定一种版式，在幻灯片中预先设置一些占位符。对于输入文字内容的占位符，其功能相当于文本框，在占位符框内可以输入与编辑文字。对于插入图片、剪贴画、表格、图表、组织结构图、视频等对象的占位符，占位符框包含有插入这些对象的快捷按钮，可以根据需要单击相应按钮，然后插入对象即可。

演示文稿中的幻灯片可以应用某一种模板，模板控制幻灯片的整体外观风格和颜色搭配等，每一张幻灯片还可以使用合适的版式，版式控制每一张幻灯片的布局结构和格式设置。

可以在新建幻灯片时选用合适的版式，也可以重新设置幻灯片的版式，操作方法如下。

① 在“普通视图”的“幻灯片”窗格或者在“幻灯片浏览视图”中，选中需要设置版式或改变版式的幻灯片。

② 在【开始】选项卡“幻灯片”区域单击【版式】按钮，打开版式列表，如图 5-21 所示，选择所需的版式即可。“两栏内容”版式如图 5-22 所示。

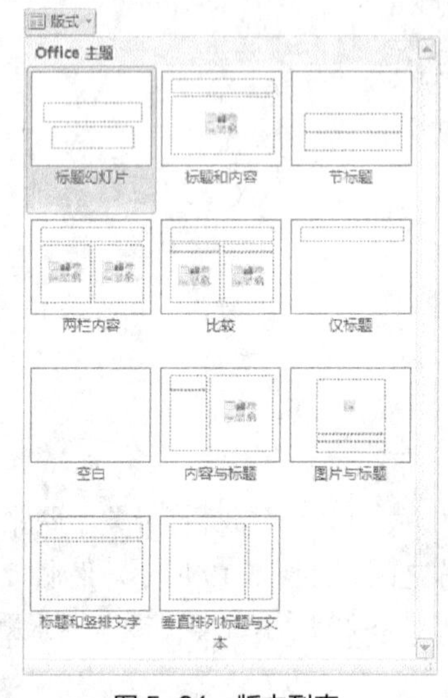

图 5-21　版本列表

图 5-22　“两栏内容”的版式

4．在幻灯片中输入与编辑文字

① 对于套用了现有版式的幻灯片，可以直接将光标插入点置于占位符内部输入与编辑文字即可，其方法在 Word 文档输入与编辑文字相同。占位符是指幻灯片中的一虚线框，与文本框相似，这些虚线框为文本、图片、图表等对象，在幻灯片上占据一定大小的位置，只要单击占位符就可以在占位符的框内输入文字或者添加指定的对象。对占位符移动位置、调整大小或者删除的操作方法与文本框相同。

② 如果版式结构不符合要求，可以自行插入文本框，而后在文本框中输入与编辑文字，其操作方法与 Word 文档的文本框类似。

③ 在幻灯片中可以插入多个矩形、椭圆之类的图形对象，在这些图形对象中可以添加与编辑文字内容。

④ 从其他演示文稿的幻灯片中将图形、文本框、占位符复制到幻灯片中，所包含的文字内容也会一同复制到幻灯片中。

⑤ 对于从 Word 2010、记事本等其他文档中复制到 PowerPoint 幻灯片的文字内容，执行粘贴操作时，会自动插入 1 个矩形框，文字内容存放在该矩形框中，然后插入到幻灯片中。

幻灯片中的文字内容也可以执行复制、剪切、粘贴、删除、查找、替换等操作，操作方法与 Word 文档类似。

⑥ 选中幻灯片中的文本内容，在【开始】选项卡“段落”区域单击【项目符号】按钮可以直接为选中的文本设置默认的项目符号，如果再次单击该按钮，将会取消当前文本的项目符号。

也可以单击【项目符号】按钮右侧的箭头，打开如图5-23所示的“项目符号”列表，从列表中选择所需的项目符号。

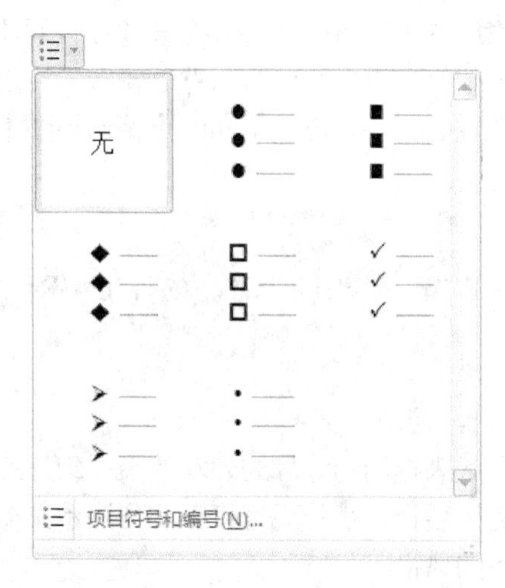

图5-23 “项目符号”列表

设置“编号”的方法与设置“项目符号”的方法类似，这里不再具体说明。

PowerPoint 支持多级项目符号和编号，不同级别的文字具有不同的字体、字号、字形以及项目符号等。在【开始】选项卡“段落”区域单击【降低列表级别】按钮，可以使当前段落上升到上一层次，文字向左移动；选择【提高列表级别】按钮，可以使当前段落降低到下一层次，文字向右移动。

5．在幻灯片中插入图片

在幻灯片中除了可以输入文字，还可以插入多种多媒体对象，包括图片、表格、艺术字、声音、视频等对象，综合应用这些多媒体对象可以增强幻灯片的视听效果。

在幻灯片中可以插入多种类型的图片，包括剪贴画、图像文件（图像格式可以为.bmp、.jpg、.gif等多种）、自选图形（包括矩形、椭圆等几何图形、线条、箭头和标注等）。

（1）插入图像文件

选中要插入图像文件的幻灯片，在【插入】选项卡“图像”区域单击【图片】按钮，打开【插入图片】对话框，在该对话框中选择合适的图像文件，然后单击【插入】按钮即可在当前幻灯片中插入图片。

然后在幻灯片调整图片的大小和位置，还可以使用【图片工具－格式】选项卡设置图片格式、对比度、亮度、裁剪图片和旋转图片等操作。

（2）插入与编辑自选图形

PowerPoint 中自选图形主要包括基本形状、线条、连接符、箭头、流程图、星与旗帜、标注、动作按钮等，每一类都有多种不同的图形。

在【插入】选项卡“插图”区域单击【形状】按钮，打开“图形”分类列表，然后从图形列表选择所需图形，在幻灯片中拖动鼠标绘制图形即可。

插入到幻灯片中的图形，可以调整其大小和位置，也可以删除该图形，操作方法与 Word 文档相同。

6．制作备注页

演示文稿一般都为大纲性、要点性的内容，针对每张幻灯片可以添加备注内容，以便记忆某些内容，也可以将幻灯片和备注内容一同打印出来。

① 选定需要添加备注内容的幻灯片。

② 在【视图】选项卡“演示文稿视图”区域中单击【备注页】按钮，切换到备注内容编辑状态，在幻灯片的下方出现占位符，单击占位符，然后输入备注内容即可。然后在【视图】选项卡中单击【普通视图】按钮或者直接单击左下角的【普通视图】切换按钮囗，切换到普通视图状态。

也可以直接在“普通视图”状态下的备注区窗格中输入备注内容。

7．演示文稿中母版的设计与使用

演示文稿可以通过设置母版来控制幻灯片的外观效果，幻灯片母版保存了幻灯片颜色、背景、字体、占位符大小和位置等项目，其外观直接影响到演示文稿中的每张幻灯片，并且以后新插入的幻灯片也会套用母版的风格。

PowerPoint 2010 中的母版分为幻灯片母版、讲义母版和备注母版 3 种类型。幻灯片母版用于控制幻灯片的外观，讲义母版用于控制讲义的外观，备注母版用于控制备注的外观。由于它们的设置方法类似，这里只介绍幻灯片母版的使用方法。

在【视图】选项卡“母版视图”区域单击【幻灯片母版】按钮，进入“幻灯片母版”的编辑状态，如图 5-24 所示。

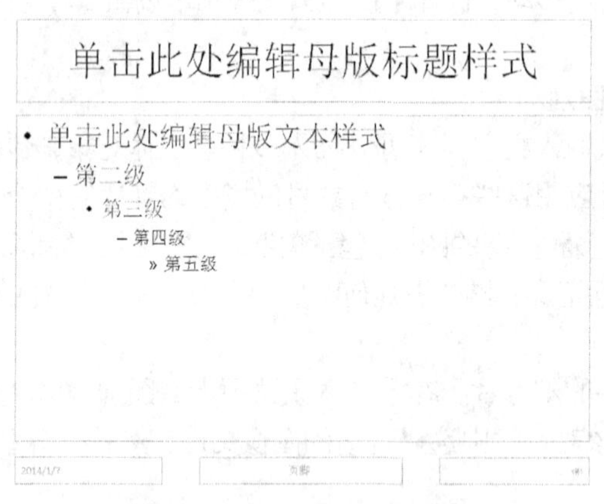

图 5-24 “幻灯片母版”视图

幻灯片母版包含 5 个占位符（由虚线框所包围），分别为标题区、对象区、日期区、页脚区和数字区，可以利用【开始】选项卡“字体”区域和“段落”区域的按钮对标题、正文内容、日期、页脚和数字的格式进行设置，也可以改变这些占位符的大小和位置，在母版中进行的设置，所有幻灯片都会发生改变。

幻灯片母版设置完成后，在【幻灯片母版】选项卡中单击【关闭母版视图】按钮退出幻灯片母版视图状态。

【任务实现】

1．创建并保存演示文稿

① 启动`PowerPoint 2010，系统自动创建一个新的演示文稿，并且自动添加第 1 张幻灯片。

② 在“快速访问工具栏”中单击【保存】按钮，弹出【另存为】对话框，以“感恩节活动策划.pptx”为文件名，将创建的演示文稿保存在文件夹“任务 5-1”中。

③ 应用主题

主题通过使用颜色、字体和图形来设置文档的外观，使用预先设计的主题，可以轻松快捷地更改演示文稿的整体外观效果。

在【设计】选项卡的“主题”区域用右键单击要应用的主题“暗香扑面”，在弹出的快捷菜单中选用“应用于选定幻灯片”，如图 5-25 所示。

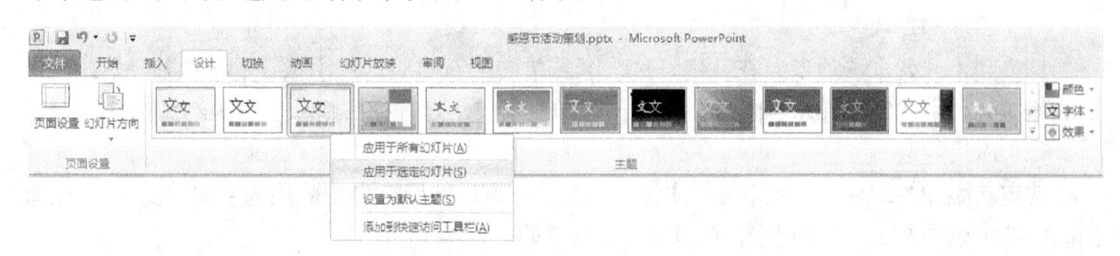

图 5-25 选择主题并应用于选定幻灯片

2．制作幻灯片的首页

（1）输入标题文字与设置标题格式

在系统自动添加的幻灯片首页中单击“单击此处添加标题”占位符，在光标位置输入文字“感恩节活动策划”作为演示文稿的总标题，然后选中标题文字，设置其字体为“华文行楷”，字体大小为“60”。

（2）插入艺术字

在【插入】选项卡“文本”区域单击【艺术字】按钮，打开艺术字样式列表，从中选择一种样式单击，如图 5-26 所示。

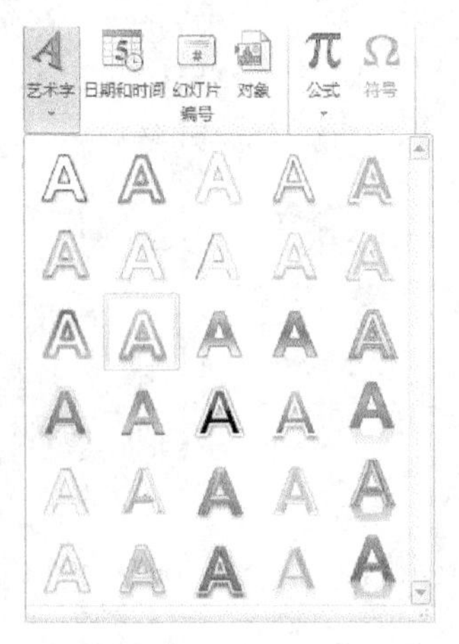

图 5-26 插入艺术字

单击幻灯片中的“请在此放置您的文字”艺术字占位符，输入文字“心存感恩，永不言弃”。然后选中插入艺术字，设置其大小为“40”。

（3）输入活动策划部门

单击幻灯片中的“单击此处添加副标题”占位符，在光标位置输入文字“院团委　院学生会”，然后设置其字体和大小。

（4）插入文本框

在【插入】选项卡“文本”区域单击【文本框】按钮，鼠标指标变为形状↓，在幻灯片靠下方位置按住并拖动鼠标左键，绘制一个横排文本框。将光标置于文本框中，输入日期“2014 年 10 月 26 日”，然后设置其字体和大小。

（5）保存

保存新增及修改的内容。

3．制作幻灯片的目录页

（1）添加幻灯片

切换到【开始】选项卡，在“幻灯片”区域单击【新建幻灯片】按钮的箭头按钮▾，在弹出的下拉列表中选择“标题和内容”版式，这样在当前幻灯片之后新添加一张幻灯片。

（2）应用主题

选定新添加的幻灯片，在【设计】选项卡的“主题”区域右击要应用的主题“夏至”，在弹出的快捷菜单中选用“应用于选定幻灯片”。

（3）输入标题

在新插入的幻灯片中，单击“单击此处添加标题”占位符，然后输入文字“目录”。

（4）设置标题为艺术字效果

选中标题文字“目录”，在【绘图工具－格式】选项卡的“艺术字样式”区域单击【文本效果】按钮，从下拉列表中选择“金色，8pt 发光，强调文字颜色 2”选项，如图 5-27 所示。

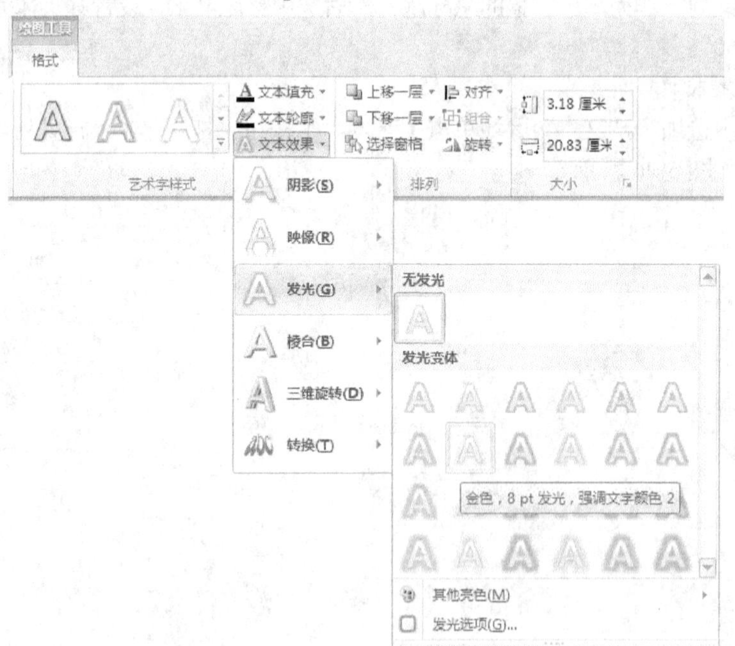

图 5-27　为标题文字设置艺术字效果

（5）插入 SmartArt 图形

单击“单击此处添加文本”占位符中的【插入 SmartArt 图形】按钮，打开【选择 SmartArt 图形】对话框，在该对话框中单击左侧的“列表”选项，然后在右侧的列表框中选择“垂直曲形列表”选项，单击【确定】按钮，则在幻灯片中插入 SmartArt 图形，如图 5-28 所示。

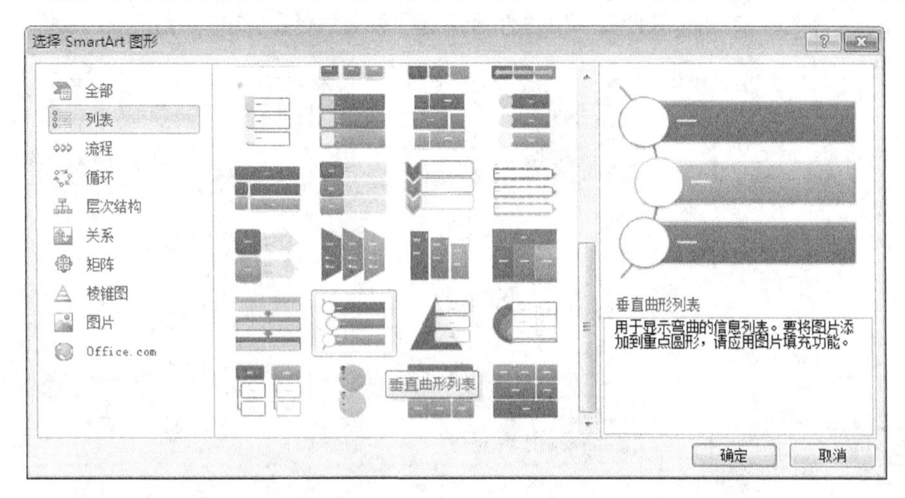

图 5-28　在【选择 SmartArt 图形】对话框选择 SmartArt 图形

（6）添加形状

选中幻灯片中 SmartArt 图形，切换到【SmartArt 工具－设计】选项卡中，在“创建图形”区域多次单击【添加形状】按钮，将垂直曲形列表项增至 6 项。

（7）更改颜色

选中幻灯片中的 SmartArt 图形，在【SmartArt 工具－设计】选项卡的“SmartArt 样式”区域单击【更改颜色】按钮，在下拉列表的“彩色”栏中选择“彩色－强调文字颜色”选项，如图 5-29 所示。

（8）设置 SmartArt 样式

选中幻灯片中 SmartArt 图形，在【SmartArt 工具－设计】选项卡的“SmartArt 样式”区域选择“细微效果”样式。

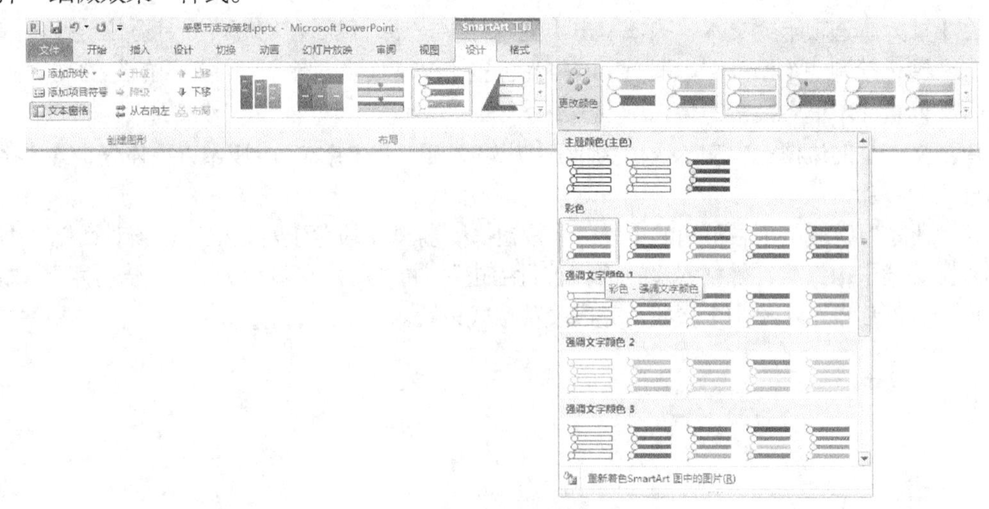

图 5-29　更改颜色

（9）调整 SmartArt 样式的位置和宽度

选中幻灯片中 SmartArt 图形，然后向左拖动鼠标调整其位置，并且缩小其宽度至合适大小。

（10）输入文字内容

在"在此处键入文字"提示文字的下方依次输入文字"活动目的"、"活动安排"、"活动计划"、"活动过程"、"活动前期准备"和"活动经费预算"，如图 5-30 所示。

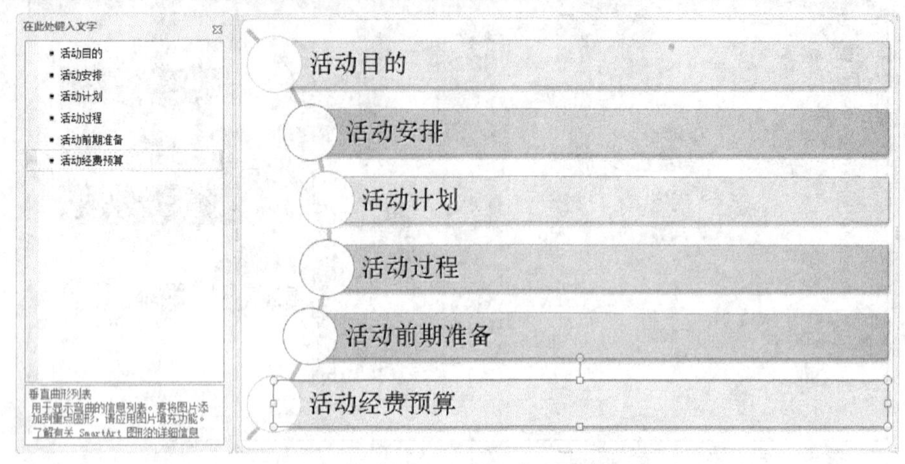

图 5-30 "SmartArt 图形"的编辑状态

（11）保存

保存新增及修改内容。

4．制作"活动目的"幻灯片

（1）添加幻灯片

在【开始】选项卡"幻灯片"区域单击【新建幻灯片】按钮的箭头按钮，在弹出的下拉列表中选择"仅标题"版式，这样就在"目录"幻灯片之后新添加了一张幻灯片。

（2）输入标题文字

单击"单击此处添加标题"占位符，在光标位置输入文字"活动目的"，并将该标题的"字体样式"设置为"加粗"，"对齐方式"设置为"居中"。

（3）绘制横排文本框

在【插入】选项卡"文本"区域单击【文本框】按钮，然后在幻灯片中合适位置按住并拖动鼠标左键，绘制一个横排文本框。接着将光标置于文本框中，输入"活动目的"的文字。

（4）设置文本框中文字的格式

单击文本框的边框选中文本框，然后在【开始】选项卡"字体"区域设置字体大小为"28"，字体样式为"加粗"。

在"段落"区域单击右下角的【段落】按钮，打开【段落】对话框。在该对话框"缩进和间距"选项卡中，将特殊格式设置为"首行缩进"，将"行距"设置为"1.5 倍行距"，如图 5-31 所示，然后单击【确定】按钮，完成段落格式设置。

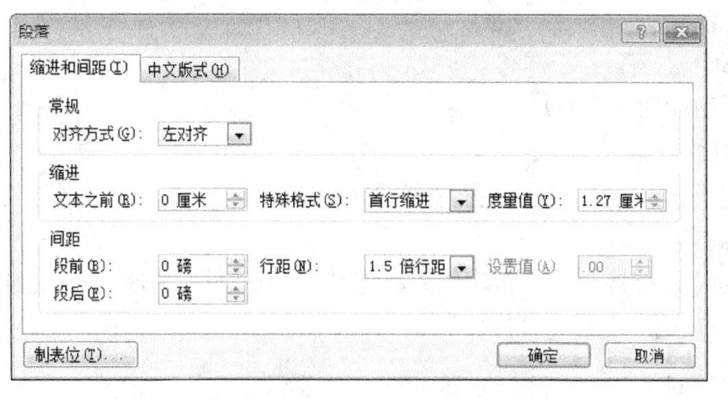

图 5-31 【段落】对话框

（5）保存

保存新增及修改内容。

5．制作“活动安排”幻灯片

（1）添加幻灯片

在【开始】选项卡“幻灯片”区域单击【新建幻灯片】按钮的箭头按钮，在弹出的下拉列表中选择“标题和内容”版式，这样在“活动目的”幻灯片之后新添加一张幻灯片。

（2）输入标题文字

单击“单击此处添加标题”占位符，在光标位置输入文字“活动安排”，并将该标题的“字体样式”设置为“加粗”，“对齐方式”设置为“居中”。

（3）输入“活动安排”文字内容

单击“单击此处添加文本”占位符，然后输入“活动安排”的文字内容。

（4）设置“活动安排”文字内容为项目列表

选中幻灯片中的“活动安排”文字内容，在【开始】选项卡“段落”区域单击【项目符号】按钮右侧的箭头，打开“项目符号”列表，从列表中选择“加粗空心方形”项目符号，如图5-32 所示。

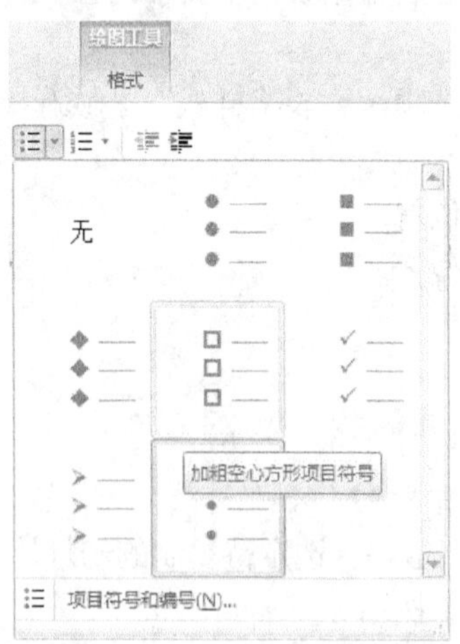

图 5-32 在“项目符号”列中选择“加粗空心方形项目符号”

（5）设置项目列表文字的格式

将项目列表文字的字体大小设置为“28”，字体样式设置为“加粗”，将“行距”设置为“1.5 倍行距”。

（6）保存

保存新增及修改内容。

6．制作“活动计划”幻灯片。

（1）添加幻灯片

在“活动安排”幻灯片后插入一张含有“标题和内容”占位符的幻灯片。

（2）输入标题文字

在“单击此处添加标题”占位符中输入标题“活动计划”，并将该标题的“字体样式”设置为“加粗”，“对齐方式”设置为“居中”。

（3）插入表格

在含有文字“单击此处添加文本”的占位符中单击【插入表格】按钮，在弹出的【插入表格】对话框中将“列数”和“行数”数字框分别设置为“5”和“17”，如图5-33所示，然后单击【确定】按钮关闭该对话框。

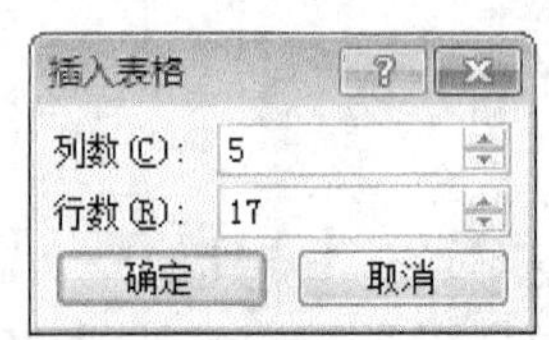

图5-33　【插入表格】对话框

（4）设置表格文字的格式

将表格中文字的字体大小设置为“12”，中文字体设置为“宋体”，表格标题行文字的对齐方式设置为“居中”，其他行文字第2列的对齐方式设置为“左对齐”，其他列设置为“居中”。

（5）在表格中输入文字内容

在表格中标题行分别输入标题文字“序号”、“工作内容”、“预计完成日期”、“负责人”和“协作人”，然后分别输入对应的文字内容。

（6）调整表格的行高和列宽

拖动鼠标调整表格的高度，然后根据表格中文字内容将各列的列宽调整至合适的宽度。

（7）设置表格样式

在【表格工具】的【设计】选项卡“表格样式”区域选择“表格样式”列表中的“中度样式4－强调6”选项。

（8）调整表格在幻灯片中的位置

拖动表格至幻灯片中的合适位置。

（9）保存

保存新增及修改的内容。

7．制作“活动过程”幻灯片

（1）复制“活动安排”幻灯片

在“普通视图”的“幻灯片”窗格，选定待复制的幻灯片“活动安排”，然后在【开始】选项卡“剪贴板”区域单击【复制】按钮。

（2）粘贴幻灯片

将光标定位到目标位置，在【开始】选项卡“剪贴板”区域单击【粘贴】按钮即可。

（3）修改幻灯片的标题内容

将幻灯片中标题内容修改为“活动过程”。

（4）修改幻灯片的正文内容

将幻灯片中的“活动安排”内容修改为“活动过程”内容。

（5）设置“活动过程”内容的格式

将“活动过程”内容的字体大小设置为“28”，将项目符号设置为“箭头”，项目符号的颜色设置为“水绿色，强调文字颜色 1”。

（6）保存

保存新增及修改的内容。

8．制作“活动前期准备”幻灯片

（1）复制“活动目的”幻灯片

在“普通视图”的“幻灯片”窗格，右键单击待复制的幻灯片“活动目的”，然后在弹出的快捷菜单中选择【复制】命令。

（2）粘贴幻灯片

将光标定位到目标位置，单击右键，在弹出的快捷菜单中选择【粘贴】命令即可。

（3）修改幻灯片的标题内容

将幻灯片中标题内容修改为“活动前期准备”。

（4）修改幻灯片的正文内容

将幻灯片中的“活动目的”内容修改为“活动前期准备”内容。

（5）设置“活动过程”内容的格式

将“活动前期准备”内容的字体大小设置为“20”，将项目符号设置为“选中标记”，项目符号的颜色设置为“金色，强调文字颜色 2”，将行距设置为“固定值”，设置值为“35 磅”。

（6）保存

保存新增及修改的内容。

9．制作“感恩节活动经费预算”幻灯片

（1）添加幻灯片

在【开始】选项卡“幻灯片”区域单击【新建幻灯片】按钮的箭头按钮，在弹出的下拉列表中选择“空白”版式，这样在“活动前期准备”幻灯片之后新添加一张幻灯片。

（2）在幻灯片中插入 Excel 工作表

选定需要插入 Excel 工作表的幻灯片，然后在【插入】选项卡“文本”区域单击【对象】按钮，打开【插入对象】对话框。在该对话框中选择“由文件创建”单选按钮，然后单击【浏览】按钮，在打开的【浏览】对话框选择文件夹“任务 5-1”中的文件“感恩节活动经费预算表.xlsx”，单击【确定】按钮返回【插入对象】对话框，如图 5-34 所示。最后在【插入对象】对话框中单击【确定】按钮插入选定的文件对象。

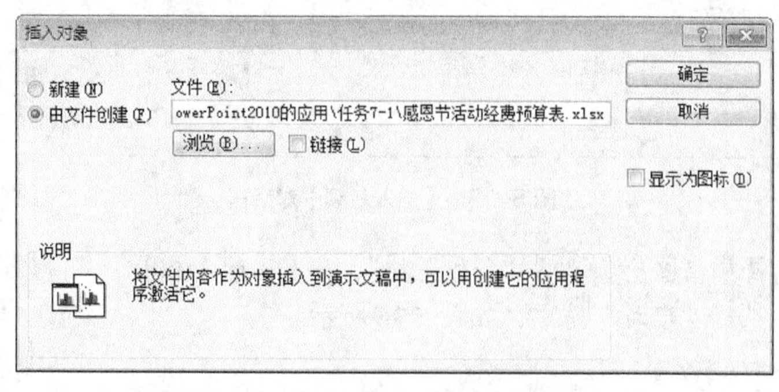

图 5-34　在【插入对象】对话框中选择文件对象

提 示

在图 5-34 所示的【插入对象】对话框中可以选定“链接”复选框，即在幻灯片中插入一个链接对象。也可以选中“显示为图标”，即所插入的对象在幻灯片中显示为 1 个图标，双击该图标可以打开对应的原文件进行编辑修改。

对象插入到幻灯片之后，可以直接双击该对象，打开对应原文件进行编辑与修改。

（3）保存

保存新增及修改的内容。

10．制作结束页幻灯片

（1）添加幻灯片

在“感恩节活动经费预算”幻灯片之后插入一张“空白”版式的幻灯片。

（2）插入艺术字

在“空白”版式的幻灯片中插入艺术字“请提宝贵意见或建议”。

（3）设置艺术字的“文本效果”

在幻灯片中选中艺术字，在【绘图工具－格式】选项卡的“艺术字样式”区域单击【文本效果】按钮，在弹出的下拉菜单中设置“发光”效果和“转换”效果。

（4）插入声音

为了增强演示文稿的效果，可以添加声音，以达到强调或实现特殊效果的目的。在幻灯片中插入音频时，将显示一个表示音频文件的图标。

在【插入】选项卡“媒体”区域单击【音频】按钮，打开【插入音频】对话框，在该对话框中找到包含所需音乐文件的文件夹“任务 5-2”，在文件列表中选择要添加的音乐文件“感恩的心.mp3”，如图 5-35 所示，然后单击【插入】按钮，在幻灯片中插入一个声音图标，系统创建一个指向该声音文件当前位置的链接。

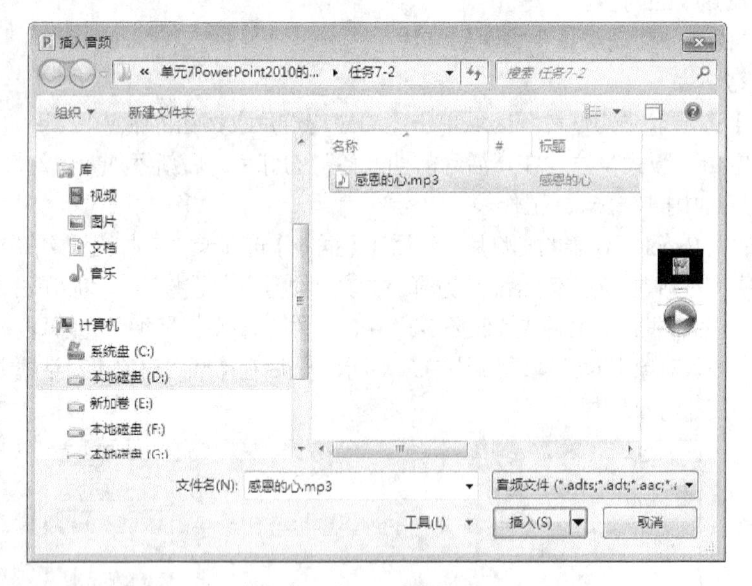

图 5-35 【插入音频】对话框

在幻灯片中选择声音图标，激活“音频工具”，在【播放】选项卡“音频选项”区域的“开始”下拉列表框中选择“自动”选项，如图 5-36 所示。

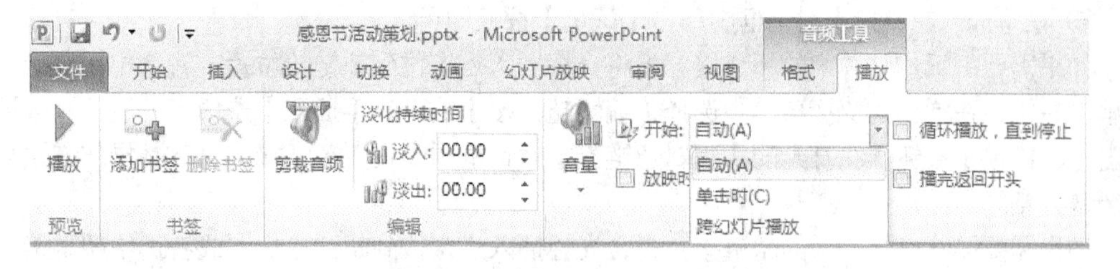

图 5-36　设置音频的开始播放方式

（5）保存

保存新增及修改的内容。

11．插入超链接

超链接用于从幻灯片快速跳转到链接的对象。

（1）链接到现有的 Word 文件

① 选中“活动计划”幻灯片。

② 在幻灯片中选择设置为超链接的文字“活动计划”。

③ 在【插入】选项卡“链接”区域中单击【超链接】按钮，也可以右键单击幻灯片中的对象，在弹出的快捷菜单中选择【超链接】命令，打开【插入超链接】对话框。

④ 在【插入超链接】对话框中选择“链接到”选项，包括“现有文件或网页”、“本文档中的位置”、“新建文档”和“电子邮件地址”。这里选择“现有文件或网页”选项，然后选择文件夹“任务 5-1”所链接的文件“感恩节活动计划.docx”，如图 5-37 所示。

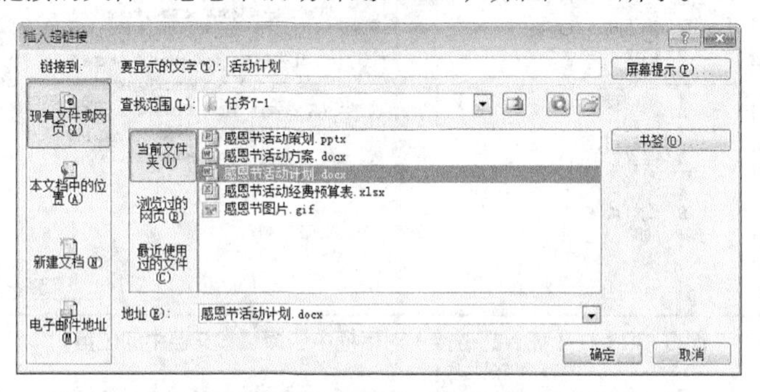

图 5-37　在【插入超链接】对话框中选择“现有文件或网页”

在幻灯片中插入超链接时还可以设置超链接的提示文字，在【插入超链接】对话框中单击【屏幕提示】按钮，打开【设置超链接屏幕提示】对话框，在该对话框的“屏幕提示文字”编辑框中输入文本内容，如图 5-38 所示，然后单击【确定】按钮返回【插入超链接】对话框。

图 5-38　【设置超链接屏幕提示】对话框

⑤ 在【插入超链接】对话框中单击【确定】按钮即可。

如果需要编辑幻灯片中的超链接，先将光标插入点定位到超链接位置或者选中超链接，然后单击右键，在弹出的快捷菜单中选择【编辑超链接】或者在【插入】选项卡“链接”区域中单击【超链接】按钮，在打开的【编辑超链接】对话框重新设置超链接即可，其操作方法与插入超链接相同。

如果需要删除幻灯片中的超链接，先将光标插入点定位到超链接位置或者选中超链接，然后单击鼠标右键，在弹出的快捷菜单中选择【取消超链接】命令即可。也可以在【编辑超链接】对话框中单击【删除链接】按钮，删除超链接。

（2）链接到同一文档中的其他幻灯片

① 选中“目录”幻灯片。

② 在幻灯片中选择设置为超链接的文字“活动目的”。

③ 在【插入】选项卡“链接”区域中单击【超链接】按钮，打开【插入超链接】对话框。

④ 在【插入超链接】对话框中选择“本文档中的位置”选项，然后在“请选择文档中的位置”列表选择“3. 活动目的”，“要显示的文字”文本框的文字也设置为“活动目的”，如图 5-39 所示。

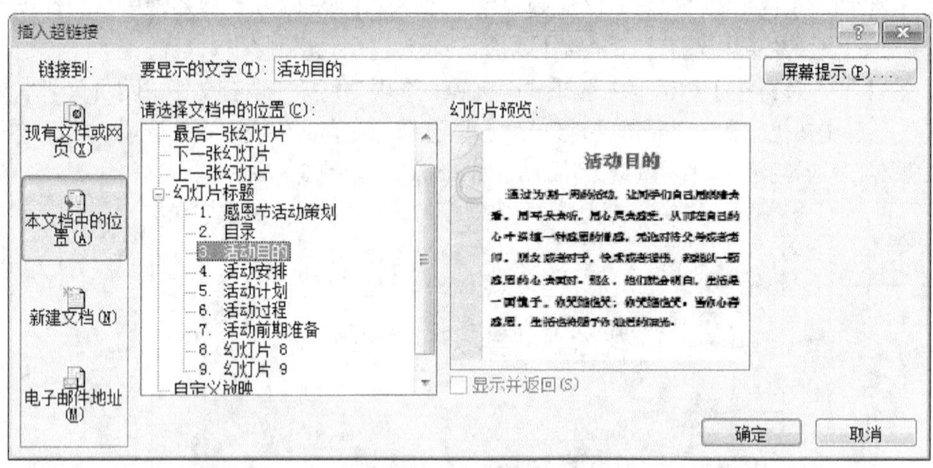

图 5-39　在【插入超链接】对话框中选择“本文档中的位置”

⑤ 在【插入超链接】对话框中单击【确定】按钮即可。

使用类似方法为“目录”幻灯片中的文字“活动安排”、“活动计划”、“活动过程”、“活动前期准备”和“活动经费预算”设置超链接，链接到本文档中对应的幻灯片。

（3）保存设置的超链接

12．插入动作按钮

PowerPoint 提供了多种实用的动作按钮，可以将这些动作按钮插入到幻灯片中并为之定义链接来改变幻灯片的播放顺序。

① 选中需要插入动作按钮的幻灯片。

② 在【插入】选项卡“插图”区域单击【形状】按钮，打开“图形”分类列表，然后在“动作按钮”列表选择合适的图形按钮，如图 5-40 所示。

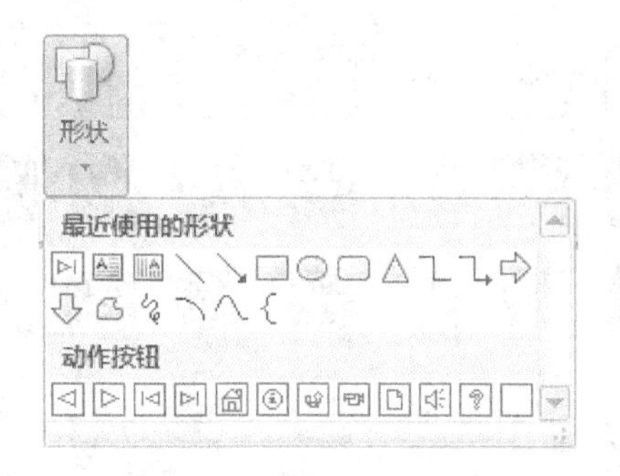

图 5-40 “动作按钮”列表

③ 将鼠标指针移到幻灯片中，鼠标指针变成十形状，按住鼠标左键，拖动鼠标，绘制按钮图形，然后松开鼠标左键，此时会弹出【动作设置】对话框，在该对话框设置链接对象等，如图 5-41 所示。

④【动作设置】对话框包括 2 个选项卡“单击鼠标”和“鼠标移过”，分别用于设置鼠标单击或移过按钮时的动作，这个动作可被定义为链接到某个位置或运行某个程序。切换到“单击鼠标”选项卡，单击选择“超链接到”单选按钮，在其下面的下拉列表框中选择鼠标单击后的动作“第一张幻灯片”，如图 5-41 所示。

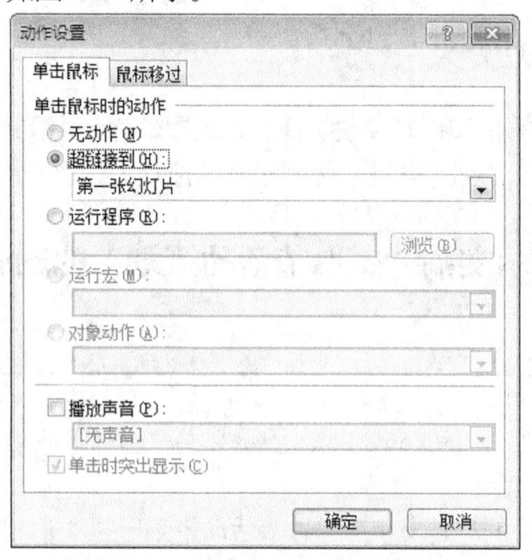

图 5-41 【动作设置】对话框

如果选择“其他 PowerPoint 演示文稿”选项，将打开【超链接到其他 PowerPoint 演示文稿】对话框，从中选择鼠标单击时跳转到的演示文稿即可。

如果选中“播放声音”复选框，则可以在对应的下拉列表框中选择声音效果。如果选中“单击时突出显示”复选框，则在鼠标单击对象时会突出显示。

⑤ 设置动作按钮的外观形状。选中插入的动作按钮，然后在【绘图工具】的【格式】选项卡“形状样式”区域的“形状样式”列表中单击选择“细微效果-水绿色，强调颜色 1”，如图 5-42 所示。

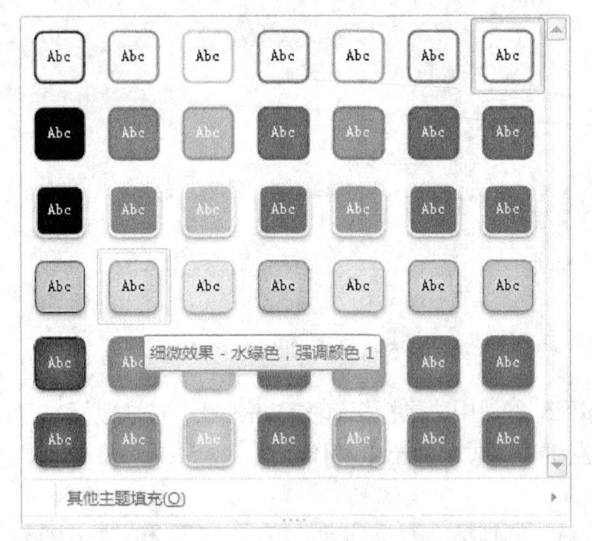

图 5-42　在“形状样式”选择“细微效果–水绿色，强调颜色 1”

⑥ 单击【确定】按钮，完成动作按钮的设置，在幻灯片放映时可以观看动作按钮的设置效果。

5.2　演示文稿的放映与打印

演示文稿通常使用计算机和投影仪联机播放，设置幻灯片中文本和对象的动画效果，设置幻灯片的切换效果，有助于增强趣味性、吸引观众的注意力，达到更好的演示效果。

【任务 5–2】演示文稿“感恩节活动策划”的动画设计与幻灯片放映

【任务描述】

打开文件夹“任务 5-2”中的 PowerPoint 演示文稿“感恩节活动策划.pptx”，按照以下要求完成相应的操作。

（1）将第 1 张幻灯片中的标题文字“感恩节活动策划”的“进入”动画设置为“劈裂”，“方向”设置为“左右向中央收缩”，“开始”方式设置为“从上一项开始”。

（2）将第 1 张幻灯片中的艺术字“心存感恩，永不言弃”的“进入”动画设置为“擦除”，“方向”设置为“自左侧”，持续时间设置为“2”秒，“开始”方式设置为“上一动画之后”。

（3）将第 1 张幻灯片中的文字“院团委　院学生会”的“进入”动画设置为“翻转式由远及近”，“开始”方式设置为“上一动画之后”。

（4）将第 1 张幻灯片中的日期的“进入”动画设置为“菱形”，“开始”方式设置为“单击时”，“方向”设置为“放大”，“形状”设置为“菱形”。

（5）如果所设置的动画效果的顺序有误，则借助于【自定义动画】任务窗格的【向上】和【向下】按钮调整其顺序。

（6）为其他各张幻灯片中的对象设置动画效果。

（7）设置幻灯片的切换效果为“分割”，“持续时间”设置为“02.00”，“换片方式”设置为“单击鼠标时”。

（8）对演示文稿“感恩节活动策划.pptx”进行排练计时。

（9）从第一张幻灯片开始放映幻灯片。

（10）将演示文稿“感恩节活动策划.pptx”打包到同一文件中，CD 命名为“感恩节活动策划 CD”。

（11）以“4 张水平放置的幻灯片”方式打印幻灯片讲义。

【方法集锦】

在 PowerPoint 2010 中，放映演示文稿的操作方法有如下几种。

方法 1：在屏幕右下角，单击【幻灯片放映】按钮。

方法 2：在【幻灯片放映】选项卡“开始放映幻灯片”区域单击【从头开始】按钮或者【从当前幻灯片开始】按钮，如图 5-43 所示。

图 5-43　【幻灯片放映】选项卡“开始放映幻灯片”区域的按钮

方法 3：按【F5】功能键从第一张幻灯片开始放映。

方法 4：按【Shift+F5】功能键从当前幻灯片开始放映。

【任务实现】

1．设置幻灯片中文本和对象的动画效果

在播放幻灯片时，可以使幻灯片中的文本、图像、自选图形和其他对象具有动画效果。

（1）设置第 1 张幻灯片中文本和对象的动画

① 切换到【动画】选项卡。

② 选择需要设置动画效果的第 1 张幻灯片。

③ 设置主标题“感恩节活动策划”的动画效果。在幻灯片中选中含有主标题“感恩节活动策划”的占位符，在【动画】选项卡“动画”区域选择“动画”列表中的“劈裂”选项，然后单击动画列表右侧的【效果选项】按钮，在其下拉列表中选择“左右向中央收缩”选项，如图 5-44 所示。

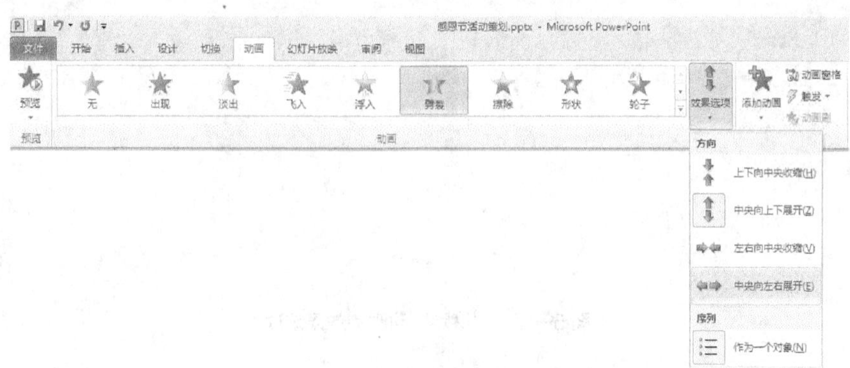

图 5-44　选择动画和效果选项

在【动画】选项卡“高级动画”区域单击【动画窗格】按钮，打开【动画窗格】，如图 5-45 所示。

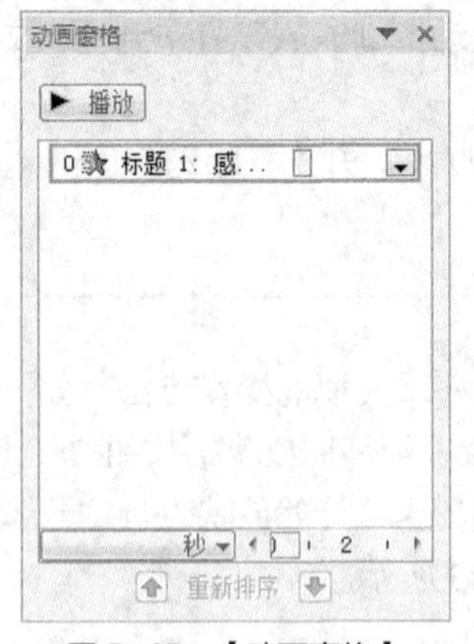

图 5-45 【动画窗格】

单击【动画窗格】动画行右侧的按钮，在弹出的下拉列表中选择“从上一项开始”选项，如图 5-46 所示。

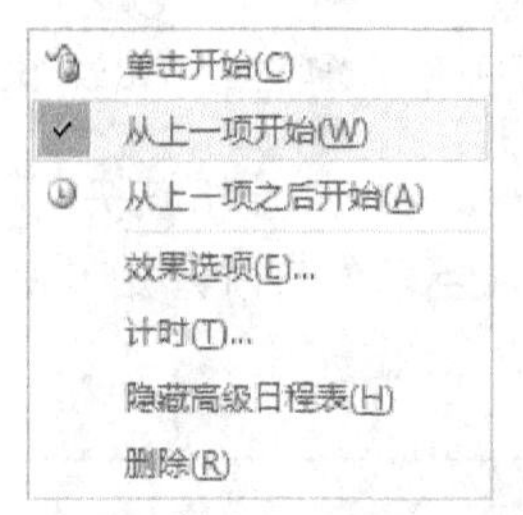

图 5-46 选择“从上一项开始”选项

④ 设置艺术字“心存感恩，永不言弃”的动画效果。在幻灯片中选中艺术字“心存感恩，永不言弃”，在【动画】选项卡“动画”区域选择“动画”列表中的“擦除”选项，然后单击动画列表右侧的【效果选项】按钮，在其下拉列表中选择【自左侧】选项，如图 5-47 所示。

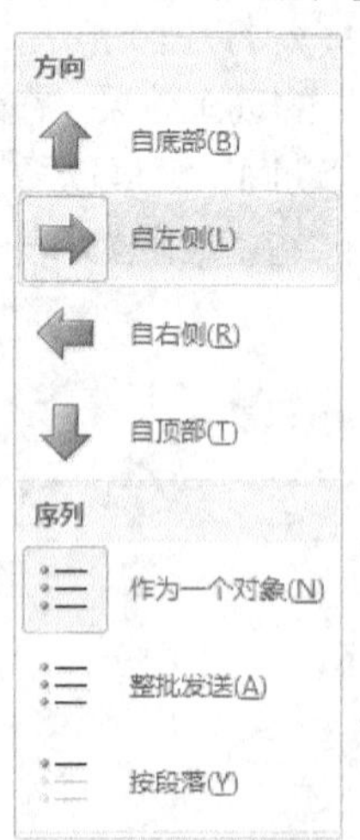

图 5-47 “擦除”动画的效果选项

在“计时”区域“开始”列表框中选择“上一动画之后”，如图 5-48 所示。在“持续时间”

数字框输入“02.00”。

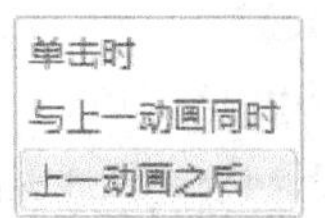

图 5-48 “计时”区域的“开始”列表项

⑤ 设置文字“院团委 院学生会”的动画效果。在幻灯片中选中包含文字“院团委 院学生会”的占位符，在【动画】选项卡“动画”区域选择“动画”列表中的“翻转式由远及近”选项，在“计时”区域“开始”列表框中选择“上一动画之后”。

⑥ 设置日期的动画效果。在幻灯片中选中包含日期的占位符，在【动画】选项卡“动画”区域选择“动画”列表中的“形状”选项，然后单击动画列表右侧的【效果选项】按钮，在其下拉列表中“方向”区域选择【放大】选项，“形状”区域选择“菱形”，如图 5-49 所示。

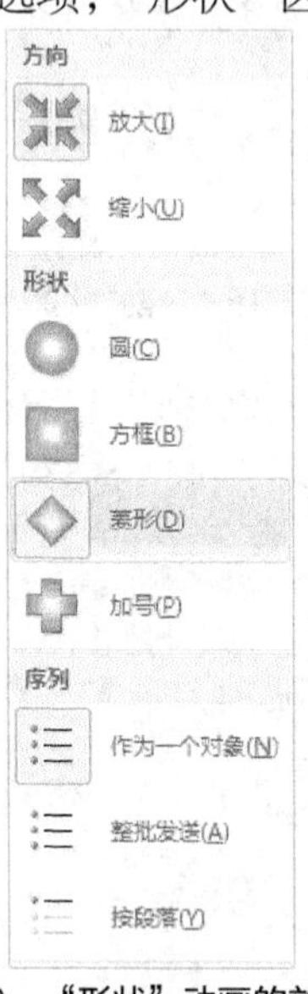

图 5-49 “形状”动画的效果选项

⑦ 调整动画效果的顺序。添加了多项动画效果的【动画窗格】如图 5-50 所示，该窗格中以列表方式列出了顺序排列的动画效果，并且在幻灯片窗格中对应的幻灯片对象也会出现动画效果的标记。如果需要调整动画效果的排列顺序，可以选定其中需要调整顺序的动画效果，然后单击【上移】按钮或者【下移】按钮来改变动画顺序。

⑧ 预览动画效果。在【动画窗格】中单击【播放】按钮可以预览动画效果，如图 5-51 所示。

图 5-50 添加多项动画效果的【动画窗格】

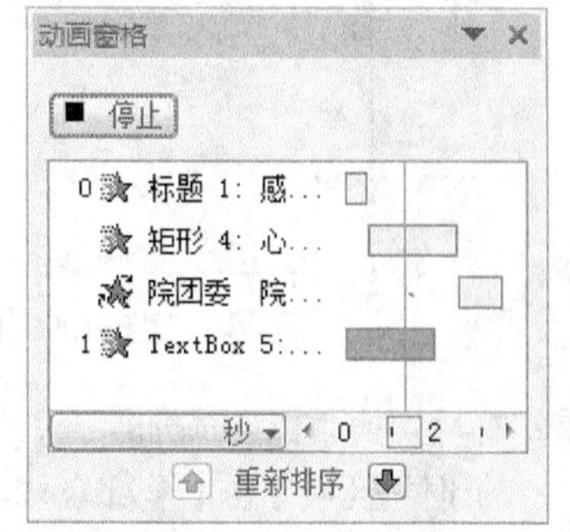

图 5-51 在【动画窗格】中预览动画效果

预览动画效果后，如果认为需要修改完善，则可以按上述步骤重新进行设置，设置完成后再次预览直到满意为止。

（2）为其他各张幻灯片中的对象设置动画效果

参考第1张幻灯片中动画的设置方法，自行为其他各张幻灯片中的对象设置动画效果。

2．设置幻灯片的切换效果

幻灯片切换是指在幻灯片放映时，从上一张幻灯片切换到下一张幻灯片的方式。为幻灯片切换设置动画效果能够提高演示文稿的趣味性、吸引观众的注意力。

（1）向幻灯片添加切换效果

选中设置切换效果的幻灯片，在【切换】选项卡“切换到此幻灯片”区域选择“分割”切换效果，如图5-52所示。

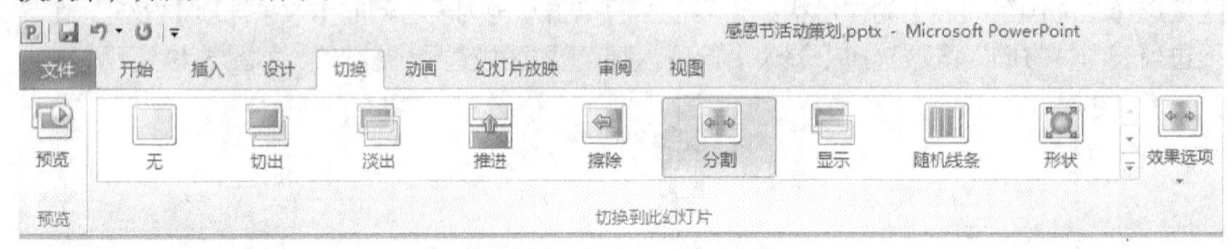

图5-52　选择“分割”幻灯片切换选项

在“切换到此幻灯片”区域单击“幻灯片切换”选项列表右侧的【效果选项】按钮，在其下拉列表中选择【中央向左右展开】选项，如图5-53所示。

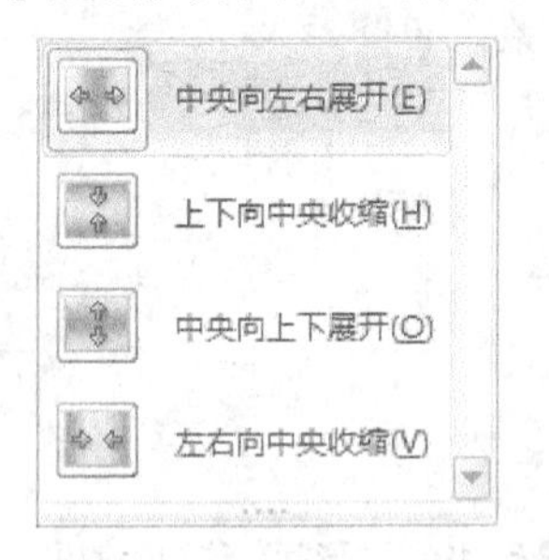

图5-53　“分割”幻灯片切换选项的“效果选项”列表

（2）设置切换效果的计时

① 在【切换】选项卡“计时”区域的“持续时间”数字框中输入或选择所需的速度，这里设置为“02.00”。

② “换片方式”范围选择“单击鼠标时”复选框，如图5-54所示。

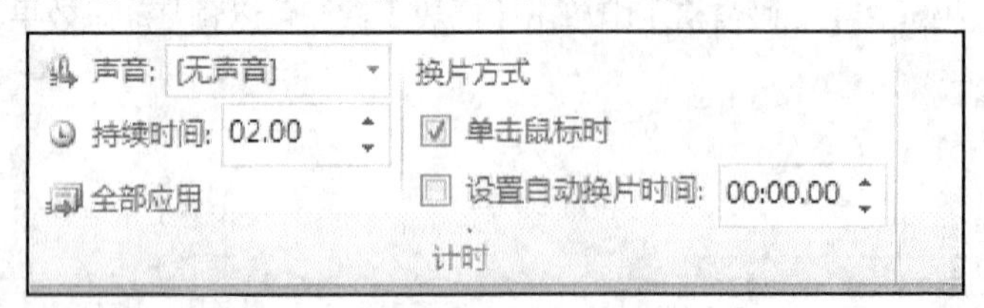

图5-54　【切换】选项卡的“计时”区域

如果幻灯片切换时需要添加声音，则在“声音”列表框中选择一种合适的声音即可。

③ 在“计时”区域单击【全部应用】按钮，则将当前幻灯片的切换效果应用到全部幻灯片。否则，只应用到当前幻灯片。

3．幻灯片放映的排练计时

幻灯片放映的排练计时是指在正式演示之前，对演示文稿进行放映，同时记录幻灯片之间切换的时间间隔。用户可以进行多次排练，以获得最佳的时间间隔。

幻灯片放映的排练计时操作方法如下。

① 在【幻灯片放映】选项卡“设置”区域单击【排练计时】按钮，打开【录制】工具栏，如图5-55所示，在“幻灯片放映时间”框中开始对演示文稿计时。

图5-55 【录制】工具栏

② 如果要播放下一张幻灯片，则单击【下一项】按钮，这时计时器会自动记录该幻灯片的放映时间。如果需要重新开始计时当前幻灯片的放映，则单击【重复】按钮；如果要暂停计时，则单击【暂停】按钮。

③ 放映完毕后，打开【确认保留排练时间】对话框，如图5-56所示，单击【是】按钮，就可以使记录的时间生效。

图5-56 【确认保留排练时间】对话框

4．幻灯片的放映操作

（1）设置放映方式

在【幻灯片放映】选项卡“设置”区域中单击【设置幻灯片放映】按钮，打开如图5-57所示的【设置放映方式】对话框，可以从中选择“放映类型”、“放映选项”、“换片方式”，还可以设定幻灯片放映的范围。设置完成后，单击【确定】按钮即可。

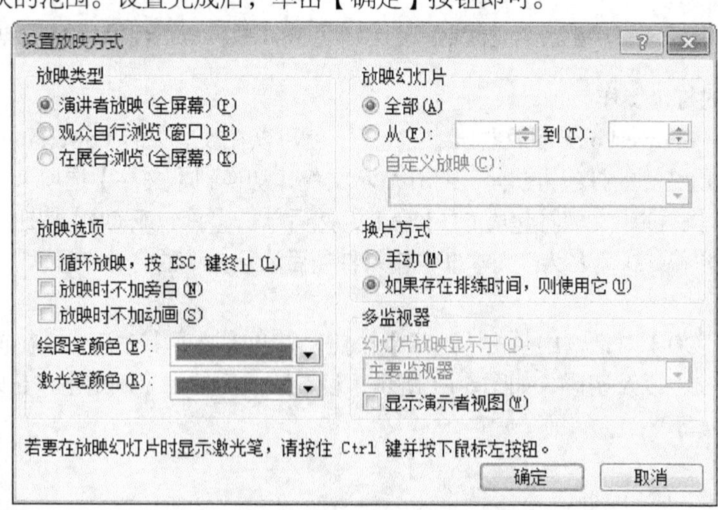

图5-57 【设置放映方式】对话框

（2）观看放映

在【幻灯片放映】选项卡“开始放映幻灯片”区域单击【从头开始】按钮，从第一张幻灯页开始放映幻灯片，中途要结束放映时，可以单击右键，从弹出的快捷菜单中选择【结束放映】，或者按【Esc】键终止放映。

（3）控制放映幻灯片

放映幻灯片时可以控制放映某一张幻灯片，其操作方法是：右击屏幕，在弹出的快捷菜单中，通过单击【下一张】命令或【上一张】命令切换幻灯片；也可以在【定位至幻灯片】级联菜单直接选择定位到哪一张幻灯片进行播放，如图5-58所示。

（4）放映时标识重要内容

在放映过程中，演讲者可能希望对幻灯片中的重要内容进行强调，可以使用PowerPoint所提供的绘图功能，直接在屏幕上进行涂写。

右击屏幕，在弹出的快捷菜单中，在【指针选项】级联菜单中选择【笔】或者【荧光笔】，然后按住鼠标左键，在幻灯片上直接书写或绘画，但不会改变幻灯片本身的内容。

在【墨迹颜色】级联菜单中，还可进行笔的颜色设置。当不需要进行绘图笔操作时，则【指针选项】级联菜单中重新选择【箭头】命令即可。

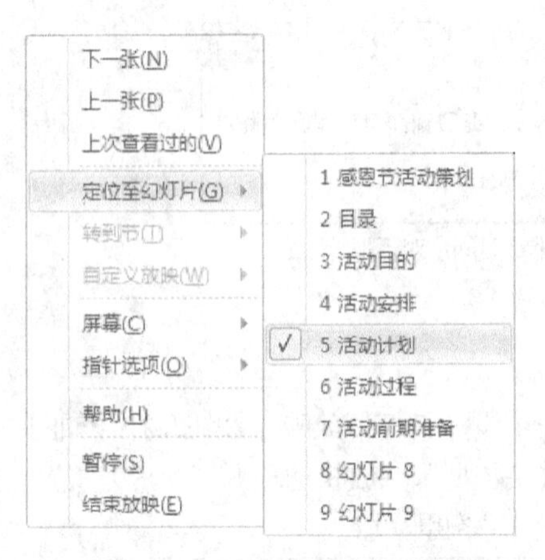

图5-58 幻灯片播放时的定位操作

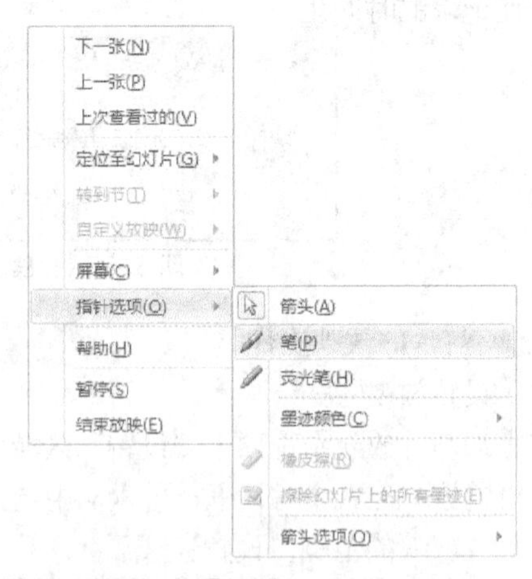

图5-59 幻灯片播放时的标记操作

5．幻灯片的打包操作

将演示文稿与PowerPoint播放器压缩打包后，就可以在没有安装PowerPoint程序的计算机中放映幻灯片。幻灯片的打包方法是：打开演示文稿，切换到【文件】选项卡，选择【保存并发送】菜单中的【将演示文稿打包成CD】命令，然后单击【打包成CD】按钮，打开【打包成CD】对话框，在“将CD命名为”文本框中输入打包后演示文稿的名称“感恩节活动策划CD”，如图5-60所示。

在【打包成 CD】对话框中单击【选项】按钮，打开【选项】对话框，在该对话框中设置打包时需包含的文件以及密码，如图5-61所示，设置完成后单击【确定】按钮即可。

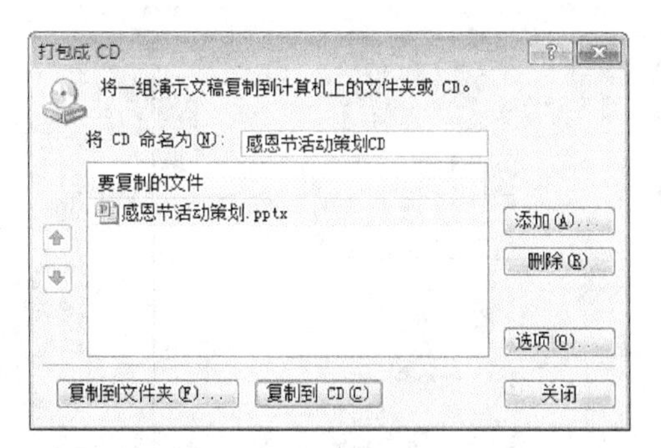

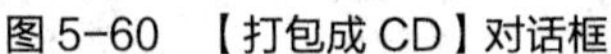

图 5-60 【打包成 CD】对话框

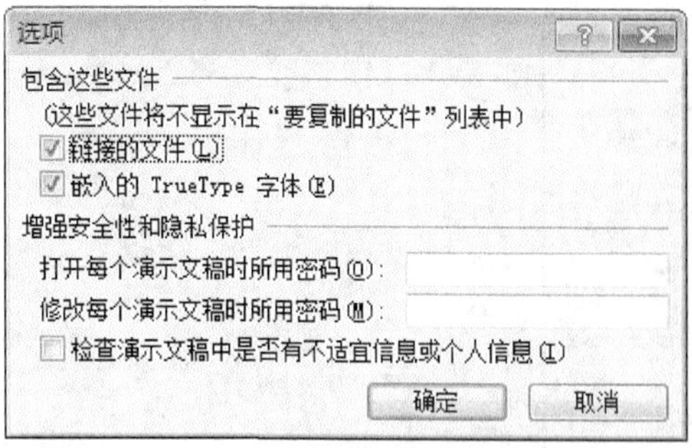

图 5-61 【选项】对话框

在【打包成 CD】对话框中单击【复制到文件夹】按钮，打开【复制到文件夹】对话框，在该对话框中输入文件夹的名称和位置，如图 5-62 所示。然后单击【确定】按钮开始打包，打包完成后将返回【打包成 CD】对话框，最后单击【关闭】按钮结束打包操作。

图 5-62 【复制到文件夹】对话框

6．演示文稿的打印

演示文稿制作完成后，不仅可以在计算机上展示，而且可以将幻灯片打印出来供浏览和保存。

（1）页面设置

在打印幻灯片之前需要对演示文稿进行页面设置，幻灯片页面设置的方法如下：

在【设计】选项卡“页面设置”区域单击【页面设置】按钮，打开如图 5-63 所示的【页面设置】对话框，在此对话框中设置幻灯片的大小、方向和幻灯片编号起始值等，设置完成后，单击【确定】按钮即可。

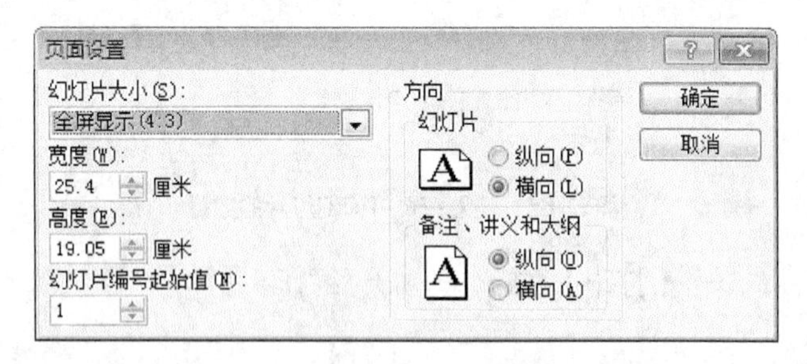

图 5-63 【页面设置】对话框

（2）打印演示文稿

切换到【文件】选项卡，单击【打印】命令，显示如图 5-64 所示的【打印】窗格，在该窗格中可以预览幻灯片打印的效果，在该对话框中可以设置份数、打印范围、打印内容等内容。

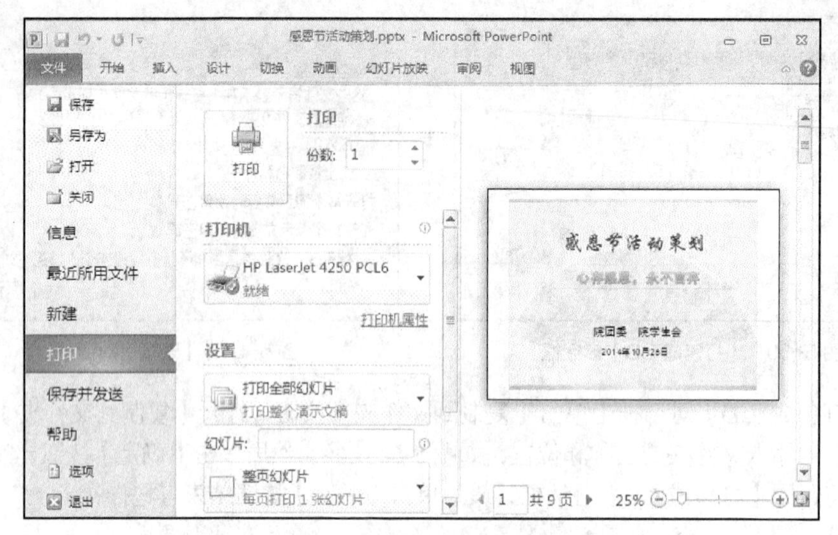

图 5-64 【打印】窗格

单击【整页幻灯片】按钮，在下拉列表的“讲义”区域选择“4 张水平放置的幻灯片”选项，同时选择“幻灯片加框”复选框，如图 5-65 所示。

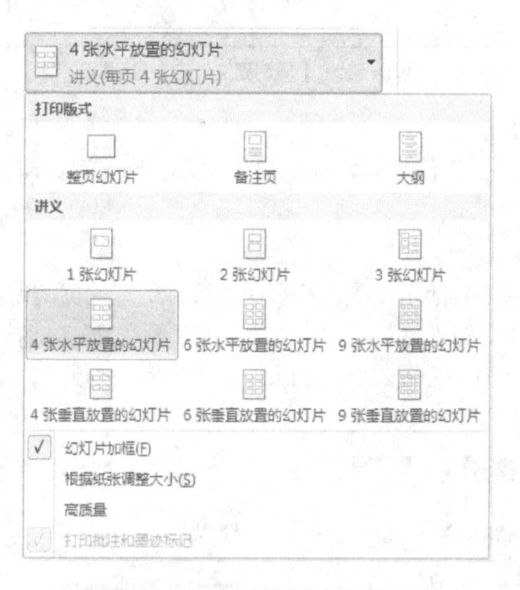

图 5-65 设置每页打印幻灯片的数量

准备好打印机后，单击【打印】按钮，即可开始打印。

【定向训练】

【任务 5-3】制作“毕业答辩”演示文稿

打开文件夹“任务 5-3”中的 PowerPoint 演示文稿“毕业答辩.pptx”，按照以下要求完成相应的操作。

（1）参考如图 5-66 至图 5-72 所示幻灯片外观效果，将演示文稿中第 1、2、4、6、14、15、16 张幻灯片的内容（包括文字、艺术字、图片等）补充完整，并设置幻灯片文字的字体、字号、字形、颜色、行距、对齐方式等格式。将同一文件夹的 Word 文档“毕业论文中用到的图形.docx”中所有图片插入演示文件对应幻灯片的合适位置，并合理调整图片的大小和位置。

图 5-66　第 1 张幻灯片的外观效果

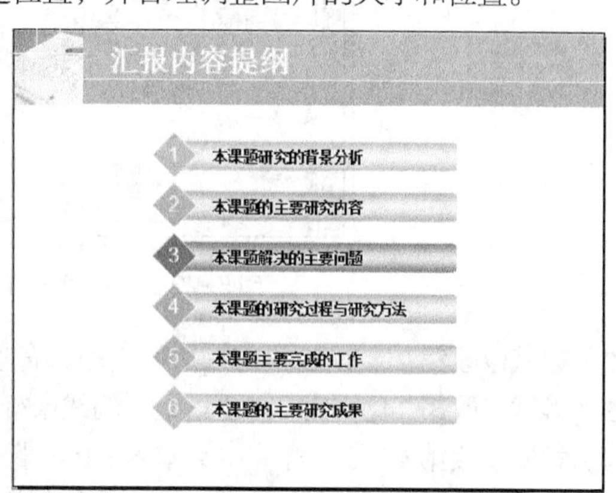

图 5-67　第 2 张幻灯片的外观效果

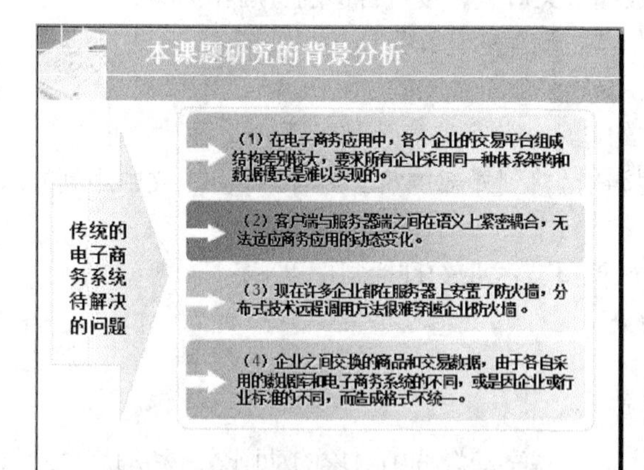

图 5-68　第 4 张幻灯片的外观效果

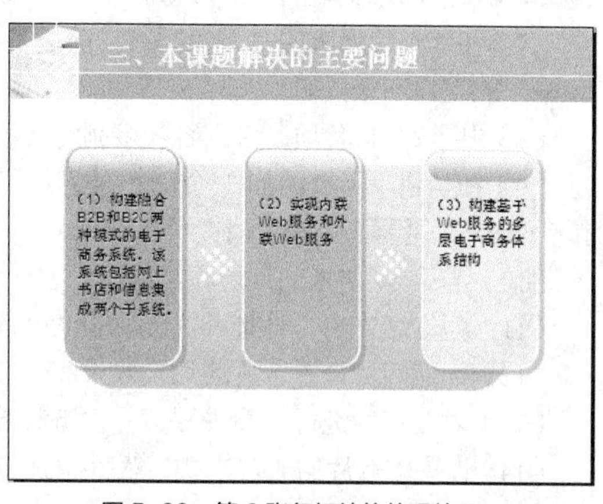

图 5-69　第 6 张幻灯片的外观效果

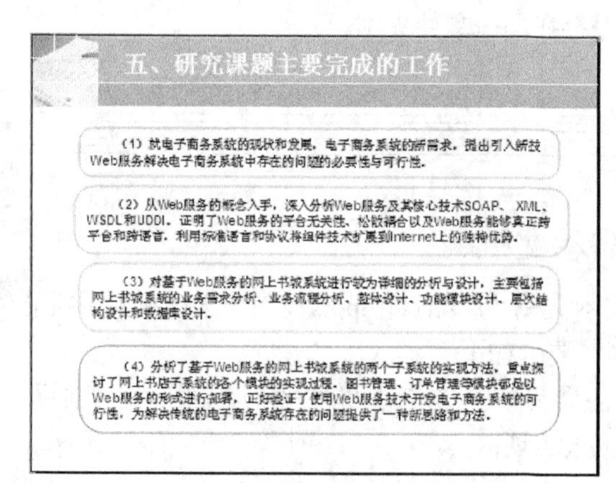

图 5-70　第 14 张幻灯片的外观效果

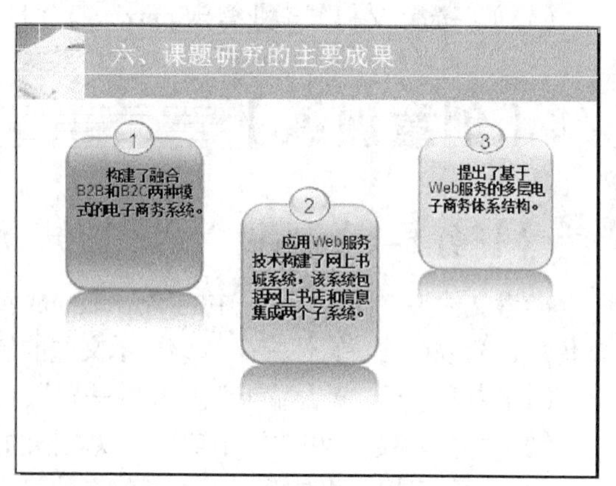

图 5-71　第 15 张幻灯片的外观效果

图 5-72　第 16 张幻灯片的外观效果

（2）尝试修改第 2、4、6 张幻灯片的主题和背景。

（3）尝试修改第 14 张幻灯片圆角矩形的线条样式、线条颜色、线条粗细和填充颜色。

（4）尝试修改第 15 张幻灯片中文本内容的行距。

（5）修改第 16 张幻灯片中艺术字的格式和形状。

（6）修改演示文稿的幻灯片母版、备注母版和讲义母版，设置合适的页眉和页脚。

（7）在幻灯片母版的右下角插入“前进”与“后退”的动作按钮，另外插入一个用于返回“目录”的空白动作按钮。

（8）“目录”页各项目录内容链接到对应的幻灯片，每个幻灯片都设置“返回”按钮。

（9）在“目录”页添加 1 个动作按钮，该按钮链接到外部 Word 文档“毕业论文中用到的图形.docx”，便于打开该文档查看图形。

（10）为第 6、7 张幻灯片添加备注内容，为第 14、15 张幻灯片制作讲义。

（11）为幻灯片中的对象设置合适的动画效果。

（12）为幻灯片设置合适的切换效果。

（13）对幻灯片进行页面设置，并预览其效果。

（14）设置幻灯片的放映方式，然后播放幻灯片，观察幻灯片中对象的动画效果和幻灯片的切换效果，并进行排练计时。

（15）将演示文稿“毕业答辩.pptx”打包且保存在同一文件夹中。

【创意训练】

【任务 5-4】制作“产品宣传”演示文稿

参考文件夹“任务 5-4”中的 PowerPoint 演示文稿“产品宣传.pptx”制作某一新款手机的宣传片，存放在同一文件夹中，该演示文稿的制作要求如下。

（1）内容包括“产品简介”、“特性一览”、“主要参数”、“常用功能”和“感谢语”等项目。

（2）“主要参数”和“常用功能”以表格的形式表现。

（3）插入多幅手机外观以及配件的图片。

（4）更换母版中的背景图片，在母版的右下角插入“前进”与“后退”的动作按钮，另外插入一个用于返回“目录”的空白动作按钮。

（5）“目录”页中各项目录内容链接到对应的幻灯片，每个幻灯片都设置“返回”按钮。

（6）选用合理的配色方案。

（7）设置幻灯片中文字的格式、行距和对齐方式。

（8）根据需要在幻灯片中插入艺术字作为标题。

（9）根据需要设置自选图形、占位符和表格的背景和填充效果。

（10）根据需要合理设置各个幻灯片中对象的动画效果。

（11）根据需要合理设置各个幻灯片的切换效果。

（12）播放该演示文稿，且进行排练记时。

【单元小结】

本单元首先对 PowerPoint 演示文稿制作的基本规范和技术规范进行了详细介绍。

然后对启动 PowerPoint 2010、退出 PowerPoint 2010、PowerPoint 的基本概念、PowerPoint 窗口的基本组成、PowerPoint 演示文稿的视图、创建新演示文稿、保存新演示文稿、关闭演示文稿和打开演示文稿等基础知识和操作方法进行了说明。

其次以任务驱动方式，使用实例对演示文稿的编辑美化、演示文稿的放映与打印等方面的基本知识和操作方法进行详细阐述。

同时对制作产品宣传演示文稿、制作毕业答辩演示文稿等方面的技能进行了专门训练，使学习者熟练地掌握了 PowerPoint 2010 的基本功能及其使用，并能在学习和工作中加以运用。

【单元习题】

（1）PowerPoint 演示文稿的默认文件扩展名是（　　）。

A. .pptx　　B. .dbf　　C. .dotx　　D. .ppz

（2）在 PowerPoint 中，若想同时查看多张幻灯片，应选择（　　）视图。

A. 备注页　　B. 大纲　　C. 幻灯片　　D. 幻灯片浏览

（3）如果要终止幻灯片的放映，可直接按（　　）键。

A.【Ctrl + C】　　B.【Esc】　　C.【Alt + F4】　　D.【End】

（4）在 PowerPoint 文档中插入的超级链接，可以链接到（　　）。

A. Internet 上的 Web 页　　B. 电子邮件地址

C. 本地磁盘上的文件　　D. 以上均可以

（5）在幻灯片【动作设置】对话框中设置的超级链接，其对象不可以是（　　）。

A. 下一张幻灯片　　B. 上一张幻灯片

C. 其他演示文稿　　D. 幻灯片中的某一对象

参考文献

[1] 司晓露．文秘办公自动化．北京：人民邮电出版社，2013.

[2] 周博，韩庆，裴珏青．Excel 办公应用．北京：人民邮电出版社，2007.

[3] 梁志刚，周炫．实用文书写作．北京：北京大学出版社，2009.

[4] 眭碧霞．计算机应用基础任务化教程（Windows7+Office 2010）．北京：高等教育出版社，2013.

[5] 韩素华，司晓露．中英文打字．北京：人民邮电出版社，2013.

[6] 朱元忠，马力．办公自动化技术与应用（第二版）．北京：高等教育出版社，2009.

[7] 高扬．五笔打字教程．北京：人民邮电出版社，2013.

[8] 李淑华．计算机文化基础（Windows7+Office 2010）．北京：高等教育出版社，2013.

[9] 九州书源．五笔打字速成．北京：清华大学出版社，2013.